硬岩脆性破裂及工程效应

中国电建集团华东勘测设计研究院有限公司 著

刘宁　陈建林　陈珺　张洋　陈平志　李景龙

中国水利水电出版社
www.waterpub.com.cn

·北京·

内 容 提 要

本书主要从试验设计、理论研究、数值分析、现场测试等方面对硬岩脆性破裂问题进行了深入的探讨，并以服务于工程为目标，围绕高应力硬岩脆性破坏开展系统性研究，分析了各类硬岩在不同应力状态下的力学特性和变形破裂特征，探讨了硬岩张拉、拉剪、压剪等不同破裂模式的区别与联系，深入研究了硬岩脆性破裂及松弛变形时间效应的现场监测，构建了各种破坏模式下裂纹启裂、扩展、贯通以至最终形成宏观裂隙的特征和各个阶段的判据，基于裂纹扩展过程中的能量平衡原理，分别建立了线弹性条件下和小范围屈服条件下的劈裂判据，并将判据应用到实际工程的开挖分析中，最后提出了考虑岩石内摩擦角随应力状态演化的硬岩脆性表征方法。

本书可供从事水利水电、交通、矿山等工程的设计、科研、工程技术人员借鉴参考，也可供相关高等院校师生使用。

图书在版编目（CIP）数据

硬岩脆性破裂及工程效应 / 刘宁等著. -- 北京：中国水利水电出版社，2022.10
ISBN 978-7-5226-1043-6

Ⅰ. ①硬… Ⅱ. ①刘… Ⅲ. ①脆性断裂－岩石破裂－研究 Ⅳ. ①TU452

中国版本图书馆CIP数据核字(2022)第190362号

书　名	**硬岩脆性破裂及工程效应** YINGYAN CUIXING POLIE JI GONGCHENG XIAOYING	
作　者	中国电建集团华东勘测设计研究院有限公司 刘宁　陈建林　陈珺　张洋　陈平志　李景龙　著	
出版发行	中国水利水电出版社 （北京市海淀区玉渊潭南路1号D座　100038） 网址：www.waterpub.com.cn E-mail：sales@mwr.gov.cn 电话：(010) 68545888（营销中心）	
经　售	北京科水图书销售有限公司 电话：(010) 68545874、63202643 全国各地新华书店和相关出版物销售网点	
排　版	中国水利水电出版社微机排版中心	
印　刷	天津画中画印刷有限公司	
规　格	184mm×260mm　16开本　19.5印张　475千字	
版　次	2022年10月第1版　2022年10月第1次印刷	
定　价	**128.00元**	

近年来，随着我国经济的持续快速健康发展，以及"西部大开发""南水北调"等工程和"一带一路"倡议等相继实施，全国各地涌现出大量工程建设和资源开采项目，越来越多的地下岩石工程正如火如荼的开展。在水利水电、交通运输、金属矿山、核电等诸多领域，大量工程建设项目正持续朝着深部发展。而随着埋深的增加，岩体中的地应力也逐渐增大。当处于深部高地应力的岩体被开挖时，打破了原岩应力的平衡，引起围岩应力分布重新调整，在这个过程中如果围岩应力超过岩体自身的强度，将造成岩体变形破坏，导致围岩失去承载力，进而引发地下工程灾害的发生。可以说，高应力下地下洞室围岩出现的各种脆性破坏现象已严重制约了岩体工程的安全建设，迫切需求人们采用先进合理的岩石力学理论与方法来研究硬岩脆性破坏。

本书以断裂力学、弹塑性力学、岩体力学等学科为基础，以试验为手段、数值模拟为辅助，以服务于工程为目标，围绕高应力硬岩脆性破坏开展系统性研究，分析了各类硬岩在不同应力状态下的力学特性和变形破裂特征，探讨了硬岩张拉、拉剪、压剪等不同破裂模式的区别与联系，深入研究了硬岩脆性破裂及松弛变形时间效应的现场监测，构建了各种破坏模式下裂纹启裂、扩展、贯通以至最终形成宏观裂隙的特征和各个阶段的判据。基于裂纹扩展过程中的能量平衡原理分别建立了线弹性条件下和小范围屈服条件下的劈裂判据，并将判据应用到实际工程的开挖分析中，最后提出了考虑岩石内摩擦角随应力状态演化的硬岩脆性表征方法。

本书主要从试验设计、理论研究、数值分析、现场测试等方面对硬岩脆性破裂问题进行了深入的探讨，主要研究内容大体上可分为三个部分：一是硬岩脆性破裂力学特性试验研究；二是硬岩脆性破裂裂纹扩展机理与判据研究；三是硬岩脆性破裂现场测试分析。具体内容包括9章：第1章为绪论，主要介绍硬岩脆性破裂问题的研究意义与现状；第2章为硬岩脆性破裂三轴压缩试验研究，帮助读者认识不同围压条件下硬岩脆性破裂力学特性的演变规律；第3章为硬岩脆性破裂剪切力学试验研究，从不同角度定性、定量地揭示和反映硬岩受剪破裂力学特性与机制；第4章为硬岩脆性破裂现场测试与辨识，揭示了地下洞室围岩裂隙面精确分布特征与松弛破裂的时间效应；第5章为硬岩脆性破裂裂纹扩展机理，研究了硬岩裂纹扩展及相互作用的断裂力学机理；第 6 章为硬岩脆性破裂能量判据研究，分析了高地应力条件下硬岩脆性破坏的能量特征及判据；第 7 章为硬岩脆性破裂锚固效应研究，介绍了锚喷支护抑制裂纹扩展的力学机理；第 8 章为硬岩脆性表征方法与工程应用，介绍了可定量评价硬岩脆性破坏程度的指标及其工程应用；第 9 章为总结与展望。

在本书的编写过程中，山东大学、中国科学院武汉岩土力学研究所、浙江中科依泰斯卡岩石工程研发有限公司提供了相关成果，给予了大力支持和帮助，对此表示衷心的感谢！

限于编者水平和时间，书中难免存在疏漏和不足之处，敬请读者批评指正。

作者
2022 年 1 月

目录

第1章

绪　　论

1.1　研究意义

近年来，随着国民经济的持续稳定增长，国家对地下洞室开发利用的需求日益增加，如城市地下铁道与海底隧道、地下商城与地下车库工程、大型人民防空建筑物、市政地下工程、大型水电地下厂房与超长水工隧洞、多线铁路与公路隧道、冶金和煤炭矿山井巷工程、重大军用国防工程、能源地下储存库及核废料地下处置库等。大量工程都在建设或筹划中，地下工程建设呈现出方兴未艾的局面，这些基本建设和生产建设都要涉及大量岩石工程的开挖和支护工作。这些大型的地下工程呈现出规模空前、地质条件极端复杂、围岩稳定性差等特点，给岩石力学与工程工作者提出了大量复杂的问题，其工程设计、施工、稳定性评价和岩体的加固都直接依赖于对岩体的强度、变形及破坏规律等特征的研究。

国内外大量的工程实践证明，几乎所有的工程岩体破坏失稳都不是一开始就出现的，通常是开挖面附近荷载的变化，引起应力重分布而使岩体变形在某些结构面或其中的薄弱部位逐渐地增长发展；或者是，地质条件恶化，使其中的裂隙不断地蠕变、演化，进而产生宏观断裂并产生新的贯通滑移面而引起的。例如法国的马尔帕塞大坝的溃决破坏、意大利的瓦依昂大坝边坡塌滑、中国长江三峡链子崖新滩滑坡等事故都是与其自身节理、裂隙的扩展和贯通密切相关。

仅就西部的水电工程来说，近些年内有相当多的大型水力发电工程和蓄能电站进入兴建与筹划期。其中很多都设计有大型或超大型地下洞室群作主要的水工建筑物，且大多选择为深埋式地下厂房。这些厂房多数均需建设大埋深地下洞室群作为其主要的建筑，如已建的雅砻江锦屏二级水电站引水隧洞最大埋深达 2500m，南水北调一期工程最大埋深达 1100m。而西部地区具有全球最强烈的现代地壳运动，活动断裂发育，地质环境极为复杂，加上高山峡谷等地形地貌条件，往往赋存有高地应力场，如锦屏二级水电站的引水隧洞实测最大主地应力值高达 113MPa。当处于深部高地应力的岩体被开挖时，打破了原岩应力的平衡，引起洞室围岩应力重新分布、调整，以达到新的平衡状态。在这个过程中如果围岩中的应力超过岩体自身的强度，将造成岩体变形破坏，导致围岩失去承载力，进而引发洞室灾害的发生。对于较低强度的岩体，围岩应力集中往往会造成岩体发生较大的塑性破坏，导致洞室出现严重变形，进而引起洞室断面尺寸不断缩小或改变断面形状，这种变形破坏行为常发生在软岩巷道/隧洞中。而对于强度较高的岩体，围岩在应力作用下往往不易发生塑性破坏，而是以非连续的脆性变形破坏为主，如片帮、板裂、层裂等。当围岩中的应力强度比达到一定大小后，还会引发高强度岩爆等强烈的动力灾害现象。在此条件下，围岩的破裂现象在洞群施工期就会明显地出现，一系列大型洞群的高边墙经常发现有陡倾角的劈裂带或大裂缝，并随着地下厂房规模和洞室埋深的增大表现得更加突出。

在实际工程及实验室试样中，已观测到纵向劈裂的破坏模式。比如我国四川的二滩工程在施工期因水平向高地应力的释放和重分布造成主厂房边墙产生系列劈裂裂缝，裂缝区深度达 20m 之多。为保障安全，后来补加了几十根预应力长锚索。但因围岩变形过大，其中有几根锚索竟被拉断了。因裂隙带很大，边墙变形比正常值高出了 1～2 倍，达到 10cm 以上。现已开挖完成的黄河上游拉西瓦水电站大型地下厂房洞室群工程，是现今我国尺寸最大、地应力最高的水电站地下厂房工程。洞室群开挖完成后，在母线洞上游 10m 左右范围的混凝土喷层中产生多条环向裂缝，最大缝宽达 15mm[1]，如图 1-1（a）所示。此外，我国还有不少同类工程有类似现象，如瀑布沟、鲁布革、渔子溪、十三陵等水电工程都在厂房边墙的母线洞出现了大裂缝，如图 1-1（b）所示。

（a）拉西瓦母线洞洞壁岩体的裂缝[2]　　　　　　　　　（b）瀑布沟洞壁的劈裂裂缝[2]

图 1-1　母线洞裂缝现场资料

可见，在高地应力条件下岩体劈裂裂缝的出现是相当普遍的。随着工程建设活动逐渐向深部化进行，在硬岩洞室中出现的各种脆性破坏现象已严重制约了地下岩体工程的安全建设，迫切需要人们采用先进合理的岩石力学理论与方法来研究硬岩的这种脆性破坏，揭示岩石脆性破裂机制，通过更加先进的方法与手段来评价、预测和治理项目建设过程中遇到的硬岩脆性破裂工程难题，这也给岩石力学研究提出了新的挑战。由于硬岩脆性破裂是一个十分复杂的过程，其破坏程度受岩石所在位置的应力水平、岩石力学性质和地质条件等因素的影响，目前对于硬岩脆性破裂变形特征和机制的认识还有待进一步的研究。故正确认识硬岩脆性破裂机理，对于预测和治理硬岩脆性破裂具有十分重要的理论意义和工程应用价值。

同时，为了维持围岩的稳定就必然要涉及岩体的锚固。现在国际、国内的岩土工程都在大量使用锚杆、锚索来加固节理岩体，这些锚固工程的效果往往都比较好。而运用现有的数值方法却很难反映出锚固的效果,这说明锚固的作用原理尚不清楚,也缺乏能对之进行科学合理的分析和设计方法,在工程界还主要停留在经验设计水平阶段。所以研究节理岩体的锚固效应,并寻求科学的分析和设计方法是非常重要的。

因此,只有深入研究硬岩脆性破裂的力学特性和变形特征,揭示硬岩脆性破裂机制,研究清楚围岩劈裂裂缝的形成机理以及施加锚杆后的锚固效果之后,才能为优化设计和优化开挖及锚固方案提出依据和寻求优化方法,这也是实际工程迫切需要解决的关键问题,所研究成果对于提高工程经济效益和社会利益具有重要的意义。

1.2　研究现状

1.2.1　高应力硬岩脆性破裂特征

硬岩的脆性破坏一直是各国研究学者关注的焦点。Griggs 和 Handin 于 1960 年就给出了岩石的两种典型脆性断裂破坏模式:拉伸断裂和剪切断裂。Cook[3]利用大刚度压力机对大理岩和花岗岩两种硬岩进行单轴压缩试验,通过理论和试验对比分析了岩石的脆性破坏。Hoek 等[4]和 Boeniawski[5]通过研究单轴压缩下岩石的脆性破坏,对岩石应力应变曲线进行分类,为岩石力学的发展奠定了重要基础。Wawersik 和 Swenson[6]通过开展双轴和三轴硬岩压缩试验,得到了不同加载条件下岩石的应力应变曲线。

对于高应力条件下硬岩的脆性破坏现象,岩体破裂形式主要包括片帮、板裂、层裂等,强度应力比在一定水平时还会出现高强度岩爆等动力灾害。其中,高应力是指深部围岩所处的地质环境存在较高的初始地应力,包括水平地应力和垂直地应力,工程建设中通常将岩体内大于 20MPa 的初始地应力称为高地应力。部分国家采用岩石强度应力比,即岩石单轴压缩强度和岩体最大主应力的比值,来划分地应力等级。硬岩一般是指单轴压缩强度较大的岩石,其抗拉强度往往也较大,且应力应变曲线具有弹脆性特征。下面通过收集、归纳和整理前人的研究工作,详细讨论了硬岩三种主要脆性破坏(片帮、板裂、岩爆)的特征与形成机制。

1.2.1.1　片帮破坏特征与形成机制

片帮是高应力条件下脆性硬岩常见的一种破坏形式,主要表现为围岩岩体成片状或板状剥落,这种破坏形式烈度相对较低,一般无岩体弹射现象。对于片帮破坏的研究,Hoek 和 Brown[7]最早通过分析在南非石英岩中隧洞边墙围岩脆性破坏案例,利用隧洞垂直应力与岩石单轴压缩强度的比值作为脆性破坏评价指标。20 世纪 90 年代,加拿大原子能公司利用多个硬岩地下试验洞开展一系列研究工作,极大地推动了片帮破坏的研究。Kaiser 等[8]和 Martin 等[9]根据片帮破坏深度与岩体强度、应力水平的关系,提出了可评估片帮破坏深度的经验公式。张宜虎等[10]对片帮破裂面上张拉裂纹的成因机制进行了研究,提出了一种可根据片帮发育部位来推测岩体主应力方向的方法。黄润秋等[11]根据锦屏一级水电站施工期围岩的变形破坏特征,将围岩破裂分为片帮剥落、岩石劈裂和弯折内鼓三种类型,分析了围岩破裂的地质力学机制。侯哲生等[12]对锦屏二级水电站深埋隧洞大理岩片帮的破坏方式与破裂机制进行了归纳和总结。曾冬霞[13]对西藏怒江松塔水电站坝区内片帮的破裂形态和断口特征进行了分析，探讨片帮破裂形成机制。

白鹤滩水电站地下厂房在开挖过程中，因围岩局部应力集中以及厂房高边墙卸荷效应的影响，围岩常发生片帮破坏（图 1-2）。江权等[14]基于白鹤滩 5 条探洞内片帮破坏的特征，推测、估算了右岸厂址区域地应力的量值与方向，建立了基于围岩片帮形迹估计工程区岩体宏观地应力方法。刘国锋等[15]通过总结、分析地下厂房围岩片帮破坏的主要特征与破坏规律，探讨了地应力、岩体结构、岩体性质以及施工建设等因素对片帮破坏的影响规律，揭示了片帮的形成与发生机制。通过统计和分析片帮破坏的特征与规律，得到以下几点认识：①按剥落厚度片帮分为片状和板状剥落，片状剥落一般较薄（厚度不大于 3cm），板状剥落一般较大（厚度大于 3cm），个别可超过 10cm；②片帮属于围岩浅表层破坏；③片帮一般发生在开挖后数小时，并随时间推移围岩由表及里逐渐松弛开裂、剥落，其破坏深度与范围逐渐增大；④片帮一般发生在开挖掌子面附近；⑤片帮沿洞室轴线发育普遍，在开挖断面上的分布具有规律性。

（a）左岸厂房上游侧0+330拱肩

（b）右岸厂房上游侧0+224边墙

（c）右岸厂房上游侧0+188侧拱—拱脚

图 1-2　白鹤滩地下厂房片帮破坏[15]

根据片帮破坏特征，许多学者研究、分析了片帮的形成机制。刘国锋等[15]对现场片帮破裂面进行电镜扫描试验，发现破裂晶面光滑平整，呈台阶状分布，断面为锯齿状，整个断面没有或少有散落碎屑，无擦痕出现，表现为穿晶断裂（图 1-3）。通过扫描结果可知，围岩破裂面具有明显的张拉破裂特征，这与现场围岩破坏统计和岩体钻孔摄像观测的硬岩脆性破坏行为相一致。进一步地分析，刘国锋等[15]认为完整岩体中片帮的形成主要经历以下四个过程（图1-4）：①劈裂成板，在洞室开挖完成后经应力调整，平行于开挖面的切向应力急剧增大，促使浅表层硬岩压致拉裂从而产生近似平行于卸荷面的张性裂隙，随着切向应力的增加，围岩逐渐劈裂成板状；②内鼓开裂，之后岩板逐渐向临空面内鼓变形，达到一定程度后在岩板曲率最大处出现径向张裂缝；③折断剥落，随着径向张裂缝的扩张，岩板逐渐折断失稳并在重力作用下脱离、滑落或在爆破扰动下剥落；④渐进破坏，经应力不断调整或爆破扰动影响下，岩板由表及里渐进折断、剥落，最终形成片帮坑。

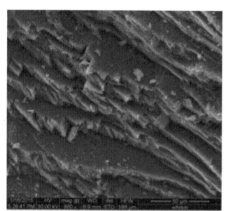

图1-3 片帮破裂面表面 SEM 特征

1.2.1.2 板裂化破坏特征与形成机制

板裂化破坏是在深部高地应力条件下硬脆性岩体由于开挖卸荷导致围岩内形成多组近似平行于开挖面的破裂面，将围岩切割形成板状或层状的破坏现象，国外许多学者对其进行了深入研究。Stacey[16]提出脆性岩石开裂的张应变准则，将其用来预测围岩板裂化破坏深度。Ortlepp 等[17-18]认为板裂破坏是在高地应力下洞室开挖卸荷引起围岩产

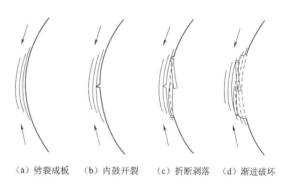

(a) 劈裂成板　(b) 内鼓开裂　(c) 折断剥落　(d) 渐进破坏

图1-4 完整岩体片帮破裂过程[15]

生平行于开挖面的破坏形式，破裂面一般平行于最大切向应力方向，最终形成一个 V 形凹槽。Fairhurst 和 Cook[19]对板裂破坏现象进行了描述，指出板裂破坏是一种与延伸劈裂裂隙有关的破坏过程。

国内关于围岩板裂化破坏的研究最早见于孙广忠和黄运飞[20]对鲁布革地下厂房中围岩板裂化变形与破坏的力学分析。Cai[21]认为板裂破坏通常表现出在洞壁围岩密集分布呈洋葱皮状的裂纹，其密度受中间主应力、岩体强度及岩石非均质性的影响。吴世勇等[22]

通过对大理岩试样开展真三轴岩爆试验，发现岩石板裂化破坏现象与隧道围岩板裂化破坏具有很好的吻合性。张传庆等[23]对围岩板裂化破坏形态进行了详细描述并划分成三类：片状破坏、薄板状破坏及楔形板状破坏。侯哲生等[12]将锦屏二级水电站引水隧洞深埋完整大理岩的破坏类型分为四类：张拉型板裂化岩爆、张拉型板裂化片帮、剪切型岩爆和剪切型片帮。周辉等[24-25]通过总结、分析锦屏二级水电站深埋隧洞不同开挖断面围岩板裂化破坏的形态和特征，研究了开挖断面曲率半径对深部硬脆性围岩板裂化的影响，认识到硬脆性岩体开挖卸荷造成围岩出现典型的规律性板裂化破坏现象，其特征在于围岩内形成以张拉型为主的多组近似平行于开挖面的裂纹，并将围岩切割形成板状或层状。而在板裂化控制方面，周辉等[26]通过室内试验研究了板裂化破坏的预应力锚固效应，提出"及时支护、区域控制及重点加固"的锚喷支护控制策略。

此外，相关研究表明，围岩板裂化破坏与岩爆之间具有很强的相关性，板裂化破坏为

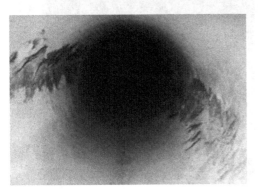

图 1-5　板裂屈曲岩爆破坏[28]

岩爆的一种前兆信息，会以一种稳定或剧烈的形式发生岩爆[27]。宫凤强等[28]采用真三轴岩石试验系统对含预制孔洞红砂岩试样进行试验研究（图 1-5），再现圆形隧洞硬岩板裂屈曲岩爆的全过程，将其划分为平静、细颗粒弹射和剥落、板裂屈曲破坏和强烈破坏四个时期。

目前关于脆性硬岩板裂破坏的形成机制，谭以安[29]从细观角度入手对板裂破裂面进行电镜扫描试验，认为板状劈裂是以张性断裂为主。Diederichs 等[30-31]结合室内试验、数值模拟和理论分析等方法研究了隧洞开挖过程中的板裂破坏，认为板裂化现象是硬岩开挖卸荷产生的张性破裂，其形成机制与岩石室内轴向劈裂破坏类似。刘宁等[32]根据柯克霍夫平板理论，在薄板模型基础上得到围岩劈裂范围内临界应力、位移的解析式。孙卓恒等[33]从断裂力学角度研究了拉张型板裂化产生与破坏的机制。冯帆等[34]建立了板裂化岩体的正交各向异性力学模型，分析高应力硬岩板裂屈曲岩爆的力学机理与控制对策，提出采用充填法来防治板裂屈曲岩爆的发生。总的来说，对于硬岩板裂化破坏有两种解释：①根据静力学观点，深部硬岩开挖后由于围岩应力重分布，导致切向应力增大而径向应力减小，围岩因应力集中而近似处于单轴压缩状态，造成岩石内裂纹沿最大主应力方向扩展，产生平行于开挖面的板裂面；②根据动力学观点，由于深部高应力硬岩储存着大量初始弹性应变能，动态开挖卸载引起围岩弹性能释放，在开挖边界面反射形成拉伸应力，当拉应力超过岩石抗拉强度时便产生基本平行于开挖面的板裂面。

1.2.1.3　岩爆破坏特征与形成机制

关于岩爆的定义、机制和分类，国际权威学者 Blake[35]指出岩爆是突然的岩石破坏，其特征是破碎过程伴随着能量的猛烈释放。Denis 等[36]将岩爆分为一定体积的岩石脆性破坏和已有断裂的滑移两类。钱七虎[37]指出岩爆是因岩体开挖卸荷或动力作用诱发围岩应

力场变化，导致围岩出现破坏和弹射现象，或是围岩中已有断层、结构面出现滑移而引起围岩破坏和弹射。对于前一种岩爆属于应变型岩爆，其特点是扰动源和岩爆发生地一致。对于后一种岩爆属于剪切型、滑移型岩爆，其特点是扰动源和岩爆发生地相距一定距离。

冯夏庭及其研究团队[38-42]针对锦屏二级水电站施工现场发生的岩爆现象，开展了一系列的多元信息综合观测试验，揭示了深埋隧洞岩爆孕育的时空演化规律，深入探讨了不同类型岩爆的孕育机制。根据岩爆发生的特征，按发生时间可分为即时型岩爆和时滞型岩爆，按发生机制和条件可分为应变型岩爆、应变—结构面滑移型岩爆和断裂滑移型岩爆。对于不同类型的岩爆，其孕育规律和机制也各不相同。即时型岩爆[41]是指开挖卸荷过程中完整坚硬围岩所发生的岩爆，一般分为即时型应变型岩爆和即时性应变—结构面滑移型岩爆分别如图1-6（a）、（b）所示。前者主要发生在完整坚硬、无结构面的岩体中，后者主要发生在坚硬、含少量结构面或层理面的岩体中。时滞型岩爆[42]是指隧洞开挖卸荷达到应力平衡后，因外界扰动而发生的岩爆，可分为时空滞后型和时间滞后型，一般发生在具有较丰富的节理、裂隙、夹层等原生结构面中（图1-7），且结构面类型以与洞轴线成小夹角的隐性结构面为主。

（a）典型即时型应变型岩爆　　　　　　　　　　（b）典型即时型应变—结构面滑移型岩爆

图1-6　即时型岩爆实例[42]

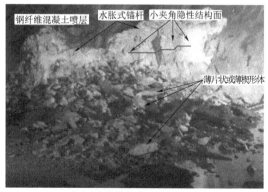

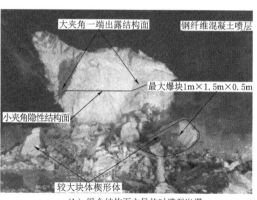

（a）小夹角隐性结构面主导的时滞型岩爆　　　　　　（b）组合结构面主导的时滞型岩爆

图1-7　时滞型岩爆实例[42]

对于即时型岩爆的发生机制，冯夏庭等[41]通过分析现场监测得到的微震信息，指出即时型应变型岩爆主要是由张拉裂纹，偶尔伴随拉剪—压剪混合破坏裂纹产生的，而即时型应变—结构面滑移型岩爆主要是张拉破坏、剪切破坏以及拉剪—压剪混合破裂共同作用引起的，通常后者的烈度、等级要比前者更高，造成的危害更大。对于时滞型岩爆的发生机制，陈炳瑞等[42]利用矩张量分析方法发现在初期时滞型岩爆以拉伸、剪切及拉剪混合破坏为主，之后拉伸破坏主要沿破坏面扩展，在岩爆发生时则以剪切破坏为主。范鹏贤等[43-44]指出围岩卸载破坏本质属于拉伸破坏，抗拉强度是围岩抵抗卸载破坏最重要的影响因素之一，对于应变型岩爆，其破坏面形态与片帮、板裂等静态破坏及卸载拉裂、轴压劈裂等破坏现象较为类似，主要是由岩石张拉特性主导，故应变型岩爆实际上为一种因应力集中和卸载诱发的张拉型破坏。

此外，不少学者通过开展微震监测和真三轴岩爆试验研究，利用新的研究方法或手段对岩爆的特征和发生机制也进行了深入探讨。于洋等[45-46]运用分形几何方法研究了现场监测得到的微震能量分布变化规律，探讨了不同开挖方式下即时型岩爆孕育与能量释放特征，研究结果对确定岩爆预警指标和提高岩爆危险判别准确性具有重要意义。肖亚勋等[47]通过在深埋隧洞中进行现场微震监测，研究不同开挖方式下不同强度即时型岩爆在孕育过程中的频谱演化特征，监测结果表明，岩爆发生时间与等级可采用微震信号频谱演化特征来预警、评估。苗金丽等[48]通过开展真三轴应变型岩爆试验来获取破坏过程中的声发射数据，对其进行了频谱和时频分析，试验表明岩爆破坏是张—剪裂纹联合作用的结果，电镜扫描试验显示张裂纹是以沿晶或穿沿晶耦合形式为主，而剪切裂纹是以穿晶及穿沿晶耦合形式为主。夏元友等[49]利用分形方法对大尺寸试件的岩爆碎块进行分析，指出岩石在低围压卸荷的碎块分形维数要比高围压卸荷更大。何满潮等[50]通过深部岩爆模拟试验系统和声发射监测系统对花岗岩进行了岩爆模拟试验，试验结果表明岩爆是以张拉断裂为主，伴随剪切破坏的复杂过程，在破坏期间声发射频谱先从低频单峰向高频多峰转变，最后再恢复低频单峰。苏国韶等[51-52]利用真三轴岩爆试验机、高速摄像系统和数字影像运动分析软件，研究岩爆弹射破坏试验和加载速率对岩爆碎块的影响，试验显示在压致拉裂作用下临空面表层岩石被劈裂成薄板并逐渐发生弯曲，后方岩石则被剪切成块或片，破坏呈 V 形或台阶状。

综上所述，硬岩脆性破裂（片帮、板裂、岩爆等）往往是因高应力下洞室开挖卸荷造成岩体内应力调整，导致围岩出现不同程度的破裂，裂纹以张拉、拉剪型破坏为主，破裂表面一般较为粗糙。在结构面或动力扰动等因素的影响下，围岩破裂面多处相互贯通还会引发岩体剪切破坏并诱发围岩失稳，裂纹以剪切、拉剪-压剪混合型为主。由此可知，研究高应力下硬岩脆性破裂特征与机制，对于深部地下岩体工程的灾害风险评估和安全预警具有重要意义。

1.2.2　硬岩脆性破裂裂纹扩展机理

1.2.2.1　裂纹扩展研究现状

围岩中的劈裂性破坏大多是由于地下洞室的开挖，岩体原有的平衡状态被打破，引起岩体内的应力重分布，促使岩体中的微裂隙、隐裂隙或原生节理不断发展、扩大直至贯通形成劈裂裂缝。因此，研究围岩发生劈裂裂缝的形成机理，应该首先从研究裂纹的扩展、贯通方面入手，在这方面前人的研究成果将成为重要的参考资料。

1. 模型试验方面

由于工程岩体结构复杂，数值模拟困难，因此人们在对裂纹扩展问题的研究上，更多地利用模型试验来模拟，并取得了很好的效果。

Horii 等[53] 通过模型试验和数值计算对二维情况下单个、多个和多组雁形排列预制张开裂纹的萌生、扩展和贯通机制做过较多研究，揭示了裂纹扩展的一些规律，并应用到工程实践上。Nemat - Nasser、Horri[53] 对含不同长度、方位裂隙的树脂材料单、双轴压缩条件下裂隙间相互作用机制及其最终破坏模式进行了试验研究。研究指出：裂隙长度是控制试样破坏方式的参数之一，通常较大裂隙控制单轴压缩条件下轴向劈裂的贯通机制；双轴压缩条件下的最终失效是通过较小预存裂隙在剪切区的连接、贯通实现的。但是，这些试验需要借助于有机玻璃类材料进行观测，因而未曾考虑类岩石材料及原岩均具有脆性及剪胀特性，且在破裂后具有一定的摩擦特性。

Brace、Bombolakis[54] 较早采用内部含预制单一裂隙的平板玻璃对裂隙在单轴、双轴作用下的启裂及扩展过程进行了观测，并指出 Griffith 准则能较好地描述裂隙的启裂，但单一裂隙的扩展路径与试样的宏观破坏面相差甚远。Ramamurthy 等[55-56] 对含不同间距、不同方位贯通节理的砂岩和石膏模型试样进行了单轴、三轴试验，并提出了一个能考虑节理数目、节理方位和节理面强度的综合系数-节理因子。Wong、Gehle 等[57-60] 采用改进的剪切试验仪对不同倾角、不同长度、不同间距张开非贯通预制裂隙石膏模型样和切缝真岩样在剪切荷载作用下裂隙扩展、贯通全过程进行了试验观测。Yang 等[60] 采用对称配置节理组模型材料试验发现，当岩体内节理组数为2～3组时，节理组的相互影响可通过岩体破坏模式进行判断，若岩体破坏模式为混合模式，则单一弱面控制理论并不合适，应考虑2组节理间的相互作用。

Reyes 和 Einstein[61] 采用石膏模型材料对内部含两条倾斜张开裂隙的试样进行了单轴压缩试验。研究发现：单轴压缩条件下裂纹尖端可能产生翼型裂纹和次生裂纹，并且最终由它们导致裂纹间的贯通，易形成劈裂裂纹；但是，岩桥的倾角和长度将直接影响裂隙试样的变形和破坏机制。该试验中裂隙面始终保持张开，没有考虑裂纹的摩擦作用。

Shen[62-63] 为了考虑裂隙面间摩擦的影响，采用与 Reyes 相同尺寸的裂隙试样，对包含张开和闭合裂隙的石膏试样进行了单轴压缩试验和数值模拟试验。试验表明：闭合裂隙的贯通方式与张开裂隙相似，但启裂方向发生变化；且闭合裂隙贯通时所需荷载较张开裂隙大。并且岩桥角度发生变化时，发生的破坏模式也将不同，可能是劈裂裂纹或者是剪切破坏。在此基础上，Bobet 等[64] 又对双轴加载条件下不同岩桥长度的张开和闭合裂隙的贯通方式进行了研究。研究发现，贯通方式不仅依赖于预存裂隙的空间位置，而且依赖于应力条件。单轴或低围限双轴压缩条件下，翼型裂纹从裂隙端部启裂，易形成劈裂破坏模式，随着侧限压力的增加，翼型裂纹产生的位置移向预制裂隙中部，最后当侧限压力达到某一量值时，翼型裂纹完全消失，由次生裂纹完成整个贯通过程，易产生剪切破坏。

朱维申、李术才和陈卫忠等[65-67] 通过了相似材料模型试验研究了雁形裂隙双向加载问题，并从理论上分析了断续节理岩体的蠕变损伤断裂机理，提出了节理裂隙蠕变演化的等效模型和考虑裂隙蠕变扩展与损伤耦合的应变本构方程。朱维申、陈卫忠等[68]用相似材料模拟试验的方法研究了双轴压缩荷载作用下闭合雁形裂隙的启裂、扩展和岩桥的贯穿机理，得到了双轴压缩荷载作用下，不同方位雁形裂隙的开裂角、启裂荷载、岩桥贯通荷载及临界失稳荷载等重要的断裂力学参数。张强勇等[69]根据压剪应力场中节理裂隙扩展断裂破坏机制，通过附加张应力研究了节理扩展相互作用对岩体断裂强度的影响，推导出了节理岩体的断裂破坏强度计算公式，并将该强度模型用于指导一大型山体隧道工程的设计和施工，取得了显著效果。

Lin等[70]通过物理试验和数值模拟，研究双轴作用下不同几何分布和不同围压的断续预置三裂纹的萌生、扩展和贯通机制。结果表明，裂纹贯通模式主要受加载条件与预置裂纹几何分布的影响，裂纹在双轴加载条件下有拉、剪、压和混合贯通等模式。黄明利、黄凯珠[71]通过对用机械法预制多个硬币状裂纹的冷冻有机玻璃材料进行单轴加载系列试验，研究脆性材料三维表面裂纹扩展演化和贯通机制。研究结果表明，三维裂纹间的相互作用对裂纹萌生和扩展主要有两种影响，即相互促进或彼此抑制，裂纹演化过程中其空间位置起主要作用。三维表面裂纹间的贯通要复杂得多，同时受裂纹切割深度、空间位置影响较大。

周小平等[72-73]利用裂纹孤立原理结合裂纹线场理论，研究了压应力作用下断续节理线尖端的精确弹性区应力场和脆断区应力场，利用脆断区长度和荷载之间的关系，从理论上分析了断续节理产生劈裂破坏的贯通机理。黄润秋、黄达[74]基于岩石试件的卸荷试验，研究了卸荷条件下岩石的应力—应变全过程曲线和破裂特征。研究表明，卸荷过程中岩石向卸荷方向回弹变形强烈、扩容显著、脆性破坏特征明显；卸荷条件下岩石破坏具有较强的张性破裂特征，各种级别的张裂隙发育，其剪性破裂面追随张拉裂隙发展。

刘冬梅、蔡美峰等[75]利用实时全息干涉法、高分辨率数字摄像机与计算机图像处理系统相链接的三位一体化测量系统，连续动态观测了单轴受压砂岩、花岗岩和压剪受荷砂岩试样裂纹扩展与变形破坏过程；基于动态干涉条纹的定量分析，描述了岩石微裂纹孕育启裂、扩展与闭合的动态交替演化过程，计算了岩石裂纹扩展速度与蠕变扩展速率和裂纹面的扩展变形量与蠕变变形量，实现了岩石内部Ⅰ型、Ⅰ-Ⅱ复合型、Ⅰ-Ⅱ-Ⅲ复合型裂纹力学性状动态演变的有效判识。

郭少华[76]为了解岩石类材料在压缩条件下的裂纹扩展规律，对含有内部倾斜裂纹的石膏板试件进行了双轴压缩试验。研究表明，在通常情况下岩石裂纹按Ⅰ型张拉模式扩展，但随着裂纹表面摩擦系数和围压与纵向荷载比值的提高，翼型裂纹扩展的偏转角随之减少。当裂纹表面摩擦系数和围压与纵向荷载比值足够大时，岩石裂纹Ⅱ型剪切模式扩展。然而，当裂纹表面摩擦系数和围压与纵向荷载比值进一步增加时，石膏板试件将发生强度破坏。

陈蕴生等[77]采用类岩石材料水泥砂浆，制作成含有不同裂隙倾角和不同裂隙数目的非贯通裂隙模型试样，在岩石三轴、剪切复合机上进行单轴压缩试验研究，分析非贯通裂隙试件在单轴压缩条件下的破坏方式、变形和强度特性，并建立了其与非贯通裂隙倾角和裂隙数目的关系；加载的同时利用超声波检测仪进行声波测试，分析了其内部裂纹的扩展情况。试验结果表明，裂隙的存在使试件强度显著降低；试件中有无裂隙对其强度的影响明显大于裂隙角度的影响；试件强度一般随裂隙数量的增加而降低，但也与裂隙的位置有关；裂隙角度对强度的影响有随裂隙数量增加而减小的趋势。

2. 数值模拟方面

随着高性能的计算机及数值计算理论的迅速发展，基于数值分析方法的若干模型及软件已经应用在岩土工程领域来模拟材料的力学反应和破坏模式。岩石变形破坏过程的数值模拟已成为当前研究岩石破坏问题的热点方法之一，RFPA、DDA、无网格法、流形元、离散元等数值方法被应用到研究裂纹扩展的问题上，并取得了比较好的效果。

Cundall 和 Strack[78]基于传统离散元理论建立了黏合粒子模型。基于该模型的颗粒流程序（PFC）可以模拟岩土材料的力学反响及破坏模式。在该模型中，岩土工程材料的非均质性是通过随机产生的颗粒来模拟的。Liu 等[79-80]采用 Weibull 分布函数来模拟岩石的非均质性，开发了 R - T^{2D} 软件来分析了岩石的逐步破坏过程，并模拟常规的岩石力学试验及切割岩石过程中的裂纹扩展问题。同样采用 Weibull 分布函数，Fang 和 Harrison[81-82]提出了一种局部退化模型来模拟脆性材料的破坏，并运用有限差分程序 FLAC 计算了在不同围压下岩石的全过程应力应变曲线与裂纹产生及发展的过程。

陈沙等[83]提出基于真实细观结构的岩土工程材料三维数值分析方法。运用数字图像技术，将岩土工程材料的表面图像转换为材料的真实矢量细观结构。然后通过一种简单变换，将该矢量结构转换为单层的三维结构。最后采用研磨及扫描循环系统，逐步扫描并生成每一层材料的表面细观结构，将这些沿深度方向连续的细观结构逐层逐层叠加起来，从而形成了整个试件的三维真实细观结构。以香港花岗岩为例，采用有限差分法软件 FLAC^{3D} 分析岩石在单轴受压情况下的三维应力分布及裂纹的产生及扩展过程。

Tang 等[84]用自行开发的 RFPA 软件系统地研究了包含三条裂隙的试件在单轴受压时的破裂规律和裂隙连通的模式，得到了劈裂破坏的试验现象，并与一些试验结果做了对比分析。陈卫忠、李术才等[68]详细地研究了闭合裂纹在单轴、双轴载荷作用下，裂隙扩展、贯通的规律，应用八节点奇异等参单元模型来模拟节理尖端应力场的奇异性，试验和数值计算结果所得到的闭合裂隙的扩展规律具有较好的一致性。李宁等[85]提出以典型的物理模型试验结果标定数值模型，再利用标定后的数值模型开展系统数值试验研究的思路，既可充分发挥物理模型试验接近实际情况的优势，又可充分利用数值模型试验建模快、成本低等优点。同时，还对数值试验模型的建立、数值试验的定性与定量、数值试验模型的改进、数值试验模型的标定等方面进行了讨论。最后，利用标定、修正后的数值模型试验研究了侧压、裂纹面摩擦因数等在物理模型试验中难以实现的因素对含两条共面裂纹岩样的应力场、强度和宏观破坏模式的影响范围规律。

唐春安等[86]运用岩石破裂过程分析 RFPA^{2D} 软件系统，通过对岩石试样中预置的一组右行右阶雁列式裂纹扩展过程的数值模拟，研究了非均匀岩石介质中多裂纹扩展的相互作用模式及其贯通机制。数值模拟再现的受压混合型裂纹扩展过程中逐步演变的全场变形过程，以及与细观非均匀性有关的声发射和断续扩展模式的"岩桥"现象，清晰地揭示出多裂纹扩展的相互作用及其贯通机制。Tang 等[84]用自行开发的 RFPA^{2D} 软件系统研究了包含三条裂隙的试件在单轴受压时的破裂规律和裂隙连通的模式，并与一些试验结果做了对比。

焦玉勇等[87]提出一种用非连续变形分析方法模拟岩石裂纹扩展的方法。将计算区域自动剖分成三角形块体单元，块体边界分为真实的节理边界和虚拟节理边界。裂纹扩展沿虚拟节理进行，按照界面破裂准则进行裂纹扩展分析。该方法可以模拟裂纹萌生、扩展、贯通和岩体破碎全过程，适用于完整岩石、断续岩体乃至完全不连续岩体等任意情形。由于该方法基于离散颗粒数值模型，其计算过程不会遇到数学上的困难。根据所提算法，编制 VC＋＋程序模块，并计算几个算例。模拟结果与已有的物理、数值试验结果吻合得较好，表明所提算法是有效的。夏祥、李海波等[88]通过 ANSYS/LS‐DYNA 程序模拟了岩体单孔柱状装药的爆破破裂过程，分析了岩体爆破裂纹产生和扩展的机制，得到了岩体粉碎区和裂隙区的范围以及爆源近区岩体质点峰值压力的衰减规律。

1.2.2.2　断裂力学研究现状

上面介绍的基本都是试验和数值模拟方面的，同时也应该看到数值模拟结果是否可靠在很大程度上取决于岩石模型的确定与力学参数的取值。换言之，岩石数值计算方法的可靠度是建立在对岩石破坏过程与机理的充分认识和力学理论进一步完善的基础上，因此数值模拟水平的发展离不开理论的进步。同样试验现象的解释也要依赖于理论的进步。

而对于裂纹扩展理论方面的研究也逐渐发展了起来，其中岩体断裂力学就是一门研究带裂纹体的岩体的强度以及裂纹扩展规律，利用断裂力学理论来诠释岩体力学特性并指导工程实践的学科。它将岩体中的断续节理、裂隙模拟为裂纹，岩体不再看成完全的连续均质体，而是看表面含有众多裂纹的裂纹体。应用该方法，可以追踪岩体中节理裂隙的启裂、扩展到相互贯通使岩体局部破坏的过程，它以一种全新的方法解释了大量的地质力学现象，并使人们从更深的层次认识了岩石破裂机理。因此，断裂力学很适合用来进行裂纹扩展规律的分析。

断裂力学始于 Griffith 的脆性材料的强度理论，他从能量的角度得出了物体强度与材料性质及裂纹长度之间的表达式。然后是 Irwin 在 1957 年提出了应变能释率 G 与应力强度因子 K 的概念，并逐步进行了线弹性断裂力学的理论体系。对于大范围塑性材料，Dugdule 在 1960 年提出的 COD 法及 Rice 在 1968 年提出的 J 积分原理，又为弹塑性断裂力学奠定了基础。

近 30 年来，断裂力学得到迅速发展，无论是理论与实验研究，还是工程应用都已相当完善，这些都为岩体断裂力学的发展奠定了良好的基础，并催生了现代岩体力学的一个重要分支——岩体断裂力学。

岩体断裂力学是工程地质学与断裂力学交叉的边缘学科。它将岩体中的断续节理、裂隙模拟为裂纹，岩体不再被看成完全连续均质体，而是被看成含有众多裂纹的裂纹体。应用断裂力学的方法，可以追踪岩体中节理裂隙的启裂、扩展到相互贯通使岩体局部破坏的过程，从而揭示出岩体失稳的渐进破坏机制。由于岩体结构的复杂性以及基础研究的不完善，与断裂力学在其他领域（如航空）高度的应用成就相比较，岩体断裂力学距离直接指导工程实践尚存在较长一段距离。将断裂力学的研究成果引入到岩体工程稳定性分析中来，并进一步指导岩体工程的支护设计是一项任务艰巨但很有意义的工作。经过不断的发展，在岩体断裂研究领域里取得了令人瞩目的成就，建立了一套较为完整的理论体系。在不同载荷作用下岩石的断裂判据、断裂机理、裂纹扩展路径、断裂参数测试等方面做了大量的工作，形成了一套完整的理论体系，这些成果为岩体断裂力学的应用奠定了基础。

1. 断裂判据方面

在岩土工程中，由于应力环境及工程形状的影响，围岩有可能处于受拉、压、剪及其组合状态，从载荷作用的角度来说，岩石压缩断裂实际上就是传统意义上的复合型断裂问题。因此，在岩石压缩断裂研究的早期，普遍采用了以下三种传统断裂力学的经典复合断裂判据理论。

Erdogan 和 Sih[89] 提出混合型裂纹的最大周向应力判据，即 $(\sigma_\theta)_{max}$ 判据。该判据认为：①在复合应力的作用下，裂纹扩展方向是最大周向正应力 σ_θ 取最大值的方向；②当这个方向上周向正应力的最大值 $(\sigma_\theta)_{max}$ 达到临界时，裂纹就开始扩展。Sih[90-91] 提出基于局部应变能密度场的断裂概念的断裂判据，即 S 判据。该断裂判据认为裂纹失稳扩展发生在应变能密度因子 S 达到最小的方向，并当应变能密度因子 S 达到临界值 S_c 时裂纹开始扩展。于骁中[92] 对于混合型裂纹的断裂，提出了能量释放率判据，即 G 判据，基于以下两个假设：①裂纹沿着能产生最大能量释放率的方向扩展；②裂纹的扩展将在该方向的能量释放率达到一定临界值时开始。Nuismer[93] 利用连续性假设研究了能量释放率理论同最大周向正应力之间的关系，结果发现最大能量释放率的方向就是最大周向正应力的方向。

但是 $(\sigma_\theta)_{max}$ 理论是建立在裂纹尖端拉应力集中基础之上的，因此适用于预测拉伸机制的 Ⅰ 型断裂扩展，而不能预测剪切机制的 Ⅱ 型断裂扩展。建立在裂纹系应变能基础之上的 S 判据和 G 判据，由于考虑了所有应力分量，似乎能够预测 Ⅰ 型断裂和 Ⅱ 型断裂。但是，对受压应力作用的斜裂纹问题，S 判据仅仅能够预测出两个 S_{min} 值。其中一个近似在最大拉应力方向，另一个则在最大压应力方向。因为在任意方向上没有解析的表达式可以利用，G 判据在具体应用上有很多数学上的困难。尽管 Hussain 等[94] 成功地将能量释放率用裂纹尖端的应力强度因子表示，但 Chiang[95] 和 Ei - Tahan 等[96] 都证明 Hussian 公式不能准确预测压缩裂纹的扩展，只仅仅能够预测 Ⅰ 型断裂的扩展。因此，一些学者又在这些准则的基础上，结合具体的岩体问题提出一些改进的断裂判据。

周群力[97] 通过混凝土与岩石接触面现场抗剪试验中反复加载出现的疲劳裂纹，根据名义法向应力对剪切断裂有抑制作用的现象，提出了岩石压剪断裂判据：$\lambda_{12}K_{\mathrm{I}} + |K_{\mathrm{II}}| = \overline{K}_{\mathrm{II}c}$，式中 λ_{12} 为压剪系数，$K_{\mathrm{II}c}$ 为压缩状态下的剪切韧度。尹双增[98] 认为裂纹尖端塑性区的存在是抗裂的重要元素，在同一个塑性区上，哪个方向上塑性区距离最短，裂纹就最容易从哪个方向上扩展。该判据是根据弹性力学八面体剪应力和 Mises 屈服条件建立起来的，把断裂力学和传统的力学理论联系了起来，概念清楚，计算简便。郭少华[99] 针对岩石类材料压缩断裂中可能发生的 Ⅰ 型张拉断裂和 Ⅱ 型剪切断裂的现象，通过对不同方位微裂纹尖端 Ⅰ 型、Ⅱ 型应力强度因子变化规律的研究，以比应力强度因子和比断裂韧度作为表征参数函数方程，提出了压缩条件下岩石类材料复合型裂纹断裂模式与断裂破坏的判据。栾茂田等[100] 通过对脆性断裂过程中开裂扩展机理的分析，提出了径向平面最大 Mises 应力（RPMS）概念。在平面应变条件下考虑泊松比的影响，对不同应力复

合比的Ⅰ-Ⅱ复合型载荷作用下裂尖处应力分布进行了分析，以此为基础，考虑裂尖处三向应力状态对断裂过程的影响，将径向平面上的最大Mises应力作为裂纹开裂扩展的控制因素。据此，针对复合型载荷模式，提出了裂尖复合脆性断裂判据及裂纹开裂方向表达式。

周家文、徐卫亚等[101]在分析压剪复合型裂纹尖端应力场的基础上，利用最小J_2准则得到压剪裂纹的启裂角，把岩石压剪断裂问题与岩石的破坏准则联系在一起，利用岩土材料中广泛应用的Mohr-Coulomb（莫尔-库仑）准则和Drucker-Prager准则分别建立两个岩石压剪断裂判据。蒋玉川等[102]以复合型裂纹为研究对象，将裂纹尖端的最小无量纲塑性区尺度ρ_{min}和广义合成偏应力强度理论相结合，建立脆性材料复合型裂纹的断裂准则，预测裂纹启裂角及临界荷载。陈四利[103]利用裂纹尖端附近等应变能密度线，将区域内的总体积应变能引入复合型断裂问题的研究，建立了复合型断裂等W线体积应变能准则，考虑以下两个假定：①裂纹初始扩展的方向是裂纹尖端至等W线最小距离的方向；②当等平线内的总体积应变能U达到Ⅰ型断裂体积应变能的临界值U_{cr}时，裂纹开始扩展。该准则与实验数据基本吻合。李建林、孙志宏[104]采用等效的原则确定裂纹前沿应力分布，通过岩石力学中广泛应用的Hoek-Brown准则（简称H-B准则），建立了岩石压剪断裂等效判据，并首先将H-B准则中的参数m、s与断裂韧度K_{1C}、$K_{ⅡC}$联系起来，该判据与试验值有较好的一致性，并由此估算了岩体的强度。

2. 压剪断裂方面

针对岩石类材料压缩断裂的实验现象和断裂特点，有关机理的研究和假说曾引起了广泛兴趣，各种观点也不大相同。裂纹在压应力下的断裂行为完全不同于其在拉应力下的断裂，它涉及裂纹的闭合过程，摩擦效应及其引起的一系列新的力学现象（压应力强度因子、断裂模式等）。因此，传统断裂力学的概念，机理和判据已经不能够用来解释这些新的现象。

从20世纪70年代开始，在压应力作用下岩石材料内部微裂纹的变化与岩石材料的宏观力学行为之间的关系开始引起人们的兴趣。该方面的研究源于Wawersik、Brace，他们在对花岗岩和辉绿岩进行的压缩实验过程中，用光学显微镜观察了不同荷载下岩石试样内部的裂纹发展情况。观察结果表明，随着应变水平的增加，微裂纹的密度和方向均发生了变化[105]。1973年，Hallbauer等[106]在石英岩的压缩实验中做了类似的工作。20世纪70年代中期以后，随着扫描电镜（SEM）等细观设备的应用，不少学者在这方面展开了较为系统的研究。研究结果表明，在外载荷作用下，产生的微裂隙都是从既有的裂纹以及材料颗粒之间的边界发展起来的，这些裂纹在外载荷作用下具有明显的方向性。在压应力作用下，这些微裂隙沿着最大主应力方向发展，裂纹的扩展与岩石材料的宏观力学行为有较密切的关系。例如，裂纹的初始稳定扩展导致了岩石材料的应变硬化效应，裂纹的相互作用以及聚合导致了材料的应变软化效应。该项研究还表明，材料自身的一些细观参数如颗粒尺寸、孔隙率及裂纹的密度对岩石材料的力学特性有较大影响。

基于上述的实验研究以及断裂力学的相关理论，一些裂纹模型被应用于研究岩石材料在压缩荷载作用下的强度以及变形特性，如圆孔形裂纹模型（Cylindrical Pore model）[107]、弹性不匹配模型（Elastic mismatch model）[108]、位错群集模型（Dislocation pile-up model)[109]、点接触模型（Hertzian crack model）和滑移裂纹模型（Sliding crack model）[54]。结合断裂力学的相关理论，这些研究架起了岩石材料细观和宏观力学特性之间的桥梁，成为目前岩石材料力学特性研究的热点方向。在这些模型中，滑移型裂纹模型最广泛地应用于研究脆性材料在压缩荷载作用下的力学特性，见图 1-8。

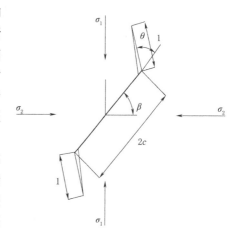

该模型最早是由 Brace 和 Bombolakis 在 1963 年基于沿预存裂纹面的摩擦滑移导致其尖端拉裂纹形成的概念提出的。Kachanov[110] 研究表明：该模型非常适用于研究岩石微裂纹延性开裂机制和岩石类材料非线性变形。1976 年 Tapponnier 和 Brace、Olsson 和 Peng 分别描绘了应力诱

图 1-8 滑动裂纹模型

导微裂纹扩展模型图。1982 年、1985 年 Nemat - Nasser 和 Horri[53] 用线弹性断裂力学分别研究了单个、多个和多组雁形排列预置张开裂纹的萌生扩展贯通机制，研究了这些裂纹面相互作用引起的应力集中，裂纹的相互作用使得扩展失去稳定，导致裂纹局域化形成，控制材料的强度和最终失效面，他们在定量分析与实验验证的基础上提出了预存裂纹的二维模型，该模型可以解释缺陷诱发裂纹扩展导致岩石的劈裂和剪切破坏现象，并研究了微裂纹的扩容模型。

由于经典滑动裂纹模型能较好地描述在模型材料试验中观测到的现象，不少学者利用该模型来分析模拟裂纹的启裂、扩展、贯通，并通过解析方法、数值方法和试验来计算应力强度因子并取得了很好的成果。

Blair 和 Cook[111] 用统计方法研究了压缩应力作用下岩石的非线性断裂模型，并用它模拟了岩石的破坏过程和裂纹的相互作用，分析了微观尺度的非均质性对宏观变形的影响。Hajiabdohnajid 等[112] 研究了岩石材料的脆性断裂模型。如何反映分布缺陷对岩石力学行为的影响促进了表征真实物理过程的岩石非线性损伤本构模型的建立。Kemeny 和 Cook[113]、Adams 等[114] 将倾斜受压裂纹视为厚度为零的数学裂纹，并认为翼型开裂裂纹尖端，导致其扩展的局部拉应力是裂纹上下面由于剪应力存在而引起的相对滑动造成的。他们利用该模型对岩石破坏前的扩容现象进行了微观解释，并预测了岩石的压缩破坏。McClintock 和 Walsh[115] 考虑具有摩擦效应的 Griffith 裂纹，并认为存在一个临界压应力。当裂纹法向压应力小于这个临界压应力时，裂纹处于张开状态。当裂纹法向压应力大于这个临界压应力时，裂纹便处于闭合状态，而产生摩擦效应。Paul[116] 在对岩石中心斜裂纹的翼型裂纹的启裂应力计算中发现：摩擦系数越大，启裂应力也越大；摩擦系数越大，能够翼型开裂的主裂纹的倾角范围越小。

李术才、朱维申[117] 应用断裂力学和损伤力学的理论，研究断续节理岩体开挖卸荷过程中渐近破坏的力学机制，从压剪和拉剪两种应力状态出发，建立了复杂应力状态下断续节理岩体的损伤演化方程，并将其应用于某矿山开采过程围岩破坏特征分析中，结果表明，理论计算与工程实践较为吻合。罗淑堂、林伟平[118] 讨论了多孔隙岩石在单轴和三轴

应力状态下的变形三个阶段及其破坏机制。通过断裂分析和临界体积膨胀以及临界八面体剪应力分析，建立了与岩体变形曲线上两个特征点相对应的开裂起始强度和开裂发展强度判据，进而分析并提出了为工程采用的强度准则。黎立云等[119]用断裂力学理论，对大理岩进行了这方面较完整的实验与理论研究，且用四点弯试件实现了一定范围内的压剪断裂实验。研究结果表明，大理岩裂纹初始扩展所需的临界载荷值在很大程度上遵循最大拉应变理论，而不是最大拉应力理论，前者预示的载荷值远低于后者。两理论预示的初始开裂角相差不大，且与实验基本相符。

孔园波、华安增[120]应用伪张力法和断裂力学原理对受压状态下裂隙岩石的破裂机理作了进一步的理论和试验研究。研究表明，裂隙岩石的宏观破裂与岩石的微裂隙分布及其相互作用密切相关，在一定载荷条件下，岩石内部微裂隙的扩展和聚集方式呈现一定的规律性，从而使得裂隙岩石宏观破裂的形成和扩展也具有一定的规律。作为实例分析了雁形裂纹的形成和扩展机制。

刘东燕、朱可善[121]借助于断裂力学的理论和有限元数值计算方法，分析了压剪断裂过程中裂纹尖端应力场的演变规律；修正了应力强度因子的有关计算式，建立了表征初裂的新的断裂准则；反映了裂纹几何尺寸、分布规律、裂纹面物理力学性质、岩石材料断裂韧度，以及围压效应对岩石压剪断裂的影响。

王水林、葛修润等[122]根据线弹性断裂力学原理，引入改进的拉格朗日乘子法处理材料界面的接触摩擦，通过围线积分法计算裂纹尖端的应力强度因子，利用数值流形方法追踪岩体试件受压裂纹扩展的过程。周小平等[123]利用断裂力学知识，分析了单轴、三轴加载、单轴卸荷、围压卸荷和轴压卸荷各阶段的应力强度因子，给出了各种情况下应力强度因子的显式表达式，并研究了单轴、三轴加载和单轴卸荷、围压卸荷和轴压卸荷各阶段的应力强度因子的相同和不同点。周维恒等[124]根据岩石试件的扫描电镜和岩石宏观断裂试验建立了岩石混凝土材料的细观微裂纹扩展模型，从试验和数值计算两方面研究断裂损伤过程区及其微裂纹的演化。

陈枫等[125]认为压剪应力场与拉剪应力场具有明显的区别。后者中的拉应力使裂纹面具有分离趋势。而且，由于拉应力的存在，使拉剪裂纹尖端的韧带区的抗剪阻力减小，所以，这时的Ⅰ型应力强度因子凡对裂纹扩展起了驱动力的作用。而压剪加载则相反，压应力既使裂纹面具有闭合趋势，也增加了韧带区的内摩擦力，从而使裂尖韧带区的抗剪阻力增加，而且在压剪加载下，裂纹一经闭合，将会引入库仑摩擦力，进一步提高了抗剪断能力。

楼晓明等[126]利用断裂力学原理，考虑到水压力对微裂纹尖端应力场的实际影响，对巷道围岩单节理微裂纹的Ⅰ型、Ⅱ型及其复合型裂纹应力强度因子进行了探讨。然后，采用双剪统一强度理论，研究了富水区巷道围岩微裂纹扩展角及裂纹尖端塑性区范围，并给出了包含反映岩石拉压性能差异的参数 a、反映中间主应力效应的参数 b 及水压力的巷道围岩微裂纹裂尖塑性区统一解。

黎立云等[127]对某水电站左岸边坡层状泥岩进行了强度试验研究，同时对裂纹垂直于层面及平行于层面两种基本情形进行了断裂试验研究。由于此层状岩体在强度方面表现出明显的正交各向异性，导致其在裂纹扩展方面表现出明显的特殊性，如Ⅰ型及Ⅰ-Ⅱ复合型裂纹的剪切启裂扩展，锯齿状的裂纹扩展路径等。此外，通过断裂力学及有限元方法对破坏机制进行了论证分析。由计算所得的 K_{I} 和 K_{II} 数值解，得到了裂纹垂直于层面时此泥板岩的临界断裂曲线。

李银平、杨春和[128]针对岩石类材料中压剪裂纹的复合断裂问题，较系统地讨论原生（或预制）裂纹的几何特征（如厚度、裂纹尖端曲率半径等）及围压对翼型裂纹启裂角的影响；然后结合含预制裂纹大理岩压剪试验进行翼型裂纹启裂角的理论预测和试验结果的对比分析。

李江腾、曹平[129]应用断裂力学理论讨论硬岩矿柱初始裂纹在上覆岩层作用下贯通形成层状结构的机理，指出裂纹间相互作用引启裂纹的失稳扩展，从而相互连接形成层状结构。在此基础上，应用能量原理及突变理论推导矿柱失稳的临界载荷及临界应力，提出矿柱发生失稳的屈曲模型。研究结果表明，矿柱发生失稳与分裂岩层的屈曲破坏有关；而岩层的屈曲除与岩石的材料参数有关外，还与分裂后的厚度即裂纹的分布有关。

张平等[130]采用滑移型裂纹模型模拟分支裂纹扩展，并采用裂纹密度的方法考虑多裂隙的相互作用，对不同应变速率下含不同裂隙空间位置、不同裂隙数目的非贯通裂隙模型试样强度变化规律进行了分析。

然而，由于岩体材料本身的复杂性，岩石受力后，其微裂纹和微裂纹扩展有个逐渐变化过程，因而在不同的发展阶段，岩石的变形、破坏形式也不相同，很难得出一个统一的认识，其发生和发展过程是一个较难用数学手段模拟的动力失稳过程。许多方面仍然处于探索阶段，像数学模型、数值模拟、试验研究等诸多方面还有待进一步研究。

3. 能量理论方面

目前对岩石断裂性能的研究主要从两个角度进行：应力场观点和能量观点。对线弹性材料而言，二者是等效的。对于弹塑性材料，二者之间不能直接画等号。岩石类材料内部存在许多裂隙和各种微缺陷，这些微观缺陷将会对岩石类材料的力学性能产生强烈的影响。能量是一个能够贯穿不同结构层次的通用物理量，岩石变形破坏的过程是和外界产生能量交换的过程，服从能量守恒及转化定律，遵守热力学第二定律及叠加原理，在分析岩石破坏过程中应用能量概念要比应力场观点更为有利，可能更为接近实际情况。迄今为止，已有不少学者从能量的观点出发研究了岩石在各种载荷作用下的力学行为特点，并取得了大量有价值的成果。

Griffith 最早提出断裂力学基本概念时所采用的方法就是能量法，他用一种基于表面能的能量平衡方法研究了玻璃的断裂破坏问题，并提出一个众所周知的概念。这个概念指出，如果物体的总能量降低，则体系中原有的裂缝将扩展。而且他设想，当裂缝扩展时，弹性应变能降低，用于产生新裂缝表面，在两者之间有一个简单的能量平衡。

Irwin 将与释放的应变能相平衡的表面能中又加入了塑性变形功这一项，而且将能量释放率 G 定义为裂缝扩展过程中增加单位裂缝长度和单位厚度所吸收的能量，是一种不可逆的能量损失。

Basista 和 Gross[131]根据内变量理论研究了含滑移型裂纹的应变问题。在他们的分析中，非线性应变的计算分成两个阶段。在第一阶段，没有拉伸裂纹产生，能量的耗散由初始裂纹的滑移形成；在第二阶段，拉伸裂纹形成，并沿着最大主应力的方向扩展。在这一阶段，能量的耗散主要由拉伸裂纹的扩展形成。他们的结果与 Nemat - Nasser 和 Obata 的结果近似。Ravichandran 和 Subhash[132]根据能量平衡理论研究了含滑移型裂纹的扩展问题。在他们的研究中，考虑了由初始裂纹滑移引起的能量耗散以及造成的非线性应变。Cook[133]指出，当在弹性岩体中进行开挖时，将会引起岩体中的重力势能 W_G 和水平应力势能 W_H 的变化。这两项势能改变的总和等于储存的弹性能 U_e、耗散的能量 W_r 以及储存在被开挖掉的岩体中的应变能的总和[134]。总之，当地下工程进行开挖时，就会发生势能的改变，应变能储存在围岩中，而多余的能量就被耗散掉。Ravichandran 和 Subhash[132]在考虑由摩擦引起的能量耗散情况下，通过应变能等效确定有效柔度张量，进而确定本构模型。Kemeny 和 Cook[135]对含随机分布的断续节理、裂隙岩体，从断裂力学的观点出发，利用应变能等效原理推求出了等效各向异性本构模型。Zheng 等[136]研究了洞室岩爆的现象，并指出对于洞壁附近的薄板岩层来说，开挖引起的洞室响应可以用刚度来进行分类。对于非常薄的岩板，所释放的总的能量等于储存的应变能及非常少量的动能。而对于厚一点的岩板来说，则释放出大量的动能。

　　谢和平等[137]从能量的角度出发，分析研究了岩石的变形破坏过程，揭示了这一过程的能量耗散及能量释放特性。理论及试验研究表明，在岩石变形破坏过程中，能量起着根本的作用。岩石的失稳破坏就是岩石中能量突然释放的结果，这种释放是能量耗散在一定条件下的突变。从力学角度而言，岩石的变形破坏过程实际上就是一个从局部耗散到局部破坏最终到整体灾变的过程；从热力学角度看，这一变形、破坏、灾变过程是一种能量耗散的不可逆过程，包含能量耗散和能量释放。谢和平等[138]讨论了岩石变形破坏过程中能量耗散、能量释放与岩石强度和整体破坏的内在联系，指出岩石变形破坏是能量耗散与能量释放的综合结果。

　　朱维申、张强勇、李术才[139]根据 Betti 能量互易定理、修正自洽法理论和节理裂隙断裂扩展过程中的能量转换与能量耗散建立了岩体的能量损伤演化方程，在此基础上通过有效应力体现损伤与塑性变形的耦合效应，建立了裂隙岩体的三维脆弹塑性断裂损伤本构模型。

　　李树忱等[140]在内变量不可逆热力学的理论框架下，应用能量耗散的基本原理，求解弹性损伤的等效应变和损伤演化方程，建立损伤屈服准则。应用考虑能量耗散的本构方程，求解大型地下洞室围岩稳定问题，从分析结果能够给出洞室围岩损伤演化区的范围和损伤值的大小，进而判断洞室围岩何处发生损伤和断裂。认为损伤值等于 1.0 时，材料发生完全断裂，此时材料的破坏分析应借助宏观断裂力学的手段来进行。

　　陈卫忠、李术才、朱维申等[141]基于能量等效原理，建立了考虑裂隙闭合和裂隙表面摩擦效应的节理裂隙岩体本构关系，推导了柔度张量及其增量的表达式，并将该研究成果应用于三峡船闸岩体稳定性分析。计算结果表明，本模型可以较好地反映节理裂隙岩体的力学特性及开挖过程中围岩渐进破坏的规律。

　　华安增[142]分析了原岩弹性应变能、隧道四周围岩应变能的释放与集聚情况、围岩应变能转移的条件、地下工程开挖前方的围岩能量变化以及该能量的突然变化指出围岩的能量达到该点的极限储存能时，多余的能量将释放，造成塑性变形或破碎，并自动向深部转移。如果释放的能量特别大，又不能向深部转移，将造成岩石冲击。

赵忠虎、谢和平[143]从理论上分析了用能量方法研究岩石破坏问题的合理性，以及岩石在变形过程中弹性能、塑性能、表面能、辐射能、动能之间相互转化的过程、计算原理及对岩石破坏所起的不同作用，并分别从宏观和微观的角度研究了在不同的变形阶段中岩石能量耗散与释放问题。

尤明庆和华安增[144]利用伺服试验机对粉砂岩试样进行常规三轴加载，测量轴向和环向的应力、变形全程曲线，计算岩样屈服破坏过程中的能量变化。在轴向压缩破坏过程中，岩样必须持续吸收能量，主要用于克服内部剪切摩擦。三轴加载后保持轴向变形恒定降低围压，岩样同样会发生破坏；在此过程中，试验机不对岩样做功，而岩样环向膨胀对液压油做功持续释放能量

苏承东、张振华[145]利用伺服试验机对大理岩岩样在不同围压下轴向压缩屈服之后完全卸载，再对损伤岩样进行的单轴压缩试验，研究岩样不同围压下三轴压缩的塑性变形量、能耗与损伤岩样单轴压缩时的强度、平均模量、能耗特征的变化规律。

李海波、赵坚等[146]应用滑移型裂纹模型，基于裂纹扩展过程中的能量平衡原理，建立了花岗岩材料的动态本构模型。分析结果表明，模型结果与实验结果符合得比较好；并进一步分析了裂纹扩展引起的非线性应变特征，分析结果表明，在裂纹的扩展过程中，由于裂纹扩展引起的非线性应变对侧向应变的影响比轴向应变大，初始裂纹的滑移在花岗岩材料的非线性应变的贡献不能忽略。

1.2.3 硬岩脆性破裂锚固机理研究

为了保证地下工程能顺利安全地进行开挖，必须采取必要的措施，岩土锚固技术，无疑是保证地下洞室开挖顺利进行和正常使用、有效地控制围岩变形的有效措施，它已经成为一种无可替代的岩土工程安全加固措施。随着我国国民经济的快速发展和国家对基础设施建设投入地不断加大，岩土锚杆加固技术在岩土工程和地质环境工程中得到了越来越广泛的应用。为满足日益复杂、高效的现代化生产和生活的需要，岩土锚固技术在我国的岩土工程建设中将发挥更大的作用，必将迎来更快的发展机遇和更广阔的应用前景。

锚杆是岩土工程中重要的支护构件，它可以控制围岩的变形并提高其整体强度，对节理岩体的锚固作用十分明显。自20世纪初首次采用岩石锚杆对矿山巷道进行支护以来，锚杆支护在工程应用和锚固技术上都得到了迅速的发展。同时，国内外研究学者对锚杆的加固机制也进行了大量的、定性或定量的分析工作，包括现场和室内试验研究以及理论探讨。尤其是20世纪80年代以来，随着计算机的发展，各种数值模拟方法也在节理岩体锚杆加固机理的研究中得到广泛应用。

1.2.3.1 理论研究方面

对于锚杆理论，传统的锚杆加固理论是 Louis Panek、Jacobio、T. L. V. Rabcewicz 和 T. A. Lang 等相继提出的悬吊作用理论、组合岩石梁理论及加固拱理论。

（1）悬吊作用理论。即通过锚杆将已松动的岩块悬吊于稳定岩体，或者将软弱岩层悬吊于稳定岩层，使之不与母体脱落。

（2）组合岩石梁理论。该理论适合于顶板为层状岩体的情况，即将多岩层组合成一个

整体，从而提高其抗剪刚度与抗剪强度。

（3）加固拱理论。适合于块状结构或碎裂结构的岩体。采用系统布置的锚杆加固，可提高不连续面的抗剪强度度，保持岩块间的镶嵌、咬合、连锁效应。该加固拱能保持自身的稳定，又能阻止加固体上部岩体的变形与松动。

随着锚杆支护技术的广泛应用以及岩体的复杂性、应力环境的多变性，上述理论已远远不能解释锚杆在岩体中的工作机制，也不能满足工程设计的要求。为此，广大学者对锚杆支护理论不断进行研究，对锚杆作用机制进行了深入广泛的分析，利用各种力学理论进行了解析求解。

Gunnar Wijk[147] 应用弹性理论中的 Mindlin 解分析了预应力锚杆的加固机理。Selvadurai[148] 和中国科学院武汉岩土力学研究所林世胜等[149] 利用黏弹性力学分析了锚杆及围岩的应力状态。Dight[150] 提出了节理岩体进行锚固后提供的最大剪力的表达式，以及考虑注浆体屈服情况下的节理位移计算公式。同时提出，锚杆的破坏是由剪力和轴力共同作用的结果。Stille[151]、Indraratna[152] 和株洲工学院的汤伯森[153] 运用弹塑性理论对锚杆支护问题做了研究。Spang 等[154] 同样提出了计算锚杆最大加固力以及节理位移的经验公式。Holmberg 和 Stille 等[155] 提出了当锚杆与节理面有一定角度时的锚杆加固效果表达式。

中国科学院武汉岩土力学研究所张玉军[156] 利用各向异性弹性力学理论计算了圆形洞室锚固区的应力值。Oreste 等[157] 和徐恩虎等[158] 利用了复合材料力学理论。朱维申等[159] 以大型水电工程和矿山等大型隧道为背景，建立了加锚节理岩体断裂损伤模型和锚固分析模型，并提出了计算锚固效应的等效公式。

李术才[160] 应用断裂力学与损伤力学理论，对复杂应力状态下脆性断续节理岩体的本构模型及其断裂损伤机制进行研究，根据应变能等效的方法和自洽法理论，建立加锚断续节理岩体在压剪、拉剪应力状态下的断裂损伤本构模型，并建立裂纹在压剪和拉剪状态下的损伤演化方程。

张强勇等[161-162] 根据岩石锚杆对节理裂隙岩体的加固机理，提出各向异性损伤锚固模型，同时建立一种三维损伤岩锚柱单元模型来模拟锚杆的支护效果，并将建立的力学模型应用于滑坡地质灾害治理工程项目中。

侯朝炯等[163] 从分析煤层巷道围岩应力和位移的特点出发，研究了锚杆对保持巷道围岩塑性区、破碎区的稳定作用，提出了锚杆支护围岩强度强化理论，并探讨了煤巷及软岩巷道锚杆支护作用机理，为锚杆支护参数的稳定提供了依据。

伍佑伦等[164] 在分析穿过节理的锚杆与岩体相互作用的机理后，采用线弹性断裂力学的方法，分析在拉剪综合作用下锚杆对裂纹尖端应力强度因子产生的贡献，并揭示了各种应力作用情况以及锚杆与节理面之间不同的夹角下锚杆的作用规律。计算分析结果表明，锚杆的作用使节理端部的应力强度因子发生转换，从而明显降低了对岩体破坏产生主要作用的应力强度因子。这是锚杆能够加固节理岩体的重要原因。

王成[165] 基于线弹性断裂力学原理，将层状岩体的层间潜在最弱面等效为等间距共线多节理的力学模型，通过分析含有一条节理的有限大小岩体，在压剪应力作用下节理线附近应力场在锚固前后的变化，提出了计算由于锚固引起的锚固效果公式。

李术才等[166] 为弄清裂纹扩展性态与岩体稳定性的关系及锚杆的增韧止裂作用，建立了压剪应力状态下加锚节理面抗剪强度与锚固参数之间的关系，并用突变理论建立了加锚节理面压剪应力状态下分支裂纹扩展的突变模型。

1.2.3.2 数值模拟方面

在理论研究方面，由于数学处理上的困难，解析解只对那些断面形状和受力状态较简单的圆形地下工程有效，最终难以模拟围岩和工程的复杂特性。因此，解析解得到的结论有一定的局限性。随着计算机的发展，促使人们借助数值方法来研究这一问题。数值计算方法对锚固引起的主要力学响应与力学机理能够给予比较精确的模拟与描述，主要包括有限差分法、有限单元法、反分析法、微分流行法、离散元法、边界元法、界面元法及块体理论。

Grasselli[167]通过试验和有限元方法研究了锚杆轴向应变和剪切应变随锚杆长度的变化规律。Chanrour 等[168]使用边界元研究了锚杆的拔出过程，给出一个公式用来计算锚杆极限抗拉力。朱浮声等[169]提出根据锚杆抗拔试验来确定锚杆摩阻力的方法，使用边界元对锚杆的支护机理进行模拟。姜清辉等[170]使用 DDA 方法，提出了三维非连续变形分析方法中锚杆的简化模型，给出了相应的算法和公式。算例表明，该模型能较好地反映锚杆的加固效果。

Kim[171]用杆系有限元模拟锚杆的受力特点，土—锚固体界面和钢筋—锚固面都使用理想弹塑性本构关系，得到锚杆轴力和剪力沿锚固段长度分布的曲线。王霞等[172]结合工程实践，采用 ANSYS 有限元软件，分析了岩石锚索内锚固段摩阻力的分布特点及沿径向在岩石中的衰减规律。

朱合华等[173]从基本的预应力锚杆工作机理出发，分析了常规数值模拟方法中存在的不足，提出了一种新的有限元数值模拟处理方案。该方法的特点在于其不但可以模拟锚杆的预应力锁定过程，而且可以反映锁定后锚杆体内力的变化。

漆泰岳[174]对 FLAC²ᴰ3.3 中锚杆单元模型进行了修正，使其具备了模拟锚杆损伤软化的功能，并将其成功应用于实际工程中。

长江科学院的邬爱清等[175]在块体理论基础上，用 Monte - Carlo 模拟岩体开挖面上块体随机分布及锚固问题的方法，给出了一个计算一般形状块体体积的数值方法。

冯光明等[176]利用 FLAC 软件进行了初锚力作用下锚杆锚固效用的模拟研究，针对锚杆端锚与全锚两种锚固方式进行了对比，对不同锚固力作用下锚固体内的应力变化进行了模拟与分析。

张拥军等[177]利用 FLAC³ᴰ 模拟了巷道围岩支护前后的位移和应力变化，使用 Surfer 对数值模拟结果进行二次处理，将锚杆支护后巷道围岩的应力与无支护时的进行相减处理，获得了锚杆的作用区域；同时结合红外图像处理，得到了与数值模拟一致的结果。

姜清辉等[178]提出了三维数值流形方法中锚杆的计算模型，并给出了相应的算法和公式，能较好地反映加锚岩体的变形行为以及锚杆的加固效果。

邬爱清等[179]在原数值流形方法源程序基础上开发了锚固支护模块，利用该方法对某层状结构地下硐室围岩开挖变形问题进行了研究。

Aydan 等[180]提出了一种修正的锚杆单元。该单元有四个节点，其中两个节点与钢芯相连，另两个节点与灌浆相连，但未考虑钢芯与灌浆之间的剪切滑动作用。雷晓燕[181]在 Aydan 工作的基础上，提出了一种考虑锚杆与灌浆间剪切破坏作用的三维锚杆单元。

郭映龙等[182]在对不同倾角的节理岩体在不同锚杆数量和不同应力状态下的力学性质分别进行了模拟试验的基础上，用有限单元法进行了计算分析。结果表明，节理岩体加入锚杆后可使岩体的应力应变关系、应力分布状态发生明显的变化。锚杆不仅能够提高岩体的峰值强度、弹性模量、黏聚力和内摩擦角，而且对峰后变形特性也有一定的影响。如果加锚得当，还可使岩体的破坏状态从脆性转变为塑性，提高岩体的稳定性和安全度。

陈卫忠等[183]应用弹簧块体数值计算模型，数值模拟不同初始地应力场条件下，锚杆支护参数对锚固效果的影响，得出一些有益的结论。

徐东强等[184]使用 ANSYS 数值模拟软件对两种不同性质围岩中的巷道进行了分析计算，计算了锚杆在不同种类围岩、不同安装荷载下的作用效果，分析了锚杆安装荷载的作用机理和规律。

宋宏伟[185]利用数值分析软件 ANSYS 建立 3D 模型，分析了锚杆的横向作用机理，用对比方法分析了加锚非连续岩体与锚杆的错动变形和受力规律，模拟了加锚非连续岩体变形过程，获得了非连续岩体与锚杆的相互作用规律以及非连续岩体和锚杆的变性规律。研究发现了剪切时锚杆起"导轨作用"的特殊现象，指出其对非连续岩体的稳定性有负面影响。

李梅[186]在现有几种锚杆数值分析方法的基础上，对考虑了灌浆切向受力性态的三维锚杆单元理论及其应用进行了研究，编制了三维锚杆有限元计算程序，并对灌浆锚杆的变形应力规律进行了分析。

陈胜宏等[187-188]首先提出了加锚岩体的复合单元的概念，包括加锚岩体复合单元、不连续岩体复合单元以及加锚节理岩体复合单元，建立相应数值模型，然后将其纳入常规有限单元法分析中。同时，在复合单元中还定义了不同材料介质的子单元用来模拟加锚节理岩体内复杂的细部构造。

李金奎[189]运用 SCAD 有限元程序对含纵向裂隙砌体结构刚度进行分析，研究了裂隙数目、长度及分布对墙体刚度的影响，以及锚杆对墙体的刚度和张开度的控制作用。

程东幸等[190]通过 3DEC 研究了加锚节理岩体的力学特性，确定出了加锚节理岩体的等效力学参数，为岩石的变形模量、内摩擦角、内聚力不变，结构面的内摩擦角不变，内聚力由 50kPa 提高到 122kPa。

1.3　主要研究内容

本书主要内容大体上可以分为五个部分：①硬岩脆性破裂三轴压缩力学特性试验研究；②硬岩脆性破裂剪切力学特性试验研究；③硬岩脆性破裂发展特征辨识与现场监测；④硬岩脆性破裂裂纹扩展机理；⑤硬岩脆性破裂判据及锚固力学机制。

1.3.1　硬岩脆性破裂三轴压缩力学特性试验研究

该研究内容属于基础性研究，通过开展不同类型硬岩三轴压缩力学试验，研究不同围压条件下硬岩的力学性质和变形破裂特征，构建硬岩脆性表征方法来合理评价岩石的脆性大小，并将其应用到围岩安全性评价和稳定性分析中，主要包括以下方面。

（1）开展常规三轴试验和循环加卸载试验，分析硬岩的力学特性和变形破裂特征。通过常规三轴试验，详细讨论不同硬岩基本力学参数随围压的变化规律，建立以内摩擦角为核心的硬岩脆性评价指标以及脆性分级标准。通过对黑砂岩开展循环加卸载试验，分析岩石的力学特性与破裂特征，并研究岩石弹性参数和强度参数随塑性内变量的演化规律。最终根据力学试验的研究成果，提出基于内摩擦角的硬岩脆性表征方法。

（2）建立高应力硬岩隧洞锦屏二级水电站试验支洞的数值模型，将所提出的基于内摩擦角的硬岩脆性表征方法运用到具体工程数值计算中，对围岩的安全性进行评价，通过隧洞开挖后围岩脆性程度的分布特征与变化规律，来评估围岩的破裂区域以及危险程度，进而验证所提出的脆性表征方法的可行性和合理性。

1.3.2 硬岩脆性破裂剪切力学特性试验研究

硬岩脆性破裂方式主要包括张拉、剪切、拉剪以及压剪等单一或混合型破裂，实际围岩开挖过程中岩体破裂往往是多种破裂方式共同作用或诱发造成的，这就要求在研究硬岩破裂机制时应具有系统性和连续性。为深入研究硬岩的脆性变形破裂机制，特别是张拉、剪切、拉剪以及压剪多种破裂模式的特点与区别，通过开展剪切力学试验，着重研究硬岩在拉伸—剪切试验和压缩—剪切试验中的力学特性与变形破裂特征。

（1）根据拉伸—剪切和压缩—剪切试验，分析花岗岩与黑砂岩两类硬岩在拉/压应力状态下的剪切力学特性，研究不同应力状态下剪切面的破裂形态。

（2）采用声发射监测系统采集岩石破裂过程中的信号，引入分形分析方法对剪切试验过程中的声发射信号进行处理和分析，研究不同变形破裂形式中硬岩剪切试验过程中的分形维数变化规律。

（3）通过电镜扫描技术获得硬岩在细观层面下的剪切破裂面，对比分析张拉、剪切及混合破裂的特征与区别，探讨岩石不同破裂形式的破裂机制。

（4）采用三维数字扫描技术重构出硬岩完整破裂面，并利用二维和三维粗糙度计算方法定量评价不同破裂模式下剪切破裂面的变化特征与规律。

1.3.3 硬岩脆性破裂发展特征辨识与现场监测

高应力硬岩脆性破裂及松弛变形主要是由微裂纹扩展引起的破裂破坏，由于常规监测方法往往难以精确描述硬岩脆性破裂及发展过程，为此有必要采用新型监测手段，对高应力硬岩脆性破裂发展特征及松弛破裂时效特征进行精确监测。

（1）采用高精度超声波成像综合测试系统新方法，对白鹤滩地下厂房顶拱发生高应力破裂显著区域进行精确测试，辨识玄武岩不同深度微破裂裂隙面分布特征、深度范围和应力破裂发展特点，揭示不同深度裂隙面精确分布特征与应力破裂发展特点，为研究高应力硬脆玄武岩力学特性和响应机理提供坚实的基础资料。

（2）以白鹤滩水电站工程实践为背景，根据地下洞室开挖过程中围岩破裂松弛和时效变形监测成果，深入研究脆性岩体破裂松弛的时间效应，探讨在高应力条件下块状玄武岩片帮形成机理、岩体强度准则和强度参数取值，以及破裂破坏后非线性特征，为后续工程岩体破裂分析奠定理论基础。

1.3.4　硬岩脆性破裂裂纹扩展机理

现有室内外试验和理论研究表明，裂隙岩体破坏的主要因素是存在于岩体中的各种裂隙在荷载作用下的演化扩展过程，包括张开、闭合、滑移启裂、分支扩展、相互作用及贯通等渐进破坏过程。但是对于围岩劈裂破坏的发生原因、条件和机理的揭示还不够明了，有必要进行深入研究。

（1）从断裂力学的角度，研究地下工程围岩中的裂纹在各种受力条件下（包括拉剪、压剪两种情况）的启裂、扩展及贯通以至最终形成劈裂裂缝的特征及各个阶段的判据；利用断裂力学分析裂纹之间的贯通机理和极值分布，从理论上揭示多裂纹之间可能存在的贯通模式与机理。

（2）通过参数化设计方法 APDL 编写裂纹扩展模拟的前处理程序，实现裂纹断裂计算和分析的自动化，并利用其来数值模拟翼型裂纹的启裂、扩展与贯通，分析不同因素的影响，完善劈裂裂缝的形成机理。

（3）根据柯克霍夫平板理论检验薄板模型的适用性，在薄板模型的基础上利用能量方法建立劈裂围岩的临界应力、位移的解析计算公式。

1.3.5　硬岩脆性破裂判据及锚固力学机制

在高地应力条件下，因开挖卸荷作用可引起岩体内部集聚的弹性应变能突然释放，造成围岩发生岩爆、剥落等破坏现象，给围岩稳定性和人员设备安全带来严重威胁。因此，研究高地应力条件下岩体的变形特征、锚固效应以及应变能分布特征具有重要的意义。

（1）从能量角度出发，分析研究岩石在单轴压缩和三轴压缩条件下的变形破坏过程，揭示这一过程的能量耗散及能量释放特性；通过室内相似试验，研究单轴压缩条件下各种加锚方式的锚固效果和主要破坏方式，研究加锚对岩体断裂能的影响。

（2）详细分析岩石变形破坏过程中的能量传递与转化，基于裂纹扩展过程中的能量平衡原理，分别建立线弹性条件下和小范围屈服条件下的劈裂判据，并将这两个判据应用到实际工程中的开挖分析。

（3）利用断裂力学理论分析混凝土喷层和锚杆对应力强度因子的影响，采用数值模拟方法研究锚杆对裂纹的止裂作用，分析不同因素对应力强度因子的影响。在能量平衡原理的基础上建立锚固条件下围岩劈裂破坏判据。

1.4　主要依托工程

1.4.1　锦屏二级水电站

锦屏二级水电站位于四川省凉山彝族自治州木里、盐源、冕宁三县交界处的雅砻江干流锦屏大河湾上，是雅砻江干流上的重要梯级电站。其上游紧接具有年调节水库的龙头梯级锦屏一级水电站，下游依次为官地、二滩（已建成）和桐子林水电站。

锦屏二级水电站工程规模巨大，开发河段内河谷深切、滩多流急、不通航，沿江人烟稀少、耕地分散，无重要城镇和工矿企业，工程开发任务为发电。锦屏二级水电站利用雅砻江 150km 大河湾的天然落差，通过长约 17km 的引水隧洞，截弯取直，获得水头约 310m。电站总装机容量 4800MW，单机容量 600MW，额定水头 288m，多年平均年发电量 242.3 亿 kW·h，保证出力 1972MW，年利用小时数 5048h。它是雅砻江上水头最高、装机规模最大的水电站。

工程枢纽主要由首部拦河闸、引水系统、尾部地下厂房三大部分组成，为一低闸、长隧洞、大容量引水式电站。首部拦河闸坝位于雅砻江锦屏大河湾西端的猫猫滩，最大坝高 34m，上距锦屏一级坝址 7.5km。闸址以上流域面积 10.3 万 km²，多年平均流量 1220m³/s。水库正常蓄水位 1646m、死水位 1640m，日调节库容为 496 万 m³。电站进水口位于闸址上游 2.9km 处的景峰桥，首部枢纽采用闸坝与进水口相分离的布置方案。地下发电厂房位于雅砻江锦屏大河湾东端的大水沟。引水洞线自景峰桥至大水沟，采用"4洞8机"布置，引水隧洞共四条，洞线平均长度 16.67km，其中 1 号、3 号引水隧洞东端全断面采用 TBM 施工，开挖洞径 12.4m，衬砌后洞径 11.2m。2 号、4 号引水隧洞采用钻爆法施工，开挖洞径 13m，衬砌后洞径 11.8m。隧洞一般埋深 1500～2000m，最大埋深达 2525m，为世界上规模最大的水工隧洞工程。

引水隧洞区从东到西分别穿越盐塘组大理岩、白山组大理岩、三叠系上统砂板岩、杂谷脑组大理岩、三叠系下统绿泥石片岩和变质中细砂岩等地层（见图 1-9）。岩层陡倾，其走向与主构造线方向一致。从展布的地质构造形迹看，工程区处于近东西向（NWW—SEE）应力场控制之下，形成一系列近南北向展布的紧密复式褶皱和高倾角的压性和压扭性断裂，并伴有 NWW 向张性或张扭性断层，且东部地区断裂较西部地区发育，北部地区较南部地区发育，规模较大；东部的褶皱大多向西倾倒，而西部地区扭曲、揉皱现象表现得比较明显。

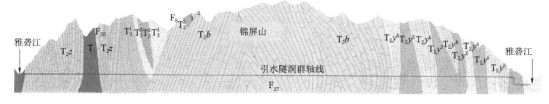

图 1-9 锦屏山纵向剖面图[191]

锦屏工程区长期以来地壳急剧抬升、雅砻江急剧下切，山高、谷深。地貌上属地形急剧变化地带，因此，原储存于深处的大量能量在地壳迅速抬升后，虽经剥蚀作用使部分能量释放，但残余部分很难释放殆尽，因此该区是地应力相对集中地区，有较充沛的弹性能储备。从区域上说，工程区位于川藏交界处，临近主要的构造带，构造应力强度较高，从长探洞和辅助洞施工过程中出现岩爆这一事实说明，锦屏工程区有较高的地应力，地应力的释放将导致围岩破损，从而影响围岩的稳定性。

锦屏辅助洞最大埋深为 2375m，引水隧洞最大埋深为 2525m，在埋深 2525m 条件下的自重应力值为 69.94MPa。前期在长探洞内不同洞深采用了多种测试手段，如孔径法、孔壁法、室内 AE 法、水压致裂法和收敛变形反分析等，进行了大量地应力的量测和分析。技术施工阶段主要在辅助洞不同埋深部位采用水压致裂法进行地应力测试。引水线路区沿线地应力在最大埋深一带实测的第一最大主应力量值一般为 64.69～75.85MPa，局部可达 113.87MPa。引水系统揭露的岩体主要为大理岩，岩石平均饱和单轴抗压强度为 65～90MPa，抗拉强度为 3～6MPa，围岩强度应力比大多小于 2，属于极高应力条件。

总的来看，锦屏二级地下厂房洞室群规模巨大，受工程区域特殊地质条件制约，锦屏二级地下厂房洞室群开挖与支护过程中将面临一系列稳定性难题。

1.4.2　白鹤滩水电站

白鹤滩水电站为金沙江下游四个水电梯级——乌东德、白鹤滩、溪洛渡、向家坝中的第二个梯级，坝址位于四川省宁南县和云南省巧家县内，电站装机容量 16000MW，多年平均年发电量 624.43 亿 kW·h，每年可节约标煤消耗量约 1968 万 t，环境效益显著，为仅次于三峡工程的世界第二大水电工程。

白鹤滩水电站左右岸地下洞室群主要包括引水系统、地下厂房系统、尾水系统、导流系统、泄洪系统、交通系统、通风系统、出线系统及防渗排水系统等，洞室数量多，平面空间交叉多，布置复杂，是国内外水电工程中最大的地下厂房洞室群，见图 1-10 和图 1-11。左右岸各 8 条输水发电系统呈基本对称布置，地下厂房采用首部开发。四大洞室主副厂房洞、主变洞、尾水管检修闸门室、尾水调压室呈平行布置。白鹤滩水电站地下厂房长 438m，岩梁以上宽 34m，岩梁以下宽 31m、高 88.7m，为世界上已建水电工程中跨度最大的地下厂房；两岸各布置 4 个圆筒形阻抗式尾水调压室，直径为 43～48m，直墙高度为 57.93～93m，亦为世界上已建水电工程中跨度最大的调压室。地下洞室总长达 217km，洞室开挖量达 2500 万 m³。

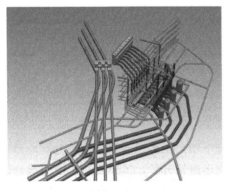

图 1-10　白鹤滩水电站左岸地下
洞群三维布置图

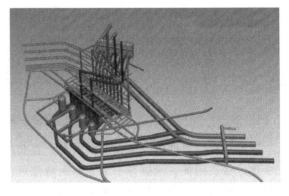

图 1-11　白鹤滩水电站右岸地下洞群三维布置图

白鹤滩水电站地区地质条件十分复杂，工程区围岩主要由隐晶质玄武岩、杏仁玄武岩、角砾熔岩等组成，岩体多为微风化或新鲜状态，岩石强度极高且脆。地下厂房和主变室处于块状玄武岩地层，调压室则位于柱状节理玄武岩中，岩体内发育大量不同尺度的裂隙、密集柱状节理、隐节理等不利构造，导致岩体的强度和变形特性与岩块存在巨大差别。在高应力开挖卸荷过程中，揭露出一系列严重影响工程安全性的岩体破坏模式和特征，诸如高应力下玄武岩的脆性破坏和时效破坏、卸荷作用下柱状节理岩体的破裂松弛现象、高密度洞室开挖引起的围岩破裂空间效应等，突出表现出极高岩石强度与现场岩体较低的损伤启裂强度之间的矛盾，给工程设计与施工提出了巨大挑战。另外，工程区岩体内发育有多条软弱层间（内）错动带、陡倾断层等大型构造面，在工程开挖过程中，层间错动带影响下的围岩深层变形给工程整体安全带来重大影响。揭露出的层间错动带遇水劣化现象突出，但劣化程度与含水量的关系、劣化程度与洞室安全的关系、外水渗入通道和渗入量等关键问题均处于不完全确定状态，在长期高应力作用下，层间错动带的流变特性也是影响洞室长期安全的重要问题。

白鹤滩地下洞室群地形、地质条件复杂，具有地应力高、层间（内）错动带及柱状节理玄武岩发育的特点。出露于巨型穹顶（拱顶）、边墙的错动带易形成较大范围的坍塌，易卸荷松弛的柱状节理玄武岩影响高边墙围岩稳定，高应力区脆性岩石岩体易产生破裂损伤。在如此复杂的地质条件下的巨型地下洞室群，其建设的复杂程度和技术难度、实施的困难程度无疑是世界级的。

参考文献

［1］ 李宁，孙宏超，姚显春，等. 地下厂房母线洞环向裂缝成因分析及处理措施［J］. 岩石力学与工程学报，2008，27（3）：433-438.

［2］ Ashby M F, Hallam S D. The failure of brittle solids containing small cracks under compressive stress states［J］. Acta Metallurgy, 1986, 34（3）：497-510.

［3］ Cook N G W. The failure of rock［J］. International Journal of Rock Mechanics and Minging Sciences, 1965, 2（4）：389-403.

［4］ Hoek E, Bieniawski Z T. Brittle fracture propagation in rock under compression［J］. International Journal of Fracture Mechanics, 1965, 1（3）：137-155.

［5］ Boeniawski Z T. Mechanism of brittle fracture of rock; part 1, Theory of the fracture process［J］. International Journal of Rock Mechanics and Mining Sciences, 1967, 4（4）：395-406.

［6］ Wawersik W R, Swenson C E. Implications of biaxial compression tests on granite and tuff［M］. USA, 1972.

［7］ Hoek E, Brown E T. Underground excavation in rock［M］. London. Mining and Metallurgy, 1980：218-222.

［8］ Kaiser P K, Mccreath D R, Tannant D. D. Canadian support handbook［M］. Sudbury. Canada：Geomechanics Research Centre, Laurentian University, 1996：314.

［9］ Martin C D, Christiansson R. Estimating the potential for spalling around a deep nuclear repository in crystalline rock［J］. International Journal of Rock Mechanics and Mining Sciences, 2009, 46（2）：219-228.

［10］ 张宜虎，卢轶然，周火明，等. 围岩破坏特征与地应力方向关系研究［J］. 岩石力学与工程学报，2010，29（增2）：3526-3535.

［11］ 黄润秋，黄达，段绍辉，等. 锦屏Ⅰ级水电站地下厂房施工期围岩变形开裂特征及地质力学机制研究［J］. 岩石力学与工程学报，2011，30（1）：23-35.

[12] 侯哲生，龚秋明，孙卓恒. 锦屏二级水电站深埋完整大理岩基本破坏方式及其发生机制 [J]. 岩石力学与工程学报，2011，30 (4)：727-732.

[13] 曾冬霞. 西藏怒江松塔水电站坝区岩饼及片帮形成机制研究 [D]. 成都. 成都理工大学，2014.

[14] 江权，樊义林，冯夏庭，等. 高应力下硬岩卸荷破裂：白鹤滩水电站地下厂房玄武岩开裂观测实例分析 [J]. 岩石力学与工程学报，2017，36 (5)：1076-1087.

[15] 刘国锋，冯夏庭，江权，等. 白鹤滩大型地下厂房开挖围岩片帮破坏的特征、规律及机制研究 [J]. 岩石力学与工程学报，2016，35 (5)：865-878.

[16] Stacey T R. A simple extension strain criterion for fracture of brittle rock [J]. International Journal of Rock Mechanics and Mining Sciences and Geomechanics Abstracts，1981，18 (6)：469-474.

[17] Ortlepp W D. Rock fracture and rockburst：and illustrative study [M]. Johannesburg：South African Institute of Mining and Metallurgy，1997.

[18] Ortlepp W D, Stacey T R. Rockburst mechanisms in tunnels and shafts [J]. Tunneling and Underground Space Technology，1994，9 (1)：59-65.

[19] Fairhurst C，Cook N G W. The phenomenon of rock splitting parallel to the direction of maximum compression in the neighborhood of a surface [C]. First Congr. Internat. Soc. Rock Mech，1996：687-692.

[20] 孙广忠，黄运飞. 高边墙地下洞室洞壁围岩板裂化实例及其力学分析 [J]. 岩石力学与工程学报，1988，7 (1)：15-24.

[21] Cai M. Influence of intermediate principal stress on rock fracturing and strength near excavation boundaries-insight from numerical modeling [J]. International Journal of Rock Mechanics and Mining Sciences，2008，45 (5)：763-772.

[22] 吴世勇，龚秋明，王鸽，等. 锦屏Ⅱ级水电站深部大理岩板裂化破坏试验研究及其对 TBM 开挖的影响 [J]. 岩石力学与工程学报，2010，29 (6)：1089-1095.

[23] 张传庆，冯夏庭，周辉，等. 深部试验隧洞围岩脆性破坏及数值模拟 [J]. 岩石力学与工程学报，2010，29 (10)：2063-2068.

[24] 周辉，卢景景，徐荣超，等. 硬脆性大理岩拉剪破坏特征与屈服准则研究 [J]. 岩土力学，2016，37 (2)：305-314，349.

[25] 周辉，徐荣超，卢景景，等. 板裂化模型试样失稳破坏及其裂隙扩展特征的试验研究 [J]. 岩土力学，2015，36 (S2)：1-11.

[26] 周辉，卢景景，徐荣超，等. 深埋硬岩隧洞围岩板裂化破坏研究的关键问题及研究进展 [J]. 岩土力学，2015，36 (10)：2737-2749.

[27] 卢景景. 深埋隧洞围岩板裂化机理与岩爆预测研究 [D]. 武汉：中国科学院武汉岩土力学研究所，2014.

[28] 宫凤强，罗勇，司雪峰，等. 深部圆形隧洞板裂屈曲岩爆的模拟试验研究 [J]. 岩石力学与工程学报，2017，36 (7)：1634-1648.

[29] 谭以安. 岩爆岩石断口扫描电镜分析及岩爆渐进破坏过程 [J]. 电子显微学报，1989，2：41-48.

[30] Diederichs M S. The 2003 Canadian geotechnical colloquium：mechanistic interpretation and practical application of damage and spalling prediction criteria for deep tunnel [J]. Canadian Geotechnical Journal，2007，44 (9)：1082-1116.

[31] Diederichs M S, Kaiser P K, Eberhardt E. Damage initiation and propagation in hard rock during tunneling and the influence of near-face stress rotation [J]. International Journal of Rock Mechanics and Mining Sciences，2004，41 (5)：785-812.

[32] 刘宁，朱维申，于广明，等. 高地应力条件下围岩劈裂破坏的判据及薄板力学模型研究 [J]. 岩石力学与工程学报，2008，27 (增1)：3173-3179.

［33］ 孙卓恒，侯哲生，张爱萍. 锦屏二级水电站大理岩拉张型板裂化破坏研究［J］. 水利与建筑工程学报，2012，10（2）：24－27.

［34］ 冯帆，李夕兵，李地元，等. 正交各向异性板裂屈曲岩爆机制与控制对策研究［J］. 岩土工程学报，2017，39（7）：1302－1311.

［35］ Blake W. Rockburst mechanics［D］. Golden：Colorado School of Mines，1967，1：1－64.

［36］ Denis E G，Michel A，Richard S. A practical engineering approach to the evaluation of rockburst potential［C］//Rockburst and Seismicity in Mines. Rotterdam：A A Balkema，1993：63－68.

［37］ 钱七虎. 岩爆、冲击地压的定义、机制、分类及其定量预测模型［J］，岩土力学，2014，35（1）：1－6.

［38］ Xiao Y R，Feng X T，Li S，et al. Rock mass failure mechanisms during the evolution process of rockbursts in tunnels［J］. International Journal of Rock Mechanics and Mining Sciences，2016，83：174－181.

［39］ 于洋，冯夏庭，陈天宇，等. 深埋隧洞不同掘进方式下即时型岩爆微震对比分析［J］. 东北大学学报（自然科学版），2014，35（3）：429－432.

［40］ 明华军，冯夏庭，张传庆，等. 基于微震信息的硬岩新生破裂面方位特征矩张量分析［J］. 岩土力学，2013，34（6）：1716－1722.

［41］ 冯夏庭，陈炳瑞，明华军，等. 深埋隧洞岩爆孕育规律与机制：即时型岩爆［J］. 岩石力学与工程学报，2012，31（3）：433－444.

［42］ 陈炳瑞，冯夏庭，明华军，等. 深埋隧洞岩爆孕育规律与机制：时滞型岩爆［J］. 岩石力学与工程学报，2012，31（3）：561－569.

［43］ 范鹏贤，王明洋，岳松林，等. 应变型岩爆的孕育规律和预报防治方法［J］. 武汉理工大学学报，2013，35（4）：96－101.

［44］ 范鹏贤. 深部岩体卸荷变形与破坏机制研究［D］. 南京：解放军理工大学，2011.

［45］ 于洋，冯夏庭，陈炳瑞，等. 深部岩体隧洞即时型岩爆微震震源体积的分形特征研究［J］. 岩土工程学报，2017，39（12）：2173－2179.

［46］ 于洋，冯夏庭，陈炳瑞，等. 深埋隧洞不同开挖方式下即时型岩爆微震信息特征及能量分形研究［J］. 岩土力学，2013，34（9）：2622－2628.

［47］ 肖亚勋，冯夏庭，陈炳瑞，等. 深埋隧洞即时型岩爆孕育过程的频谱演化特征［J］. 岩土力学，2015，36（4）：1127－1134.

［48］ 苗金丽，何满潮，李德建，等. 花岗岩应变岩爆声发射特征及微观断裂机制［J］. 岩石力学与工程学报，2009，28（8）：1593－1603.

［49］ 夏元友，吝曼卿，廖璐璐，等. 大尺寸试件岩爆试验碎屑分形特征分析［J］. 岩石力学与工程学报，2014，33（7）：1358－1365.

［50］ 何满潮，赵菲，张昱，等. 瞬时应变型岩爆模拟试验中花岗岩主频特征演化规律分析［J］. 岩土力学，2015，35（1）：1－8.

［51］ 苏国韶，陈智勇，蒋剑青，等. 不同加载速率下岩爆碎块耗能特征试验研究［J］. 岩土工程学报，2016，38（8）：1481－1489.

［52］ 苏国韶，蒋剑青，冯夏庭，等. 岩爆弹射破坏过程的试验研究［J］. 岩石力学与工程学报，2016，35（10）：1990－1999.

［53］ Nemat-Nasser S，Horii H. Compression - induced nonlinear crack extension with application to splitting，exfoliation，and rockburst［J］. J. Geophys Res.，1982，87（B8）：6805－6821.

［54］ Brace W F，Bombolakis E G. A note on brittle crack growth in compression［J］. J. Geophys Res.，1963，68（B12）：3709－3713.

［55］ Ramamurthy T. Shear strength response of some geological materials in triaxial compression［J］.

International Journal of Rock Mechanics and Mining Sciences，2001，38（6）：683 - 697.

[56] Ramamurthy T，Arora V K. Strength predictions for jointed rocks in confined and unconfined states [J]. Int. J. Rock Mech. Min. Sci. & Geomech. Abstra，1994，31（1）：9 - 22.

[57] Wong R H C，Leung W L，Wang S W. Shear strength studies on rock - like models containing arrayed open joints [C]. Proceeding of the 38th U. S. Rock Mech. Symp. Rock Mech in the National Interest，2001b：843 - 849.

[58] Wong R H C，Wang S W. Experimental and numerical study on the effect of material property，normal stress and the position of joint on the progressive failure under direct shear [C]. NARMS - TAC2002，Mining and Tunnelling Innovation and Opportunity，Toronto，Canada，2002b：1009 - 1016.

[59] Gehle C，Kutter H K. Breakage and shear behavior of intermittent rock joints [J]. Int. J. Rock Mech. Min. Sci. ，2003，40（8）：687 - 700.

[60] Yang Z Y，Chen J M，Huang T H. Effect of joint sets on the strength and deformation of rock mass models [J]. International Journal of Rock Mechanics and Mining Sciences，1998，35（1）：75 - 84.

[61] Reyes O，Einstein H H. Failure mechanisms of fractured rock - A fracture coalescence model [C]. Proceedings of 7th International Congress on Rock Mechanics，Aachen，Germany，1991：333 - 340.

[62] Shen B. The mechanism of fracture coalescence in compression - experimental study and numerical simulation [J]. Engng Frac. Mech. ，1995，51（1）：73 - 85.

[63] Shen B，Stephansson O，Einstein H H，et al. Coalescence of fractures under shear stresses in experiments [J]. J. Geophys. Res. ，1995，100（B4）：5975 - 5990.

[64] Bobet A，Einstein H H. Fracture coalescence in rock - type materials under uniaxial and biaxial compression [J]. Int. J. Rock Mech. Min. Sci. ，1998，35（7）：863 - 888.

[65] 朱维申，陈卫忠，申晋. 雁形裂纹扩展的模型试验及断裂力学机制研究 [J]. 固体力学学报，1998，19（4）：355 - 360.

[66] 李术才. 加锚断续节理岩体断裂损伤模型及其应用 [D]. 武汉：中国科学院武汉岩土力学研究所博士学位论文，1996.

[67] 陈卫忠. 节理岩体损伤断裂时效机理及其工程应用 [D]. 武汉：中国科学院武汉岩土力学研究所博士学位论文，1997.

[68] 陈卫忠，李术才，朱维申，等. 岩石裂纹扩展的实验与数值分析研究 [J]. 岩石力学与工程学报，2003，22（1）：18 - 23.

[69] 张强勇，朱维申，向文，李术才. 节理岩体断裂破坏强度计算及工程应用 [J]. 山东大学学报（工学版），2005，35（1）：98 - 101.

[70] Lin P，Wong R H C，Chau K T，et al. A. Multi - crack coalescence in rock - like material under uniaxial and biaxial loading [J]. Key Engineering Materials，2000，14（2）：183 - 187 & 809 - 814.

[71] 黄明利，黄凯珠. 三维表面裂纹相互作用扩展贯通机制试验研究 [J]. 岩石力学与工程学报，2007，26（9）：1794 - 1799.

[72] 周小平，王建华，哈秋舲. 压剪应力作用下断续节理岩体的破坏分析 [J]. 岩石力学与工学报，2003，22（9）：1437 - 1440.

[73] 周小平，张永兴，王建华，等. 断续节理岩体劈裂破坏的贯通机理研究 [J]. 岩石力学与工程学报，2005，24（1）：8 - 12.

[74] 黄润秋，黄达. 卸荷条件下岩石变形特征及本构模型研究 [J]. 地球科学进展，2008，23（5）：441 - 447.

[75] 刘冬梅，蔡美峰. 岩石裂纹扩展过程的动态监测研究 [J]. 岩石力学与工程学报，2006，25（3）：467 - 472.

[76] 郭少华. 岩石类材料压缩断裂的实验与理论研究 [D]. 长沙：中南大学博士学位论文，2003.

[77] 陈蕴生，刘晟锋，李宁，等. 裂隙对非贯通裂隙介质强度与变形特性影响的研究 [J]. 西北农林科技大学学报（自然科学版），2007，35（7）：207 - 212.

[78] Cundall P A, Strack O D L. A discrete numerical model for granular assemblies [J]. Geotechnique, 1979, 29 (1): 47 - 65.

[79] Liu H Y, Roquete M, Kou S Q, et al. Characterization of rock heterogeneity and numerical verification [J]. Engineering Geology, 2004, 72 (1/2): 89 - 119.

[80] Liu H Y, Kou S Q, Lindqvist P A. Numerical simulation of the fracture process in cutting heterogeneous brittle material [J]. International Journal for Numerical and Analytical Methods in Geomechanics, 2002, 26 (13): 1253 - 1278.

[81] Fang Z, Harrison J P. Development of a local degradation approach to the modeling of brittle fracture in heterogeneous rocks [J]. International Journal of Rock Mechanics and Mining Sciences, 2002, 39: 443 - 457.

[82] Fang Z, Harrison J P. Application of a local degradation model to the analysis of brittle fracture of laboratory scale rock specimens under triaxial conditions [J]. International Journal of Rock Mechanics and Mining Sciences, 2002, 39: 459 - 476.

[83] 陈沙，岳中琦，谭国焕. 基于真实细观结构的岩土工程材料三维数值分析方法 [J]. 岩石力学与工程学报，2006，25（10）：1951 - 1959.

[84] Tang C A, Lin P, Wong R H C, Chau K T. Analysis of crack coalescence in rock - like materials containing three flaws - Part Ⅱ: numerical approach [J]. International Journal of Rock Mechanics and Mining Sciences, 2004, 38 (7): 925 - 939.

[85] 李宁，张志强，张平，等. 裂隙岩样力学特性细观数值试验方法探讨 [J]. 岩石力学与工程学报，2008，27（supp. 1）：2848 - 2854.

[86] 唐春安，黄明利，张国民，等. 岩石介质中多裂纹扩展相互作用及其贯通机制的数值模拟 [J]. 地震，2001，21（2）：53 - 58.

[87] 焦玉勇，张秀丽，刘泉声，等. 用非连续变形分析方法模拟岩石裂纹扩展 [J]. 岩石力学与工程学报，2007，26（4）：682 - 691.

[88] 夏祥，李海波，李俊如，等. 岩体爆生裂纹的数值模拟 [J]. 岩土力学，2006，27（11）：1987 - 1991.

[89] Erdogan F, Sih G C. On crack extension in plates under plane loading and Transverse shear [J]. Trans. ASME., Journal of Basic Engng., 1963, 85: 519 - 527.

[90] Sih G C. Energy - density concept in fracture mechanics [J]. Engng. Fracture Mech., 1973, 5: 1037 - 1040.

[91] Sih G C. Strain - energy - density factor applied to mixed mode crack problem [J]. Int. J. Fracture, 1974, 10: 305 - 321.

[92] 于骁中. 岩石和混凝土断裂力学 [M]. 长沙：中南工业大学出版社，1991.

[93] Nuismer R J. An energy release rate criterion for mixed fracture. Int. Jour. Fract. Mech., 1975, 11 (2): 245 - 250.

[94] Hussain M A, Pu S L, Underwood J. Strain energy release rate for a crack under Combined mode Ⅰ and mode Ⅱ [C]. Fracture Analysis, ASTM, STP 560, 1974: 2 - 28.

[95] Chiang W T. Fracture criteria for combined mode cracks [C]. Fracture, ICP4, 1977, 4: 278 - 292.

[96]　Ei‐Tahan W W，Staab G H，Advani S H and Lee J K，A mixed mode local symmetric fracture geo‐materials [C]．Proc. 32nd U. S. Symp. Rock Mechanics，1990：455‐462.

[97]　周群力. 岩石压剪断裂判据及其应用 [J]．岩土工程学报，1987，9 (3)：33‐37.

[98]　尹双增. 探讨一种新的复合型断裂判据 [J]．应用数学和力学，1985，6 (6)：507‐518.

[99]　郭少华. 压缩条件下岩石断裂模式与断裂判据的研究 [J]．岩土工程学报，2002，24 (3)：304‐308.

[100]　栾茂田，杨新辉，杨庆，等. 考虑三向应力效应的最大 Mises 应力复合断裂判据 [J]．岩土力学，2006，27 (10)，1647‐1652.

[101]　周家文，徐卫亚，石崇. 基于破坏准则的岩石压剪断裂判据研究 [J]．岩石力学与工程学报，2007，26 (6)：1194‐1201.

[102]　蒋玉川，徐双武，陈辉. 脆性材料复合型裂纹的断裂准则 [J]．工程力学，2008，25 (4)：50‐54.

[103]　陈四利. 复合型断裂等 W 线体积应变能准则 [J]．沈阳工业大学学报，1992，14 (4)：87‐92.

[104]　李建林，孙志宏. 节理岩体压剪断裂及其强度研究 [J]．岩石力学与工程学报，2000，19 (4)：444‐448.

[105]　Wawersik W R，Brace W F. Post‐failure behavior of a granite and diabase [J]．Rock Mech.，1971，3：61‐85.

[106]　Hallbauer D C，Wagner H，Cook N G W. Some observations concerning the microscopic and mechanical behavior of quartzite specimens in stiff，triaxial compressin tests [J]．Int. J. Rock Mech. Min. Sci.，1973，10：713‐725.

[107]　Zhang J，Wong T F，Davis D M. micromechanics of pressure‐induced grain crushing in porous rocks [J]．J. Geophys Res.，1990，95：341‐352.

[108]　Day T N，Wang C Y. Some mechanisms of microcrack growth and interaction in compressive rock failure [J]．Int. J. Rock Mech. Min. Sci.，1981，18：199‐209.

[109]　Krajcnovic D，Basista M，Sumarac D. Micromechnically inspired phenomenological damage model [J]．J. App. Mech.，1991，58：305‐310.

[110]　Kachanov M L. A microcrack model of rock inelasticity part I：friction sliding on microcracks [J]．Mech. Mater.，1982a，1 (1)：19‐27.

[111]　Blair S C，Cook N G W. Analysis of compressive fracture in rock using statistical techniques：Part I. A non‐linear rule‐based model，Part Ⅱ. Effect of microscale heterogeneity on macroscopic deformation [J]．Int. J. Rock Mech. Min. Sci.，1998，35 (7)：837‐861.

[112]　Hajiabdolmajid V，Kaiser P K，Martin C D. Modeling brittle failure of rock [J]．Int. J. Rock Mech. Min. Sci.，2002，39 (6)：731‐741.

[113]　Kemeny J M，Cook N G. Crack models for the failure of rock under compression，Proc [C]．2nd Int. Conf. Constitutive Laws for Engng，Materials，Tucson，1987，2：879‐887.

[114]　Adams M，Sines G. Crack extension from flaws in a brittle material subjected to compression [J]．Tectonophysics，1978，49 (1)：97‐118.

[115]　McClintock F A，Walsh J B. Friction on Griffith cracks in rocks under pressure [C]．4th U. S. National Congress for Applied Mechanics，Berkeley，California，1962：1015‐1021.

[116]　Paul B. Macroscopic criteria for plastic flow and brittle fracture [C]．Fracture，Vol. Ⅱ，Academic Press，New York，1968.

[117]　李术才，朱维申. 复杂应力状态下断续节理岩体断裂损伤机理研究及其应用 [J]．岩石力学与工程学报，1999，18 (2)：142‐146.

[118]　罗淦堂，林伟平. 多孔隙岩石的破坏机理与特征强度判定 [J]．长江科学院院报，1987，(2)：

21 – 30.

[119] 黎立云，黎振兹，孙宗颀. 岩石的复合型断裂实验及分析 [J]. 岩石力学与工程学报，1994，13 (2)：134 – 140.

[120] 孔园波，华安增. 裂隙岩石破裂机理研究 [J]. 煤炭学报，1995，20 (1)：72 – 77.

[121] 刘东燕，朱可善. 岩石压剪断裂及其强度特性分析 [J]. 重庆建筑工程学院学报，1994，16 (2)：54 – 60.

[122] 王水林，葛修润，章光. 受压状态下裂纹扩展的数值分析 [J]. 岩石力学与工程学报，1999，18 (6)：671 – 675.

[123] 周小平，张永兴，哈秋聆. 裂隙岩体加载和卸荷条件下应力强度因子 [J]. 地下空间，2003，23 (3)：277 – 280.

[124] 周维恒，剡公瑞. 岩石混凝土类材料断裂损伤过程区的细观力学研究 [J]. 水电站设计，1997，13 (1)：1 – 9.

[125] 陈枫，孙宗颀. 单轴压缩下中心裂纹巴西试样的权函数分析 [J]. 岩石力学与工程学报，2000，19 (5)：588 – 603.

[126] 楼晓明，郑俊杰，章荣军. 富水区深埋巷道围岩微裂纹裂尖塑性区研究 [J]. 华中科技大学学报（自然科学版），2008，36 (8)：125 – 128.

[127] 黎立云，宁海龙，刘志宝，等. 层状岩体断裂破坏特殊现象及机制分析 [J]. 岩石力学与工程学报，2006，25 (supp. 2)：3933 – 3938.

[128] 李银平，杨春和. 裂纹几何特征对压剪复合断裂的影响分析 [J]. 岩石力学与工程学报，2006，25 (3)：462 – 466.

[129] 李江腾，曹平. 硬岩矿柱纵向劈裂失稳突变理论分析 [J]. 中南大学学报（自然科学版），2006，37 (2)：371 – 375.

[130] 张平，贺若兰，李宁，等. 不同应变速率下非贯通裂隙介质的单轴抗压强度分析 [J]. 岩石力学与工程学报，2007，26 (supp. 1)：2735 – 2742.

[131] Basista M，Gross D. The sliding crack model of brittle deformation：an internal variable approach [J]. Int. J. Solids Structure，1998，35 (5 – 6)：487 – 509.

[132] Ravichandran G，Subhash G. A micromechanical model for high strain rate behavior of ceramic [J]. Int. J. Solids Structures，1995，32 (17 – 18)：2627 – 2646.

[133] Cook N G W. The design of underground excavations [C]. In Proc. 8th U. S. Symposium on Rock Mechanics，Univ. of Minnesota，Am. Inst. Min. Metall.，Petrol. Engins.，New York，1967：167 – 193.

[134] Jay P A. Unstable and Violent Failure around Underground Openings in Highly Stressed Ground [D]. Ph. D. Thesis，Queen's University at Kingston，Kingston，Ontario，1999.

[135] Kemeny J M，Cook N G W. Determination of rock fracture parameters from crack models for failure in compression [C]. 28th，U. S. Symp. On Rock Mech.，1987.

[136] Zheng Z，Kemeny J，Cook N G W. Analysis of borehole breakouts [J]. J. Geophys Res.，1989，94 (B6)：7171 – 7182.

[137] 谢和平，彭瑞东，鞠杨，等. 岩石破坏的能量分析初探 [J]. 岩石力学与工程学报，2005，24 (15)：2603 – 2608.

[138] 谢和平，鞠杨，黎立云. 基于能量耗散与释放原理的岩石强度与整体破坏准则 [J]. 岩石力学与工程学报，2005，24 (17)：3003 – 3010.

[139] 朱维申，张强勇，李术才. 三维脆弹塑性断裂损伤模型在裂隙岩体工程中的应用 [J]. 固体力学学报，1999，20 (2)：164 – 170.

[140] 李树忱，李术才，朱维申. 能量耗散弹性损伤本构方程及其在围岩稳定分析中的应用 [J]. 岩

石力学与工程学报，2005，24（15）：2646 - 2653.

[141] 陈卫忠，李术才，朱维申，等. 考虑裂隙闭合和摩擦效应的节理岩体能量损伤理论与应用 [J].
岩石力学与工程学报，2000，19（2）：131 - 135.

[142] 华安增. 地下工程周围岩体能量分析 [J]. 岩石力学与工程学报，2003，22（7）：1054 - 1059.

[143] 赵忠虎，谢和平. 岩石变形破坏过程中的能量传递和耗散研究 [J]. 四川大学学报（工程科学
版），2008，40（2）：26 - 31.

[144] 尤明庆，华安增. 岩石试样破坏过程的能量分析 [J]. 岩石力学与工程学报，2002，21（6）：
778 - 781.

[145] 苏承东，张振华. 大理岩三轴压缩的塑性变形与能量特征分析 [J]. 岩石力学与工程学报，
2008，27（2）：273 - 280.

[146] 李海波，赵坚，李俊如，等. 基于裂纹扩展能量平衡的花岗岩动态本构模型研究 [J]. 岩石力
学与工程学报，2003，22（10）：1683 - 1688.

[147] Gunnar Wijk. A theoretical remark on the stress field around prestressed rock Bolts [J].
Int. J. Rock Mech. Min. Sci. & Geomech. Abstr. ，1978（15）：289 - 294.

[148] Selvadurai A P S. Some results concerning the viscoelasic relaxation of prestress in a surface rock
anchor [J]. Int. J. Rock Mech. Min. Sci. & Geomech. Abstr. ，1979（16）：1307 - 1310.

[149] 林世胜，朱维申. 锚杆对洞周粘弹性岩体应力状态的影响 [J]. 岩土工程学报，1983，5（3）：
12 - 27.

[150] Dight P M. A case study of the behaviour of rock slope reinforced with fully grouted rock bolts
[C]. International Symposium on Rock Bolting，Abisko，Sweden，1983：523 - 38.

[151] Stille H，Holmberg M. Support of Weak Rock with Grouted Bolt sand Shotcrete [J]. Int. J. Rock
Mech. Min. Sci. & Geomech. Abstr. ，1989，26（l）：99 - 11.

[152] Indraratna B，Kaiser P K. Design for Grouted Rock Bolts on the Convergence Control Method [J].
Int. J. Rock Mech. Min. Sci. & Geomech. Abstr. ，1990，27（4）：269 - 281.

[153] 汤伯森. 弹塑性围岩砂浆锚杆支护问题的估算法 [J]. 岩土工程学报，1991，13（6）：42 - 51.

[154] Spang K，Egger P. Action of fully - grouted bolts in joined rock and factors of influence [J]. Rock
Mech. Rock Eng. ，1990，23：201 - 29.

[155] Holmberg M，Stille H. The mechanical behaviour of a single grouted bolt [C]. International Sym-
posium on Rock Support in Mining and Underground Construction，Sudbury，Canada，1992：
473 - 81.

[156] 张玉军. 地下圆形洞室锚固区按环向各异性体计算的弹性解 [C]. 中国青年学者岩土工程力学
及其应用讨论会论文集. 北京：科学出版社，1994：686 - 689.

[157] Oreste P P，Peila D. Radial Passive Rock bolting in Tunnelling Design With a New Convergence - con-
finement Model [J]. Int. J. Rock Mech. Min. Sci. &Geomech. Abstr. ，1996，33（5）：443 - 454.

[158] 徐恩虎，姜广臣，董友军. 巷道锚杆支护的合理计算模型探讨 [J]. 山东矿业学院学报，1999，
18（1）：21 - 22.

[159] 朱维申，张玉军. 三峡船闸高边坡节理岩体稳定分析及加固方案初步研究 [J]. 岩石力学与工
程学报，1996，15（4）：305 - 311.

[160] 李术才. 节理岩体力学特性和锚固效应分析模型及应用研究 [R]. 武汉：武汉水利电力大
学，1999.

[161] 张强勇，朱维申. 裂隙岩体损伤锚柱单元支护模型及其应用 [J]. 岩土力学，1998，19（4）：
19 - 24.

[162] 张强勇. 多裂隙岩体三维加锚损伤断裂模型及其数值模拟与工程应用研究 [D]. 武汉：中国科
学院武汉岩土力学研究所博士论文，1998.

[163] 侯朝炯，勾攀峰. 巷道锚杆支护围岩强度强化机理研究 [J]. 岩石力学与工程学报，2000，19 (3)：342-345.

[164] 伍佑伦，王元汉，许梦国. 拉剪条件下节理岩体中锚杆的力学作用分析 [J]. 岩石力学与工程学报，2003，22 (5)：769-772.

[165] 王成. 层状岩体边坡锚固的断裂力学原理 [J]. 岩石力学与工程学报，2005，24 (11)：1900-1904.

[166] 李术才，陈卫忠，李术才，等. 加锚节理岩体裂纹扩展失稳的突变模型研究 [J]. 岩石力学与工程学报，2003，22 (10)：1661-1666.

[167] Grasselli G. 3D Behaviour of bolted rock joints：experimental and numerical study [J]. Int. J. Rock Mech. Min. Sci. ，2005，42：13-24.

[168] Chanrour A H，Ohtsu M. Analysis of anehor bolt pull-out tests by a two-domain boundary element method [J]. Materials and Struetures，1995，28：201-209.

[169] 朱浮声，李锡润，王泳嘉. 锚杆支护的数值模拟方法 [J]. 东北工学院学报，1989，(1)：1-7.

[170] 姜清辉，丰定祥. 三维非连续变形分析方法中的锚杆模拟 [J]. 岩土力学，2001，22 (2)：176-178.

[171] Kim N K. Performance of tension and compression anehorsin weathered soil [J]. Journal of Geotechnical and Geoenvironmental Engineering，2003，129 (12)：1138-1150.

[172] 王霞，郑志辉，孙福英. 锚索内锚固段摩阻力分布及扩散规律研究 [J]. 煤炭工程，2004，(7)：45-48.

[173] 朱合华，郑国平，刘庭金. 预应力锚固支护的数值模拟 [J]. 西部探矿工程，2003，(7)：17-19.

[174] 漆泰岳. FLAC²ᴰ 3.3 锚杆单元模型的修正及其应用 [J]. 矿山压力与顶板管理，2003，(4)：50-52.

[175] 邬爱清，任放，郭玉. 节理岩体开挖面上块体随机分布及锚固方式研究 [J]. 长江科学院院报，1991，8 (4)：27-34.

[176] 冯光明，冯俊伟，谢文兵，等. 锚杆初锚力锚固效应的数值模拟分析 [J]. 煤炭工程，2005，(7)：46-47.

[177] 张拥军，安里千，于广明，等. 锚杆支护作用范围的数值模拟和红外探测实验研究 [J]. 中国矿业大学学报，2006，35 (4)：545-548.

[178] 姜清辉，王书法. 锚固岩体的三维数值流形方法模拟 [J]. 岩石力学与工程学报，2006，25 (3)：528-532.

[179] 董志宏，邬爱清，丁秀丽. 数值流形方法中的锚固支护模拟及初步应用 [J]. 岩石力学与工程学报，2005，24 (20)：3754-3760.

[180] Aydan O，Koya T，Iuhikawa Y，et al. Three-dimensional simulation of an advancing tunnel supported with forepoles，shotcrete，steel ribs and rockbolts [J]. Numerical Methods in Geomechanics，Swoboda (ed.)，Innshruck，Balkema，1988：1481-1486.

[181] 雷晓燕. 三维锚杆单元理论及其应用 [J]. 工程力学，1996，13 (2)：50-60.

[182] 郭映龙，叶金汉. 节理岩体锚固效应研究 [J]. 水利水电技术，1992，(7)：41-44.

[183] 陈卫忠，朱维申，王宝林，等. 节理岩体中洞室围岩大变形数值模拟和模型试验研究 [J]. 岩石力学与工程学报，1998，17 (3)：223-229.

[184] 徐东强，李占金，田胜利. 锚杆安装载荷作用机理的数值模拟 [J]. 河北理工学院学报，2002，24 (3)：1-5.

[185] 宋宏伟. 非连续岩体中锚杆横向作用的新研究 [J]. 中国矿业大学学报，2003，32 (2)：161-164.

[186] 李梅. 三维锚杆的数值模拟方法 [J]. 福州大学学报（自然科学版），2003，31（5）：588-592.

[187] 陈胜宏，强晟. 加锚固体的三维复合单元模型研究 [J]. 岩石力学与工程学报，2003，22（1）：1-8.

[188] 何则干，陈胜宏. 加锚节理岩体的复合单元法研究 [J]. 岩土力学，2007，28（8）：1544-1550.

[189] 李金奎. 锚杆对含纵向裂隙气体结构墙体刚度的数值模拟研究 [J]. 河北建筑科技学院学报，2004，21（2）：22-23.

[190] 程东幸，潘玮，刘大安，等. 锚固节理岩体等效力学参数三维离散元模拟 [J]. 岩土力学，2006，27（12）：2127-2132.

[191] 高阳. 锦屏二级水电站引水隧洞围岩时效稳定性研究 [D]. 武汉：中国科学院武汉岩土力学研究所，2017.

第 2 章

硬岩脆性破裂三轴压缩试验研究

2.1 概述

地下岩体常处于三向应力状态中，岩石的力学性质和变形特征深受围压效应的影响。高应力下无论是表层围岩还是远离洞室的围岩往往都表现出明显的非线性特征[1]，如脆延转化特性、强度特征、破坏特征等[2]。此外，地下工程岩体的开挖意味着围岩发生卸荷，洞周岩石从三维应力状态向二维应力状态转变，围岩在应力调整过程中其切向应力往往不断增大，径向应力则不断减小，处于卸荷应力状态下的岩石表现出不同于加载时的力学特性。由此可知，地下岩体其受力状态复杂，破坏模式多样，仅通过现场观察、监测和分析围岩的力学行为和变形特征，难以真正地揭示岩石力学性质与破裂机制，需要系统地研究硬质岩石的力学行为，分析变形破裂的内在演化特征，而室内力学试验则是研究和揭示岩石力学特性和破裂机制最根本、最有效的方法。

脆性作为岩石一种非常重要的力学性质，岩石破裂行为与脆性大小紧密相关，在诸多岩体工程领域中广泛应用着岩石的脆性特征，而正确评价岩石的脆性程度是对其应用的前提。由于岩石脆性破裂行为的复杂性，在具体工程应用过程中如何方便、准确地衡量岩石的脆性程度是摆在众多研究学者和技术人员面前的一道难题。尽管目前已提出几十种各式各样的脆性指标或方法，但这些指标和方法的正确性和适用性还需进一步评估。例如，在围岩安全性分析中常用的方法是采用数值分析来评估、预测围岩体的变形破坏，而很多脆性指标受限于自身的计算方法，难以在数值分析中计算、应用，对于将脆性指标应用到数值计算中的研究目前还未见报道。因此，建立一种能方便、正确地评价岩石脆性程度并适用于数值分析的脆性表征方法是十分必要的。

因此，本书通过开展不同类型硬岩常规三轴试验和循环加卸载试验，着重分析不同围压下硬岩的力学特性和变形破裂特征。通过常规三轴试验，分析了四类硬岩在不同围压水平下的力学特性，并详细讨论了各类岩石基本力学参数随围岩的变化规律，对比分析了各类岩石在不同围压条件下的变形破裂特征，建立以内摩擦角为核心的硬岩脆性评价指标，定量化评价岩石脆性大小，并依据硬岩力学特性和破裂特征提出硬岩脆性分级标准。最后，通过对黑砂岩试样开展循环加卸载试验，结合常规三轴试验结果着重分析了黑砂岩的力学特性与破裂特征，分析了在损伤破裂过程中岩石的变形参数和强度参数随塑性内变量的演化规律。

2.2　常规三轴试验

2.2.1　试验设备

岩石三轴试验系统（MTS815.03）是由美国 MTS 公司生产，主要用于岩石、混凝土等岩土类材料电液伺服控制的常规力学试验多功能综合试验系统，系统配有伺服控制的全自动三轴加压和测量系统。该装置主要由加载系统、测试系统、采集与控制系统等组成，可进行岩土材料的单轴应力应变全过程试验、三轴应力应变全过程试验以及自定义可编程单、三轴试验。系统可实现轴向载荷、轴向位移、轴向大量程的行程、环向位移控制中的无冲击切换。该试验系统轴向最大出力为 4600kN，最大围压为 140MPa，应变率适应范围为 $10^{-2} \sim 10^{-7}/s$，疲劳频率范围为 $0.001 \sim 0.5$Hz，框架整体刚度为 1.1×10^{7}kN/m。试验系统整体结构如图 2-1 所示。

2.2.2　试验设计

本书利用岩石三轴试验系统（MTS815.03）先后开展四类硬岩的常规三轴试验，为避免围压作用导致液压油浸入到岩石中影响试验结果，试样外侧均采用热缩管紧密包裹起来，并安装位移传感器（LVDT）和环向应变计分别测量硬岩试验过程中的轴向应变和环向应变，完成安装的试样如图 2-2 所示。三轴试验主要包括两个加载步：首先，以 0.5MPa/s 的加载速率将围压加载到目标值；然后，采用位移控制加载轴压直到试样破坏，加载速率为 0.001mm/s，试验原理如图 2-3 所示。本次三轴试验共设置 6 个围压水平（10MPa、20MPa、30MPa、40MPa、50MPa 和 60MPa），其中，花岗岩围压水平为10MPa、20MPa、40MPa、60MPa，大理岩最大围压水平为 50MPa。同时，为进一步研究四种硬岩的力学性质，便于试验数据的对比分析，本书也开展了这四类硬岩的单轴压缩试验，试验结果与三轴试验共同列出。

图 2-1　岩石三轴试验系统（MTS815.03）　　图 2-2　常规三轴试验试样安装示意图

2.2.3 力学特性分析

根据试验设计方案，先后完成了四种硬岩的单轴压缩试验和常规三轴试验，获得了各类硬岩在不同围压水平下的应力应变曲线及变形破裂形态，相关试验结果与讨论内容如下。

2.2.3.1 花岗岩

图 2-4 为花岗岩试样在不同围压下的应力应变曲线，应力 σ 为试样在

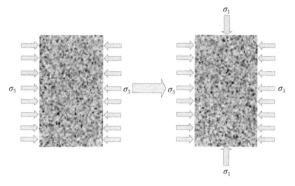

图 2-3 常规三轴试验原理示意图

该围压下的偏应力，应变包含轴向应变 ε_a、环向应变 ε_c 与体应变 ε_v 三类。

单轴压缩试验中测得花岗岩抗压强度为 211.82MPa，试样加载初期应力应变曲线呈非线性特征，岩石内部裂隙不断被压密，之后岩石进入线弹性变形阶段，应力不断增加，岩石内积聚的能量也不断增加。直到应力到达抗压强度时，试样发生剧烈破坏，能量突然释放，应力迅速跌落至 0MPa。整个加载期间，侧向应变逐渐增大，而体应变则出现先减小后增大的变化过程，试样体积开始逐渐膨胀，发生变化的拐点称之为体应变反弯点，对应的应力称为裂纹损伤应力，表明岩石内部裂纹逐渐开裂，试样损伤破坏开始加剧，试样体积停止压缩转向扩容。由于单轴压缩试验采用两个对称的 LVDT 位移传感器采集试样

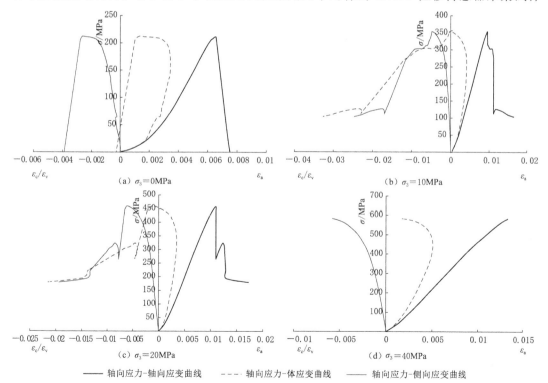

图 2-4（一） 花岗岩在不同围压下应力应变曲线

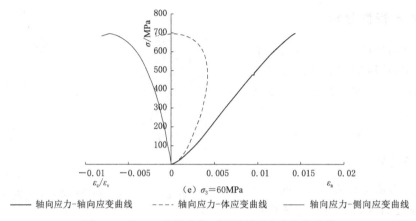

(e) $\sigma_3 = 60\text{MPa}$

—— 轴向应力-轴向应变曲线　- - - - 轴向应力-体应变曲线　—— 轴向应力-侧向应变曲线

图 2-4（二）　花岗岩在不同围压下应力应变曲线

的侧向应变数据，加载期间因试样变形导致监测出的应变出现突变，造成侧向应变与体应变曲线不光滑。同时，因试样破坏过程极为剧烈，岩石瞬间破裂成多块，导致侧向应变和体应变迅速变化。

在围压条件下花岗岩试样仍表现出明显的脆性破裂特征，且围压越大花岗岩破裂程度越剧烈。在 10MPa 和 20MPa 围压下，试样加载初期仍存在一定的非线性加载段，表明岩石内部裂隙逐渐被压密，之后进入线弹性阶段。在偏应力分别为 250.53MPa 和 326.26MPa 时，体应变出现拐点，试样逐渐接近破坏。而在破坏过程中试样均出现阶段性破坏特征，10MPa 围压下试样偏应力先小幅跌落 41.15MPa，之后轴向应变逐渐增加，而偏应力基本保持不变，在轴向应变达到 0.0111 时偏应力则突然大幅跌落至 112.69MPa 并保持稳定，试样进入残余破坏阶段，而 20MPa 围压下试样偏应力则先大幅跌落后小幅上升，之后再次降低直至残余强度。两次试验的峰后阶段，试样的环向应变和体应变也呈现阶段性变化特征，这种阶段性破坏现象反映出花岗岩试样在该围压下破坏是分阶段进行的。破坏瞬间岩石内部分裂隙张开、连通，并向外释放部分能量，应力呈现不同程度的下降，降低的幅度代表着岩石对外释放能量的多少。之后荷载继续做功，岩石内部裂隙不断张开连接，并最终形成贯通的宏观裂缝，试样完全破坏进入到残余阶段。

然而，在高围压下花岗岩表现出明显不同的特点，在加载初期应力应变曲线的非线性特征不明显，试样基本在加载开始时就进入了线弹性阶段。在偏应力达 436.13MPa（40MPa 围压）和 445.2MPa（60MPa 围压）时，体应变出现拐点，试样内部裂隙开始逐渐发育，岩石出现损伤破坏。而在破坏瞬间能量突然释放，在试验现场可听到清脆的破坏声响。由于试样破坏极为剧烈，变形超过传感器设置量程，触发试验系统的安全保护机制，导致试验仪器停止工作，岩石峰后破坏阶段的数据未能采集到。

2.2.3.2　黑砂岩

图 2-5 为黑砂岩试样在不同围压下的应力应变曲线，对比花岗岩试样，可以看出黑砂岩的脆性程度要弱些。

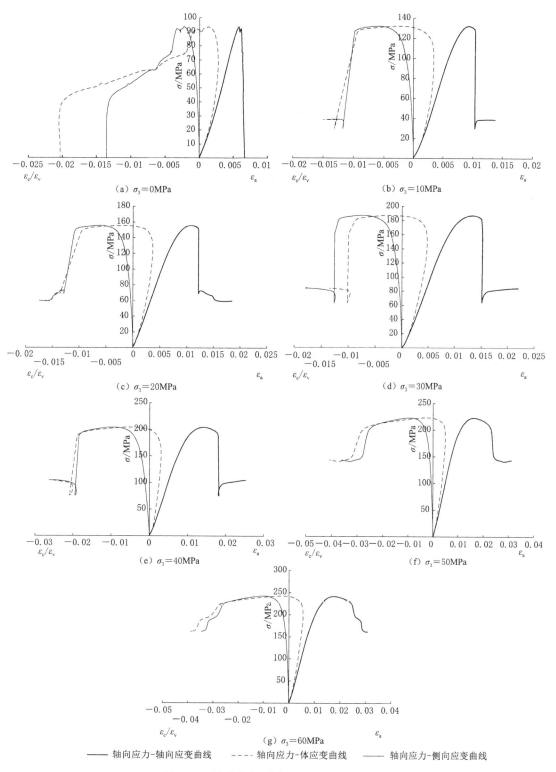

(a) $\sigma_3 = 0$MPa

(b) $\sigma_3 = 10$MPa

(c) $\sigma_3 = 20$MPa

(d) $\sigma_3 = 30$MPa

(e) $\sigma_3 = 40$MPa

(f) $\sigma_3 = 50$MPa

(g) $\sigma_3 = 60$MPa

—— 轴向应力-轴向应变曲线　　---- 轴向应力-体应变曲线　　—— 轴向应力-侧向应变曲线

图 2-5　黑砂岩在不同围压下应力应变曲线

具体来讲，在单轴压缩试验加载过程中，岩石在峰前基本呈线弹性变形状态，偏应力仅在峰值处出现少许波动，随后迅速跌落至零。对应的侧向应变和体应变变化特征更为明显，在峰值附近应变先保持缓慢增长，之后再大幅增大直到试样完全破裂。

在围压条件下黑砂岩应力应变曲线呈现共同的特性，即均存在一定程度的屈服平台。所谓屈服平台是指岩石进入屈服状态，应力保持稳定或缓慢变化，而应变则不断增加的特征。从图 2-5 中可以看出，随着围压的增大，屈服平台也逐渐增大，发生明显应力跌落所对应的应变大幅增加。屈服平台的出现意味着岩石脆性的减弱，随着围压的增大黑砂岩的脆性程度在逐渐减小，这一点与花岗岩试样完全不同。

但黑砂岩在 10~40MPa 的围压下，其应力应变曲线有个明显的特征，即试样进入屈服状态一段时间后，应力会突然出现较大幅度的跌落，随后再小幅增大至残余强度值，对应的环形应变和体应变也出现了类似的变化特征，这种变化反映出岩石仍具有一定的脆性。而在 50MPa 和 60MPa 的围压条件下，试样虽也出现应力跌落，但无论是应力跌落大小还是跌落速度都远小于低围压状态，特别是 60MPa 的试样，峰后应力呈阶段性缓慢降低。黑砂岩在围压条件下进入屈服状态，意味着岩石内部裂隙不断发育、扩张，损伤加剧，但未形成宏观破裂面。在裂隙相互连接、贯通，试样发生完全破坏时，应力则出现大幅跌落。而在高围压下由于挤压作用，导致试样即使发生破裂，岩石上下破裂面仍紧密结合并相互错动，偏应力表现出缓慢降低特征。

2.2.3.3　大理岩

对大理岩试样进行单轴压缩试验和三轴试验，大理岩在不同围压下应力应变曲线见图 2-6，其应力应变曲线与花岗岩、黑砂岩相比有着显著的特点。

具体来讲，单轴压缩试验中大理岩峰前变形阶段与花岗岩、黑砂岩较为类似，均经历非线性加载阶段和线弹性变形阶段，但峰后破坏过程存在快速应力跌落现象，跌落速率大于前两类岩石。然而，在围压条件下大理岩试样均在峰值附近出现一定程度的屈服平台，围压越大，试样屈服过程越长，且对应的应力跌落大小及速率也越来越小。特别是在 50MPa 围压下，大理岩试样出现应变硬化现象，其应力随着应变的增大而缓慢增加，峰后破坏特征不明显，对应的环向应变和体应变随着试验的进行不断增大。

通过大理岩的试验结果可知，尽管在单轴压缩应力状态下大理岩具有较强的脆性特征，但受到围压作用时其脆性程度仍会显著降低，在低围压时（10MPa、20MPa）应力跌落已大幅减缓，并存在一定程度的屈服平台，高围压下（50MPa）试样甚至未发生破坏现象。因此，试验结果说明大理岩试样对围压作用较为敏感。

2.2.3.4　红砂岩

图 2-7 为红砂岩单轴压缩试验和三轴试验下应力应变曲线，曲线总体脆性特征不显著。单轴应力状态下试样接近峰值强度时已出现轻微的屈服现象，峰后应力未迅速跌落，而是呈现出阶段性缓慢降低趋势。在低围压（10MPa、20MPa）下，试样经过屈服状态后开始应力跌落，直到应力到达残余强度后保持稳定。其中，10MPa 围压下试样应力跌落速率相对 20MPa 试样更快，应力差也较大。但从 30MPa 围压到 60MPa 围压，试样峰后应力基本不出现跌落现象而是缓慢减小，处于应变软化状态。值得注意的是，60MPa

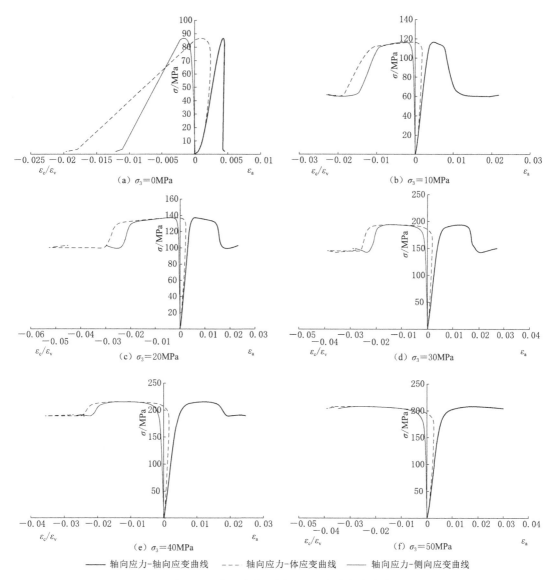

图 2-6 大理岩在不同围压下应力应变曲线

围压下红砂岩的强度仅为 131.49MPa，已低于 50MPa 围压的强度（148.44MPa）。进一步观察 50MPa 围压和 60MPa 围压试验结果发现，红砂岩在达到峰值强度后，其环向应变仍随应力的变化而增大，但体应变变化特征与以往试验结果差别较大。50MPa 围压下试样体积在峰后阶段开始扩张，扩张路径基本按峰前加载过程中的收缩路径变化，60MPa 围压下试样体积随着应力的变化反而开始加剧收缩。高围压下红砂岩这种异常的体积变化现象，预示着试样出现了不同类型的破坏特征，围压效应对红砂岩的脆性特性影响较大。

2.2.3.5　硬岩力学参数变化规律

根据四类硬岩的单轴压缩和常规三轴试验结果，结合应力应变曲线，计算并统计了各

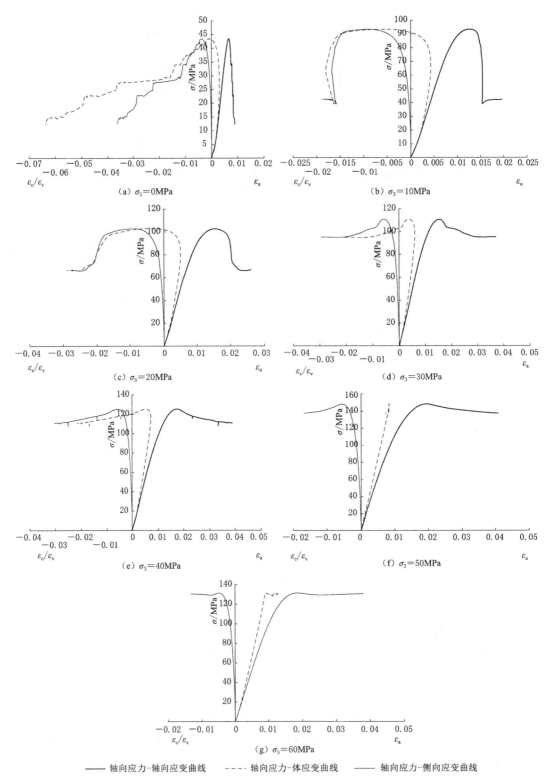

(a) $\sigma_3 = 0$MPa

(b) $\sigma_3 = 10$MPa

(c) $\sigma_3 = 20$MPa

(d) $\sigma_3 = 30$MPa

(e) $\sigma_3 = 40$MPa

(f) $\sigma_3 = 50$MPa

(g) $\sigma_3 = 60$MPa

—— 轴向应力-轴向应变曲线　　---- 轴向应力-体应变曲线　　—— 轴向应力-侧向应变曲线

图 2-7　红砂岩在不同围压下应力应变曲线

类硬岩在不同围压下的基本力学参数，包括峰值强度 σ_p、峰值应变 ε_p、残余强度 σ_r、弹性模量 E_e、变形模量 E_d、泊松比 υ、裂纹损伤应力 σ_{cd} 以及损伤应力占峰值强度的百分比，相关数据均列在表 2-1 中，各力学参数随围压的演化规律如图 2-8、图 2-9 所示。

表 2-1　　　　　四类硬岩常规三轴试验基本力学参数

岩石	σ_3/MPa	σ_p/MPa	ε_p	σ_r/MPa	E_e/GPa	E_d/GPa	υ	σ_{cd}/MPa	σ_{cd}/σ_p
花岗岩	0	211.82	0.0065	0	46.72	32.35	0.3044	170.10	80.30
	10	353.78	0.0095	106.46	46.39	37.33	0.2853	249.89	70.63
	20	459.63	0.0110	182.07	50.93	41.89	0.3116	326.26	70.98
	40	582.75	0.0133	—	50.10	43.84	0.2646	447.39	76.77
	60	697.02	0.0144	—	56.88	48.55	0.3850	475.97	68.29
黑砂岩	0	93.64	0.0058	0	19.47	16.12	0.2537	68.61	73.27
	10	131.86	0.0093	29.72	19.89	14.20	0.2580	97.70	74.10
	20	155.68	0.0108	68.85	19.95	14.40	0.2639	122.74	78.84
	30	187.20	0.0131	63.50	20.97	14.33	0.2361	150.39	80.34
	40	204.06	0.0139	75.65	22.20	14.72	0.3390	154.13	75.53
	50	222.99	0.0162	145.09	21.55	13.76	0.2551	185.01	82.97
	60	241.81	0.0165	164.02	21.71	14.63	0.2356	200.32	82.84
大理岩	0	86.60	0.0044	1.99	29.60	19.62	0.2594	70.11	80.95
	10	116.43	0.0046	62.01	36.08	25.22	0.1951	99.57	85.52
	20	137.08	0.0059	100.00	33.61	23.39	0.1774	119.94	87.50
	30	192.85	0.0099	143.67	38.82	19.29	0.3013	155.17	80.46
	40	214.02	0.0090	190.10	44.31	23.78	0.2602	176.78	82.60
	50	206.89	0.0150	207.85	35.55	13.83	0.2593	160.07	77.37
红砂岩	0	43.52	0.0066	15.05	9.01	6.63	0.2994	28.52	65.54
	10	93.40	0.0122	39.18	10.76	7.63	0.2851	66.62	71.33
	20	102.93	0.0153	67.03	9.88	6.71	0.2206	80.49	78.20
	30	110.84	0.0151	96.03	10.05	7.36	0.2265	99.62	89.87
	40	125.27	0.0174	110.86	10.29	7.19	0.1913	116.07	92.66
	50	148.43	0.0196	138.42	10.71	7.58	0.1833	148.40	99.97
	60	131.49	0.0183	128.11	9.90	7.19	0.1731	131.49	100.0

图 2-8 (a)、(b) 分别为四类硬岩峰值强度和残余强度与围压的关系图，总体上四类硬岩的峰值强度和残余强度均随着围压的增大而增大。其中，花岗岩试样的强度均大于另外三类硬岩，且增长趋势快；黑砂岩和大理岩在同一围压下峰值强度较为接近，但黑砂岩的残余强度相对较低，且残余强度增幅变化较大；而红砂岩峰值与残余强度则均处于较低水平。

图 2-9(a) 中实线为弹性模量变化趋势，虚线则为变形模量变化趋势。四类硬岩中花岗岩的弹性模量和变形模量均最大，且两者变化趋势均随围压的增大而增大；大理岩试

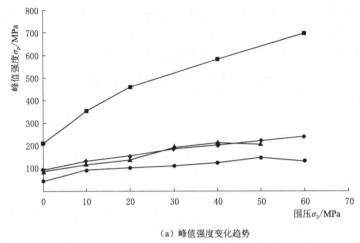

（a）峰值强度变化趋势

（b）残余强度变化趋势

■ 花岗岩　◆ 黑砂岩　▲ 大理岩　● 红砂岩

图 2-8　四类硬岩峰值强度和残余强度与围压的关系

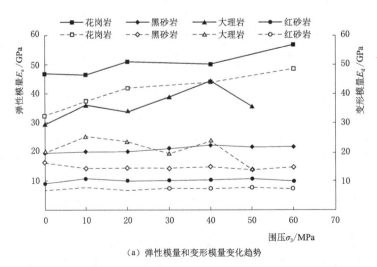

（a）弹性模量和变形模量变化趋势

图 2-9（一）　四类硬岩弹性模量、变形模量和泊松比与围压的关系

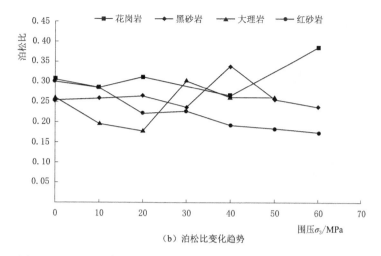

（b）泊松比变化趋势

图 2-9（二）　四类硬岩弹性模量、变形模量和泊松比与围压的关系

样模量大小次之，但变化幅度明显；黑砂岩和红砂岩的弹性模量和变形模量变化则较为平稳，围压作用对模量的影响相对较小。

　　至于泊松比，除红砂岩试样泊松比大小随围压呈减小趋势外，另外三类硬岩的泊松比与围压之间无明显规律。经统计四类硬岩整个试验中裂纹损伤应力占峰值强度百分比发现，硬岩试样加载期间体积反弯点基本分布在峰值强度的 $70\%\sim90\%$，本研究中得到的裂纹损伤应力 σ_{cd} 平均占峰值强度 σ_p 的 80.27%，这一结果与大量其他岩石力学试验成果一致。

2.2.4　变形破裂特征

2.2.4.1　花岗岩

　　花岗岩试样变形破裂特征如图 2-10 所示。在单轴压缩试验中，由于破坏瞬间能量急剧释放，现场可听到巨大的声响，试样破裂成多个碎块和大量的碎屑、粉渣，多余的能量还转化成碎块的动能，散落在试验台四周。从图 2-2（a）中可以看出，试样破坏导致侧向传感器偏离试样，进而导致应力应变曲线中侧向应变和体应变快速变化，这种剧烈的破坏形态反映出了花岗岩试样在单轴压缩应力状态下表现出极高的脆性特征。

　　在低围压条件下（10MPa、20MPa），除部分小块碎屑剥落，试样基本保留了完整性，两次试验的试样破坏形态也较为接近。首先，试样表面均出现多种方向的裂纹，其中一面往往出现两三条交叉型主裂纹，并伴随多条竖向翼型裂纹，相对另一面则为一条贯穿试样顶部至底部的倾斜主裂纹，同时试样中间部位均出现多道横向裂缝，连接两面的主裂纹，此外试样破坏包含张拉和剪切两种破坏模式。结合应力应变曲线峰后特征，偏应力阶段性跌落现象体现出了试样表面多类裂纹的发育过程。应力出现一定幅度的跌落，表明试样内部部分裂隙贯通，继续加载直至应力降低到残余强度，试样表面宏观主裂纹形成。在此期间，主裂纹的横向或竖向萌生、发展出多条翼型裂纹，但由于主裂纹未完全贯通，岩石仍可承载，从而造成应力不断波动甚至小幅升高，直到主裂纹形成后

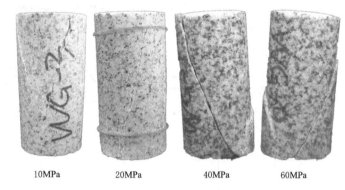

（a）单轴压缩试验　　　　　　　　　　　　　　　　（b）常规三轴试验

图 2-10　花岗岩试样变形破裂特征

应力再次发生跌落。

在高围压条件下（40MPa、60MPa），花岗岩试样均发生剪切破坏，形成一条贯穿试样的剪切裂纹。其中，60MPa 的花岗岩破坏的两部分紧密结合在一起，难以分开，但可观察到破裂缝处存在大量因剪切错动产生的白色岩粉。由此可知，在高围压下岩石内部裂隙紧密闭合接近破坏过程中裂隙逐渐扩展、连通，上下破裂面相互错动、碾压，应力达到峰值强度时，宏观剪切面形成，存储的能量迅速释放，从而产生剧烈破坏，并撕破包裹着试样的热缩管，造成液压油浸入到试样内部。

通过常规三轴试验可知，花岗岩是脆性特征十分显著的岩石，在低围压下常发生张拉、剪切破坏，强度逐渐减小，岩石表面形成多条主裂纹，而在高围压下基本以剪切破坏为主，破坏瞬间释放大量能量，形成一条贯穿试样的裂纹。

2.2.4.2　黑砂岩

观察黑砂岩试样破坏形态，在单轴压缩试验中黑砂岩破碎成多块，试样表面出现多条倾斜或竖直的裂纹，如图 2-11 所示，说明试样发生张拉和剪切两种破坏模式。但在围压条件下，黑砂岩试样均发生剪切破坏，出现一条剪切裂纹贯穿试样表面。对比各围压下的试样破坏形态，可以发现从 10MPa 到 40MPa，剪切裂纹基本从试样顶部或中部直接贯穿到试样底部，且岩石上下两部分可直接分开。而在 50MPa 和 60MPa 条件下，剪切裂纹仅

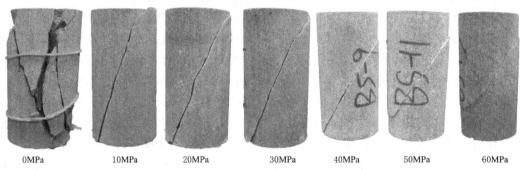

0MPa　　　　　10MPa　　　　　20MPa　　　　　30MPa　　　　　40MPa　　　　　50MPa　　　　　60MPa

图 2-11　黑砂岩变形破裂特征

贯穿试样中部，岩石上下两部分未完全分离，仍咬合在一起。即剪切裂纹与试样轴线间的夹角随着围压的增大而逐渐增大，上下破裂面的剪切面积则逐渐减小。结合应力应变曲线，在单轴压缩试验至 40MPa 围压下应力出现大幅跌落，对应岩石破裂时均可相互分离，而在 50MPa 和 60MPa 围压下，试样虽形成完整破裂面，但仍相互咬合未彻底分离，岩石上下两部分相互错动摩擦，造成应力缓慢降低。从黑砂岩的应力应变曲线和变形破裂特征可知，围压作用对黑砂岩有较大影响，其脆性程度从单轴压缩状态到高围压状态变化明显。

2.2.4.3 大理岩

根据大理岩试样破坏形态，如图 2-12 所示，在单轴压缩和常规三轴试验中大理岩试样基本均发生剪切破坏。其中，单轴和 10MPa 围压应力状态下，剪切裂纹从试样顶部贯穿至试样底部，结合应力应变曲线来看，破坏过程有较大程度的应力跌落现象。而从 20MPa 到 40MPa 围压下，剪切裂纹均从试样中部开始启裂，并贯穿至试样底部，破坏形态类似于 40MPa 的黑砂岩，对应的峰后应力存在小幅缓慢跌落。同时，40MPa 围压下试样的剪切裂纹附近可观察到轻微的共轭滑移线，意味着该应力状态下岩石已表现出一定的塑性特征。而在 50MPa 围压下大理岩试样中部鼓起、膨胀，表面未出现完整的贯穿裂纹，但存在许多交叉共轭的滑移线，根据应力应变曲线状态，说明试样已发生应变硬化现象，接近进入理想塑性状态。

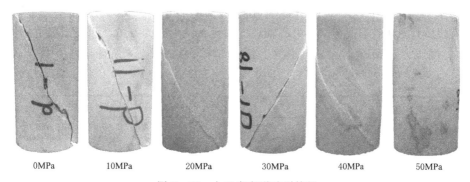

| 0MPa | 10MPa | 20MPa | 30MPa | 40MPa | 50MPa |

图 2-12　大理岩变形破裂特征

2.2.4.4 红砂岩

观察红砂岩试样破坏形态，如图 2-13 所示，在单轴压缩试验中红砂岩破坏成多个碎块，表面出现多条竖向张拉裂纹，试样以张拉破坏为主。试验过程中可看到试样碎块在峰后阶段逐步剥落、掉块，反映出应力在峰后阶段性跌落现象。在三轴试验中试样均发生剪切破坏，其中，10MPa 围压下剪切裂纹从试样顶部贯穿至试样底部，20MPa 围压下剪切裂纹从试样中部启裂，贯穿试样至底部。从 30MPa 围压开始，试样未出现完整破裂面，仅从试样中低部开始出现多条倾斜裂痕。30MPa 围压时裂痕可延伸至试样底部，而 40MPa 和 50MPa 围压下的试样均在岩石中部截止，60MPa 围压下的试样基本均在底部发育裂痕。同时，高围压下还出现大量相互倾斜相交的滑移线，这种现象说明岩石在该应力状态下已开始发生塑性破坏。

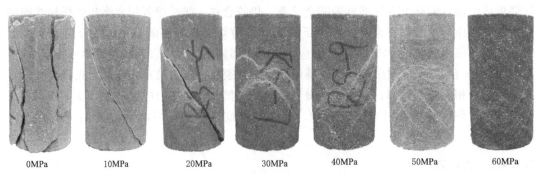

图 2-13　红砂岩变形破裂特征

根据试验结果，红砂岩的脆性特性同大理岩一样极易受围压的影响，但在高围压下又表现出不同的性质。大理岩（50MPa）一般出现应变硬化现象，试样体积开始膨胀，体应变迅速增大，而红砂岩（60MPa）体应变则反向增大，试样体积加剧收缩。这种截然相反的变形特征说明岩石变形破坏不仅与岩石所处的应力状态有关，还与岩石的岩性相关。因此，正确评价岩石的脆性特征，不仅要考虑岩石所处的应力状态，还要考虑岩石本身的性质。

2.2.4.5　硬岩破裂角变化规律

根据三轴试验结果，统计了四类硬岩在不同围压下的剪切破裂角大小，剪切破裂角是指岩石破裂后其剪切破裂面与试样中心轴线的夹角，该角度为锐角，相关试验数据见表 2-2。其中，围压为 50MPa 时大理岩未发生剪切破坏，故该数据未统计。

表 2-2　　　　　　　　　　　　　　四类硬岩剪切破裂面

围压/MPa	10	20	30	40	50	60
花岗岩剪切破裂角/(°)	18	20	—	24	—	27
黑砂岩剪切破裂角/(°)	22	24	25	30	31	34
大理岩剪切破裂角/(°)	22	31	30	32	—	—
红砂岩剪切破裂角/(°)	22	29	35	42	40	45

图 2-14 为硬岩剪切破裂角随围压的变化规律，可以看出四类硬岩的剪切破裂角基本均随围压的增大而呈线性增大趋势，同一围压下剪切破裂角从小到大的顺序分别为花岗岩、黑砂岩、大理岩和红砂岩。根据破裂角的定义，角度越小说明试样破裂越接近竖向破裂，其破裂模式也越接近张拉破坏。

2.2.5　脆性评价指标

根据硬岩剪切力学试验研究可知，采用内摩擦角可以评价不同破裂模式下的岩石脆性程度，但在实际工程中各种类型的岩石在不同应力状态下有可能表现出相同的内摩擦角，仅通过单一指标往往不能得到准确的结果。同时，内摩擦角的取值范围较大，在具体应用过程中缺乏统一的标准来衡量各种岩石的脆性程度，只能定性地反映脆性大小。因此，为

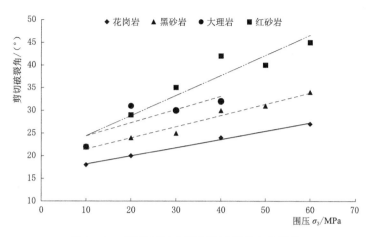

图 2-14 硬岩剪切破裂角随围压的变化规律

定量评价硬岩在不同应力状态下的脆性程度，根据第 2 章开展的常规三轴试验，在主应力坐标系（σ_1—σ_3）中建立关系方程，以此来计算不同围压下岩石的内摩擦角，并依据应力应变曲线中硬岩的力学特性建立以内摩擦角为核心的脆性评价指标以及相应的脆性分级标准。

2.2.5.1 硬岩内摩擦角演化规律

根据内摩擦角的计算方法，一种是在剪应力—正应力（τ—σ）图中计算莫尔圆公切线的斜率，或利用线性莫尔-库仑准则在主应力（σ_1—σ_3）图中的表达式，即式（2-1）。两种计算方法得到的内摩擦角均为常数，但岩石在高压应力下常表现出非线性特征，相应的内摩擦角往往会随应力状态的不同而发生变化，采用曲线型的表达式更符合试验结果。根据岩石的非线性特征，许多学者提出各种各样的准则来拟合试验结果。在这些拟合的强度准则中，Hoek-Brown 强度准则在岩体工程中得到广泛应用。考虑到剪切力学试验采用的幂函数型强度准则为 Hoek-Brown 准则的莫尔包络线表现形式，故本书决定采用式（2-4）所示的 Hoek-Brown 强度准则来拟合三轴试验结果，并由此计算不同围压下的内摩擦角。

$$\sigma_1 = \sigma_c + k\sigma_3 \tag{2-1}$$

$$\tan\varphi = \frac{k-1}{2\sqrt{k}} \tag{2-2}$$

$$c = \frac{\sigma_c}{2\sqrt{k}} \tag{2-3}$$

式中：σ_c 为岩石的单轴抗压强度；k 为拟合直线的斜率；φ 为岩石的内摩擦角；c 为岩石的黏聚力。

Hoek-Brown 强度准则表达式：

$$\sigma_1 = \sigma_3 + \sqrt{m\sigma_c\sigma_3 + s\sigma_c^2} \tag{2-4}$$

式中：m 和 s 均为岩石材料的参数。参数 m 越大，表明岩石强度越大。参数 s 反映岩石的破碎程度，范围在 0 到 1 之间，其值越接近 1 表示岩石越完整，因本次室内力学试验均为完整岩石，故拟合公式中参数 s 均默认为 1。

根据常规三轴试验结果，得到四种硬岩拟合的 Hoek - Brown 强度准则表达式，如式（2-5）～式（2-8）所示，其拟合曲线见图 2-15。

花岗岩：

$$\sigma_1 = \sigma_3 + \sqrt{7525.96\sigma_3 + 44867.71} \tag{2-5}$$

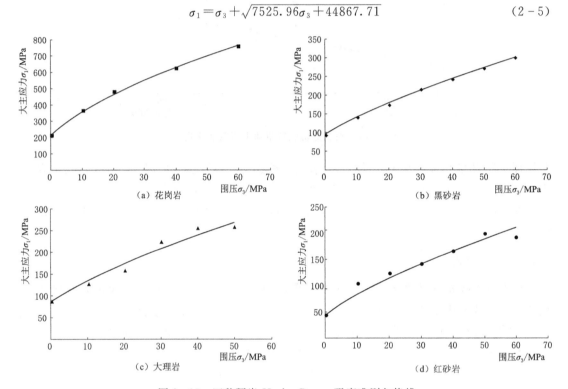

图 2-15　四种硬岩 Hoek - Brown 强度准则包络线

黑砂岩：

$$\sigma_1 = \sigma_3 + \sqrt{819.91\sigma_3 + 9070.69} \tag{2-6}$$

大理岩：

$$\sigma_1 = \sigma_3 + \sqrt{783.47\sigma_3 + 7207.08} \tag{2-7}$$

红砂岩：

$$\sigma_1 = \sigma_3 + \sqrt{348.89\sigma_3 + 1883.56} \tag{2-8}$$

由于 Hoek - Brown 强度准则为一条曲线，因此内摩擦角的计算仍采用上一节剪切力学试验中提到分段线性平均斜率方法。具体地，先利用拟合的强度准则公式得到每个围压对应的大主应力 σ_1 计算值，获得 Hoek - Brown 准则包络线上的计算点（σ_1，σ_3）。随后可得到相邻计算点之间直线的斜率大小，其中初始和最大计算点只有一个斜率值。最后，计算相邻两条直线的斜率平均值，结合式（2-2）得到各个围压对应的内摩擦角。

根据上述计算方法，获得了四种硬岩在各个围压下的内摩擦角，两者的关系如图 2-

16 所示。可以看出四种硬岩的内摩擦角变化趋势基本相同，其中单轴压缩试验的内摩擦角最大，随着围压的增大岩石的内摩擦角均不断降低。在 60MPa 围压（大理岩为 50MPa）时，花岗岩、黑砂岩、大理岩和红砂岩的内摩擦角分别减少了 20.56％、30.32％、28.51％和 40.08％。在同一围压下，四种硬岩中红砂岩的内摩擦角总是最小的，黑砂岩和大理岩次之，花岗岩的内摩擦角则远高于另外三种岩石。Hucka 和 Das（1974）指出较高的内摩擦角是脆性岩石的特征之一。因此在同一围压下花岗岩的脆性最大，红砂岩则最小，且四种硬岩的脆性程度均随着围压的增大而逐渐降低。然而，对于黑砂岩和大理岩，两者的内摩擦角除了单轴压缩试验存在一定区别外，围压条件下两种硬岩的内摩擦角基本相同，无法区分两者的脆性大小。但是，根据常规三轴试验中应力应变曲线表现出的力学特性和试样变形破裂特征来看，黑砂岩在围压条件下还存在显著的应力降，能形成完整的剪切破裂面，而大理岩在高围压下已经出现应变硬化现象，即两种硬岩的脆性大小和变化规律应该具有显著差别的，而仅采用内摩擦角无法判断同一围压下两者的脆性大小。通过上一节剪切力学试验中内摩擦角的演化规律可知，利用内摩擦角的变化来衡量岩石脆性变化是一种有效的方法，对于不同种类的岩石，同一状态下其内摩擦角越大，表明该岩石的脆性就越大。而对于同一种类的岩石，该方法只能定性地反映岩石在不同应力状态下的脆性程度，如果两种硬岩具有相同的内摩擦角，该方法就无法区分开来，这表明仅采用内摩擦角作为脆性评价指标是具有一定局限性的，需要考虑岩石在不同应力状态下的力学特性。因此，为了定量地评价岩石的脆性大小，下面将结合岩石应力应变曲线中峰前、峰后的力学特性，建立以内摩擦角为核心的脆性评价指标，实现岩石脆性程度的定量化评价。

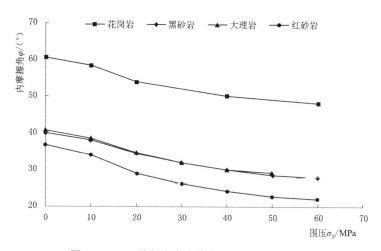

图 2-16　四种硬岩内摩擦角随围压的变化规律

2.2.5.2　硬岩脆性评价指标

新的脆性指标有三部分构成：峰前弹性模量 E 与峰后模量 M（M 为负数）的比值、峰后应力降（$\sigma_p - \sigma_r$）与峰值强度 σ_p 的比值以及岩石的内摩擦角 φ。根据 Tarasov 和 Potvin（2013）的研究结果，弹性模量与峰后模量的比值可以反映加载岩石在峰后阶段积累弹性能的释放。因此，通过引入自然对数将模量比 E/M 限定在 $0\sim1$ 范围内，从而可以得到反映弹性能释放速率的系数 k_1。由于系数 k_1 为非线性函数，为防止模量比 E/M 衰减得过快，将峰后模量 M 乘以常数 10。此外，系数 k_2 为峰后应力降与峰值强度的比值，该系数的取值范围通常为 $0\sim1$（对于应变硬化情况，该值小于 0），可以反映岩石破坏所释放的能量大小。当 $k_2=0$ 时说明岩石峰后没有应力降，残余强度等于峰值强度，岩石发生理想塑性变形；当 $k_2=1$ 时说明残余强度为 0，峰后应力完全跌落。而为了将内摩擦角的变化幅度限定在 $0\sim1$ 之间，参考 Hucka 和 Das 提出的指标，引入正弦函数进行限定。进而，本书提出的岩石脆性评价指标如式（2-9）所示，该指标的三部分均为无量纲的系数。

$$B_i = k_1 k_2 \sin\varphi \tag{2-9}$$

$$k_1 = e^{\frac{E}{10M}} \tag{2-10}$$

$$k_2 = \frac{\sigma_p - \sigma_r}{\sigma_p} \tag{2-11}$$

$$M = \frac{\sigma_r - \sigma_p}{\varepsilon_r - \varepsilon_p} \tag{2-12}$$

式中：E 为岩石峰前弹性模量；M 为岩石峰后降模量；σ_p 为岩石的峰值强度；σ_r 为岩石的残余强度；ε_p 为岩石峰值强度对应的峰值应变；ε_r 为岩石残余强度对应的残余应变。

对于一些在单轴压缩下的软岩或许多在三轴应力状态下的岩石，由于塑性变形导致其应力应变曲线出现一段屈服平台，屈服平台的出现意味着岩石脆性的减弱。因此，在计算峰后模量 M 时，当应力应变曲线不存在屈服平台时，峰后模量起点选择为岩石峰值强度处，终点为残余强度初始值，如图 2-17（a）所示。当应力应变曲线存在屈服平台时均选择屈服平台的初始值为起点，残余强度的初始值为终点，如图 2-17（b）所示[3]。对于应变硬化现象，峰后模量 M 和系数 k_2 同样选取屈服平台初始值为起点开始计算。

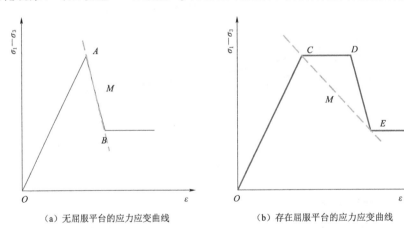

（a）无屈服平台的应力应变曲线　　　　　　（b）存在屈服平台的应力应变曲线

图 2-17　不同类型应力应变曲线峰后模量的计算方法

Wawersik 和 Brace 根据岩石的峰后特征，将应力应变曲线分为两大类：Ⅰ 类曲线（峰后模量 $M<0$）和 Ⅱ 类曲线（峰后模量 $M>0$）。正如图 2-18 所示，对于 Ⅰ 类曲线，当曲线从 OAB 转变到 OAC 时，系数 k_1 和 k_2 均从 1 逐渐减小到 0，对应的脆性指标取值范围为 0～1，当岩石处于理想塑性状态时，该值为 0。然而，当曲线为 OAD（应变硬化现象）时，$k_1>1$，$k_2<0$，因此脆性指标 $B_i<0$。对于 Ⅱ 类曲线，当曲线为 OAE 时，$k_1>0$，$k_2>0$，对应的脆性指标 $B_i>0$。但由于 Ⅱ 类曲线一般是通过环向位移控制方式获得，与本书三轴试验的控制方式（轴向位移控制）不同，因此基于 Ⅱ 类曲线的岩石脆性评价不在讨论范围之内，本书仅对 Ⅰ 类曲线进行分析、研究。

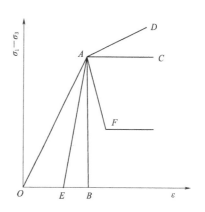

图 2-18　多种类型应力应变曲线示意图

　　根据上述分析和讨论，当岩石处于脆性破坏状态（OAB）时，脆性指标 B_i 的值最大，当岩石处于塑性破坏状态（OAC 或 OAD）时，脆性指标就比较小，甚至为负值。由此可见，该指标的变化是连续且单调的，能够反映岩石从脆性破坏到塑性破坏的转变过程。

　　基于三轴试验结果，本书采用上述公式计算了四种硬岩的脆性指标 B_i。表 2-3 统计了各个围压下岩石的力学参数，并将脆性指标随围压的变化规律绘制在图 2-19 中。其中，花岗岩试样在高围压下（40MPa 和 60MPa）因发生剧烈破坏，触发了三轴试验仪的安全保护机制，造成岩石在峰后阶段的试验数据未能成功采集，进而导致该围压下的脆性指标无法计算，只获得了部分数据点。根据图 2-19，四种硬岩的脆性指标 B_i 整体上均随着围压的增大而逐渐降低。花岗岩在单轴压缩试验中脆性指标高达 0.869，在围压作用下脆性迅速降低，20MPa 时脆性仅为 0.467。对于黑砂岩，在围压小于 20MPa 时脆性指标随围压的增大而呈线性减小趋势，在围压为 20～40MPa 时，脆性指标的大小基本保持不变，在高围压下脆性指标又开始快速下降。对于大理岩试样，在单轴压缩时脆性指标为 0.6352，在围压状态下脆性迅速下降，围压为 10MPa 时脆性大小已降低至 0.18，说明大理岩的脆性对围压十分敏感。从 10MPa 至 40MPa，大理岩的脆性指标逐渐下降至 0.0088，表明岩石基本无脆性特征。而在 50MPa 的围压下脆性指标数值小于 0，这意味着岩石表现出强烈的塑性特征，试样发生应变硬化现象。此外，对于红砂岩试样，在围压为 30MPa 之前岩石的脆性从 0.37（单轴压缩试验）线性减小到 0.0246（30MPa），而在围压超过 30MPa 后脆性指标的大小基本接近于 0，表明此时的红砂岩已出现显著的塑性破坏特征。因此，对比图 2-16 和图 2-19 中内摩擦角 φ 与脆性指标 B_i 随围压的变化规律，本书所提出的以内摩擦角为核心的脆性指标可以准确地反映不同应力状态下岩石的脆性程度，能够表征硬岩脆性程度从脆性到塑性变化的整个趋势。

　　对比在单轴压缩试验中四种硬岩的脆性程度，可以看出花岗岩试样的脆性最大，黑砂岩和大理岩的脆性大致相同，红砂岩的脆性最小。而在同一围压条件下，除花岗岩试样，黑砂岩的脆性程度均比大理岩和红砂岩高，大理岩试样的脆性反而最低（30MPa 除外）。大理岩脆性大小的这种变化趋势说明该岩石受围压的影响较大，在较低围压（10MPa）下其脆性程度快速降低，高围压（50MPa）下则发生应变硬化现象。

表 2 - 3　　　　　　　常规三轴试验中四种硬岩的力学参数

岩石类型	σ_3/MPa	E/GPa	M/GPa	σ_p/MPa	σ_r/MPa	φ/(°)	B_i
花岗岩	0	46.72	−222.7	211.82	0	60.55	0.869
	10	46.39	−146.0	353.78	112.69	58.43	0.5787
	20	50.93	−129.9	459.63	192.97	53.91	0.467
	40	50.1	—	582.75	—	50.04	—
	60	56.88	—	697.02		48.1	—
黑砂岩	0	19.47	−106.86	93.64	0	40.08	0.6323
	10	19.89	−100.62	131.86	29.72	38.07	0.4683
	20	19.95	−63.26	155.68	68.85	34.44	0.3056
	30	20.97	−61.16	187.20	63.50	31.97	0.3381
	40	22.20	−30.43	204.06	75.65	30.11	0.2935
	50	21.55	−8.76	222.99	145.09	28.62	0.1308
	60	21.71	−6.72	241.81	164.02	27.94	0.1091
大理岩	0	29.60	−540.83	86.60	1.99	40.82	0.6352
	10	36.08	−7.49	116.43	62.01	38.60	0.1801
	20	33.61	−3.30	137.08	100.00	34.61	0.0555
	30	38.82	−4.94	192.85	143.67	31.99	0.0616
	40	44.31	−2.40	214.02	190.10	30.05	0.0088
	50	35.55	0.19	206.89	207.85	29.18	−242942
红砂岩	0	8.52	−15.50	43.32	15.06	36.81	0.3700
	10	10.76	−17.06	93.40	39.18	33.99	0.3047
	20	9.88	−5.10	102.93	67.03	29.08	0.1397
	30	10.05	−1.15	110.84	96.03	26.25	0.0246
	40	10.29	−0.74	125.27	110.86	24.26	0.0118
	50	10.71	−0.59	148.44	138.42	22.74	0.0042
	60	9.90	−0.51	131.49	128.11	22.06	0.0014

　　为了进一步研究脆性指标 B_i 与内摩擦角 φ 之间的关系，将黑砂岩、大理岩和红砂岩三种硬岩的脆性指标与对应的内摩擦角数据绘制在图 2 - 20 中。其中，由于花岗岩试样的数据较少，以及 50MPa 围压下大理岩脆性指标为负值，本次暂不对其进行分析。从图 2 - 20 可以看出，三种硬岩的脆性指标基本具有相同的变化趋势，即岩石的内摩擦角越大，对应的脆性指标也就越大。对于黑砂岩和红砂岩，脆性指标和内摩擦角的关系可以采用线性方程拟合，拟合表达式见式（2 - 13）和式（2 - 14）。而大理岩因单轴压缩试验的脆性较高，总体上更适合采用指数函数来拟合，拟合表达式见式（2 - 15）。但若仅考虑围压条件下两者的关系，试验数据仍可采用线性方程来拟合，其拟合表达式见式（2 - 16）。总体上，在同一内摩擦角下黑砂岩的脆性总是最高的，红砂岩次之，大理岩则最小。

　　黑砂岩：

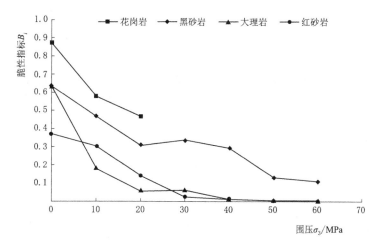

图 2-19 四种硬岩脆性指标随围压的变化规律

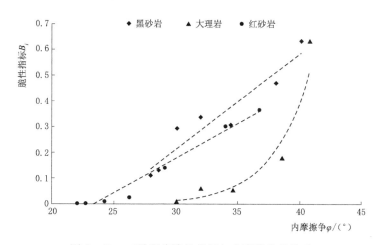

图 2-20 三种硬岩脆性指标与内摩擦角的关系

$$B_i = 0.037\varphi - 0.8978 \tag{2-13}$$

红砂岩:

$$B_i = 0.0268\varphi - 0.6251 \tag{2-14}$$

大理岩:

$$B_i = 6 \times 10^{-7} e^{0.334\varphi} \tag{2-15}$$

$$B_i = 0.0186\varphi - 0.5508 \tag{2-16}$$

2.2.5.3 考虑硬岩力学特性与破裂特征的脆性分级

根据上一节中硬岩脆性指标 B_i、围压 σ_3 与内摩擦角 φ 之间的关系可知，硬岩在围压等于零即单轴压缩试验中，计算得到的脆性指标往往是最大的，在围压作用下岩石的脆性程度则逐渐下降，且四种硬岩的脆性变化趋势各不相同，脆性程度发生明显转变的拐点也有一定差别。岩石脆性程度的大小与试样的力学特性及破裂特征之间存在什么样的关系，以及如何采用统一的标准来评价岩石的脆性程度，这些都是需要思考的问题。为此，本节根据常规三轴试验中硬岩的应力应变曲线和试样变形破裂形态，分析、探讨脆性指标与岩石力学特性、破裂特征之间的联系，以此建立硬岩的脆性分级标准，为后续的数值计算和工程应用提供一种评价方法。

在单轴压缩试验中，除了大理岩发生剪切破坏，形成一条完整倾斜的剪切破裂面外，其余三种硬岩均以张拉破坏为主，试样表面形成多条竖向裂纹，特别是花岗岩试样，破坏过程极为剧烈。对应的四种硬岩单轴压缩试验的应力应变曲线，其显著的特征就是当岩石应力达到峰值强度后便迅速下降。这种试样以张拉破坏为主、应力快速释放的特征，其脆性程度往往比较大。而在围压条件下，根据硬岩力学特性和破裂特征可以看出，如果岩石破坏形成一条完整的剪切破裂面，其应力应变曲线常常会出现突然的应力跌落现象。特别地，如果剪切裂纹贯穿整个试样时其应力降往往比较大，比如 $10 \sim 20\text{MPa}$ 的花岗岩、$10 \sim 30\text{MPa}$ 的黑砂岩以及 10MPa 的大理岩和红砂岩，岩石的脆性程度相对较大。如果剪切裂纹贯穿试样的局部区域时其应力降相对较小且速度也较小，比如 $40 \sim 60\text{MPa}$ 的黑砂岩、$20 \sim 40\text{MPa}$ 的大理岩以及 20MPa 的红砂岩，岩石的脆性程度也就相对较小。相反，如果岩石没有形成完整贯穿的剪切破裂面或者发生"臌胀"变形特征，其应力降往往不会发生，比如 50MPa 的大理岩、$30 \sim 60\text{MPa}$ 的红砂岩，表明岩石脆性特征不显著。为此，根据硬岩的力学特性和破裂特征，本书将脆性划分了五个等级：

（1）在单轴压缩试验中花岗岩、黑砂岩和大理岩其应力应变曲线发生较大的应力降，且残余强度均为 0，对应的脆性指标 B_i 的数值均高于 0.6，此时岩石的脆性程度是很高的，脆性等级定为高脆性（$0.6 < B_i < 1$）。

（2）当岩石剪切破裂面从试样顶部一直贯穿到试样底部时，其应力应变曲线会出现相对较大的应力降，对应的脆性指标 B_i 的数值常常大于 0.3，例如 $10 \sim 20\text{MPa}$ 的花岗岩，$10 \sim 30\text{MPa}$ 的黑砂岩以及 10MPa 以下的红砂岩，此时岩石的脆性程度处于中等水平，脆性等级定为中等脆性（$0.3 < B_i \leqslant 0.6$）。

（3）当岩石剪切破裂面从试样中部破裂并贯穿到底部时，应力应变曲线表现出较小的应力降，对应的脆性指标 B_i 的数值往往大于 0.1，例如 $40 \sim 60\text{MPa}$ 的黑砂岩，10MPa 的大理岩和 20MPa 的红砂岩，此时岩石的脆性程度较低，脆性等级定为低脆性（$0.1 < B_i \leqslant 0.3$）。

（4）在应力应变曲线不存在明显的应力跌落，试样不再形成完整的破裂面时，脆性指标 B_i 的数值一般小于 0.1，例如 $20 \sim 40\text{MPa}$ 的大理岩，以及 $30 \sim 60\text{MPa}$ 的红砂岩。此时岩石的脆性程度极弱，脆性等级定为弱脆性（$0 < B_i \leqslant 0.1$）。

（5）当岩石发生"膨胀"变形或岩石应力应变曲线出现理想塑性特征，甚至出现应变硬化现象时，脆性指标 $B_i < 0$，例如 50MPa 的大理岩，此时岩石处于塑性状态，没有任何脆性特征，脆性等级定为无脆性（$B_i \leqslant 0$）。上述脆性分级总结在表 2 - 4 中。

表 2 - 4　　　　　　　基于岩石力学特性和破裂特征的脆性分级

脆性等级	脆性指标 B_i 范围	脆性等级	脆性指标 B_i 范围
高脆性	$0.6 < B_i < 1$	弱脆性	$0 < B_i \leqslant 0.1$
中等脆性	$0.3 < B_i \leqslant 0.6$	无脆性	$B_i \leqslant 0$
低脆性	$0.1 < B_i \leqslant 0.3$		

2.3　循环加卸载试验

　　黑砂岩在不同围压下的三轴循环加卸载试验结果如下所示。本次试验中围压水平设置为 10MPa、20MPa、30MPa、40MPa，每组试验峰前应力卸载点为 50%、60%、70%、80% 和 90%，峰后应力则卸载至残余强度。

2.3.1　试验设计

　　为深入研究硬岩的变形破裂机制及力学参数的演化规律，本书选用黑砂岩作为研究对象，利用岩石三轴试验系统（MTS815.03），通过设置不同的围压水平（10MPa、20MPa、30MPa、40MPa），开展了三轴循环加卸载试验。试验过程中首先将围压加载到预定值，再施加轴向荷载，达到预设的卸载强度值后开始卸载。整个试验过程中，轴向荷载控制方式在峰前峰后加卸载阶段均采用轴向位移控制，加卸载速率为 0.0001mm/s。卸载过程中为防止轴向应力卸载至 0 时导致压头与试样脱离，试验在卸载期间将轴向应力卸载到开始卸载时轴向应力的 98%，一般为 1～5MPa。

2.3.2　力学特性分析

　　图 2-21 为黑砂岩四个围压下的应力应变曲线。总体来看，在循环加卸载试验中黑砂岩的应力应变曲线特征与常规三轴试验较为类似。在加载阶段岩石均出现线弹性变形和屈服阶段，且屈服平台随着围压的增大而更加显著。在岩石发生破坏后，应力迅速跌落，由于试验中破坏往往在瞬间完成，此时难以控制应力卸载，造成每个围压下试样都发生应力突降，这种峰后破坏特征与常规三轴试验破坏现象类似。在 10MPa 围压下试样经过短暂的屈服变形后发生破坏，在应力跌落过程中切换控制模式，开始卸载轴向应力，完成四个应力循环后应力基本达到残余强度。对于 20MPa、30MPa 和 40MPa 围压试样到达峰值强度后，应力开始缓慢下降，此时卸载过程中试样均未破坏，表明岩石破裂面未完全形成。

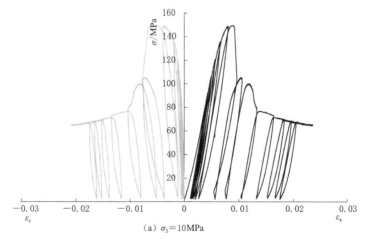

(a) $\sigma_3 = 10\text{MPa}$

图 2-21（一）　黑砂岩循环加卸载试验应力应变曲线

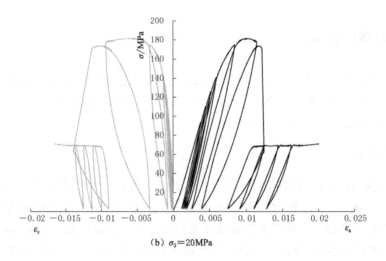

（b）$\sigma_3 = 20\text{MPa}$

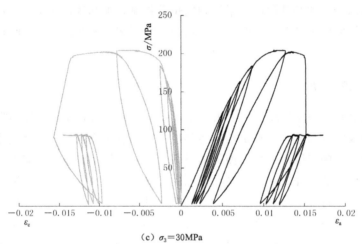

（c）$\sigma_3 = 30\text{MPa}$

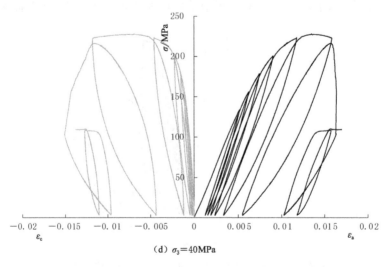

（d）$\sigma_3 = 40\text{MPa}$

图 2-21（二）　黑砂岩循环加卸载试验应力应变曲线

但在下一个循环中均出现应力跌落现象，试样完全破坏，形成完整破裂面，应力基本上均直接降低到残余强度大小，随后的几个循环中应力最大值也在残余强度附近上下浮动。表 2-5 统计了黑砂岩各个围压下的峰值强度和残余强度，与常规三轴试验对比可知，循环加卸载试验中黑砂岩在 10MPa、20MPa、30MPa 和 40MPa 围压下峰值强度分别提高了 13.3%、16.8%、9.1% 和 11.7%，平均为 12.725%，残余强度则提高了 118.2%、3.2%、46.5% 和 44.4%，平均为 53.075%。

表 2-5 黑砂岩循环加卸载试验峰值强度和残余强度

围压/MPa	10	20	30	40
峰值强度/MPa	149.40	181.89	204.29	227.99
残余强度/MPa	64.85	71.06	93.02	109.2

2.3.3 变形破裂特征

通过图 2-22 黑砂岩破裂面可以看出，试样基本以剪切破坏为主。在 10MPa 围压下主破裂面从试样顶部一直贯穿至试样底部，多条微翼型裂纹伴随着主破裂面萌生、发展。同时，试样左侧出现一条水平向翼型裂纹连通主破裂面，中部发育一条竖向张拉裂纹，该现象与常规三轴试验中 10MPa 的花岗岩试样破坏较为类似。水平向裂纹产生的原因可能是在加载过程中破裂面两侧相互错动，造成薄弱一侧挤压断裂，并萌生出竖向张拉裂纹。随着围压的增

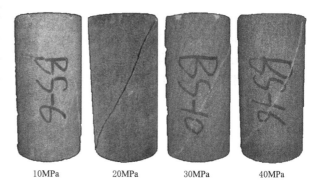

10MPa　　20MPa　　30MPa　　40MPa

图 2-22 黑砂岩循环加卸载试验变形破裂特征

大，剪切破裂角逐渐增大，30MPa 围压时试样破裂面从中部开始发育，贯穿至试样底部，而 40MPa 围压破裂面则为弧形，从试样中上部开始破裂，延伸到试样底部。掰开各试样破裂面，均可观察到表面存在大量岩粉，剪切破坏现象显著。

2.3.4 塑性内变量

为了表征岩石的塑性变形程度，本书引入塑性内变量这一参数来表征硬岩塑性程度。由于岩土材料在围压条件下往往发生剪切屈服，因此可取等效塑性剪应变为内变量[4]，通过式（2-17）来计算获得考虑围压效应的等效塑性剪应变[5]。

$$\kappa = \int d\kappa, \quad d\kappa = \frac{\sqrt{\frac{2}{3} de^p : de^p}}{f(\sigma_3/\sigma_p)} \tag{2-17}$$

式中：de^p 为塑性偏应变张量，该参数的定义为 $de^p = d\varepsilon^p - \frac{1}{3} T_r(d\varepsilon^p) I$；$f(\sigma_3/\sigma_p)$ 为等效塑性剪应变增量与围压的函数，通过引入单轴压缩强度 σ_p 来使其无量纲化，函数形式

可根据循环加卸载试验数据拟合得到，一般为线性关系方程，如式（2-18）：

$$f(\sigma_3/\sigma_p) = A_1\left(\frac{\sigma_3}{\sigma_p}\right) + A_2 \qquad (2-18)$$

式中：参数 A_1、A_2 为待定系数，通过对试验数据拟合得到。

　　根据式（2-17）中塑性内变量 κ 的计算方法，当岩石处于初始屈服状态时内变量为 0，当岩石处于残余变形时内变量为 1。因此，在处理循环加卸载试验数据时应先确定各围压下岩石的初始屈服点，并计算对应的塑性剪应变。根据第 2 章中通过常规三轴试验得到的应力应变曲线结果发现，岩石在达到峰值强度前其体应变往往会发生转变，经统计体应变拐点对应的偏应力一般为峰值强度的 80%（见表 2-1）。而前人的研究成果[6]表明，在体应变拐点之前卸载时卸载点处的轴向应变对应的加、卸载应力基本相等，而在体应变拐点之后卸载时对应的加、卸载应力相差较大，这说明当岩石所受应力超过体应变拐点对应的应力大小后，岩石内部微裂纹开始随着应力的增长而快速发育、扩展，即岩石的塑性变形开始逐渐增大。因此，可以把体应变的拐点作为初始屈服点，其对应的应力即为初始屈服应力。通过该方法，本书计算了黑砂岩循环加卸载试验中四个围压水平下初始屈服点对应的等效塑性剪应变，建立起岩石从初始屈服到残余变形对应的等效塑性剪应变增量与围压之间的关系（图 2-23），得到了围压函数 $f(\sigma_3/\sigma_p)$ 的具体形式，即式（2-19），其中岩石的单轴压缩强度 σ_p 取 93.64MPa。根据拟合结果可以看出，随着围压的增大，黑砂岩从初始屈服到残余强度所经历的塑性变形增量也逐渐增大。

$$f(\sigma_3/\sigma_p) = 0.0106(\sigma_3/\sigma_p) + 0.0119 \qquad (2-19)$$

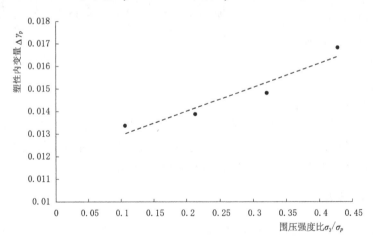

图 2-23　黑砂岩等效塑性剪应变增量与围压的关系

2.3.5　参数演化规律

2.3.5.1　变形参数随内变量的演化规律

　　岩石的变形参数包括弹性模量 E 和泊松比 υ，深部地下岩体开挖过程中，随着围岩应力的重分布，表层围岩产生大量的微裂纹，在切向应力和施工扰动的作用下微裂纹进一步扩展、开裂，引起围压力学性质发生劣化。如许多现场声波测试[7-8]结果显示表层围岩的波速是不断变化的，达到一定深度范围后才恢复至原岩波速水平，由波速与弹性模量的关系可知岩石的弹性模量是随着损伤程度的不同而发生变化的。此外，大量岩石力学试验结果[9-11]也表明，岩石的弹性模量会随着岩石塑性变形的增加而逐渐减小。

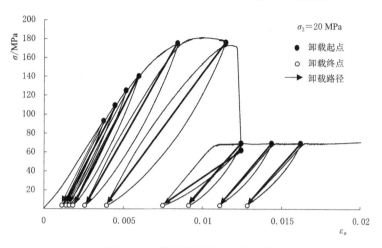

图 2 - 24　黑砂岩循环加卸载路径

对于黑砂岩试样，在计算变形参数时将循环加卸载试验中每一次应力循环路径看作是一次单独的试验过程（图 2 - 24），分别计算从卸载起点到卸载终点直线段的斜率作为岩石弹性模量，并根据对应的轴向应变来计算每次循环的泊松比，从而得到了不同塑性程度下的岩石变形参数。然而，由于不同围压下的循环加卸载试验岩石所产生的塑性变形均不相同，为便于总结参数演化规律，将塑性内变量在 0～1 范围内均匀等分化处理，按照线性插值方法计算出同一塑性内变量对应的岩石变形参数，进而获得了各个围压下变形参数随塑性内变量的演化规律，试验结果如图 2 - 25 所示。

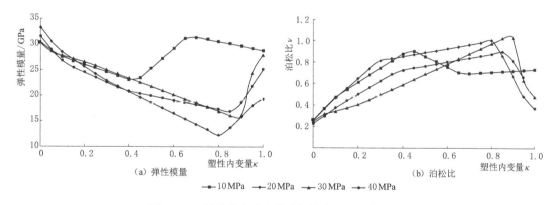

（a）弹性模量　　　　　　　　　（b）泊松比

—■— 10 MPa　—◆— 20 MPa　—▲— 30 MPa　—●— 40 MPa

图 2 - 25　黑砂岩变形参数随塑性内变量的演化规律

根据计算得到的试验结果，不同围压下的黑砂岩从初始屈服到残余变形过程中其弹性模量、泊松比随塑性内变量的变化规律基本相同。弹性模量从初始屈服时便开始逐渐减小，在塑性内变量为 0.85 左右达到最小值，之后再快速增大。泊松比则从初始屈服时开始不断增大，同样在塑性内变量为 0.85 左右时达到最大值，之后便快速减小。值得注意的是，四个围压下黑砂岩的泊松比在变化过程中均超过了 0.5，甚至接近 1，这对岩石材料来说是不可能的。根据泊松比的计算方法，即横向应变与轴向应变绝对值的比值，较大的泊松比表明岩石发生了较大的横向应变。结合岩石应力应变曲线发现，塑性内变量为 0.85 左右对应的应变均处于岩石发生应力跌落后的第一个卸载循环中，即岩石发生破坏后计算的泊松比达到最大值。由此可知，岩石在塑性变形过程中，内部微裂纹逐渐扩展、贯通，发生破坏时应力出现快速下降，试样最终形成完整剪切破裂面，破裂面的形成意味着岩石横向变形的突然增大。岩石破坏后随着卸载的进行，在围压作用下破裂面又紧密闭合，从而产生较大的横向应变，而对应的轴向应变在整个过程中变化幅度较小，故计算得到的泊松比就比较大。同时，对于其他塑性内变量对应的泊松比，由于岩石破坏前与破坏后其塑性内变量增长幅度大，通过线性插值方法计算得到的泊松比就处于较高水平，这就解释了计算得到的大部分泊松比均超过 0.5 的原因。

2.3.5.2　强度参数随内变量的演化规律

岩石的强度参数包括黏聚力 c 和内摩擦角 φ，其计算方法类似于变形参数。首先，从体应变拐点对应的初始屈服点开始，针对不同围压下的循环加卸载试验结果，将每一次应力循环路径看作是一次独立的试验过程，从而获得本次试验过程卸载时的大主应力并计算卸载终点对应的塑性内变量。然后将塑性内变量均匀等分化，分别对不同围压下黑砂岩的大主应力进行线性插值处理，得到各个塑性内变量对应的大主应力，进而获得了不同塑性内变量下黑砂岩大、小主应力的关系。最后，通过线性函数拟合大、小主应力数据，并根据式（2-34）和式（2-35）计算得到不同塑性内变量条件下的黏聚力 c 和内摩擦角 φ，建立起黑砂岩的强度参数与塑性内变量 κ 之间的函数关系，计算结果如图 2-26 所示。

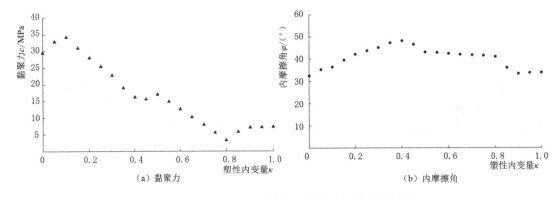

（a）黏聚力　　　　　　　　　　　（b）内摩擦角

图 2-26　黑砂岩强度参数随塑性内变量的演化规律

根据图 2-26 中黑砂岩强度参数的变化特征可以看出，黏聚力在塑性内变量增大过程中呈现出先小幅增大，再快速降低，最后趋于稳定的变化趋势，内摩擦角则呈先逐渐增大后缓慢降低趋势。对于黑砂岩黏聚力的这种变化特征是由于在整个加载过程中，随着岩石塑性变形的增大，岩石内部损伤逐渐增多，由于微裂纹不断发育、扩展，造成岩石微观结构不断分离，导致岩石颗粒之间黏结强度不断降低，宏观上表现出黏聚力随塑性内变量出现减小的趋势。在初始损伤阶段（$\kappa < 0.1$），黏聚力有一段小幅增大的过程，根据塑性内变量的定义，$\kappa = 0$ 对应的是岩石的初始屈服点，即体积应变拐点的应力，并非峰值强度点，在此阶段岩样的内部微裂纹逐步扩展，但细观结构的破坏尚不能降低岩石的承载能力，因此，岩石的黏聚力在初始屈服阶段表现出增大的趋势。此外，当塑性内变量达到0.8左右时，岩石完全破坏形成贯通的完整破裂面，造成岩石颗粒之间基本丧失黏结强度，故黏聚力减小至最小值，之后在应力接近残余强度过程中小幅增大。

而微裂纹的发育和细观结构的分离，促使潜在破裂面表面更加粗糙，造成岩石颗粒之间的摩阻力增强，宏观上表现为内摩擦角的增大。而当塑性内变量达到0.4左右时，岩石内摩擦角达到最大值，之后便出现阶段性减小现象。这种情况主要是由于岩石微裂纹粗糙的表面在尚未完全贯通时形成了互锁结构[12]，使计算得到的摩擦系数大于岩石破裂面自身的摩擦系数，当岩石沿微裂纹滑移时，互锁结构逐渐开始破坏，计算得到的摩擦系数减小至岩石破裂面的摩擦系数，从而造成内摩擦角出现这种逐级下降的现象。

根据上述计算结果，对强度参数的演化规律进行数据拟合，得到了黑砂岩黏聚力、内摩擦角与塑性内变量的关系方程。其中，为方便后续数值计算，初始屈服阶段的黏聚力大小通过后续数据反向线性插值计算，从而得到黏聚力随塑性内变量不断减小，并在接近残余时保持稳定的变化规律，而内摩擦角则呈现出先增大后减小的变化规律。因此，黑砂岩的强度参数与塑性内变量之间的关系方程宜采用分段函数来表示，拟合结果见图 2-27，拟合公式见式（2-20）和式（2-21）。

$$\begin{cases} c = -40.496\kappa + 36.001 & 0 \leqslant \kappa \leqslant 0.8 \quad R^2 = 0.9779 \\ c = 18.941\kappa - 10.731 & 0.8 < \kappa \leqslant 1 \quad R^2 = 0.781 \end{cases} \tag{2-20}$$

$$\begin{cases} \varphi = 39.956\kappa + 33.138 & 0 \leqslant \kappa \leqslant 0.4 \quad R^2 = 0.9861 \\ \varphi = -23.117\kappa + 56.677 & 0.4 < \kappa \leqslant 1 \quad R^2 = 0.8973 \end{cases} \tag{2-21}$$

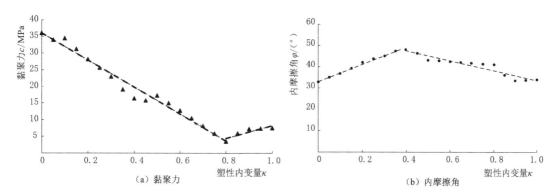

（a）黏聚力　　　　　　　　　　　　（b）内摩擦角

图 2-27　黑砂岩强度参数与塑性内变量的关系

从拟合结果可以看出，黑砂岩的强度参数与塑性内变量均呈线性变化关系。随着塑性变形的增大，岩石的黏聚力逐渐减小，在塑性内变量为0.8时比起初始屈服值减小了90.3%。内摩擦角则先增大后减小，在塑性内变量为0.4时比起初始屈服值增大了47.9%。

2.4　本章小结

本章通过对多种硬岩开展室内三轴压缩力学试验，对硬岩的力学特性及变形破裂特征有了深入认识，并详细研究了强度参数在不同破裂模式、应力状态以及损伤程度下的演化规律，得到了以下几点认识：

（1）常规三轴试验中四类硬岩其峰值强度和残余强度均随围压的增大而增大，其中花岗岩的强度最大，且在高围压下破坏仍十分剧烈，另外三类岩石在围压作用下则存在明显的塑性特征，特别是大理岩在 50MPa 下发生应变硬化现象。单轴压缩试验中岩石多以张拉破坏为主，而在围压条件下岩石则基本发生剪切破坏，四类硬岩的剪切破裂角均随围压的增大而呈线性增大趋势。

（2）通过开展常规三轴试验，在主应力坐标系中采用 Hoek – Brown 准则拟合试验数据，并采用分段线性平均斜率方法计算了不同围压下的内摩擦角，得到了内摩擦角随围压的变化规律，发现四种硬岩其内摩擦角均随围压的增大而减小。进而根据岩石的力学特性，建立了以内摩擦角为核心的脆性评价指标，获得脆性指标随围压的变化规律，以及脆性指标与内摩擦角的关系，试验结果发现在围压条件下三种硬岩的脆性指标均随内摩擦角的增大而呈线性增大趋势。最后，结合岩石的力学特性和试样变形破裂特征，建立了硬岩的脆性分级标准，为后续的数值计算和工程应用提供了一种评价方法。

（3）由于岩石的破坏是一个渐进的过程，为研究岩石在破坏过程中脆性的变化特征，本书利用黑砂岩开展不同围压下的循环加卸载试验，研究岩石从初始屈服到发生破坏再到残余变形整个过程中力学参数的演化规律。试验结果发现岩石的变形参数在不同围压下具有相同的变化规律，其弹性模量随塑性内变量呈先减小后增大的变化趋势，而泊松比则呈现增大后减小的趋势。对于岩石的强度参数，其黏聚力在塑性内变量增大过程中呈先小幅增大，再快速降低，最后趋于稳定的变化过程，内摩擦角则呈先逐渐增大后缓慢降低的趋势。最终，通过对强度参数的演化规律进行数据拟合发现，可采用线性分段函数来描述岩石黏聚力、内摩擦角与塑性内变量的关系。

参考文献

［1］　钱七虎. 深部地下空间开发中的关键科学问题［A］//钱七虎院士论文选集［C］. 中国岩石力学与工程学会，2007：20.

［2］　周宏伟，谢和平，左建平. 深部高地应力下岩石力学行为研究进展［J］. 力学进展，2005，35（1）：91 – 99.

［3］　Meng F Z，Zhou H，Zhang C Q，et al. Evaluation methodology of brittleness of rock based on post – peak stress – strain curves［J］. Rock Mechanics and Rock Engineering，2015，48（5）：1787 – 1805.

［4］　郑颖人，沈珠江，龚晓南. 岩土塑性力学原理［M］. 北京：中国建筑工业出版社，2002.

［5］　张凯. 脆性岩石力学模型与流固耦合机理研究［D］. 武汉：中国科学院武汉岩土力学研究所，2010.

［6］　杨凡杰. 深埋隧洞岩爆孕育过程的数值模拟方法研究［D］. 武汉：中国科学院武汉岩土力学研究

所，2013.

［7］ Yan P，Lu W B，Chen M，et al. Contributions of In-Situ Stress Transient Redistribution to Blasting Excavation Damage Zone of Deep Tunnels ［J］. Rock Mechanics and Rock Engineering，2014，48 （2）：715-726.

［8］ Martino J B，Chandler N A. Excavation-induced damage studies at the Underground Research Laboratory ［J］. International Journal of Rock Mechanics and Mining Sciences，2004，41 （8）：1413-1426.

［9］ 张传庆，周辉，冯夏庭，等. 基于屈服接近度的围岩安全性随机分析 ［J］. 岩石力学与工程学报，2007a，（2）：292-299.

［10］ 许江，鲜学福，王鸿，等. 循环加、卸载条件下岩石类材料变形特性的实验研究 ［J］. 岩石力学与工程学报，2006，（增1）：3040-3045.

［11］ Mogi K. Experimental Rock Mechanics ［M］. London：Taylor & Francis Group，2005.

［12］ Hajiabdolmajid V. Mobilization of strength in brittle failure of rock ［D］. Kingston，Canada：Department of Mining Engineering，Queen's University，2001.

第 3 章

硬岩脆性破裂剪切力学试验研究

3.1 概述

地下岩体工程中，硬岩常以脆性破坏为主，其破坏形式包括张拉、剪切、拉剪及压剪等多种破坏模式，不同破坏模式下岩石的受力状态和作用机理各不相同，造成岩石表现出具有显著差异的力学性质和变形破裂特征。工程现场中围岩破坏现象往往是多种破坏模式共同作用、相互影响产生的，要想正确认识硬岩的变形破裂规律需要考虑单一因素对岩石的影响，分别研究硬岩石各类破坏模式。尤明庆等[1-2]通过观察岩石单轴压缩试验的破坏形态，总结了四种脆性岩石破坏形式，并定性分析了岩石张拉破裂到剪切破裂的转变。然而，工程现场中围岩发生的脆性破坏其应力状态往往十分复杂，需要采用受力形式简单的室内力学试验来系统地揭示硬岩的脆性变形破裂机制，特别是张拉、剪切及张拉剪切混合破裂的特点与区别。为此，本章先后开展了花岗岩和黑砂岩剪切力学试验，研究不同硬岩在各种应力状态下的剪切力学特性及变形破裂特征。通过拉伸—剪切试验和压缩—剪切试验，分析了花岗岩和黑砂岩两类硬岩在拉/压应力状态下的剪切力学特性，获得了两类岩石在张拉、拉剪及压剪情况下的剪切面破裂特征，再通过拉伸—剪切试验和压缩—剪切试验，建立考虑拉剪应力状态的硬岩莫尔强度准则，提出将内摩擦角随应力状态的演化规律作为定性分析硬岩脆性变化的一种手段。

考虑到剪切力学试验中试样所受应力状态清晰，试验过程具有完整性和连续性，变形破裂特征区分明显且易于观察，本章着重分析了硬岩在拉伸—剪切试验和压缩—剪切试验中变形破裂的特征与规律，研究剪切过程中岩石内部裂纹或损伤的演化过程，并从不同角度定性、定量地揭示和反映不同应力情况下岩石的破裂机制。首先，根据声发射监测系统采集的计数和能量信号，引入分形分析方法对剪切试验过程中的声发射信号进行处理和分析，得到不同变形破裂形式中花岗岩试样剪切试验过程中的分形维数变化规律。然后，通过电镜扫描技术获得了花岗岩试样在细观层面下的剪切破裂面，对比分析了张拉、剪切及混合破裂的特征与区别，探讨了岩石不同破裂形式的破裂机制。最后，针对黑砂岩剪切试验得到的破裂面，采用三维数字扫描技术重构出试样完整破裂面，并利用二维和三维粗糙度表征方法定量地分析了不同破裂形式下硬岩破裂面的变化特征与规律。

3.2　剪切力学试验

3.2.1　试验设备

3.2.1.1　岩石多功能剪切试验测试系统

岩石多功能剪切试验测试系统主要由试验装置、测量系统、控制系统及试样工装机等
组成，可以进行拉伸—剪切试验、压缩—剪切试验、直接拉伸试验等多种力学试验，为建立更加完善的岩石力学模型和强度准则提供试验数据。其中，拉伸—剪切试验是采用高强度粘接胶（丙烯酸 AB 结构胶）将岩石固定在剪切盒模具中，通过垂直千斤顶施加轴向拉力至目标值，再通过水平千斤顶施加剪力至岩石破坏，从而测得试样抗剪强度。直接拉伸试验是通过垂直千斤顶施加拉力直至试样破坏，测得岩石抗拉强度。压缩—剪切试验则采用钢片将岩石固定在剪切盒中，

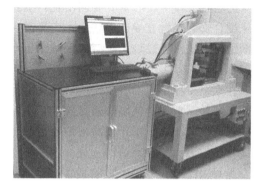

图 3-1　岩石多功能剪切试验测试系统

先后施加压力和剪力至试样破坏，从而测得岩石抗剪强度。岩石多功能剪切试验测试系统
如图 3-1 所示。

1. 试验装置

试验装置主要包括垂直加载系统、水平加载系统、导向滑轨系统、上下剪切盒、反力
装置与基座等，图 3-2 为试验装置整体结构示意图，图 3-3 为试验装置装配图。

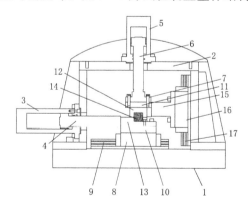

图 3-2　试验装置整体结构示意图

图 3-3　试验装置装配图

1—基座；2—框架；3—水平千斤顶；4—水平活塞杆；5—垂直千斤顶；
6—垂直活塞杆；7—法兰盘；8—水平支撑滑座；9—水平导向滑轨；
10—水平滑座连接板；11—垂直连接件；12—上剪切盒；
13—下剪切盒；14—标准岩样；15—反力装置；
16—垂直支撑滑座；17—垂直导向滑轨

试验装置外部由底部的基座和上部的框架构成。框架外侧壁安装有水平千斤顶，其水平活塞杆可自由伸缩，在进行剪切试验时作用在下剪切盒处，为试样提供剪力，构成水平加载系统。框架顶部安装有垂直千斤顶，其垂直活塞杆底部位于垂直连接件的顶端，两者用法兰盘固定连接，带动垂直连接件上下移动，保证千斤顶施加的力能通过垂直连接件在上下剪切盒间有效传递，构成垂直加载系统。

在底座内部中央设置有相互配合的水平支撑滑座和水平导向滑轨，水平导向滑轨的底部固定安装在底座上，水平支撑滑座配合安装在水平导向滑轨上；框架内侧壁设置有相互配合的垂直支撑滑座和垂直导向滑轨，垂直导向滑轨的底部固定在框架侧壁上，垂直支撑滑座配合安装在垂直导向滑轨上。支撑滑座和导向滑轨相互配合的方式构成了试验装置的导向滑轨系统，通过该系统有效地减少了水平/垂直加载过程中产生的摩擦力，降低了对试验结果的误差影响。

在水平支撑滑座上方依次安装水平滑座连接板、下剪切盒和上剪切盒，水平滑座连接板的顶部和下剪切盒的底部通过螺丝相互固定，垂直支撑滑座和垂直连接件通过螺丝与反力装置连接，当水平千斤顶施加的剪力作用在下剪切盒处时，通过反力装置提供大小相等方向相反的力作用在上剪切盒处。图3-4为上、下剪切盒构造图，剪切盒均由4块铁块通过螺丝连接构成，内部围成方形空腔，空腔尺寸为51mm（长）×51mm（宽）×24mm（高），试样安装在上下剪切盒之间的方形空腔内，并在上、下剪切盒之间形成2mm的剪切缝。试样竖直方向的中轴线与垂直千斤顶的垂直活塞杆中轴线重合，试样水平方向的中轴线位于上下剪切盒之间的剪切缝中心平面上。

（a）上剪切盒　　　　　　　　　　　（b）下剪切盒

图3-4　上、下剪切盒构造图

2. 测量系统

试样产生的变形主要是水平变形和垂直变形两种，采用2支LVDT位移传感器分别来测定试样的水平和垂直变形。因为试样采用高强度粘接胶固定在上、下剪切盒内部，仅预留出2mm的剪切缝，导致其变形难以直接测量。而上、下剪切盒模具是由铸钢制作而成，强度和刚度远远大于花岗岩试样。粘接胶的拉伸强度为25MPa，剪切强度为18MPa，具有高拉伸强度、高剪切强度及抗压力等优点，抗拉强度高于一般硬岩的抗拉强度。在加载过程中主要是试样产生变形，剪切盒模具和粘接胶的变形量很小，可忽略不计。因此，位移传感器测量点均置于剪切盒上，通过上下剪切盒的位移变化来反映试样的变形。图

3-5为位移传感器安装位置图，通过变送器将位移传感器连接在伺服控制系统上，即可实现对数据的实时采集，还可通过信号反馈，实现位移控制的加载控制方式。

图3-5　位移传感器安装位置图

3. 控制系统

加载控制系统由轴力控制系统、剪力控制系统两部分构成。其基本工作原理为：在泵缸处安装有压力传感器，当泵缸与试验装置千斤顶相连通时，根据连通器原理可知二者的压力相同，因此压力传感器的读数即为此时千斤顶内的压力值。通过控制泵缸内的压力来达到控制千斤顶压力的目的。泵缸处安装有过压溢流保护阀，起到保护作用，防止压力过大导致岩样突发性破坏，造成严重后果。可采用的控制方式有流量控制、位移控制及压力控制，其控制精度高，操作方便，具有自我保护功能。流量控制是指在试验加载过程中，液压油的流量保持恒定，可有效控制加载速度的快慢。压力控制是指施加的荷载按照恒定压力值逐级加载，可以实现载荷的稳定施加。位移控制是指在试验过程中按照恒定位移变化量控制试样的变形及破坏，防止试样的突然破坏。

在进行试验过程中，轴向拉/压力、水平剪力及对应的垂直位移和水平位移等相关数据的采集与显示均在控制系统上进行，其控制系统操作界面见图3-6。

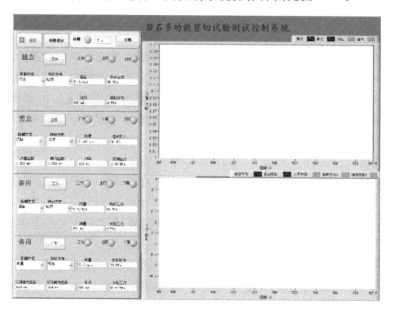

图3-6　控制系统操作界面

4. 剪切试验工装机

在开展拉伸/压缩—剪切试验过程中，为减小试验误差并保证获得有效的试验结果，试样安装的平整度十分关键。特别是在拉伸—剪切试验中，试样采用高强度粘接胶来粘接试样，由于粘接胶具有稠度大、凝固快的特点，快速精准地固定试样十分必要。因此，在开展试验测试过程中，设计了一套用于粘接试样的岩石剪切试验工装机，从而实现对试样的精准定位，确保试样各平面与剪切盒内部侧面平行，避免发生倾斜、偏转现象，减小对试验结果的影响。该工装机设计剖面图如图 3-7 所示，图 3-8 为工装机整体结构图。

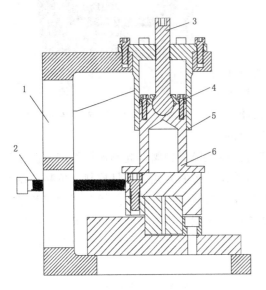

图 3-7　工装机设计剖面图　　　　　　　图 3-8　工装机整体结构图
1—支架；2—定位螺丝；3—旋转杆；4—导向件；
5—连接环；6—压筒

该剪切试验工装机主要由支架、定位螺丝、导向压平系统组成。支架为半口型，底部放置剪切盒，四角各有一螺丝孔，可固定剪切盒防止滑动，其侧向有两个定位螺丝，用于试样定位。导向压平系统安装在支架上部，采用 6 个螺丝连接固定，由旋转杆、导向件、连接环和压筒组成。旋转杆下部为圆形球头，通过连接环与压筒连接，而压筒正好套在导向件内部，其底部呈扁平状，用于压紧试样或剪切盒。具体岩石粘接步骤如下：

步骤 1：将剪切盒放置在支架上，四角采用螺丝固定。

步骤 2：翻转上剪切盒，将试样放入剪切盒内进行预调整，保证试样处于中心处，试样各侧面与剪切盒内侧面平行。调整定位螺丝至试样侧面，作为定位基准。

步骤 3：向剪切盒内部凹槽打入适量粘接胶，快速将试样放入并使其侧面紧贴定位螺丝，轻微调整后转动旋转杆，使压筒压住试样保持 30min。

步骤 4：将粘接好的试样与上剪切盒倒扣在下剪切盒中，通过预调整保证上下剪切盒各侧面对齐平行，试样处于下剪切盒中心处，调整定位螺丝至上剪切盒侧面，作为定位基准。

步骤 5：向下剪切盒内部凹槽打入适量粘接胶，快速将试样与上剪切盒放入并使上剪切盒侧面紧贴定位螺丝，轻微调整后转动旋转杆，使压筒压住试样保持 30min。

通过上述步骤的操作流程（图 3-9），即可实现试样在剪切盒中的安装。该工装机操作简单，能够快速实现试样的精准定位，提高了试验结果的可靠性并减小试验误差，为试验的顺利进行提供了保障。

（a）固定下部

（b）粘接下部

（c）压紧试样

（d）粘接下部

图 3-9　试样粘接过程

5. 技术指标

岩石多功能剪切试验测试系统的各项技术指标如下：

（1）最大法向拉伸应力：40MPa。

（2）最大法向压缩应力：120MPa。

（3）最大水平剪切应力：120MPa。

（4）试样尺寸：50mm×50mm×50mm。

（5）压力控制精度：<0.01MPa。

（6）水平千斤顶行程：200mm。

（7）垂直千斤顶行程：100mm。

（8）位移传感器测量范围：0~10mm。

（9）加载控制方式：流量控制、压力控制、位移控制。

（10）液压油流量范围：$0.01 \sim 60 \mathrm{mL/min}$。

值得注意的是，垂直千斤顶最大法向拉伸应力虽高达 40MPa，但该值为千斤顶的加载能力，表示其出力大小，而一般岩石的抗拉强度不高，粘接胶抗拉强度 25MPa 已满足要求。

6. 试验步骤

剪切力学试验大致分五步操作。

（1）粘接试样：试样具体粘接过程详见工装机装样步骤，粘接过程应注意及时调整定位螺丝来实现对试样的定位要求，确保试样中轴线与剪切盒中轴线重合，试样各平面与剪切盒内侧平行。粘接完成后试样与剪切盒应静置 24h，等待胶水完全凝固。

（2）安装试样：将上、下剪切盒连同试样一起安装在水平滑座连接板上，通过水平支撑滑座在水平导向滑轨上移动，调整上、下剪切盒和水平滑座连接板，保证垂直活塞杆、上剪切盒、试样和下剪切盒的中轴线在一条铅垂线上，小幅调整垂直活塞杆，保证上剪切盒能正好推入垂直连接件内部。

（3）加载测试：在进行剪切试验时，开启控制系统操作面板，先通过垂直加载系统控制垂直千斤顶，按照一定速率施加法向拉/压力，待荷载稳定后，再通过水平加载系统按照一定速率施加水平剪力，直至试样破坏，同时记录该过程中的垂直荷载、水平荷载、水平位移量和垂直位移量。

（4）清洁仪器：试验完成后，取出上、下剪切盒并加热，待胶水熔化变软后，将试样从上、下剪切盒中取出，清理剪切盒内剩余的胶水。

（5）数据分析：根据电脑采集的各种数据进行处理，对所得出的结果进行分析。

7. 注意事项

（1）粘接试样时要保证岩石与上、下剪切盒各平面平行，试样与剪切盒中轴线重合，保证试样各个侧面没有倾斜。

（2）安装试样时必须精确调整垂直活塞杆，保证上剪切盒能正好推入垂直连接件内部，不会对垂直连接件产生挤压。

（3）实验开始时先检查控制器和加载系统的阀门开/关状态，并检查油管是否漏油。

（4）加载测试时保证一个方向的应力稳定后再施加另一个方向的应力，并随时观察仪器运行及试样破坏情况，及时进行下一步操作。

（5）加热剪切盒熔化胶水时，随时注意电源开/关状态，加热过程中禁止靠近剪切盒，待确定电源关闭时方可清理剪切盒。

（6）试验结束后对仪器进行清洗、擦干，所有电源必须关闭，等待下次使用。

综上所述，岩石多功能剪切试验测试系统具有良好的可行性和实用性，该测试系统通过上、下剪切盒内嵌粘接安装岩石试样的方法，保证千斤顶施加的拉伸荷载能够有效传递给试样；水平千斤顶配合水平支撑滑座和水平导向滑轨确保了对试样的水平定位；垂直千斤顶配合垂直支撑滑座和垂直导向滑轨确保了对试样的垂直定位；水平支撑滑座和垂直支撑滑座均采用导向滑轨配合方式，有效地减少了在水平/垂直荷载加载过程中产生的摩擦力，降低了试验过程中的误差影响；具有制样简单、操作方便、精度较高、性能稳定、功能多样化等特点。

3.2.1.2　高精度岩石声发射监测系统

岩石声发射监测系统集多通道岩石微破裂监测、振动监测、位移监测、应变/应力监测、温度监测以及天气状况等多参数监测于一体，可广泛应用于深埋地下工程大型结构的长期实时监测，监测数据可通过以太网、Internet 等现代网络进行远程通信、控制、报警及数据传输，具有防风、防雨、防震等功能，是适合在室内外各种环境下工作的全天候、长周期实时监测系统，可用于岩爆监测与预报、岩体裂隙开裂与发展、结构面、软弱错动带、断层的滑移以及岩体坍塌与滑移的监测与预警。

该监测系统主要由主服务器、前置放大器、探头和数据采集分析软件组成。主服务器工作温度为 $-35 \sim 70^{\circ}C$，无须空调或加热装置即可正常工作，前置放大器为 20dB/40dB/60dB 三档可调放大器，具有传感器自动测试功能，带宽为 $1Hz \sim 1MHz$，采样率为 20MSPS，可实时提取至少 14 个非频域特征（如到达时间、幅度、能量、持续时间、上升时间、振铃计数、峰值计数、初始频率、平均频率、反算频率、RMS、ASL、信号强度、绝对能量）和 6 个频域特征（如频率中心矩、峰值频率、4 个局域功率谱能量），高精度岩石声发射监测系统如图 3-10 所示。

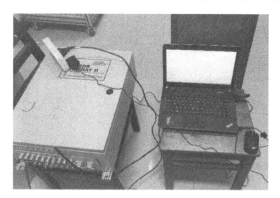

图 3-10　高精度岩石声发射监测系统

3.2.2　试验设计

根据所要开展的岩石力学试验和所用仪器设备的相关要求，本书中试样类型分为立方体试样（50mm×50mm×50mm）和标准圆柱体试样（ϕ50mm×100mm）。试样制备方法均遵循国际岩石力学学会规范（2007），各类硬岩均从同一岩体中切割或钻取，再采用磨石机将岩石各个表面打磨光滑，其中立方体试样的六个面均要求打磨。根据规范要求，圆柱体试样两端平整度应控制在 0.02mm 以内，两端平面与试样轴线垂直度不得偏离0.01rad，试样在制备、运输和储存过程中应避免产生扰动和损伤。对于立方体试样，试样精度按照圆柱体试样制样标准参照执行。制备好的各硬岩标准试样如图 3-11 所示。

开展试验前首先对这四类硬岩的矿物成分进行分析，试验结果如图 3-12 所示。花岗岩主要成分为钠长石、微斜长石和石英；黑砂岩主要成分为石英、方解石和斜绿泥石；大理岩基本由方解石构成，仅含少量石英；红砂岩主要成分为石英、钠长石和微斜长石。

本书中开展的剪切力学试验分为拉伸—剪切试验和压缩—剪切试验，同时为测定岩石的抗拉强度，还开展了直接拉伸试验（见图 3-13），岩石类型包括花岗岩和黑砂岩两种硬岩，所用试样均为立方体试样。试验原理为通过在试样竖直方向上施加拉力或压力，在水平方向上施加剪力，从而实现剪切力学试验，试验原理如图 3-14 所示。开展拉伸—剪切试验需采用高强度结构胶将岩石与剪切盒粘接在一起，而开展压缩—剪切试验时可在岩

（a）立方体试样

（b）圆柱体试样

图 3-11 硬岩标准试样

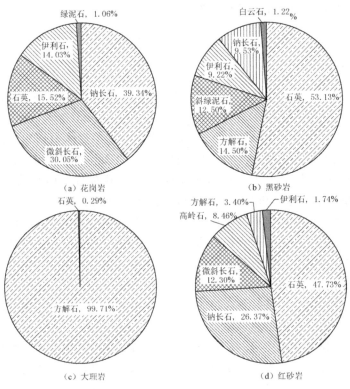

图 3-12 硬岩矿物成分

石与剪切盒间插入钢片固定试样。本书中花岗岩试样最大压应力设置到 45MPa，黑砂岩最大压应力设置到 40MPa，拉应力的设置依据花岗岩和黑砂岩的抗拉强度大小确定。同时，为了区分拉/压应力，剪切力学试验中规定拉应力为负值，压应力为正值。本次试验花岗岩试样共计 8 个，黑砂岩试样共计 40 个。两类剪切力学试验中，法向力均采用流量控制将荷载加载至目标值后保持常压，加载速率为 2mL/s，直接拉伸试验则直接加载至试样破坏，剪切力均采用位移控制将剪力加载至试样破坏，加载速率为 0.002mm/s，加载期间分别采用竖直和水平位移传感器采集试样的法向位移和剪切位移。

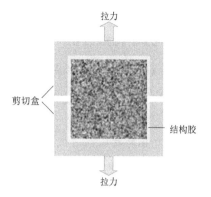

图 3-13　直接拉伸试验

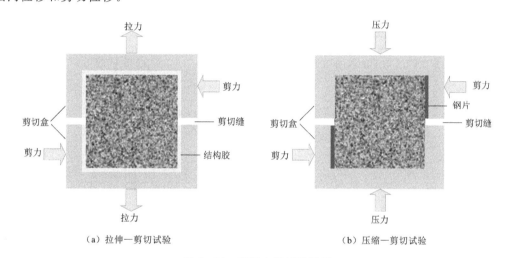

（a）拉伸—剪切试验　　　　　　　（b）压缩—剪切试验

图 3-14　剪切力学试验原理

此外，在开展花岗岩试样剪切力学试验的同时，还采用岩石声发射监测系统采集试样破裂过程中释放的信号。每 1 个声发射信号对应 1 个损伤或破裂事件产生，因此可以通过对声发射计数、能量等参数进行分析来确定岩石内部的破裂程度。本次声发射监测采用一个声发射探头来接受岩石破裂信号，该传感器探头谐振频率和工作频率分别为 500kHz 和 200～750kHz，采样速率设置为 100 万次/s，前置放大器的倍数和系统阈值均设置为 40dB。由于试样几乎全部被剪切盒包裹，所以声发射探头布置在剪切盒模具外侧面上，如图 3-15 所示，探头与剪切盒之间涂抹凡士林耦合剂，增强信号接收能力，同时在开展试验前需先对声发射探头进行信

图 3-15　声发射探头

号接收测定。

3.2.3　力学特性分析

通过对花岗岩和黑砂岩开展一系列的拉伸—剪切试验、压缩—剪切试验及直接拉伸试验，获得了两种硬岩在不同正应力作用下的剪切力学特性和变形破裂特征，相关讨论分析内容如下。

3.2.3.1　花岗岩

花岗岩剪切力学试验如图 3-16～图 3-18 所示，试验过程中采用声发射监测系统采集了岩石破裂过程中的声发射计数和能量信号，为便于区分试验结果，将计数和能量信号分开标示。其中，图 3-16 为直接拉伸试验的拉应力—时间曲线，图 3-17 为拉伸—剪切试验的剪应力—时间曲线，图 3-18 则为压缩—剪切试验的剪应力—时间曲线。

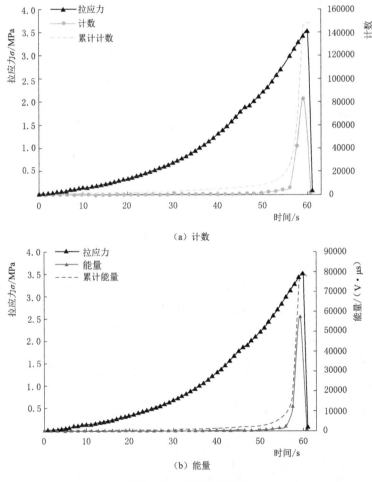

图 3-16　直接拉伸试验

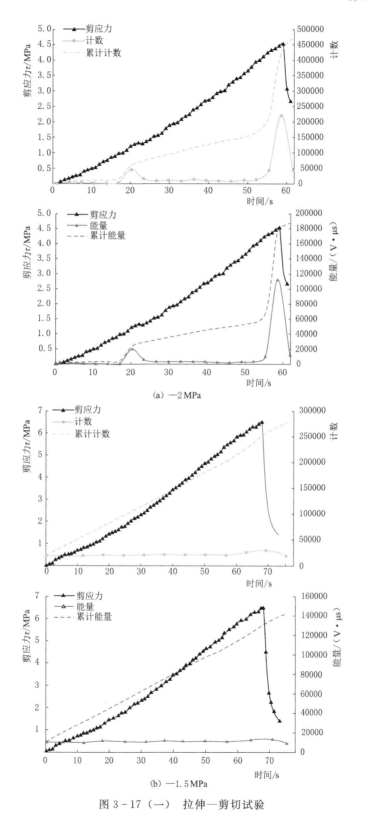

(a) —2MPa

(b) —1.5MPa

图 3-17（一） 拉伸—剪切试验

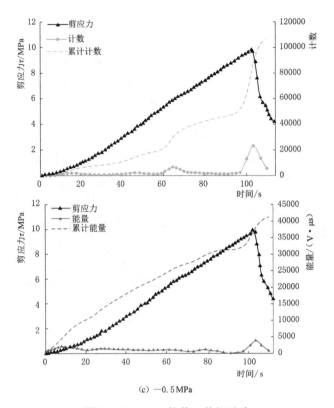

(c) —0.5 MPa

图 3-17（二）　拉伸—剪切试验

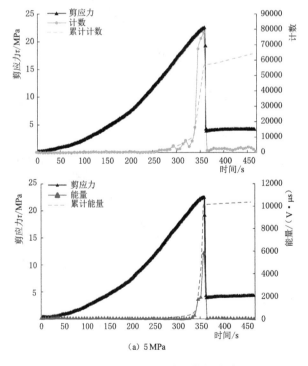

（a）5 MPa

图 3-18（一）　压缩—剪切试验

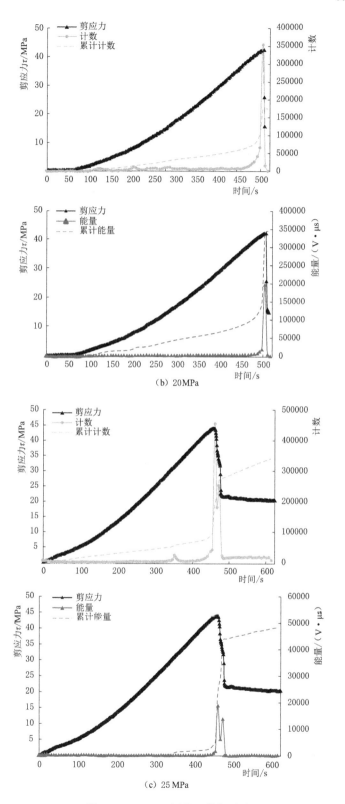

图 3-18（二） 压缩—剪切试验

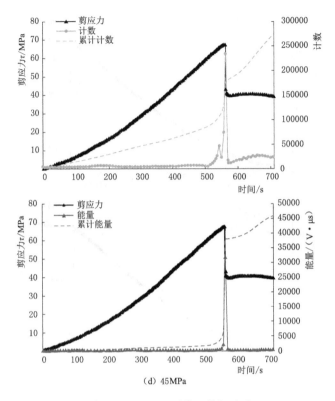

（d）45MPa

图 3 - 18（三） 压缩—剪切试验

在直接拉伸试验中拉应力在加载初期增长较为缓慢，之后随时间逐渐增大，几乎呈线性增加，在到达抗拉强度后试样断裂，拉应力迅速降低至零，测得的花岗岩抗拉强度为 3.52MPa[3]❶。加载过程中声发射计数和能量信号变化规律较为一致，在加载前期信号强度不高，仅在中期阶段累计信号开始缓慢增长，表明岩石内部裂隙不断发育，在接近破坏时计数和能量信号急剧增加，并在破坏瞬间达到峰值，累计计数和能量信号出现大幅度增加，预示着岩石损伤不断加剧。

对于拉伸—剪切试验剪应力在整个加载过程中基本随时间线性增大，非线性段不明显，在达到岩石抗剪强度时剪应力开始迅速跌落。结合声发射信号特征来看，在 2MPa 的拉应力作用下试样声发射计数和能量信号在加载初期出现小幅度突增，对应的累计信号也从此时开始缓慢增长，说明岩石内部开始出现损伤破坏，在临近破坏前计数和能量信号快速增加，直到试样破坏的同时信号也达到峰值，表明岩石内部裂隙完全发育，形成剪切破裂面。对于拉应力为 1.5MPa 和 0.5MPa 的试样，其声发射信号变化过程基本类似，整个剪应力加载过程中声发射信号强度基本均在岩石接近破坏时开始快速增大，在破坏瞬间达到峰值。值得注意的是，考虑到声发射探头的安装可能存在一定程度的问题，信号接收能力较弱，导致在 1.5MPa 拉应力下的试样剪切过程中所采集到的计数和能量信号密度较低，但声发射信号变化的整体趋势仍相同。

---

❶ 原文中该值为 3.98MPa，后续数据进一步处理中确定花岗岩实际抗拉强度大小为 3.52MPa。

对比拉伸—剪切试验，压缩—剪切试验中试样从开始加载到试样破坏所经历的时间更长。在加载初期剪应力—时间曲线往往存在非线性变形阶段，在此阶段岩石裂隙处于不断挤压闭合状态，相对于高压应力下的花岗岩试样，低压应力下非线性变形阶段更长。之后岩石进入线弹性变形阶段，剪应力随时间迅速增加至峰值剪切强度。在达到峰值强度后试样破裂，剪应力大幅快速跌落至残余强度，破坏期间可听到较大声响。观察声发射计数和能量信号特征可知，不同压应力下的声发射信号随时间的变化规律基本相同，在加载前中期信号变化不显著，说明裂隙处于稳定发育阶段；在接近破坏前信号才出现明显的突增现象，预示着岩石损伤加剧；在试样破坏时计数和能量信号强度最终呈数倍增加，这种信号强度激增的现象表明岩石剪切破裂面形成时对外释放了巨额能量。

综合拉伸—剪切试验和压缩—剪切试验中声发射信号的变化特征，其累计计数和能量信号曲线总体上可以分成三个阶段：①缓慢增加阶段：在试样加载初期，岩石内部裂隙逐渐闭合，破裂信号较弱，对外释放的能量很少，因此计数和能量能够保持平稳，信号强度较小，累计信号曲线变化不明显。②快速增加阶段：随着剪应力的不断增大，裂隙开始启裂发育、扩展延伸，破裂信号较为活跃，累计信号曲线表现出近似线性增长趋势。③急剧增加阶段：在试样逐渐接近破坏时，岩石内部裂隙不断扩展、贯通，晶体被拉断或碾磨，产生大量的破裂信号，计数和能量急剧增加，累计曲线出现拐点，预示破坏即将到来。应力达到峰值强度时，岩石内部裂隙相互贯通，形成完整的破裂面，破坏瞬间对外释放大量能量，导致声发射信号强度迅速增大到最大值，累计信号曲线出现激增现象。可以看出，声发射信号的变化特征可以反映出岩石内部裂隙的演化过程。

根据花岗岩剪切力学试验结果，将拉伸/压缩—剪切试验的剪应力曲线分别汇总在图3-19中，并将不同正应力条件下花岗岩的抗剪强度整理到表3-1中。可以看出，在拉应力状态下岩石的抗剪强度随拉应力值的增大而逐渐减小，而在压应力状态下岩石的抗剪强度以及残余强度均随压应力的增大而增大，两者变化规律正好相反。同时，拉伸—剪切试验得到的岩石抗剪强度远小于压缩—剪切试验，且拉应力越大，岩石抗剪强度减小地越快。这说明岩石的强度对拉应力极为敏感，在拉应力作用下岩石更容易出现损伤破裂。

表 3-1 不同正应力下花岗岩抗剪强度试验结果

正应力/MPa	-3.52	-2	-1.5	-0.5	5	20	25	45
抗剪强度/MPa	0	4.53	6.50	9.81	22.54	40.89	44.71	64.26

3.2.3.2 黑砂岩

黑砂岩剪切力学试验结果如图3-20～图3-22所示。其中，图3-20为直接拉伸试验拉应力—时间曲线，图3-21为拉伸—剪切试验剪应力—时间曲线，图3-22（a）、（b）均为压缩—剪切试验剪应力—剪位移曲线。

直接拉伸试验中拉应力随着时间快速增加，在达到抗拉强度后应力迅速跌落，直接拉伸试验共开展了三个试样，测得抗拉强度平均为1.21MPa。拉伸—剪切试验中剪应力的变化趋势基本相同，在加载初期剪应力经历非线性加载阶段，应力缓慢增加，之后进入线弹性加载阶段，应力快速增加至峰值强度后试样破裂，剪应力大幅快速降低。在拉应力为

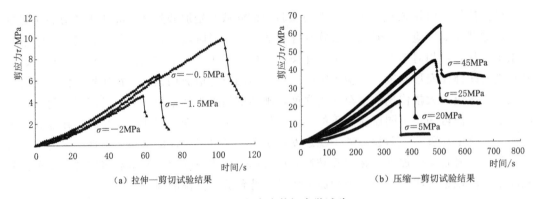

（a）拉伸—剪切试验结果　　　　　（b）压缩—剪切试验结果

图 3-19　花岗岩剪切力学试验

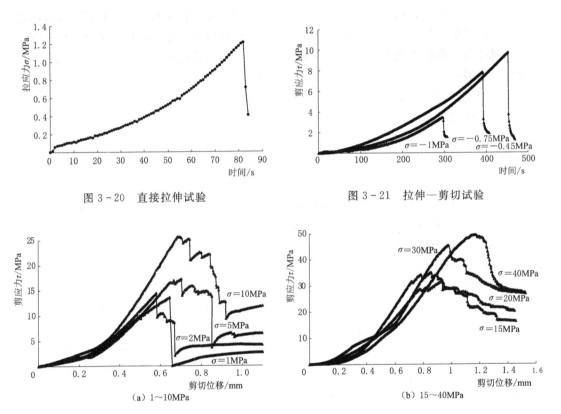

图 3-20　直接拉伸试验　　　　　　　　图 3-21　拉伸—剪切试验

（a）1～10MPa　　　　　　　　　　（b）15～40MPa

图 3-22　压缩—剪切试验

-0.45MPa、-0.75MPa、-1MPa 时对应的剪应力跌落差分别为 6MPa、4.47MPa、1.34MPa，应力差随拉应力的增大而减小。

压缩—剪切试验中黑砂岩在不同压应力作用下表现出了不同的力学特性，为便于区分试验结果，以 10MPa 压应力为分界线，将低于 10MPa（含 10MPa）的剪应力—剪位移曲线绘制在图 3-22（a）中，高于 10MPa 压应力的试验结果绘制在图 3-22（b）中。在低压应力下剪应力在加载初期增长缓慢，当剪切位移在 0.25mm 左右时岩石基本进入线弹性变形阶段，剪应力随剪切位移呈线性增长趋势。达到岩石抗剪强度后试样破裂，剪应力均出现不同程度的下降。其中，压应力为 1MPa 时剪应力直接从峰值强度跌落至零，而在 2MPa、5MPa 和 10MPa 压应力下剪应力在峰后阶段均出现多次应力跌落，应力降低过程呈阶段性，且压应力越大剪应力峰后跌落次数也越多，在此期间剪切位移不断增大。

在高压应力下黑砂岩的剪切特性则不大相同，当剪应力接近试样抗剪强度时应力开始出现波动（如 15MPa、20MPa）或增长放缓（如 30MPa、40MPa），表示岩石内部裂隙不断发育、损伤加剧。在峰后阶段剪应力仍存在阶段性跌落现象，但应力跌落差比起低压应力的试验结果要小得多。特别是压应力为 40MPa 时，剪应力在峰值附近出现屈服平台，应力逐渐缓慢降低至残余强度，未出现阶段性跌落现象。岩石进入屈服状态表明岩石已发生塑性变形破坏，而阶段性跌落现象表明岩石仍具有一定的脆性特征，在低压应力下其脆性更加明显。

对比花岗岩试样，花岗岩在整个压缩—剪切试验中剪应力均大幅快速跌落，峰值附近无屈服平台出现，峰后剪应力均为单次跌落，表现出强烈的脆性特征。而黑砂岩试样在整个压缩—剪切试验峰后阶段中应力跌落呈渐变式发展，从单次跌落到阶段性跌落，再到应力出现屈服平台，这种变化特征反映出岩石脆性程度不断减弱，黑砂岩从脆性破裂逐渐向塑性变形转变。

由于本次黑砂岩剪切试验开展的试样数量较多（共计 40 个），表 3-2 中仅统计了图 3-20～图 3-22 中的试验数据。可以看出，与花岗岩试样一样，黑砂岩在拉应力作用下其抗剪强度随拉应力的增大而迅速减小，在压应力作用下其抗剪强度随压应力的增大而不断增大。拉应力越大，抗剪强度降低得越快，压应力越大，抗剪强度反而增长变缓。

表 3-2　　　　　　　　不同正应力下花岗岩抗剪强度试验结果

正应力/MPa	−1.21	−1	−0.75	−0.45	1	2	5	10	15	20	30	40
抗剪强度/MPa	0	3.41	7.78	9.69	13.62	14.45	17.2	25.59	31.62	35.01	45.36	49.34

3.2.4　变形破裂特征

3.2.4.1　花岗岩

根据剪切力学试验结果，花岗岩试样的剪切破裂面如图 3-23 所示，其中，图 3-23（a）为直接拉伸试验得到的拉伸破裂面，图 3-23（b）～（d）为拉伸—剪切试验试样破裂面，图 3-23（e）～（h）为压缩—剪切试验试样破裂面，每个试样的破裂面分为上、下两部分。

观察直接拉伸试验结果，可看到试样上、下破裂面整体均较为平整，但破裂面的外表粗糙起伏，岩石矿物颗粒清晰可见，仅在破裂面周边及中部区域散落一些碎屑，属于典型的拉伸型破裂。

对于拉伸—剪切试验，在拉应力为 2.5MPa 时岩石上、下破裂面出现较多的碎屑和多处不连续的粉末区域。其中，上破裂面的剪切起始端及中间部分区域出现多处磨损现象，残留少量白色粉末，其他部位上岩石矿物颗粒清晰可见。下破裂面周边存在各种大小不一的碎屑颗粒，中间区域的表面有多处被剪切磨损，与上破裂面相对应。拉应力为 1.5MPa

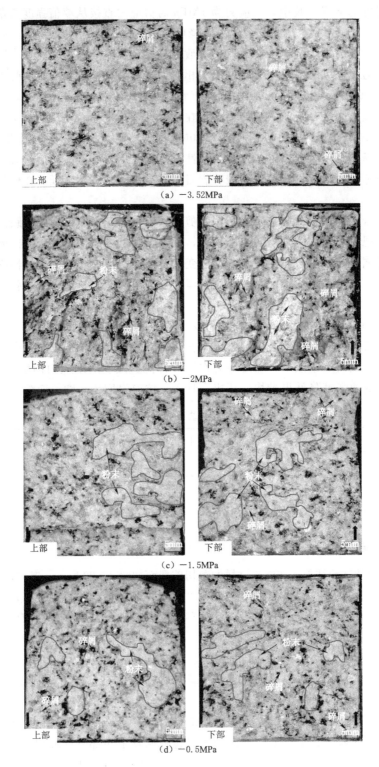

图 3 - 23（一）　花岗岩剪切力学试验试样破裂面

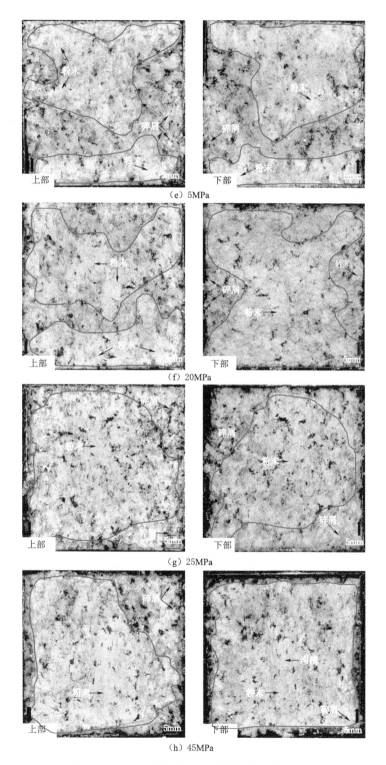

（e）5MPa

（f）20MPa

（g）25MPa

（h）45MPa

图 3-23（二）　花岗岩剪切力学试验试样破裂面

时花岗岩试样破裂面出现层状破坏现象，试样破裂成四块，上、下破裂面相互接触区均存在多处剪切磨损区域，可清晰看到残留的白色粉末。而拉应力为 0.5MPa 时破裂面仍出现层状破坏现象，试样共破裂成三块，整个破裂面从两边到中间存在多处剪切磨损区，矿物颗粒被碾磨成白色粉末，部分区域散落许多碎屑，剪切破裂现象明显。

而对于压缩—剪切试验，岩石破裂面深受剪应力的影响，存在大片剪切磨损区，矿物颗粒模糊不清。在压应力为 5MPa 时试样破裂面基本上过半面积都铺上一层岩粉，特别是试样中间部分区域，剪切磨损最为明显，试样整体基本以剪切破裂为主。随着压应力的增大，岩石破裂面上的剪切磨损区域逐渐扩大到整个平面上，矿物颗粒在试样破裂过程中挤压、碾磨成岩粉铺满表面，被碾碎、磨损的试样厚度也越来越厚。特别是压应力为 45MPa 时试样中部剪切缝附近全部被碾磨成粉末和碎屑，沿着剪切方向下破裂面中部出现多道沟槽。该试样剪切破裂较为严重，试验完成后可用手将破裂面表层掰开、捏碎。

从试样破裂面的变化形态可以看出，直接拉伸试验花岗岩基本为张拉型破裂，在拉伸—剪切试验中试样破裂面剪切磨损区和张拉破裂区分布清晰，表现出张拉剪切混合型破裂特征，随着拉应力的减小，剪切磨损区从两侧边缘渐渐向中间发展，表明剪切破裂逐渐开始占主导作用，而压缩—剪切试验则完全是以剪切破裂为主，岩石被剪断后仍相互错动，造成矿物颗粒被压碎、碾磨成岩粉。

3.2.4.2　黑砂岩

黑砂岩剪切力学试验试样破裂形态见图 3-24～图 3-26 所示，其中，图 3-24 为直接拉伸试验结果，图 3-25（a）～（c）为拉伸—剪切试验结果，图 3-26（a）～（h）为压缩—剪切试验结果。

图 3-24　直接拉伸试验

直接拉伸试验中花岗岩试样从中间破裂，上下破裂面均相对平整完好，表面颗粒凹凸起伏，无碎屑、粉末等杂质，表现为张拉型破裂。拉伸—剪切试验各试样破裂均不相同，当拉应力为 -1MPa 时，试样整体破裂成两个部分，上下破裂面较为平整，但在破裂面的两侧部分区域存在剪切磨损现象，特别是下破裂面的左侧剪切磨损特别显著，成长条状，顺着剪切方向发展。拉应力为 -0.75MPa 时，试样破裂成三块，中间薄两边厚，上下破裂面呈曲面，并存在顺着剪切方向延伸的纹路。下破裂面表面中部区域基本未出现剪切磨

（a）－1MPa

（b）－0.75MPa

（c）－0.45MPa

图 3-25　拉伸—剪切试验

损现象，仅在剪切方向两端附近可观察到部分磨损现象。当拉应力为－0.45MPa 时，岩石仍由三部分构成，上下两部分破裂面均呈台阶状，台阶表面存在严重的剪切磨损现象，中间部分则被破裂成多个碎片，剪切现象明显。

　　根据花岗岩试验结果可知，两类硬岩在拉伸—剪切试验中均破裂成多个部分，这种现象的出现往往是因为岩石内部应力分布不均匀所致，特别是剪切作用导致初始裂隙形成后，竖直方向的拉应力会使破裂面进一步"撕开"，在拉应力作用下破裂面不规则发育，进而形成曲面状破裂形态，表面存在大量顺着剪切方向的纹路。

（a）1 MPa

（b）2 MPa

（c）5 MPa

（d）10 MPa

图 3 - 26（一）　压缩—剪切试验

（e）15MPa

（f）20MPa

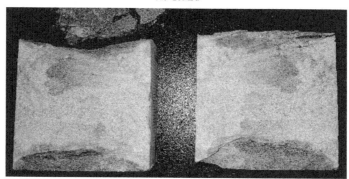

（g）30MPa

（h）40MPa

图 3-26（二） 压缩—剪切试验

压缩—剪切试验中试样破裂形态各异，在低压应力下（1MPa、2MPa、5MPa）试样破裂面仍可保持完整性，表面起伏不一。1MPa压应力的试样剪切破坏多发生在岩石两端，中间部位颗粒清晰可见，但在2MPa和5MPa压应力作用下，剪切磨损区域逐渐向中部发育，且顺着剪切方向试样两侧出现多条与剪切方向成小角度夹角的倾斜裂纹，岩石破裂程度逐渐加剧。当压应力达到10MPa时试样破裂面已无法保持完整性，上破裂面两侧完全破开，中间部位表面不平整，剪切磨损现象严重。在高压应力下试样破裂面基本难以保持完整性，岩石两侧均存在不同程度的破裂，中间部分则全部被剪切磨损，产生大量碎屑和粉末，同时出现许多沿剪切方向的沟槽。对于压应力为40MPa的试样，其破裂面相对保存完整，但表面几乎完全被磨平，岩石颗粒均被碾磨成粉，表现出强烈的剪切破坏特征。

3.2.5　硬岩莫尔强度准则

根据硬岩剪切力学试验结果，本节对不同正应力下硬岩的剪切试验数据进行分析和研究，建立考虑拉剪应力状态的莫尔强度准则，并探讨剪切强度参数的演化规律。

3.2.5.1　莫尔强度准则研究现状

岩石强度准则是表征在破坏条件下岩石应力状态与强度参数之间的关系，一般可建立两种关系方程来进行表示[4]：一种是在破坏条件下主应力之间的关系方程，见式（3-1）；另一种是在极限平衡状态下岩石破裂面正应力与剪应力之间的关系方程，见式（3-2）。

$$\sigma_1 = f(\sigma_2, \sigma_3) \tag{3-1}$$

$$\tau = f(\sigma) \tag{3-2}$$

在各种强度准则中莫尔-库仑准则应用较为广泛，其中，由Coulomb于1773年提出的"摩擦"准则最为简单，认为岩石的黏聚力和内摩擦强度共同构成岩石的抗剪强度，该准则的表达式为

$$|\tau| = c + \sigma\tan\varphi \tag{3-3}$$

式中：τ为岩石剪切破裂面上的剪切强度；σ为剪切破裂面上的正应力；c为黏聚力；φ为内摩擦角。

库仑准则认为岩石的破坏主要是剪切破坏，在τ—σ坐标系中为一条直线（图3-27），但当岩石处于拉伸状态，所受的拉应力超过抗拉强度时，岩石将发生张拉破裂，而该准则没有描述这种破裂行为[4]。莫尔于1900年将库仑准则推广至三向应力状态，认为岩石处于极限应力状态下岩石剪切面上的剪应力与正应力的关系可用式（3-2）来表示，在τ—σ坐标系中为一条曲线（图3-28），即莫尔强度包络线。

完整的莫尔强度包络线包括各种应力状态，如单轴拉伸、单轴压缩以及三轴压缩。该曲线的具体表达形式可根据试验数据拟合得到，目前主要有直线型、双曲线型、二次抛物线型以及幂函数型等多种形式。其中，库仑准则是莫尔强度准则的一个特例。由此可知，莫尔强度准则能够比较全面地反映岩石强度特征，对于塑性岩石和脆性岩石的剪切破坏均使用，故广泛应用在岩石力学与工程中，特别是压应力状态下岩石剪切破坏受到众多学者的关注。然而，对于拉应力状态下岩石的剪切破坏，以往的研究往往是通过压剪段强度曲

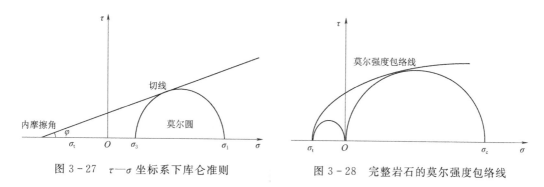

图 3-27　τ—σ 坐标系下库仑准则　　　　　图 3-28　完整岩石的莫尔强度包络线

线的变化趋势来描述拉剪段[5]。因此，对于莫尔强度准则在受拉区的适用性还有待进一步的研究。

国内外许多研究学者对拉剪应力状态下岩石的力学性质开展了深入研究，提出了各种形式的莫尔强度准则。柳赋铮[6]通过开展花岗岩的拉/压—剪切试验，获得了完整的双曲线型强度包络线。朱子龙等[7]和李建林[8]研究了花岗岩在拉剪应力状态下的力学特性，试验结果表明，拉应力与剪应力的关系基本呈抛物线型。周火明等[9-10]通过开展现场岩体拉剪试验，发现岩体拉应力与抗剪强度呈曲线特征，其强度准则宜采用二次抛物线型来描述，不宜采用直线型强度准则。Ramsey 和 Chester[11]采用一种"狗骨头"形的试样进行拉伸试验，首次获得了张拉破坏到剪切破坏的过渡部分，取得了比较完整的试验数据，指出 Griffith 准则和修正的 Griffith 准则均不符合试验曲线特征。郭静芸[12]和李守定等[13]通过开展大量花岗岩和砂岩的拉剪试验，发现岩石在拉剪区的拉应力与剪应力呈线性负相关关系，处于拉剪应力状态下岩石更易破坏。卢景景[5]和周辉等[14]利用大理岩开展拉/压—剪切试验，建立了二次抛物线型莫尔-库仑屈服准则。杨征[15]通过开展页岩的拉剪试验，分别采用非线性模型和线性模型来拟合试验结果，证明了传统强度准则在表达拉剪区时存在一定偏差。黄达等[16]通过砂岩的双面拉剪试验结果，认为 Hoek - Brown 准则比莫尔-库仑准则更适合描述拉剪应力状态下的岩石强度特征。Cen 和 Huang[17]通过对砂岩开展一系列的拉剪试验，发现岩石抗剪强度对拉应力十分敏感，两者关系采用幂函数形式描述更符合试验结果。

由此可知，由于岩石在拉剪应力状态下的试验研究相对较少，众多学者对于拉剪区莫尔强度准则的具体形式仍未形成统一认识，对于拉剪区岩石剪切强度参数的变化规律缺少深入研究。为此，本书通过开展花岗岩和黑砂岩的拉伸—剪切试验和压缩—剪切试验，结合大理岩拉剪试验研究成果，建立了考虑拉剪应力状态的硬岩莫尔强度准则，并对岩石剪切强度参数随应力状态的演化规律进行分析，探讨应用内摩擦角来评估岩石脆性的可能性。

3.2.5.2　三种硬岩莫尔强度准则研究

根据硬岩剪切力学试验研究结果，将花岗岩和黑砂岩的正应力与剪应力数据绘制在图 3-29 中。其中，大理岩试验数据为前期开展的拉/压—剪切试验结果，为验证并增强研究成果的可靠性，这里一并列出。

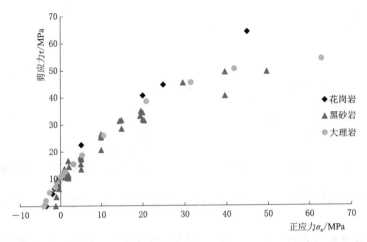

图 3 - 29　三种硬岩剪切力学试验结果

　　根据图 3 - 29 中三种硬岩抗剪强度的变化特征，发现压剪段中黑砂岩和大理岩的正应力和剪切强度已呈现出非线性变化特征，而在拉剪段中三种硬岩的剪切强度均对拉应力十分敏感，其抗剪强度因岩石受拉而快速下降。结合拉剪试验和压剪试验结果，三种硬岩在整个正应力水平下表现出明显的非线性特征，直接采用线性强度准则来拟合试验数据将会产生较大误差，特别是采用压剪段的试验数据反向延伸至拉剪段时，得到的抗剪强度将远大于实际试验数值。因此，有必要建立一种考虑拉剪应力状态的曲线型硬岩莫尔强度准则。鉴于此，分别采用幂函数关系方程、二次抛物线关系方程和一元二次关系方程来拟合三种硬岩的试验数据，拟合公式见式（3 - 4）～式（3 - 14），并采用拟合优度和均方根误差来评估关系方程的拟合效果。对于拟合优度，该指标表示回归曲线对试验值的拟合程度，该值越大表示拟合效果越好。对于均方根误差，该指标用来衡量试验值与计算值之间的偏差，该值越大表示拟合误差越大。两指标的计算方法如下：

$$R^2 = 1 - \frac{\sum (\tau^{\text{test}} - \tau^{\text{fit}})^2}{\sum (\tau^{\text{test}} - t^{\text{aver}})^2} \tag{3-4}$$

式中：τ^{test}、τ^{fit} 和 τ^{avge} 分别为试验值、拟合值和平均值。

$$RMSE = \sqrt{\frac{1}{N} \sum_{i=1}^{N} (\tau_i^{\text{fit}} - \tau_i^{\text{test}})^2} \tag{3-5}$$

式中：τ_i^{fit} 和 τ_i^{test} 分别为第 i 个试验拟合值和试验值；N 为试验样本数量。

　　1. 花岗岩

　　幂函数型：

$$\tau^{1.504} = 10.87(\sigma_n + 3.52) \tag{3-6}$$

$R^2 = 0.9969$，$RMSE = 1.393\text{MPa}$。

　　抛物线型：

$$\tau^2 = 72.02(\sigma_n + 3.52) \tag{3-7}$$

$R^2 = 0.9677$，$RMSE = 4.184\text{MPa}$。

　　一元二次方程：

$$\tau = -0.01516\sigma_n^2 + 1.885\sigma_n + 9.38 \tag{3-8}$$

$R^2 = 0.9914$，$RMSE = 2.548\text{MPa}$。

2. 黑砂岩

幂函数型：

$$\tau^{2.087} = 71.42(\sigma_n + 1.21) \tag{3-9}$$

$R^2 = 0.9636$，$RMSE = 2.502\text{MPa}$。

抛物线型：

$$\tau^2 = 52.91(\sigma_n + 1.21) \tag{3-10}$$

$R^2 = 0.9625$，$RMSE = 2.505\text{MPa}$。

一元二次方程：

$$\tau = -0.01925\sigma_n^2 + 1.739\sigma_n + 8.123 \tag{3-11}$$

$R^2 = 0.9514$，$RMSE = 3.034\text{MPa}$。

3. 大理岩

幂函数型：

$$\tau^{1.712} = 16.52 \times (\sigma_n + 4.16) \tag{3-12}$$

$R^2 = 0.98$，$RMSE = 2.663\text{MPa}$。

抛物线型：

$$\tau^2 = 49.407 \times (\sigma_n + 4.16) \tag{3-13}$$

$R^2 = 0.9713$，$RMSE = 3.266\text{MPa}$。

一元二次方程：

$$\tau = -0.01568\sigma_n^2 + 1.68\sigma_n + 9.499 \tag{3-14}$$

$R^2 = 0.9948$，$RMSE = 1.409\text{MPa}$。

对比分析三种硬岩的拟合优度和均方根误差评估指标可知，花岗岩和黑砂岩采用幂函数形式时的拟合优度均最高，拟合误差均最小，而大理岩采用一元二次方程形式时的拟合效果最好，其次是幂函数形式，二次抛物线的拟合优度最小，拟合误差也最大。进一步分析发现，大理岩在高压应力下（$\sigma_n \geqslant 40\text{MPa}$），其剪切强度增长已较为缓慢，岩石非线性特征更加突出，而采用幂函数型和二次抛物线型的强度准则受限于方程形式，拟合效果不如一元二次方程。但考虑到幂函数型代表 Hoek - Brown 准则的莫尔包络线形式[17]，其应用范围更加广泛，且采用幂函数型来描述花岗岩和黑砂岩试样更加适合。因此，本书选择幂函数关系方程来拟合三种硬岩的剪切试验数据，拟合曲线如图 3-30 所示，并根据该曲线来分析岩石内摩擦角的演化规律。

3.2.5.3　硬岩剪切强度参数演化规律

从图 3-30 可以看出，三种硬岩莫尔强度包络线的曲线特征与岩石所受的应力状态密切相关，特别是在拉剪应力状态下曲线斜率的变化程度十分显著，进而说明了岩石的黏聚力 c 和内摩擦角 φ 也与应力状态关联密切，即不同正应力下岩石的黏聚力和内摩擦角均不同。对于曲线型的莫尔强度准则，若直接采用幂函数方程的导数来求解内摩擦角，得到的导数值可能会失真。因此，本书根据周辉等[18]提出的"分段线性平均斜率"方法来计算

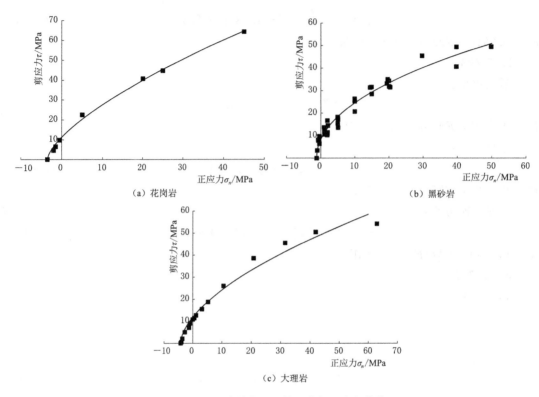

（a）花岗岩　　　　　　　　　　　　　　　（b）黑砂岩

（c）大理岩

图 3-30　三种硬岩幂函数型莫尔强度包络线

岩石的黏聚力和内摩擦角。具体计算过程中，选择某一正应力下的剪切强度计算值，与邻近的正应力可做两条倾斜直线（对于初始正应力和最终正应力均只有一条倾斜直线），进而计算两条直线的斜率平均值作为该正应力下的切线斜率。最后根据库仑准则表达式即式（3-3）计算岩石的黏聚力和内摩擦角，得到三种硬岩黏聚力和内摩擦角随正应力的变化规律，如图 3-31 所示。

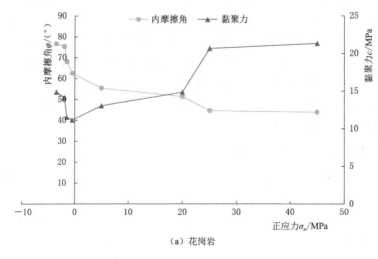

（a）花岗岩

图 3-31（一）　三种硬岩黏聚力和内摩擦角随正应力的变化规律

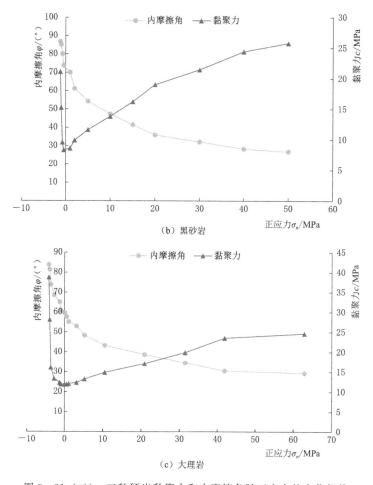

（b）黑砂岩

（c）大理岩

图 3-31（二） 三种硬岩黏聚力和内摩擦角随正应力的变化规律

图 3-31 中三种硬岩黏聚力和内摩擦角的变化规律基本一致，在拉剪段硬岩的黏聚力和内摩擦角均随拉应力的减小而减小，特别是黑砂岩和大理岩其黏聚力随拉应力的减小速度极快。而在压剪段硬岩的内摩擦角均随压应力的增大而减小，减小的幅度逐渐减弱，黏聚力则随压应力的增大而增大，这表明通过拉剪和压剪应力状态得到的剪切强度参数变化规律存在差异。然而，由于三种硬岩试验过程中设置的正应力不一致，当相邻两个正应力相差较大时，计算得到的黏聚力和内摩擦角在变化过程中存在拐点，如 20MPa 压应力的花岗岩试样，但拟合得到的硬岩莫尔强度包络线是一条光滑的曲线，故由试验设置的正应力得到的硬岩剪切强度参数变化趋势并不合理。为此，本书根据试验结果等间距选取了更多的数据点，再按照上述直线斜率计算方法，重新计算了各正应力对应的黏聚力和内摩擦角，对剪切强度参数的演化规律进行修正。

修正后的剪切强度参数演化规律如图 3-32 所示，可以看出硬岩剪切强度参数的变化趋势与由试验数据得到的结果（图 3-31）基本相同，但曲线上不再有拐点出现。其中，拉剪段中的强度参数均随拉应力的减小而快速降低，压剪段两个强度参数变化仍成相反趋势。根据三种硬岩内摩擦角的演变特征，从拉应力到压应力整个变化过程中内摩擦角呈单

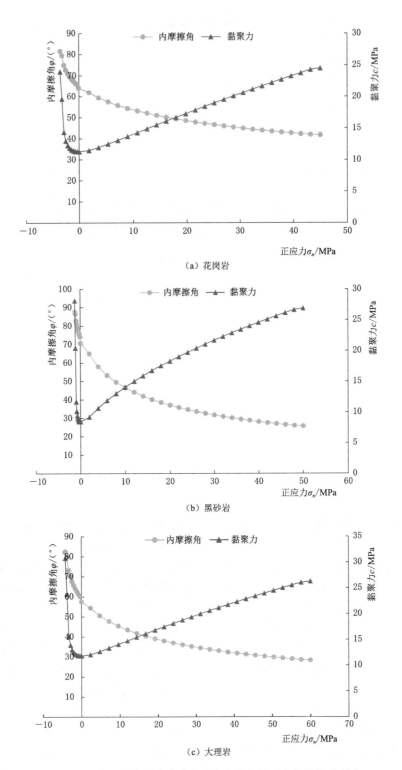

（a）花岗岩

（b）黑砂岩

（c）大理岩

图 3-32　修正后的硬岩黏聚力和内摩擦角随正应力的演化规律

调减小趋势，压应力越大，岩石内摩擦角越小。Hucka 和 Das 提出可采用抗拉、抗压强度和内摩擦角来评价岩石的脆性特征，通过在 $\tau—\sigma$ 坐标系中绘制抗拉强度 σ_t 和抗压强度 σ_c 的应力圆（图 3-33），推导可得出岩石内摩擦角与抗拉、抗压强度之间的关系方程，如式（3-17）所示，该公式表明采用抗拉、抗压强度构成的脆性指标与内摩擦角之间是相互等价的。结合硬岩的剪切力学特性和破裂特征，可以认为采用内摩擦角来评价岩石的脆性是具有可行性的，特别是可以表征岩石在受拉状态下的脆性大小，内摩擦角越高意味着

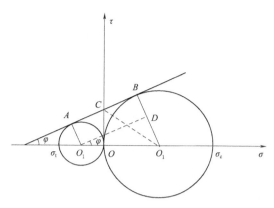

图 3-33　$\tau—\sigma$ 坐标系中抗拉强度与抗压强度的应力圆示意图

岩石的脆性程度越大。因此，通过硬岩剪切力学试验，本书建立了考虑拉剪应力状态的莫尔强度准则，提出可采用内摩擦角随应力状态的演化规律来定性地反映和评价从受拉到受压整个过程中岩石脆性程度的变化趋势。

$$\sin\varphi = \frac{BO_1 - DO_1}{OO_1 + OO_2} = \frac{\sigma_c - \sigma_t}{\sigma_c + \sigma_t} \tag{3-15}$$

3.3　硬岩破裂声发射分形特征

岩石破坏是一个逐渐降维的耗散过程，声发射作为表征材料受载变形破坏的物理量，每一个微破裂对应着一个声发射事件，因而声发射就有了分形特征。本书通过对花岗岩试样开展了一系列的拉伸—剪切试验和压缩—剪切试验，得到了试样整个破坏过程中的声发射信号，并在 3.2.3 节中对其进行了初步的分析和讨论。为了进一步研究声发射信号潜在的变化规律，本节通过 Matlab 软件编写计算程序，得到不同应力状态下声发射信号的分形维数，通过关联维数这一指标来定量化分析声发射信号在试验过程中的演变特征，并探讨采用声发射信号降维现象作为预测岩石破裂前兆的可能性。

3.3.1　声发射技术

许多工程建设活动中，岩石由于受到各种复杂应力的作用，内部裂隙不断启裂、发展、贯通，进而引发岩石失稳、断裂破坏，造成各类工程灾害，如岩爆等动力灾害现象。这些岩体破坏给工程建设带来巨大危害，严重威胁工作人员的人身安全，造成大量的经济财产损失。因此，采用技术手段监测岩体变形，预测岩体失稳破坏，是减小经济损失、提高工程建设安全性的一个关键措施。由于岩石内部裂隙在扩展演化过程中产生的能量常以弹性波的形式向外释放，而声发射技术可以将岩石变形破坏产生的弹性波转换成电信号，即为岩石声发射现象，故可采用声发射技术来监测岩石破裂。大量室内试验和现场监测研究表明，声发射信号蕴含着岩石裂隙演化和失稳破坏的信息，研究声发射信号的变化特

征，特别是不同应力状态下声发射随时间的演化过程，有助于深入研究岩石的破坏机制，对于监测和预报岩爆等岩体失稳破坏现象提供理论支持。

自从 Obert 等[19]和 Hodgson[20]第一次提出声发射概念，声发射技术已开始广泛应用在各行各业中。最近几十年来，岩土工程领域的许多学者利用声发射技术开展了大量的岩石力学试验，研究岩石的变形和破裂特征。Kaiser[21]通过拉伸试验发现了声发射的 Kaiser 效应。Mansurov[22]研究了岩石破坏过程声发射的信号特征，认为可利用声发射信号的差异来预测和预防岩石剧烈破坏。苗金丽等[23]通过开展真三轴应力状态下应变型岩爆试验，监控岩石的声发射破裂信号，分析了信号波形数据的频谱与时频特征，认为岩爆过程中能量的释放可以作为用来认识岩石破坏特征的一种重要手段。刘保县等[24]、李术才等[25]与杨永杰等[26]开展了大量岩石的单轴、三轴压缩试验来研究岩石损伤演化特征，通过声发射振铃计数建立了损伤演化模型，探讨了声发射参数和损伤破坏之间的关系。赵兴东等[27-28]和裴建良等[29]利用声发射定位技术实时监测了岩石破坏过程中微裂纹的开裂，认为声发射定位结果可反映裂纹的空间位置。Meng 等[30-32]利用声发射技术对劈裂岩石开展了一系列的剪切试验，研究在常法向荷载条件下节理岩体的剪切特征以及起伏体对节理剪切性质的影响，试验结果表明，声发射技术是一种适合研究节理剪切力学特性的方法。刘建坡等[33]利用声发射技术开展了花岗岩的三点弯曲和剪切试验，基于形定位算法和矩张量理论研究了不同破裂微裂纹的时空分布。夏英杰等[34]根据室内力学试验和数值计算结果总结了脆性指标和声发射之间的基本关系。Wang 等[35]利用声发射测试系统监测在不同锚固条件下岩石节理的剪切破坏机理。上述学者的研究表明，声发射技术在研究岩石裂隙演化和失稳破坏中起到十分重要的作用，是研究岩石变形破裂特征与机制的一种重要技术手段。

到了 20 世纪 70 年代中期，Mandelbrot[36]首次提出分形理论。同时，谢和平[37]成功地将损伤力学与分形几何结合在一起，提出岩石分形理论研究这一新的研究领域。迄今为止，岩石分形理论已经取得了大量的研究成果，被认为是预测岩石破裂的一种较好的方法。裴建良等[38]研究了声发射事件的空间分布特征及在不同应力下的变化规律，试验结果显示分形维数会随着应力的增长而持续降低，在峰值强度处达到最小值。Yuan 和 Li[39]基于计盒维数方法计算了岩石试样的空间分形维数，发现该分形维数随着荷载的增加呈现出逐渐减小的趋势。Xie 等[40]采用层状盐岩进行单轴压缩和间接拉伸试验，提出采用柱覆盖法来分析岩石损伤和破坏过程中声发射空间分布的分形特征，结果表明，声发射空间分布的分形维数可以预测层状盐岩的破坏状态。Zhang 等[41]利用花岗岩开展了单轴和三轴压缩试验，获得了声发射时空分布的实时演化规律，通过柱覆盖法揭示了声发射时空分布的分形特征。尹贤刚等[42-43]通过单轴压缩试验建立了岩石破坏过程中声发射的强度分形模型，研究了整个破坏期间声发射分形特征。李元辉等[44]在单轴压缩试验中研究了不同应力水平下声发射 b 值和空间分形维数的关系，结果表明，声发射事件的分形维数和 b 值可以直接反映微裂纹萌生和扩展的演化过程。

上述学者们通过声发射技术，采用分形方法计算得到了各种声发射信号的分形维数，分析了岩石内部裂隙扩展演化过程，深入了解了岩石的破裂机制。但多数研究大都集中在单轴压缩和三轴压缩试验上，而工程建设中岩石受载往往产生张拉、剪切破坏，不同应力状态下岩石剪切破坏形式也不同，因此有必要深入研究岩石在受剪应力状态下的破裂机制。而很多学者开展的剪切分形研究多是结构面的剪切试验，对于完整岩石的剪切分形研究则较少，特别是岩石在拉伸—剪切应力条件下声发射的分形研究未见报道。所以，采用声发射技术，深入研究完整岩石在不同应力状态下的剪切试验，包括拉伸—剪切试验和压缩—剪切试验，对于进一步认识岩石的裂隙演化特征和失稳破裂机制十分必要。

3.3.2　分形维数的计算

从古至今，人们通常利用传统欧式几何理论来分析事物，但自然界中大部分事物是非规则的几何形体，用规则的几何法理论去描述非规则几何形体，往往会产生差异或错误的结果，而分形几何学的创立则提供一种强有力的工具来精确描述非规则几何形体。对于自然界广泛存在的无规则几何形体，分形具有广阔的实际背景。而对于分形的准确定义，仍是国内外学者研究和讨论的热门问题。为精确描述各种不同类的分形形态，人们引入了分形维这一参量。关于分形维的定义，一般可归为两大类：一类是从纯几何学的意义上推导得到的；另一类是从信息论引申出来的。常见的维数主要有容量维数、信息维数、关联维数、计盒维数等。

1. 容量维数 D_1

容量维数假设考虑的图形是 n 维欧式空间中的有限集合，采用直径为 ε 的小球填充集合，若 $N(\varepsilon)$ 是能够覆盖住该集合所用小球的最小数目，则集合的容量维数定义为

$$D_1 = -\lim_{\varepsilon \to 0} \frac{\lg N(\varepsilon)}{\lg \varepsilon} \tag{3-16}$$

容量维数易于实现，在计算过程中只需获得一组 $(N，\varepsilon)$ 的对应值并列在对数坐标系中，运用最小二乘法计算拟合一条直线，即可获得容量维数。

2. 信息维数 D_2

在容量维数定义中，只考虑了所需 ε 球的个数，而对每个球所覆盖点数的多少却没有区别，因此这里给出了信息维数的定义：

$$D_2 = -\lim_{\varepsilon \to 0} \frac{\sum_{i=1}^{N} P_i \ln(1/P_i)}{\ln \varepsilon} \tag{3-17}$$

式中：P_i 是一个点落在第 i 个球中的概率，当 $P_i = 1/N$ 时，$D_2 = D_1$，即此时信息维数是容量维数的一个推广。

3. 关联维数 D_3

Grassberger 和 Procaccia 应用关联函数 $C_{(\varepsilon)}$ 给出了关联维数的定义：

$$D_3 = -\lim_{\varepsilon \to 0} \frac{\lg C_{(\varepsilon)}}{\lg \varepsilon} \tag{3-18}$$

式中：$C_{(\varepsilon)}$ 为相关整数。

求解关联维数 D_3 的关键在于 ε 的取值范围，若 ε 取值太大，则 $C_{(\varepsilon)} = 1$，$\log C_{(\varepsilon)} = 0$，这样就无法反应系统内部的性质。若 ε 取值太小，周围一切偶然行为对系统性质的影响都将表现出来。只有当 ε 取值恰到好处，才会出现标度空间。

4. 计盒维数 D_4

设 $A \in H(R^n)$，其中 R^n 是欧式几何空间，用边长为 $1/2^n$ 的封闭正方盒子去覆盖，$N_n(A)$ 表示所包含的盒子数，则计盒维数可表示为

$$D_4 = \lim_{n \to 0} \frac{\ln N_n(A)}{\ln(2^n)} \qquad (3-19)$$

在本章中，由于声发射试验中获得的信号数据均为与时间有关的序列，因此采用关联维数作为表征声发射信号分形特征的参量。根据关联维数的定义，Grassberger 和 Procaccia 利用嵌入理论和重构相空间思想，提出从时间序列直接计算关联维数 D 的算法，称之为 $G—P$ 算法[45]。即将声发射基本参数序列作为研究对象，则每一个声发射基本参数序列对应一个容量为 n 的序列集：

$$X = \{x_1, x_2, \cdots, x_n\} \qquad (3-20)$$

构成一个 m 维的相空间，先取前 m 个数作为 m 维空间的一个向量：

$$X_1 = \{x_1, x_2, \cdots, x_m\} \qquad (3-21)$$

后移一个数再取 m 个数，构成第二个向量：

$$X_2 = \{x_2, x_3, \cdots, x_{m+1}\} \qquad (3-22)$$

共可构成 $N = n - m + 1$ 个向量，定义关联函数为

$$W(r(k)) = \frac{1}{N^2} \sum_{i=1}^{N} \sum_{j=1}^{N} H[r(k) - |X_i - X_j|] \qquad (3-23)$$

其中

H 为 Heavjisive 函数（阶跃函数）：

$$H(u) = \begin{cases} 1, u \geqslant 0 \\ 0, u < 0 \end{cases} \qquad (3-24)$$

$|X_i - X_j|$ 为两点间的距离：

$$|X_i - X_j| = \left(\sum_{i \neq j}^{m} (X_I - X_j)^2\right)^{\frac{1}{2}} \qquad (3-25)$$

$r(k)$ 为给定的尺度：

$$r(k) = k \cdot \frac{1}{N^2} \sum_{i=1}^{N} \sum_{j=1}^{N} |X_i - X_j| \qquad (3-26)$$

k 为比例系数，取值为 0.1、0.2、0.3、0.4、0.5、0.6、0.7、0.8、0.9、1，当 $k < 0.1$ 时，声发射分形特征不明显。

根据上述算法，如果 r 值太大，在相空间内任何两点间的距离都小于 r，则 $W(r) = 1$，$\ln W(r) = 0$，如果 r 值太小，则 $W(r) = 0$，$\ln W(r) = 1$。只有 r 在某一确定范围内，才有

$$W(r) = Cr^D \qquad (3-27)$$

即对每一给定的尺度 $r(k)$，都可以得到一个 $W(r(k))$，在双对数坐标系〔以 $\ln W(r(k))$ 为纵坐标，$\ln r(k)$ 为横坐标〕中可得到 10 个点 $(\ln W(r(k)), \ln r(k))$，对这 10 个点进行线性回归，回归直线的斜率为关联维数 D。

3.3.3　声发射分形特征

3.3.3.1　相空间维数的确定

根据 3.3.2 节分形理论中关联维数的计算方法，在 Matlab 中通过编写计算程序，将声发射计数和能量信号转为序列集，再选择不同的相空间维数 m，计算每个相空间维数对应的关联维数 D，进而得到关联维数的变化趋势，规定相空间维数 m 取关联维数 D 变化稳定时的初始值。其中，所用数据为从试样剪力开始加载至试样瞬间破坏整个过程中的声发射信号。图 3-34 和图 3-35 分别为由计数信号和能量信号计算得到的关联维数 D 随相空间维数 m 的变化规律。为方便观察曲线变化规律，将两图的纵坐标轴均分为主、次两个纵坐标轴，主坐标轴显示的是关联维数值较小（$D<0.35$）的试验结果。

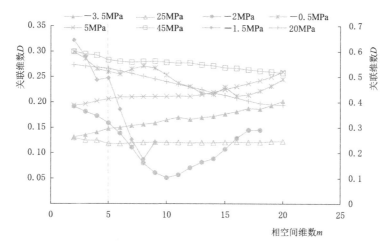

图 3-34　声发射计数信号对应的关联维数随相空间维数的变化趋势

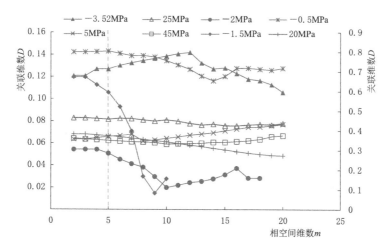

图 3-35　声发射能量信号对应的关联维数随相空间维数的变化趋势

根据计算结果，相空间维数 m 从 2 增至 20 过程中，不同正应力下花岗岩剪切试验的关联维数 D 变化趋势存在较大差异。针对声发射计数信号，压应力为 25MPa 时，试样的关联维数在相空间维数变化过程中基本保持稳定，直接拉伸试验与 5MPa 压应力的剪切试验中关联维数则随相空间维数的增大而缓慢增大，而 20MPa 与 45MPa 压应力的试样，其关联维数又呈现出缓慢减小趋势。对于拉伸—剪切试验，拉应力为 0.5MPa 时试样的关联维数变化趋势呈波浪形，而在 1.5MPa 和 2MPa 的拉应力下，关联维数则出现先大幅下降后上升现象。针对声发射能量信号，试样在不同正应力（除直接拉伸试验和 45MPa 的压应力）下，其关联维数变化趋势与计数信号的关联维数变化规律大致相同，直接拉伸试验中能量信号的关联维数随相空间维数呈先增大后减小趋势，压应力为 45MPa 时关联维数前期先保持稳定，在相空间维数大于 10 后才开始缓慢增加。

由此可见，不同剪切力学试验得到的关联维数 D 随相空间维数 m 的变化趋势存在一定差异，对于拉伸—剪切试验关联维数多呈现出波浪形变化特征，而对于压缩—剪切试验则多呈现单调缓慢增加或缓慢降低特征。根据关联维数的计算方法，相空间维数的取值可以说是十分关键。由于相空间维数 m 一般取关联维数趋于稳定时的初始值，对比分析图 3-34 和图 3-35，在 $m \leqslant 5$ 时由压缩—剪切试验得到的关联维数一般都保持不变，而拉伸—剪切试验得到的关联维数的变化幅度整体相对较小，特别是通过能量信号计算得到的关联维数大部分保持稳定。因此，本节规定花岗岩剪切试验声发射计数和能量信号均以相空间维数 $m=5$ 为基准来计算各压力下的关联维数 D。

3.3.3.2　声发射信号关联维数

确定相空间维数 m 后，根据式（3-26）和式（3-27），不断改变比例系数 k，得到不同比例系数对应的函数值。将计算出的自变量 $r(k)$ 和因变量 $W(r(k))$ 均取自然对数，在双对数坐标系中绘制出这 10 个点，并进行线性拟合，拟合直线的斜率即为关联维数 D，图 3-36 为不同正应力下试样测得的声发射计数和能量信号关联函数的双对数关系曲线。根据计算结果，不同比例系数的函数值在双对数坐标系中基本呈线性关系，计算结果的拟合系数 R^2 基本都在 0.8 以上，表明关联函数在双对数坐标系中呈现出较高的线性关系，声发射计数和能量信号具备分形特征。

表 3-3 列出了不同正应力下直接拉伸试验和剪切力学试验中的声发射计数和能量信号的关联维数 D 统计结果。在直接拉伸试验中计数和能量信号的关联维数分别为 0.1482、0.1268，拉伸—剪切试验中计数信号的关联维数范围在 0.3178～0.5199 之间，能量信号的关联维数范围在 0.2849～0.8045 之间，压缩剪切试验中，计数信号的关联维数范围在 0.1183～0.5324 之间，能量信号的关联维数范围在 0.0622～0.3747 之间。图 3-37 为关联维数随正应力的变化趋势，从整体上来看，通过声发射计数和能量信号得到的关联维数随正应力的变化趋势基本相同。在拉应力作用区域，直接拉伸试验的计数和能量关联维数最小，对于拉伸—剪切试验，关联维数的大小随拉应力的减小而逐渐增大，且拉应力为 1.5MPa 时声发射能量信号的关联维数大小超过了计数信号的关联维数值，在 0.5MPa 时到达最大值 0.8045。而对于压缩—剪切试验，计数和能量信号的关联维数均先增大后减小，且能量信号的关联维数均小于计数信号，总体表现为压应力 20MPa 时关联维数最大。

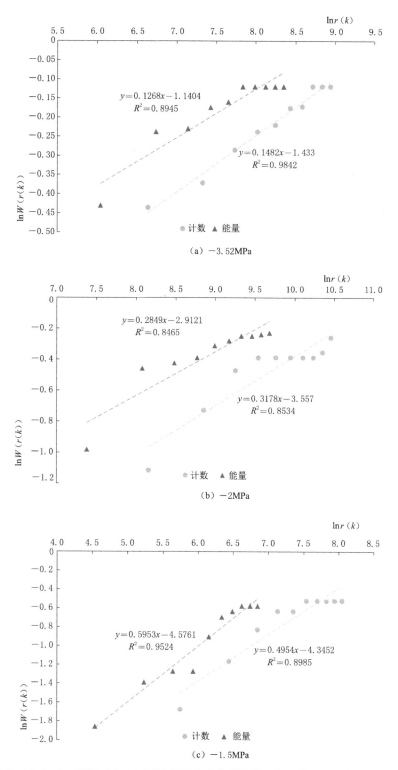

图 3-36（一）　不同正应力下试样测得的声发射计数和能量信号双对数关系曲线

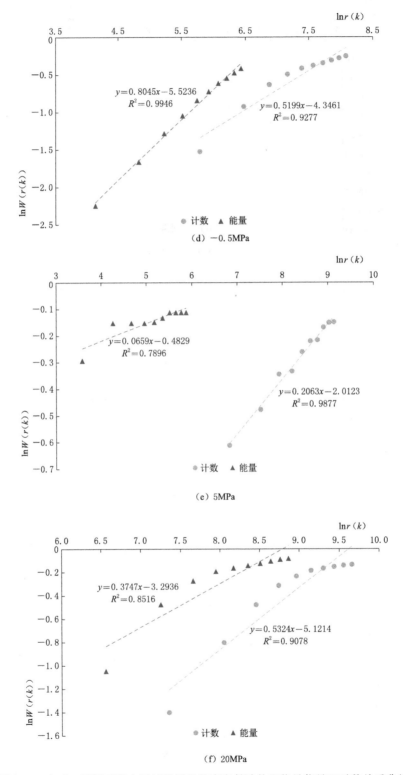

图 3 - 36（二）　不同正应力下试样测得的声发射计数和能量信号双对数关系曲线

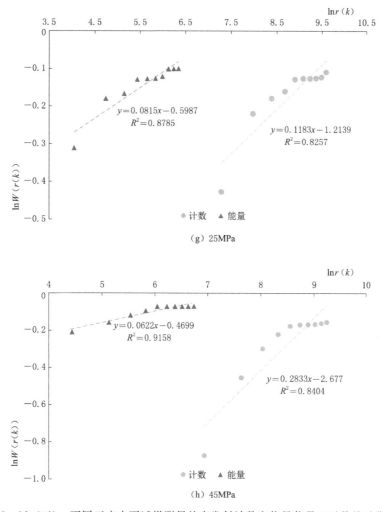

图 3-36（三）　不同正应力下试样测得的声发射计数和能量信号双对数关系曲线

表 3-3　　　　　　　不同正应力下声发射计数和能量信号的关联维数

σ/MPa	-3.52	-2	-1.5	-0.5	5	20	25	45
计数	0.1482	0.3178	0.4951	0.5199	0.2063	0.5324	0.1183	0.2833
能量	0.1268	0.2849	0.5953	0.8045	0.0659	0.3747	0.0815	0.0622

3.3.3.3　声发射分形随应力水平的演化规律

为了解试样在加载过程中关联维数 D 的变化情况，以试样峰值剪切强度为基准，将剪力开始施加至试样发生剪切破坏整个过程共划分 10 个节点，各节点应力水平分别为 10%、20%、30%、…、80%、90% 和 100% 的剪切强度（直接拉伸试验则为抗拉强度），计算出各个节点应力水平对应的声发射计数和能量信号的关联维数 D，进而得到关联维数在试验过程中的变化趋势。图 3-38 为不同应力条件下计数和能量信号的关联维数随应力水平的变化过程。

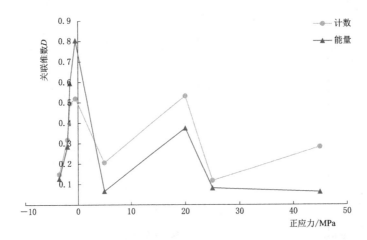

图 3-37   声发射计数和能量信号关联维数随正应力的变化趋势

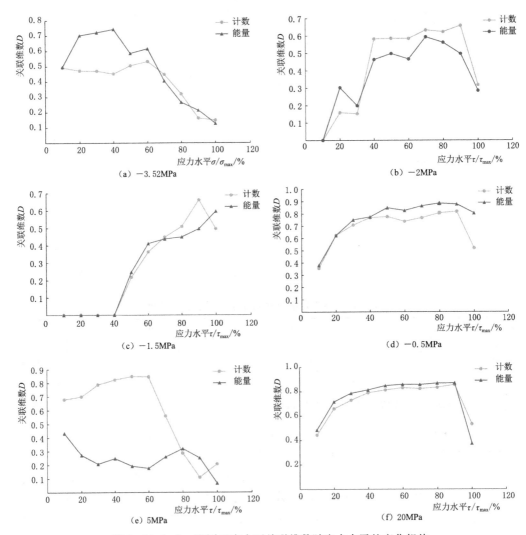

图 3-38 （一）   不同正应力下关联维数随应力水平的变化规律

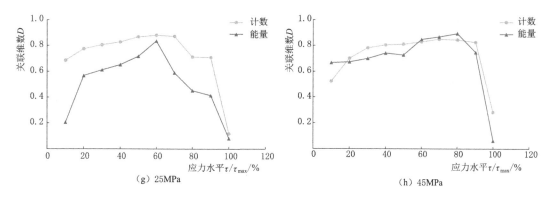

（g）25MPa　　　　　　　　　　　　（h）45MPa

图 3-38（二）　不同正应力下关联维数随应力水平的变化规律

根据图 3-38，直接拉伸试验中，随着拉应力水平的增大，计数信号的关联维数前中期先小幅波动，之后在 60％拉应力水平处达到最大值便开始迅速下降，试样发生破坏时其关联维数达到最小值 0.1482。而能量信号的关联维数在试验初期快速增大，拉应力水平为 40％时达到最大值，之后在 60％应力水平处快速降低，最终试样破坏时减小到0.1268。整个加载过程中，声发射计数和能量信号均在 60％拉应力水平处开始稳定降低，表明岩石内部的微破裂开始从无序向有序转变，当岩石接近抗拉强度时关联维数逐渐降低到最小值，内部裂纹逐渐贯通并导致岩石受拉破坏。

对于拉伸—剪切试验，加载初期由于声发射信号比较弱，关联维数往往较小或等于零，之后关联维数随着剪力加载的进行而逐渐增大，一般在应力水平为 70％～90％时达到最高值，并在试样破坏或接近破坏时快速减小。拉应力为 2MPa 时计数和能量关联维数均从 0 开始增长，在 40％剪应力水平处达到稳定，之后计数关联维数在 90％应力水平处开始下降，能量关联维数则在 70％应力水平处降低，即岩石剪应力在接近破坏强度时关联维数开始出现下降趋势，两者跌幅分别为 51.8％和 51.9％。拉应力为 1.5MPa 时关联维数在 40％剪应力水平之前均为零，由于本次试验过程中声发射监测数据整体较少，加载初期阶段缺少足够的数据样本用于计算（包括拉应力为 2MPa 的剪切试验），从而造成关联维数等于零。然而，随着剪应力的不断加载，计数和能量关联维数均快速增大，预示着岩石内部损伤不断加剧。其中计数关联维数在 90％剪应力水平处达到最大值并开始降低，而能量关联维数则不断增大，在剪切峰值处达到最大值。拉应力为 0.5MPa 时，计数和能量关联维数从加载初期的 0.3559 和 0.3795 开始快速增大，并在 40％剪应力水平处基本保持稳定，直到试样接近破坏（90％剪应力水平）关联维数才开始跌落，跌幅分别为36.4％和 8.2％。可以看出，拉伸—剪切试验中计数和能量信号的关联维数随应力水平的变化基本经历了三个阶段：加载初期快速增大，中期保持稳定，接近破坏时快速降低，出现降低现象的临界应力水平基本在 90％左右。岩石在拉应力作用下，加载初期岩石内部不同尺度的裂纹快速萌生，裂纹状态不稳定，造成关联维数快速增大，加载中期微裂纹尺度分布趋于平衡，关联维数保持稳定，内部裂纹渐进扩展，直到剪应力接近抗剪强度微裂纹逐渐连接贯通导致岩石破裂，关联维数快速下降。

压缩—剪切试验中，除压应力为 5MPa 的试样其能量关联维数具有不同特征外，其余试样的计数和能量信号的关联维数变化趋势大致相同。在剪力加载初期计数和能量关联维数均快速增大，剪应力达到 20%～30% 的应力水平后逐渐保持缓慢增长趋势，但关联维数开始降低所对应的应力水平各试样均不相同。对于 5MPa 压应力的试样，其计数关联维数在 60% 应力水平左右达到最大值便迅速减小，最终剪应力达到峰值强度时关联维数降低为 0.2063，跌幅达 75.6%。但能量关联维数在整个剪切试验过程中呈波动状态变化，与其他试验结果相比差别较大。压应力为 20MPa 的试样其计数和能量关联维数变化趋势基本相同，均在剪力加载初期快速增大，之后保持稳定并在 90% 应力水平开始下降，下降幅度分别达 37.7% 和 56.9%。25MPa 压应力下试样的计数和能量关联维数分别在 70% 和 60% 应力水平处开始下降，跌幅分别为 86.4% 和 90.2%。45MPa 压应力的试样关联维数变化特征与 25MPa 压应力的试样较为相似，经过加载初期上升段和中期稳定发展阶段，两者关联维数均在接近剪切峰值时快速降低，跌幅分别为 66.4% 和 93.0%。总的来说，压缩—剪切试验中计数和能量信号的关联维数在剪应力加载初期就处于较大值，之后很快进入稳定发展阶段，表明岩石内部微破裂处于稳定扩展状态，并在岩石失稳破坏时关联维数降至最低。与拉伸—剪切试验对比可知，压缩—剪切试验中关联维数稳定发展阶段要显著大于后者，且关联维数开始降低对应的临界应力水平基本处于 60%～90% 之间。

综上所示，根据声发射信号关联维数与应力水平的关系，岩石在加载前期内部裂纹处于萌生状态，直接拉伸试验和压缩—剪切试验的声发射关联维数一般较大，拉伸—剪切试验中分维值往往从 0 开始增大。之后各正应力下试样的声发射关联维数基本均快速增大，其中拉应力作用下微裂纹状态趋于稳定所对应的应力状态比起压缩—剪切试验要更大，即在压应力作用下岩石内部裂纹稳定扩展阶段持续往往更久。当关联维数不断下降时意味着微裂纹不断连接、贯通，岩石即将失稳破坏，其中直接拉伸试验的关联维数从稳定发展阶段向持续降低阶段转变的临界应力水平在 60% 左右，拉伸—剪切试验其关联维数的临界应力水平在 90% 左右，而压缩—剪切试验中关联维数的临界应力水平在 60%～90% 之间。因此，通过不同破坏模式下关联维数的变化规律可以看出，岩石失稳破坏是个逐渐降维的过程，关联维数降低这一现象表明，岩石内部损伤加剧预示着岩石破坏的发生，这与前人通过室内试验或现场监测得到的结果一致，在实际应用过程中可将关联维数降低现象视为岩石失稳破坏的前兆。然而，关联维数基本上均在岩石破坏瞬间降低至最小值，判断岩石何时发生破坏对应的临界分维值还有待进一步研究。

3.4　基于电镜扫描技术的硬岩破裂机制研究

通过 2.2.4 节中关于花岗岩试样剪切变形破裂的分析和讨论，对破裂面从拉应力到压应力变化过程中剪切破裂特征的变化有了直观的认识，为进一步深入了解不同应力状态下硬岩的破裂机制，本章基于电镜扫描技术从细观角度对花岗岩破裂面进行了详细的分析和探讨。

3.4.1　试验设备与试样制备

1. 试验设备

本次试验采用中国科学院武汉岩土力学研究所的 Quanta250 扫描电子显微镜，该扫描电镜采用聚焦电子束在试样表面逐点扫描成像，试样可为块状或粉末颗粒，试验过程中通过电子枪发射出的电流激发到样品表面，产生二次电子，再通过信号收集与信号转换到达屏幕，便可看到样品表面的同步扫描照片，实现对样品表面的形貌进行微观表征。该电子显微镜主要用于室内对矿物、岩石、金属、陶瓷、生物等样品以及各种固体材料进行观察和分析研究，具有高真空、低真空和环境真空三种真空模式，放大倍数为 6x～1000000x，采用二次电子（SE）成像时，分辨率可达 3.0nm(30kV)，采用背散射

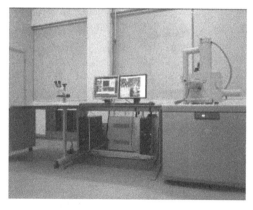

图 3 - 39　Quanta250 扫描电子显微镜整体结构

电子（BSE）成像时，分辨率可达 4nm(30kV)，本次试验采用二次电子成像技术。Quanta250 扫描电子显微镜整体结构如图 3 - 39 所示。

2. 试样制备

所用试样来自花岗岩直接拉伸试验和拉/压—剪切试验完成后形成的破裂面，根据试验设备的要求，试样均需制备成薄片状。试验前首先用铁锤从破裂面表层敲出薄片，挑选多个具有代表性、平整的断面作为观察面。其中，对于压应力为 45MPa 的花岗岩试样，由于岩石剪切缝附近全部被碾碎成粉末，整个试样破碎严重，难以取出完整破裂面，因此本次电镜扫描试验未包含该试样的结果分析。取出的薄片需将其粘在样品桩上，自然晾干或放入烘箱中在 50℃ 下烘干，之后再用洗耳球吹掉试样破裂面表层的灰尘，并在真空镀膜机中镀金，以此提高试验观测效果，减轻操作难度。本次试验电镜扫描放大倍数分别为 100x、800x 和 2000x 三种。

3.4.2　硬岩破裂特征与机制分析

在电镜扫描试验中每个正应力下的试样均拍摄了大量不同倍数的图片，本次试验分析仅选择部分具有代表性的图片进行展示，试验结果如图 3 - 40 所示。其中，左侧一列图片均为 100x 放大倍数的试验结果，右侧均为 800x 放大倍数的试验结果。

根据图 3 - 40（a），直接拉伸试验的电镜扫描图像（100x）破裂面上裂纹杂乱分布，整个破裂面基本由片状矿物层叠和块状矿物相互咬合组成，并有零星的碎屑散落在破裂面上。观察发现部分片状矿物保存完整，部分被拦腰撕裂，块状矿物晶体间出现裂缝，部分晶体上存在裂纹。进一步将破裂面放大至 800x，可看到整个破裂面粗糙、整洁，晶体表面局部区域光滑、平整。从直接拉伸电镜扫描试验结果可知，在拉应力作用下，试样破裂主要是通过撕裂片状矿物和扯断块状矿物晶体产生，撕扯过程中造成部分矿物晶体之间出现裂缝，在晶体上留下裂纹，并有零星的碎屑散落。由于撕扯不具有方向性，造成破裂面矿物晶体、晶片杂乱无章地分布。

对比直接拉伸试验结果，拉伸—剪切试验的电镜扫描图像中试样破裂面除了存在由拉应力造成的片状矿物撕裂和块状矿物晶体扯断现象外，整个破裂面裂纹分布呈现出定向延

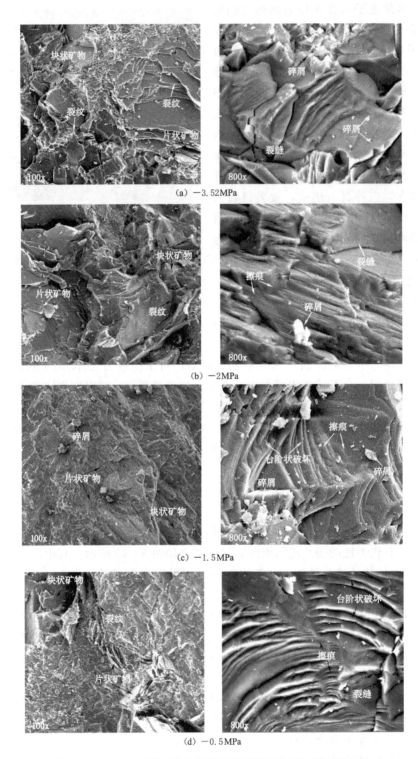

图 3-40（一）　不同正应力下花岗岩破裂面电镜扫描试验结果

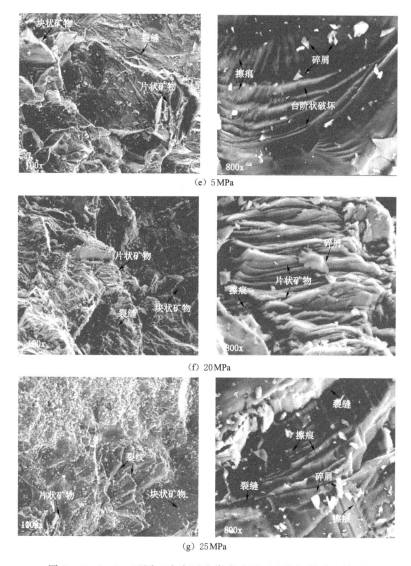

图3-40（二）　不同正应力下花岗岩破裂面电镜扫描试验结果

伸的趋势，晶体也多呈台阶状破坏，晶面部分区域出现擦痕现象。以－1.5MPa拉应力的试样为例，整个破裂面大致有一个统一的方向，片状矿物在撕裂同时被磨损，块状矿物晶体同样被扯断磨损，因矿物颗粒相互磨损产生的大小不一的白色颗粒散布在破裂面上。从800x图像上看到，撕裂后的片状矿物、块状晶体呈台阶状定向分布，图像中间区域有两道明显的擦痕留下，该擦痕近似平行排列，朝向基本与撕裂形成的台阶裂纹方向相同。擦痕的出现说明矿物颗粒之间存在相互摩擦，试样同时存在剪切和拉伸两种破坏模式，台阶状断面朝向和擦痕方向代表着剪应力的方向。

　　在压缩—剪切试验的电镜扫描图像中，试样破裂形态与直接拉伸试验和拉伸—剪切试验均有显著的不同。在压应力的作用下，破裂面的磨损现象十分明显，整个破裂面基本具有统一方向，大量细小颗粒铺满整个表面，出现多条大裂纹贯穿破裂面。以 25MPa 压应力的试样为例，整个破裂面中片状矿物和块状矿物晶体均被剪断，表面出现大面积磨损破坏，磨损的碎屑填满整个空间，晶体之间出现多条宽度不等的裂隙。在 800x 图像中可以看出，片状矿物和块状矿物晶体均被整齐剪断，块状矿物晶体表面呈台阶状，散布着许多碎屑颗粒，发生穿晶破坏现象。因矿物颗粒之间相互错动、摩擦，台阶状裂纹边缘及晶体表面存在大量擦痕，表明压剪试验中剪切破坏十分显著。

通过上述各正应力下花岗岩电镜扫描试验结果的分析，花岗岩破裂面主要由片状矿物和块状矿物晶体构成，破裂模式主要为拉伸破坏和剪切破坏。为进一步了解拉应力、拉剪应力以及压剪应力对岩石矿物颗粒破裂的影响，以 −3.52MPa、−1.5MPa 和 25MPa 正应力的试样为例，将其破裂面放大 2000x，分别观察片状矿物和块状矿物晶体的裂纹分布情况（图 3-41 和图 3-42）。对比可以看出，直接拉伸试验和拉伸—剪切试验的片状矿物相互错落，在拉应力作用下片状矿物被撕裂出高度不等的断面，断口表面光滑、整洁，无明显的擦痕出现，拉伸—剪切试验的破裂面上仍散落这些许碎屑。而在压剪应力作用下的片状矿物被剪断后又经过错动磨损，晶片高度大致相等，断口表面因剪切相互错动留下大量擦痕。此外，三种应力状态下的块状矿物晶体破裂情况与片状矿物大致相同，拉应力、拉—剪应力下块状晶体的台阶状断口均光滑、整洁。但拉剪应力状态的块状矿物晶体台阶状断口部分边缘被剪断磨损，留下许多擦痕，擦痕朝向与台阶状断面呈小角度相交。而压剪应力状态下的块状矿物晶体台阶状断口边缘基本全部被剪断，表面被磨平，台阶状特征发育不明显，在断口表面留下大量擦痕。

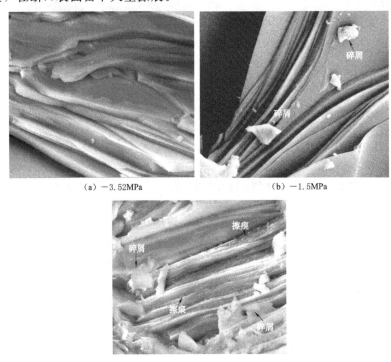

(a) −3.52MPa   (b) −1.5MPa

(c) 25MPa

图 3-41 2000x 放大倍数下花岗岩破裂面片状矿物破坏特征

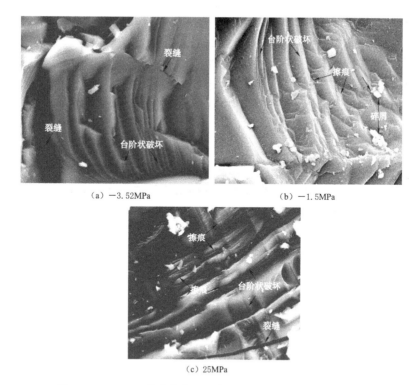

（a）－3.52MPa　　　　　　（b）－1.5MPa

（c）25MPa

图 3－42　2000x 放大倍数下花岗岩破裂面块状矿物破坏特征

由此可知，电镜扫描图像中形态各异的破坏主要是由于岩石矿物颗粒在不同的应力状态相互作用，发生不同形式的错动、断裂，造成晶体表面被撕裂、剪断、磨损，这些错动、断裂在晶体表面上留下了大量痕迹（如台阶状断口、擦痕等），而这种矿物颗粒间撕裂、磨损行为进一步体现在了宏观破裂面上。在拉应力作用下，矿物晶体在撕裂过程中裂纹逐渐扩大，造成晶体之间接触面积减小，晶体颗粒的抗剪能力减弱，进而使得岩石抗剪强度减小。而拉应力越大，矿物颗粒间的裂纹张开程度越高，晶体断口表面剪切痕迹（擦痕）越少，抗剪能力也就越弱，因此在拉剪应力区岩石剪切强度随着拉应力的增大而迅速减小。然而，压剪应力状态中由于压应力的存在，矿物颗粒间的裂隙紧密闭合，促使裂隙张开则需要较大剪切力。同时矿物晶体断裂后相互摩擦，克服晶体间的摩擦也需要较大的剪切力，因此造成晶体表面形成的台阶状断口被剪断、磨损，留下大量擦痕和碎屑。压应力越大，裂隙闭合越紧密，晶体间的摩擦越大，所需的剪切力也就越大，因此岩石的抗剪强度随着压应力的增大而增大。

3.5　基于三维扫描技术的硬岩破裂面粗糙度表征分析

根据 3.2.4 节中黑砂岩剪切力学试验中的变形破裂特征，岩石在不同应力状态下其破裂面形态各有差别，对于破裂面的分析和讨论均是通过对肉眼观测到的现象来进行分析、评价，并得到一些基本的特征与规律，如岩石的破裂程度、破裂面拉伸或剪切破坏现象的分布以及随应力状态的变化特征等。然而，要想精确分析并评估完整岩石破坏后其破裂面在宏观上的变化规律，仅通过肉眼的观测和描述是不够且较为困难，需要采用其他技术手段或方法来表征硬岩破裂面的特点，积极探讨岩石破裂特征与应力状态之间的关系。为此，本章在前人研究基础上，通过借鉴二维和三维结构面粗糙度评价指标来定量表征和评价黑砂岩破裂面的形态特征，对比分析了直接拉伸试验、拉伸—剪切试验以及压缩—剪切试验中岩石破裂面的粗糙程度，研究不同破裂机制对破裂面形态的影响以及粗糙度随岩石应力状态的变化规律。

3.5.1　粗糙度表征方法

陈世江等[46]归纳、总结了国内外众多学者提出的岩体结构面粗糙度表征方法，系统阐述了目前粗糙度表征方法的研究进展，对各表征参数的适用性进行了评价。总的来说，描述二维粗糙度的方法一般有统计参数[47-48]、分形维数[49-51]、综合参数[52-54]以及直边图解[55-56] 4 类，三维粗糙度主要包括 Z_{2s}[57]、R_s[58]、θ_s[57]、$F(\theta)$[59]、θ_{max}^*/C[60]、BAP[61]、$JRCv$ 与 SRv[62]以及分形维数[63]表征法等。由于粗糙度表征方法种类较多，根据试验的研究目的，本节简单介绍部分常用的二维和三维粗糙度指标以及所采用的计算方法。

3.5.1.1　二维粗糙度评价指标

1. 一阶导数均方根 Z_2

Myers[64]提出采用功率谱法来描述物体表面轮廓线的粗糙度。该方法主要有四个参数：均方根 Z_1、一阶导数均方根 Z_2、二阶导数均方根 Z_3 和坡度特征参数 Z_4，研究发现参数 Z_2 表征粗糙度程度最好，该参数的计算方法如下：

$$Z_2 = \sqrt{\frac{1}{L}\int_0^L \left(\frac{\mathrm{d}z}{\mathrm{d}x}\right)^2 \mathrm{d}x} = \sqrt{\frac{1}{L}\sum_{i=1}^{N-1}\frac{(z_{i+1}-z_i)^2}{x_{i+1}-x_i}} \tag{3-28}$$

式中：L 为表面轮廓线的总长度；$\mathrm{d}x$ 为表面轮廓线上相邻两点的水平距离；$\mathrm{d}z$ 为表面轮廓线上相邻两点的垂直距离。

2. 迹线长度表征法

Ei - Soudani[58]提出采用 R_P 表示结构面粗糙度，R_P 为迹线长度与其直线长度的比值，当参数 $R_P>1$ 时意味着轮廓线是粗糙的，且该值越大轮廓线越粗糙，对应的表达式为

$$R_P = \frac{\sum_{i=1}^{n-1}[(x_{i+1}-x_i)^2+(y_{i+1}-y_i)^2]^{1/2}}{L} \tag{3-29}$$

3. $\theta_{max}/(C+1)_{2D}$ 表征法

Grasselli 等[60]认为只有面向剪切方向的结构面单元才会对结构面的剪切力学行为起作用，提出剪切方向有效接触面积比 A_{θ^*} 和剪切方向倾角 θ^* 两个指标，并建立两个指标的关系式，即式（3-32），得到结构面粗糙度参数 C，从而采用组合参数 θ_{max}^*/C 来表征结构面粗糙度大小。

$$A_{\theta^*} = A_0[(\theta_{max}^* - \theta^*)/\theta_{max}^*]^C \tag{3-30}$$

式中：A_{θ^*} 为大于或等于 θ^* 的单元面积总和与结构面表面总面积的比值；A_0 为最大可能接触面积比；θ_{max}^* 为最大剪切方向倾角；C 为结构面粗糙度参数。其中，剪切方向倾角

θ^* 可采用式（3-31）来计算，三者的关系如图 3-43 所示。

$$\tan\theta^* = -\tan\beta\cos\alpha \qquad (3-31)$$

然而，Tatone 等[66]提出组合参数 θ^*_{max}/C 仅为一个经验参数，没有具体的物理意义，且在特殊情况下会造成 $C=0$，故提出采用 $\theta^*_{max}/(C+1)$ 来表示结构面剪切方向平均倾角。本章选择 $\theta_{max}/(C+1)_{2D}$ 参数来表征二维粗糙度，其中需将有效接触面积比 A_θ 换为剪切方向有效轮廓线长度比。

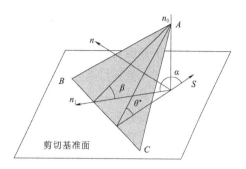

图 3-43 剪切方向倾角的计算[65]

3.5.1.2 三维粗糙度评价指标

1. Z_{2s} 表征法

Belem 等[57]提出用参数 Z_{2s} 来描述结构面的三维粗糙度特征，假设结构面上各点连续可微，Z_{2s} 可定义为

$$Z_{2s} = \left[\frac{1}{L_x L_y}\int_0^{L_x}\int_0^{L_y}\left[\left(\frac{\partial z(x,y)}{\partial x}\right)^2 + \left(\frac{\partial z(x,y)}{\partial y}\right)^2\right]dx\,dy\right]^{1/2} \qquad (3-32)$$

式中：L_x 为结构面在 x 轴方向上的长度；L_y 为结构面在 y 轴方向上的长度。

2. R_s 表征法

Ei-Soudani[58]采用粗糙性系数 R_s 来对结构面的三维特征进行表征，其表达式为

$$R_s = \frac{A_t}{A_n} \qquad (3-33)$$

$$A_t = \sum_{i=1}^n A_i \qquad (3-34)$$

式中：A_t 为结构面表面实际面积；A_n 为结构面投影面积；A_i 为结构面单元的实际面积。当 $R_s=1$ 时，表明结构面为光滑平面；当 $R_s>1$ 时，则表明结构面为粗糙面。

3. $\theta_{max}/(C+1)_{3D}$ 表征法

该指标与 $\theta_{max}/(C+1)_{2D}$ 表征法的计算方法类似，通过计算剪切方向有效接触面积比 A_θ 和剪切方向倾角 θ^*，获得结构面粗糙度参数 C，即可得到该参数。

3.5.2 试验设备与试验方法

1. 试验设备

本次试验中黑砂岩破裂面形貌特征的获取方法主要是采用摄影测量法，通过拍照式三维扫描系统（图 3-44）对岩石破裂面进行扫描，获得数字重构图像，再基于 matlab 软件编写二维和三维粗糙度指标的计算程序，从而得到破裂面的粗糙度指标大小。其中，拍照式三维扫描系统为华朗三维公司生产的 HL-3DS+ 型扫描仪，主要由 2 个高像素数码相机和 1 个光栅投影仪组成。该扫描系统采用外插法多频相移光栅技术、编码点校准技术和全自动智能拼接技术，具有扫描速度快（单幅扫描时间为 3s）、数据精度高（单幅测量精度为 0.006mm）等优点，可满足岩石破裂面的测量要求。为保证扫描期间相机的稳定性，

需将其固定在一个重型支架上，通过连接高性能电脑对其进行控制和数据采集。

2. 试验方法

本章中用于开展直接拉伸试验和剪切力学试验的黑砂岩试样共计 40 个，考虑到部分试样在剪切过程中破坏严重，未获得完整的破裂面，可供三维扫描的试样共计 21 个。其中，直接拉伸试验 3 个，拉伸—剪切试验 4 个，压缩—剪切试验 14 个。本节通过扫描这些试样来计算黑砂岩破裂面粗糙度的大小，扫描完成后将得到的三维数据导入 Geomagic Studio 软件，经封装、降噪等处理后再输入至 Matlab 软件中计算处理，即可得到与原破裂面具有相同形貌特征的三维数字重构图像，如图 3-45 所示。

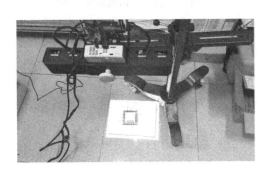

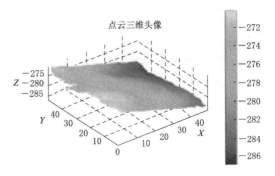

图 3-44　拍照式三维扫描系统　　　　　　图 3-45　由 Matlab 计算得到的岩石三维数字
重构破裂面

由于在三维扫描时各试样的摆放位置无法做到完全一致，且扫描的破裂面既有上剪切面又有下剪切面，故在求解粗糙度指标前应先统一坐标原点，确定统一的剪切方向。此外，扫描的数据在 Matlab 中显示为一个倾斜面，为了减小计算过程中的误差，还需将破裂面转换到同一水平面上。而上述过程都可以借助 Matlab 软件进行处理，通过编写相关程序，采用最小二乘法先建立破裂面的倾斜基准面（图 3-46），即破裂面上各点与此平面的距离的平方和最小，之后通过坐标转换法将倾斜基准面转换为水平基准面。由于扫描的试样里上、下剪切面均存在，为规范重构图像的剪切方向，在进行坐标转化时将坐标原点（X、Y 两轴的最小值）定位剪切起始点，统一规定沿 X 轴为剪切正向，Y 轴则在水平面内垂直于剪切方向，Z 轴垂直于水平基准面，显示为破裂面各点的高程，处理结果如图 3-47 所示。

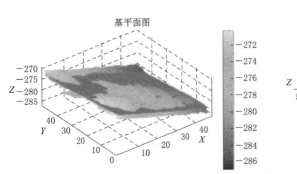

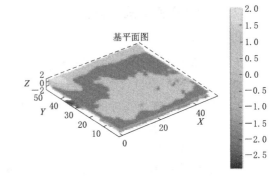

图 3-46　岩石破裂面的倾斜基准面　　　　　图 3-47　岩石破裂面的水平基准面

本次试验中所用试样为边长 50mm 的立方体，其破裂面尺寸为 50mm×50mm，由于岩石破裂面在形成过程中其边角不可避免地会出现一定程度的残缺或凸出现象，为减小计算误差，在实际粗糙度计算中选取破裂面中间 45mm×45mm 的区域，经过数据等间距化处理后，插值间距为 0.1mm[51]，沿剪切方向依次计算各粗糙度指标的大小。其中，对于二维粗糙度指标的计算，先将剪切破裂面平行 X 轴划分多个剖面，每个剖面间隔 0.5mm，再分别计算每个剖面轮廓线的粗糙度，最后将各剖面轮廓线粗糙度的平均值作为该破裂面的二维粗糙度。对于三维粗糙度指标，可直接按照前述的公式计算获得。

3.5.3　硬岩破裂面粗糙度对比分析

根据各粗糙度指标的定义及计算方法，在 Matlab 中编写相关计算程序进行求解，并将计算得到各正应力下岩石破裂面的二维、三维粗糙度指标结果汇总至表 3-4 中。同时，图 3-48 为各正应力下岩石破裂面三维重构图，限于篇幅的大小，这里仅列出部分试样的重构图像。

表 3-4　　　　　　　　　　　　岩石破裂面的二维和三维粗糙度

编号	σ /MPa	τ /MPa	Z_2	R_P	$\left(\dfrac{\theta_{\max}}{C+1}\right)_{2D}$	Z_{2s}	R_s	$\left(\dfrac{\theta_{\max}}{C+1}\right)_{3D}$
1	−1.36	0	0.2721	1.0185	11.20	0.2364	1.0272	8.7753
2	−1.21	0	0.1805	1.0081	4.13	0.1722	1.0146	5.7871
3	−1.06	0	0.1955	1.0096	5.72	0.2372	1.0271	6.1149
4	−1	3.40	0.2119	1.0112	5.88	0.2065	1.0209	7.8623
5	−0.75	7.78	0.383	1.0345	14.78	0.3349	1.0514	9.7013
6	−0.75	8.11	0.3156	1.0218	5.21	0.3514	1.0504	9.7592
7	−0.45	9.69	0.4961	1.0487	10.38	0.4145	1.0688	19.8201
8	1	10.55	0.2758	1.0191	7.78	0.3116	1.0462	9.199
9	1	13.62	0.3065	1.0228	7.78	0.2983	1.0421	9.2967
10	1	11.83	0.2824	1.0193	8.52	0.3122	1.0457	10.2548
11	1	13.61	0.2408	1.0146	4.83	0.2575	1.0318	8.525
12	2	11.46	0.2205	1.012	5.75	0.2028	1.0201	7.2989
13	2	10.78	0.2309	1.0137	4.51	0.2945	1.0405	8.0818
14	2	16.65	0.2498	1.0152	5.02	0.2572	1.0306	9.3706
15	5	18.24	0.2547	1.0169	10.19	0.4435	1.0856	9.3606
16	5	15.43	0.2198	1.0122	6.17	0.2192	1.0232	7.4651
17	15	31.62	0.3153	1.0241	8.03	0.4592	1.0837	11.2978
18	15	31.36	0.2615	1.017	7.26	0.321	1.0373	7.8258
19	15	28.46	0.194	1.0094	6.65	0.2232	1.0242	6.6772
20	20	33.16	0.267	1.0174	8.63	0.2374	1.0269	7.896
21	40	49.34	0.2811	1.0197	8.22	0.2774	1.0359	8.7917

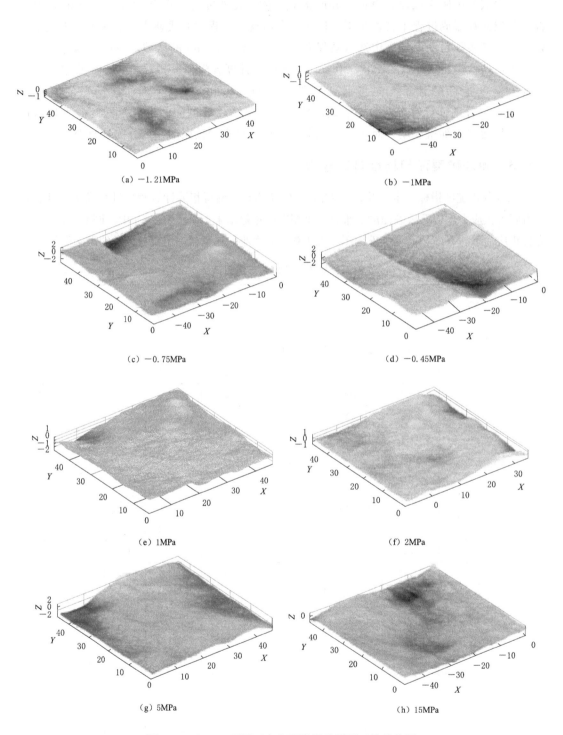

(a) −1.21MPa

(b) −1MPa

(c) −0.75MPa

(d) −0.45MPa

(e) 1MPa

(f) 2MPa

(g) 5MPa

(h) 15MPa

图 3−48（一）　不同正应力下岩石破裂面三维重构图

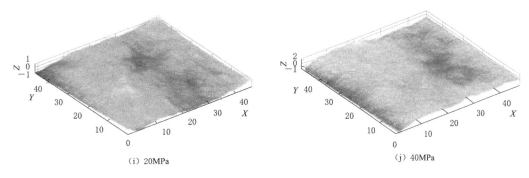

（i）20MPa   （j）40MPa

图 3-48（二）　不同正应力下岩石破裂面三维重构图

通过对比黑砂岩剪切力学试验中的破裂面图像与三维重构图像，可以看出重构出的破裂面与原岩破裂面的特征基本一致，可以较好地反映出破裂面表面起伏体的起伏程度。因此，可以采用三维重构图像来计算、分析岩石破裂面的粗糙度大小。根据表 3-4 统计的试验数据，为了更加清楚地解释和研究不同应力状态下岩石粗糙度的变化特征，本节将各个正应力下的计算数据取平均值，并分为拉伸区和压缩区两组分别进行讨论，同时对比二维和三维粗糙度指标随正应力的变化规律。图 3-49 和图 3-50 分别为在拉应力、压应力作用下岩石三种粗糙度的变化特征。

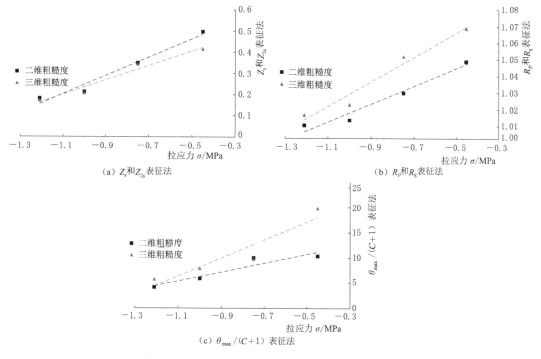

（a）Z_s 和 Z_{2s} 表征法   （b）R_p 和 R_s 表征法

（c）$\theta_{max}/(C+1)$ 表征法

图 3-49　拉应力作用下岩石粗糙度指标的变化特征

根据图 3-49 中粗糙度指标随拉应力的变化规律可知，岩石二维和三维粗糙度指标与拉应力之间均呈线性关系，拉应力越小，岩石破裂面的粗糙度就越大，且同一拉应力下岩

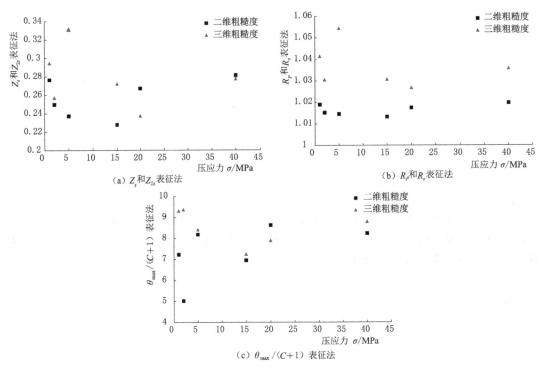

图 3-50　压应力作用下岩石粗糙度指标的变化特征

石的二维和三维粗糙度之间的差值也越来越大。其中，采用 Z_s 和 Z_{2s} 表征法时岩石的二维粗糙度均大于三维粗糙度，而采用 R_P 和 R_s 表征法以及 $\theta_{\max}/(C+1)$ 表征法时，岩石的三维粗糙度要均大于二维粗糙度。根据各粗糙度指标的含义，Z_s 和 Z_{2s} 以及 R_P 和 R_s 表征法代表的是岩石破裂面表面的起伏程度，$\theta_{\max}/(C+1)$ 表征法表示的是剪切方向上的平均倾角。粗糙度指标的大小直接反映了岩石破裂面表面起伏体的分布特征及起伏差的大小程度，对于粗糙度最小的直接拉伸试验，破裂面表面起伏体分布更均匀且起伏差相对较小，二维和三维粗糙度之间的差异也较小，而拉伸—剪切试验中其破裂面表面起伏体的分布以及起伏差的大小往往不均匀，且这种不均匀性随着拉应力的增大而逐渐增大，造成二维和三维粗糙度之间的差异也越来越大，这种现象产生的原因通常是由不同的破裂机制导致的。由于岩石内部存在大量随机分布的微裂纹，岩石的宏观破裂与微裂纹的萌生、扩展等因素紧密相关[68]。在拉应力的作用下微裂纹往往朝垂直于拉应力的方向启裂、扩展，产生的起伏体分布较为均匀且起伏差较小，特别是直接拉伸试验中试样仅受拉应力作用，破裂面表面更加平整，因而计算得到的粗糙度指标最小。而对于拉伸—剪切试验，微裂纹在拉应力与剪应力的共同作用下既会产生沿拉应力方向的扩展，也会发生沿剪切方向的相对错动，从而造成岩石破坏产生的起伏体分布相对不均匀且起伏差大小不一。而且当拉应力水平减小时，剪应力所起的作用就更加突出，微裂纹的相对错动程度也更大，对应的起伏体不均匀性也就十分显著，进而计算得到的粗糙度指标随拉应力的减小而呈现出增大趋势。

对于压缩—剪切试验，总体上来看不管是二维粗糙度还是三维粗糙度，其大小与岩石应力状态之间基本无特别明显的关系存在。具体来说，对于 Z_s 和 Z_{2s} 表征法以及 R_P 和

R_s 表征法，当压应力小于 15MPa 时二维粗糙度基本随压应力的增大而减小，在压应力大于 15MPa 时二维粗糙度有增大趋势，而三维粗糙度无明显规律。对于 $\theta_{max}/(C+1)$ 表征法，这种现象则完全相反，即二维粗糙度总体上无明显规律，三维粗糙度则随压应力的增大呈现出先减小后增大的趋势。出现这种不同粗糙度指标随正应力表现出不同变化特征的原因，本章认为很大可能是在进行压缩—剪切试验中，试样发生破坏后为获取岩石峰后残余强度，继续进行剪切试验，促使岩石破裂面进一步相互作用，造成表面起伏体碾压、磨损和破坏，进而丢失可用来计算、评价破裂面粗糙度的关键信息，特别是高压应力下破裂面之间的磨损现象更为严重，造成二维和三维粗糙度均无法准确表征岩石破裂面随应力状态的变化特征。相反，对于拉伸—剪切试验，试验期间试样一旦发生破坏便立刻停止试验，从而保留下了众多关键信息。因此，对压缩—剪切应力状态下岩石破裂面粗糙度的变化规律还需进一步的研究。

3.6　本章小结

根据上述试验研究成果，本章通过开展不同硬岩剪切力学试验，并采用声发射分形方法、电镜扫描技术以及粗糙度表征方法对硬岩的变形破裂机制进行了深入分析，得到以下几点认识：

（1）硬岩在整个剪切力学试验中其抗剪强度随拉应力的增大而减小，随压应力的增大而增大。在拉应力作用下岩石抗剪强度快速减小，表明岩石对拉应力更为敏感。对比花岗岩和黑砂岩，在压缩—剪切试验中花岗岩峰后曲线仍具有显著的应力降，而黑砂岩已出现明显的屈服平台。

（2）根据剪切力学试验得到的岩石破裂面，直接拉伸试验中破裂面表面粗糙，表现为典型的张拉破坏；拉伸—剪切试验中岩石破裂面部分破碎成多块，表面张拉破裂和剪切磨损分布清晰，具有明显的张拉剪切混合破裂特征；压缩—剪切试验试样破裂面主要以剪切破坏为主，剪切磨损区存在大量岩粉，高压应力下整个破裂面几乎被磨平，表现出强烈的剪切破坏特征。

（3）通过开展花岗岩和黑砂岩的剪切力学试验，得到了硬岩在拉剪、压剪整个正应力范围内的抗剪强度，并采用不同形式的关系方程拟合试验数据，发现幂函数型更适合用来描述岩石的力学性质，基于幂函数关系方程建立了考虑拉剪应力状态的硬岩莫尔强度准则。依据该强度准则计算了岩石在不同正应力下的黏聚力和内摩擦角，发现拉剪区岩石的强度参数均随拉应力的减小而减小，压剪区岩石的强度参数则表现出完全相反的变化趋势。最终，根据内摩擦角的演化规律，提出采用内摩擦角来定性地反映和评价岩石从受拉到受压整个过程中的脆性变化。

（4）花岗岩声发射计数和能量信号经关联函数计算后在双对数坐标系中基本呈线性关系，拟合直线的斜率即为声发射信号的关联维数，对于拉伸—剪切试验，计数和能量信号的关联维数随拉应力的减小而逐渐增大，对于压缩—剪切试验，计数和能量信号的关联维数呈现出先增大后减小趋势。

（5）不同正应力下声发射信号的关联维数随应力水平的变化过程可分为三个阶段，即初期快速增大，中期稳定发展，接近破坏时快速降低。其中，直接拉伸试验中关联维数降低时对应的临界应力水平为抗拉强度的 60%，拉伸—剪切试验中临界应力水平为抗剪强度的 90%，而压缩—剪切试验其临界应力水平分布在抗剪强度的 60%～90% 之间，试验结果表明岩石声发射出现降维现象可视为岩石失稳破坏的前兆。

（6）电镜扫描试验结果显示花岗岩破裂面主要由片状矿物和块状矿物晶体构成，岩石破裂模式主要为拉伸破坏和剪切破坏，对于直接拉伸试验，断口表面光滑、整洁，无明显的擦痕出现；对于拉伸—剪切试验其片状矿物相互错落，在拉应力作用下被撕裂出高度不等的断面，块状矿物台阶状断口部分边缘被剪断磨损，留下许多与台阶断口呈小角度相交的擦痕；而在压剪应力作用下片状矿物断口表面因剪切相互错动留下大量擦痕，块状矿物台阶状断口边缘基本全部被剪断，台阶状特征发育不明显。

（7）硬岩破裂面粗糙度表征分析表明，在拉应力作用下岩石二维和三维粗糙度指标与拉应力之间呈线性关系，粗糙度指标随拉应力的增大而逐渐减小，而压缩—剪切试验中因获得岩石抗剪强度，导致粗糙度指标与压应力之间无明显关系。

参考文献

［1］　尤明庆，华安增. 岩石试样单轴压缩的破坏形式与承载能力的降低 ［J］. 岩石力学与工程学报，1998，17（3）：292－296.

［2］　尤明庆. 岩石的力学性质 ［M］. 北京：地质出版社，2007.

［3］　周辉，陈珺，卢景景，等. 岩石多功能剪切试验测试系统研制 ［J］. 岩土力学，2018，39（3）：1115－1122，1136.

［4］　蔡美峰. 岩石力学与工程 ［M］. 北京：科学出版社，2002.

［5］　卢景景. 深埋隧洞围岩板裂化机理与岩爆预测研究 ［D］. 武汉：中国科学院武汉岩土力学研究所，2014.

［6］　柳赋铮. 拉伸和拉剪状态下岩石力学性质的研究 ［J］. 长江科学院院报，1996，13（3）：35－39.

［7］　朱子龙，李建林，王康平. 三峡工程岩石拉剪蠕变断裂试验研究 ［J］. 武汉水利电力大学（宜昌）学报，1998，20（3）：16－19.

［8］　李建林. 岩石拉剪流变特性的试验研究 ［J］. 岩土工程学报，2000，22（3）：299－304.

［9］　周火明，熊诗湖，刘小红，等. 三峡船闸边坡岩体拉剪试验及强度准则研究 ［J］. 岩石力学与工程学报，2005，24（24）：4418－4422.

［10］　周火明，徐平，盛谦，等. 岩体力学试验新技术在三峡工程中的应用 ［J］. 长江科学院院报，2001，18（5）：68－72.

［11］　Ramsey J M，Chester F M. Hybrid fracture and the transition from extension fracture to shear fracture ［J］. Nature，2004，428（6978）：63－66.

［12］　郭静芸. 岩石拉伸剪切变形破坏特征与破坏准则 ［D］. 北京：中国科学院地质与地球物理研究所，2013.

［13］　李守定，郭静芸，李晓，等. 岩石拉伸剪切破裂试验研究 ［J］. 工程地质学报，2014，22（4）：655－667.

［14］　周辉，卢景景，胡善超，等. 开挖断面曲率半径对高应力下硬脆性围岩板裂化的影响 ［J］. 岩土力学，2016，37（1）：140－146.

［15］　杨征. 页岩的物理力学各向异性及拉伸剪切破裂特征研究 ［D］. 北京：北京交通大学，2016.

[16] 黄达，张永发，朱谭谭，等. 砂岩拉-剪力学特性试验研究 [J]. 岩土工程学报，2019，41（2）：272-276.

[17] Cen D F, Huang D. Direct shear tests of sandstone under constant normal tensile stress condition using a simple auxiliary device [J]. Rock Mechanics and Rock Engineering，2017，50（6）：1425-1438.

[18] 周辉，李震，杨艳霜，等. 岩石统一能量屈服准则 [J]. 岩石力学与工程学报，2013，32（11）：2170-2184.

[19] Obert L, Duvall W I. Use of subaudible noises for prediction of rockbursts Ⅱ-report of investigation [D]. S Bureau of Mines，Denver，1941.

[20] Hodgson E A. Velocity of elastic waves and structure of the crust in the vicinity of Ottawa, Canada [J]. Bulletin of the Seismological Society of America，1942，32（4）：249-255.

[21] Kaiser E J. A study of acoustic phenomena in tensile test [D]. Technische Hochule Munchen，1959.

[22] Mansurov V A. Acoustic emission from failing rock behaviour [J]. Rock Mechanics and Rock Engineering，1994，27（3）：173-182.

[23] 苗金丽，何满潮，李德建，等. 花岗岩应变岩爆声发射特征及微观断裂机制 [J]. 岩石力学与工程学报，2009，28（8）：1593-1603.

[24] 刘保县，黄敬林，王泽云，等. 单轴压缩煤岩损伤演化及声发射特性研究 [J]. 岩石力学与工程学报，2009，28（S1）：3234-3238.

[25] 李术才，许新骥，刘征宇，等. 单轴压缩条件下砂岩破坏全过程电阻率与声发射响应特征及损伤演化 [J]. 岩石力学与工程学报，2014，33（1）：14-23.

[26] 杨永杰，王德超，郭明福，等. 基于三轴压缩声发射试验的岩石损伤特征研究 [J]. 岩石力学与工程学报，2014，33（1）：98-104.

[27] 赵兴东，李元辉，刘建坡，等. 基于声发射及其定位技术的岩石破裂过程研究 [J]. 岩石力学与工程学报，2008，（5）：990-995.

[28] 赵兴东，李元辉，袁瑞甫，等. 基于声发射定位的岩石裂纹动态演化过程研究 [J]. 岩石力学与工程学报，2007，（5）：944-950.

[29] 裴建良，刘建锋，左建平，等. 基于声发射定位的自然裂隙动态演化过程研究 [J]. 岩石力学与工程学报，2013，32（4）：696-704.

[30] Meng F Z, Zhou H, Li S J, et al. Shear behavior and acoustic emission characteristics of different joints under various stress levels [J]. Rock Mechanics and Rock Engineering，2016，49（12）：4919-4928.

[31] Meng F Z, Zhou H, Wang Z Q, et al. Characteristics of asperity damage and its influence on the shear behavior of granite joints [J]. Rock Mechanics and Rock Engineering，2018，51（2）：429-449.

[32] Meng F Z, Zhou H, Wang Z Q, et al. Influences of Shear History and Infilling on the Mechanical Characteristics and Acoustic Emissions of Joints [J]. Rock Mechanics and Rock Engineering，2017，50（8）：2039-2057.

[33] 刘建坡，刘召胜，王少泉，等. 岩石张拉及剪切破裂声发射震源机制分析 [J]. 东北大学学报（自然科学版），2015，36（11）：1624-1628.

[34] 夏英杰，李连崇，唐春安，等. 储层砂岩破坏特征与脆性指数相关性影响的试验及数值研究 [J]. 岩石力学与工程学报，2017，36（1）：10-28.

[35] Wang G, Zhang Y Z, Jiang Y Z, et al. Shear behaviour and acoustic emission characteristics of bolted rock joints with different roughnesses [J]. Rock Mechanics and Rock Engineering，2018，51（6）：1-22.

[36]　Mandelbrot B B. Fractals：form，chance and dimension [J]. Physics Today，1977，12 (5)：65 - 66.

[37]　谢和平. 分形-岩石力学导论 [M]. 北京：科学出版社，1996：136 - 137.

[38]　裴建良，刘建锋，张茹，等. 单轴压缩条件下花岗岩声发射事件空间分布的分维特征研究 [J]. 四川大学学报 (工程科学版)，2010，42 (6)：51 - 55.

[39]　Yuan R F，Li Y H. Fractal analysis on the spatial distribution of acoustic emission in the failure process of rock specimens [J]. International Journal of Minerals，Metallurgy and Materials，2009，16 (1)：19 - 24.

[40]　Xie H P，Liu J F，Ju Y. Fractal property of spatial distribution of acoustic emissions during the failure process of bedded rock salt [J]. International Journal of Rock Mechanics & Mining Sciences，2011，48 (8)：1344 - 1351.

[41]　Zhang R，Dai F，Gao M Z，et al. Fractal analysis of acoustic emission during uniaxial and triaxial loading of rock [J]. International Journal of Rock Mechanics & Mining Sciences，2015，79 (79)：241 - 249.

[42]　尹贤刚，李庶林，唐海燕，等. 岩石破坏声发射平静期及其分形特征研究 [J]. 岩石力学与工程学报，2009，28 (S2)：3383 - 3390.

[43]　尹贤刚，李庶林，唐海燕. 岩石破坏声发射强度分形特征研究 [J]. 岩石力学与工程学报，2005 (19)：114 - 118.

[44]　李元辉，刘建坡，赵兴东，等. 岩石破裂过程中的声发射 b 值及分形特征研究 [J]. 岩土力学，2009，30 (9)：2559 - 2563，2574.

[45]　高峰，李建军，李肖音，等. 岩石声发射特征的分形分析 [J]. 武汉理工大学学报，2005，(7)：67 - 69.

[46]　陈世江，朱万成，王创业，等. 岩体结构面粗糙度系数定量表征研究进展 [J]. 力学学报，2017，49 (2)：239 - 256.

[47]　Maerz N H，Franklin J A，Bennett C. P. Joint roughness measurement using shadow profilometry [J]. International Journal of Rock Mechanics and Mining Sciences and Geomechanics Abstracts，1990，27 (5)：329 - 343.

[48]　Tse R，Cruden D M. Estimating joint roughness coefficients [J]. International Journal of Rock Mechanics and Mining Sciences and Geomechanics Abstracts，1979，16 (5)：303 - 307.

[49]　游志诚，王亮清，杨艳霞，等. 基于三维激光扫描技术的结构面抗剪强度参数各向异性研究 [J]. 岩石力学与工程学报，2014，33 (增 1)：3003 - 3008.

[50]　曹平，贾洪强，刘涛影，等. 岩石节理表面三维形貌特征的分形分析 [J]. 岩石力学与工程学报，2011，30 (增 2)：3839 - 3843.

[51]　许宏发，李艳茹，刘新宇，等. 节理面分形模拟及 JRC 与分维的关系 [J]. 岩石力学与工程学报，2002，21 (11)：1663 - 1666.

[52]　孙辅庭，佘成学，万利台. 新的岩石节理粗糙度指标研究 [J]. 岩石力学与工程学报，2013，32 (12)：2513 - 2519.

[53]　陈世江，朱万成，张敏思，等. 基于数字图像处理技术的岩石节理分形描述 [J]. 岩土工程学报，2012，34 (11)：2087 - 2092.

[54]　Kulatilake PHSW，Park J，Balasingam P，et al. Quantification of aperture and relations between aperture，normal stress and fluid flow for natural single rock fractures [J]. Geotechnical and Geological Engineering，2008，26 (3)：269 - 281.

[55]　杜时贵，陈禹，樊良本. JRC 修正直边法的数学表达 [J]. 工程地质学报，1996，4 (2)：36 - 43.

[56] Barton N，Bandis S. Effects of block size on the shear behavior of jointed rock [J]. The 23rd US Symposium on Rock Mechanics，Berkeley：1982：739-760.

[57] Belem T.，Homand-Etienne F.，Souley M. Quantitative parameters for rock joint surface roughness [J]. Rock Mechanics and Rock Engineering，2000，33（4）：217-242.

[58] Ei-Soudani S M. Profilometric analysis of fractures [J]. Metallography，1978，11（3）：247-336.

[59] Aydan O，Shimizu Y，Kawamoto T. The anisotropy of surface morphology characteristics of rock discontinuities [J]. Rock Mechanics and Rock Engineering，1996，29（1）：47-59.

[60] Grasselli G，Wirthc J，Egger P. Quantitative three-dimensional description of a rough surface and parameter evolution with shearing [J]. International Journal of Rock Mechanics and Mining Sciences，2002，39（6）：789-800.

[61] 葛云峰，唐辉明，黄磊，等. 岩体结构面三维粗糙度系数表征新方法 [J]. 岩石力学与工程学报，2012，31（12）：2508-2515.

[62] Chen S J，Zhu W C，Yu Q L，et al. Characterization of anisotropy of joint surface roughness and aperture by variogram approach based on digital image processing technique [J]. Rock Mechanics and Rock Engineering，2016，49（3）：855-876.

[63] 陈世江，朱万成，于庆磊，等. 基于多重分形特征的岩体结构面剪切强度研究 [J]. 岩土力学，2015，36（3）：703-710.

[64] Myers N O. Characterization of surface roughess [J]. Wear，1962，（5）：182-189.

[65] 程广坦. 岩体结构面力学特性及其对深埋隧洞岩爆影响的试验研究 [D]. 武汉：中国科学院武汉岩土力学研究所，2018.

[66] Tatone B S A，Grasselli G. A method to evaluate the three-dimensional roughness of fracture surfaces in brittle geomaterials [J]. Review of Scientific Instruments，2009，80（12）：1-10.

[67] Jiang Q，Feng X T，Gong Y H，et al. Reverse modelling of natural rock joints using 3D scanning and 3D printing [J]. Computers and Geotechnics，2016，73：210-220.

[68] 陈忠辉，唐春安，傅宇方. 岩石微破裂损伤演化诱致突变的数值模拟 [J]. 岩土工程学报，1998，20（6）：9-15.

第 4 章

硬岩脆性破裂现场测试与辨识

4.1 概述

　　跨入 21 世纪以来，随着西部大开发的深入开展，一大批巨型水电站开工建设，白鹤滩水电站是我国继三峡水利枢纽、溪洛渡水电站之后的又一巨型水电站。电站单机容量大、洞室跨度大、开挖规模大，地质条件复杂、围岩稳定控制难度高，建设难度超越以往同类工程。白鹤滩地下厂房区域以水平向构造应力为最大主应力，应力强度比值较大，玄武岩坚硬性脆、隐微裂隙发育，地下厂房开挖施工过程中，顶拱围岩出现的应力型破裂松弛程度和范围相对突出，特别在有不利构造影响的局部应力集中区域，随厂房开挖应力不断调整过程围岩出现破裂发展现象。

　　白鹤滩地下洞室硬脆性玄武岩高应力破裂响应机理研究和围岩破裂扩展控制是工程建设过程面临的突出问题，而解决这一主要岩石力学问题的关键就是高精度地获取玄武岩高应力破裂微裂隙分布特征及破裂发展特性，从而实现地下洞室围岩稳定的精确调控。国内许多工程师和研究者都尝试采用了多种测试试验方法和数值方法针对不同硬脆性岩体响应规律和机理开展相关研究，为地下工程动态调控献计献策，如张春生、褚卫江等[1]针对白鹤滩隐晶质玄武岩脆性力学特性及本构进行了研究，江权等[2]通过现场围岩破坏统计调查和岩体钻孔摄像连续观测揭示了厂房在开挖强卸荷下玄武岩内部破裂的演化过程，李响等[3]基于裂纹扩展进行脆性岩石破裂特征及力学性能研究，冯夏庭、刘国锋、李帅军、石岩林、杨静熙等[4-7]针对高应力硬岩条件下地下厂房开挖围岩片帮破坏、微震活动、规律及机制进行了研究，刘宁、侯靖、胡谋鹏等[8-10]针对高应力大理岩脆性破裂细观特征、力学特性和破裂时间效应进行了研究。然而，这些研究大多基于传统的室内实验、钻孔电视、现场监测、连续非连续数值模拟等方法，难以精确描述硬脆岩体高应力破裂及发展过程力学特性，给地下洞室围岩稳定的精准调控带来困难。

　　此外，不同类型的岩石（体）应力应变关系一般会存在差别，同样的岩石（体）其本构特征也可能受到其他因素（如围压水平）的影响，使得问题相对复杂，岩石和岩体的力学特性通常用本构关系和强度准则进行描述，所谓本构关系，也就是应力应变关系，见图4-1。脆性岩石（体）的典型应力应变全过程曲线，峰值强度前的曲线形态可以用弹性模量和峰值强度描述，峰后曲线特征往往呈现急剧下降而出现明显的脆性特征，对于高应力条件而言，开挖以后岩体的应力水平在达到岩体峰值强度以后，岩体可以出现显著的塑性变形和强度降低，此时常规力学参数如弹性模量和峰值强度就不足以描述岩体的力学行为。国际岩石力学界已普遍认同岩体的强度取决于尺寸效应和时间效应，破裂型破坏滞后现象被统称为"脆性岩体强度的时间效应"，是目前国际上的研究热点之一。与岩体基本力学性质（含非线性、非连续性和各向异性等）相比，岩石工程界对岩石基本力学特性之时间效应及其机理的认识和积累相对较少。

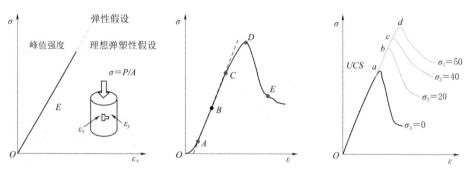

图 4-1　岩石（体）本构特征示意图

白鹤滩地下洞室岩体属于硬脆性岩性，深埋洞段为中高地应力场，应力型破坏主要分布隐晶质玄武岩、斜斑玄武岩、杏仁状玄武岩等脆性硬岩洞段的应力集中区域，主要发生片帮剥落、破裂、轻微岩爆等高应力破坏现象；工程现场可见在层间带影响洞段，高应力破坏区存在一些硬性结构面发育，多因素组合导致相对剧烈的局部地应力异常导致的显著破坏现象。白鹤滩块状玄武岩脆性岩体松弛变形特征主要由微裂纹扩展引起的破裂型破坏的滞后现象，主要取决于微裂纹端部应力变化的时间历程，当微裂缝数量更多、连通性更好时，岩体的强度也就下降明显，形成所谓"应力侵蚀"效应。对于白鹤滩柱状节理玄武岩主要由节理面和柱体微裂隙的破裂连通形成松弛滞后现象，松弛在本质上也是局部破裂的结果。

为此，本书基于地下洞室开挖过程中的围岩破裂松弛和时效变形监测成果，以及脆性岩体卸荷松弛监测成果，对岩体破裂松弛时间效应进行深入研究，探索性采用基于高精度超声波成像综合测试系统新方法，对白鹤滩地下厂房顶拱发生高应力破裂显著区域进行多次重复测试，揭示不同深度裂隙面精确分布特征与应力破裂发展特点，为分析高应力硬脆玄武岩力学特性和岩体响应机理提供翔实的数据支撑。

4.2　脆性岩体破裂扩展基本特性

4.2.1　脆性岩体破坏特征

岩体力学特性是决定地下工程开挖以后围岩响应的主导性因素，因此岩体固有力学特性决定了围岩开挖响应的性质和类型，岩体力学特性的变化（时间效应、尺寸效应和围压效应等）也能够直接影响到围岩的现场表现。就白鹤滩地下洞室开挖过程中的高应力破坏现象而言，主要可以区分为片帮破坏、应力损伤和破裂破坏 3 种类型。

4.2.1.1　片帮破坏

片帮破坏是近年来学术界研究的热点，比较普遍的观点是片帮破坏属于张拉破坏，或者说是强烈切向应力集中挤压导致的拉破坏。片帮破坏是围岩应力水平和岩体峰值强度之间的矛盾相对突出时的一种表现形式，但满足这种应力条件下是出现片帮破坏还是出现其他形式的破坏，还与其他条件相关。片帮破坏属于典型的应力型破坏形式，破坏块体成薄片状。图4-2给出了地下厂房勘探平洞的片帮破坏，可见，破坏岩体的片状特征非常典型。图4-3为地下洞室隐晶质玄武岩应力片帮破坏。

图4-2　白鹤滩勘探平洞内的典型片帮破坏

图4-3　地下洞室隐晶质玄武岩应力片帮破坏

地下洞室玄武岩岩体应力集中部位一般微裂隙发育，造成岩体强度降低，在高应力条件下造成微裂隙的扩展，进而导致应力型坍塌，当围岩受长大层间带影响，在上下盘一定范围内会产生局部应力异常，易加剧发生片帮及应力型坍塌程度，破坏经历一段时间的发展最终形成和地应力场条件相匹配的V形破坏坑后趋于停止，达到自我平衡。同时工程现场可见柱状节理洞段开挖过程中，顶拱部位应力集中区域受应力调整影响，往往发生明显的高应力剥落破坏，见图4-4。

工程实践表明，锦屏深埋隧洞开挖过程中围岩应力水平和强度之间的矛盾显然地可以很突出，但片帮现象相对少见，甚至没有观察到典型的片帮。其中，重要原因之一是断面应力比很小，一般在1.3左右甚至更低一些的水平。而白鹤滩地下洞室对应的埋深在450m量级，初始地应力中最大与最小主应力比值可以达到1.8~2.1。初始地应力场主应力差异程度同时也直接影响了片帮破坏区的剖面形态，即受结构面影响的局部较大应力比时，剖面V形形态越典型。

图4-5给出了北美深埋地下工程观察到的围岩V形破坏深度的统计结果。以圆形洞室为例，r指圆形到V形破坏区端点的距离，代表破坏深度。$\sigma_{\max}$指围岩中最大应力，往往等同于切向应力，圆形洞室的弹性力学

图4-4　应力型剥落破坏

计算值为 $3\sigma_1-\sigma_3$，其中的 σ_1 和 σ_3 为断面最大和最小主应力。σ_1 和 σ_3 之间的差别越大，即断面初始应力比越大，破坏深度也越大。因此，在了解断面初始应力比值关系以后，即可以判断破坏的剖面形态。反过来，现场观察到的 V 形破坏形态剖面特征也帮助揭示了断面初始地应力的比值关系。

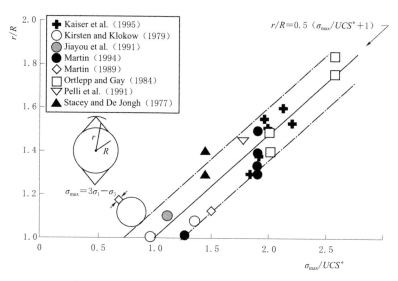

图 4-5　应力型破坏形态和断面应力比的统计关系

从工程建设的角度看，片帮破坏的出现可以给工程建设很多启示。初始地应力比值还直接影响到断面的破坏形态，静水压力状态时围岩破裂均匀分布，随着应力比增大，洞周破坏范围逐渐减小，集中到和断面最大主应力相切的部位，且破坏深度不断增大，剖面形态呈相关圆滑的 V 形，因此在北美岩石力学界俗称为 V 形破坏，在国内形象地称为"锅底形"。首先是围岩应力状态足以导致相对典型的应力型破坏，当条件进一步恶化时（如埋深增大），存在岩爆破坏风险。其次，片帮破坏指示了典型的破裂特性，破裂和破裂扩展问题不可避免，几乎所有的片帮破坏深度都会随时间不断增大。此外，片帮破坏程度与深度也和开挖洞径密切相关，在水电工程建设中，如果片帮出现在勘探平洞内，则主体工程开挖以后围岩破损问题不可避免，处置不当则可能引起比较严重的工程问题，围岩和支护的长期安全风险是设计工作中需要考虑的问题。

作为典型的应力型破坏，片帮还可以反过来指示岩体初始地应力场特征，特别地，比较相似条件下不同轴线方向围岩片帮破坏程度的差异程度可以比较可靠地判断初始地应力场的方位和比值关系。不过，现实工作中也需要注意片帮的成因，在很多情况下片帮零星地分布在某些洞段，并非连续分布，这一普遍性特征指示了片帮具体成因的一些特点，往往受到某些特定因素的影响，比如水电站深切河谷地区岸坡应力异常区、褶皱或大型软弱构造导致的局部地应力现象等，因此，针对具体岩体力学问题的现场调查是现代数值分析技术仍然无法替代的基础性工作环节。

4.2.1.2　应力损伤

应力损伤是脆性岩石的基本特征，即脆性岩石应力水平超过启裂强度以后即可以出现的微破裂现象，实验室试验可以有效地揭示这一现象。实验室岩石试样压缩过程中的微破裂现象往往通过声发射测试得到反映，在岩石试样内微破裂没有达到一定密度之前，岩石的宏观力学特性如弹性模量等都不会发生变化。现场深部岩体开挖中的应力变化可以导致和实验室岩石试样压缩过程中产生的微破裂相当的破裂现象，但是这种破裂对工程不会造成影响，也不会被引起注意。

与岩石试样的微破裂相比，深埋工程岩体中应力损伤的破裂程度要更强一些，往往指可以宏观观察到的小型破裂现象。它不仅可以产生声发射现象，也可以导致岩体渗透特性、波速值发生变化，即工程中所称的开挖损伤。虽然现场岩体出现的应力损伤也可以采用声发射技术进行监测，但和实验室岩石试样的声发射测试相比，现场测试过程中传感器布置的距离可以达到 20m 的量值水平，远大于实验室岩石试样两侧数厘米到十几厘米的间距，因此同样是声发射监测，现场针对的是破坏能量要大得多的裂隙。

针对开挖过程中潜在的高应力破坏风险，根据岩石工程界广泛采用的经验标准，可将 $\sigma_1 - \sigma_3 > 0.4UCS$ 作为脆性岩石具备产生应力型微裂纹的条件，并且定义为岩石的启裂强度。因此，就白鹤滩脆性玄武岩而言，当洞室开挖导致的应力集中大于 40MPa 时，即意味着可能导致脆性完整岩体破裂扩展与不同形式的围岩应力型破坏。

应力损伤现场可以出现在完整性很好的均质致密岩体中，图 4-6 就是实例之一，系地下洞室顶拱扩挖以后完整致密隐晶玄武岩出现的破损现象。注意到破裂面并未完全贯通，并且破损面与厂房开挖面切向方向基本一致，一般认为这种破损是切向应力集中、法向应力很低时的一种压致拉破坏，即往往被定义为拉破坏。

当岩体内发育细小的隐形节理时，深埋条件下隧洞开挖以后围岩高应力作用使这些细小节理发展成宏观破裂，在导致开挖面表面岩体出现小尺度块体破坏的同时，也导致围岩的破损，使得现场开挖面起伏不平。但是，破坏坑和掉块位置仍然对应于应力集中区所在部位，高应力仍然占据优势性地位。

非贯通破裂

图 4-6　地下洞室脆性岩体开挖以后
的围岩破损现象

白鹤滩工程区主要由多个喷出旋回的玄武岩组成，一些岩层中和层面平行的微破裂非常发育，是该工程中一些部位岩体开挖中出现应力损伤和其他形式高应力破坏的重要原因。

当围岩应力集中区存在构造节理的影响时，二者组合往往可以形成比较明显的破坏现象，图 4-7 即为这种条件下的结构面—应力组合破坏实例。该图所示为白鹤滩水电站右岸 4 号导流洞导洞开挖以后的边墙，所在洞段断面上最大主应力呈陡倾状，边墙出现应力集中。当陡倾的构造节理在边墙附近出现时，可以出现规模较大的应力型节理和边墙鼓帮现象。

4.2.1.3　破裂破坏

围岩高应力破裂破坏指完全由高应力导致岩体破坏产生的新的破裂现象，其部位与隧洞围岩应力集中区对应，产状受到洞周围岩应力状态的影响，可以与构造节理形成显著差异。由于应力节理是围岩二次应力场作用的产物，而给定开挖形态下的围岩二次应力分布因此也反映了围岩原始地应力状态。图4-8表示了白鹤滩右岸厂房顶拱分幅开挖交角应力集中叠加区形成的破裂破坏现象，由图可见，不论是产状、位置、破裂的新鲜程度方面，破裂破坏面都原始裂隙或者地质运动过程中出现的构造节理都存在显著差异，现场很容易区分。

图4-7 导流洞边墙应力节理及鼓帮现象

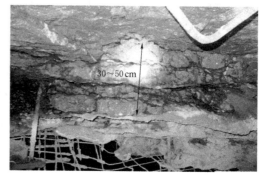

图4-8 右岸厂房顶拱的破裂破坏现象

同样地，图4-9代表了地下厂房分层开挖边墙墙角的应力型破坏，由于分层开挖过程中，墙角为应力集中区，并且应力集中程度一般达50MPa量级，从而使得破裂破坏得以产生。此外，由于该部位应力将经历从应力集中到应力松弛的应力路径，因此，破裂面的张开尤为明显，在现场很容易观察到。

右岸厂房Ⅲ层下游边墙②④区开挖（右厂0+110～0+125）

右岸厂房Ⅲ层下游边墙④区开挖（右厂0+130～0+145）

图4-9 地下厂房分层开挖墙角的破裂破坏现象

白鹤滩地下厂房在中导洞和第Ⅰ层扩挖过程，以及第Ⅱ、Ⅲ层开挖期间，地下厂房顶拱围岩和喷层出现了不同程度的破裂扩展破坏特征，根据施工单位现场第八次对顶拱喷层开裂和掉块的统计看，开裂和掉块位置也主要集中在上游侧拱肩和正顶拱位置，综合第Ⅰ层扩挖过程中围岩发生片帮掉块（图4-10）和第Ⅲ层开挖过程中和开挖后喷层开裂掉块的位置（图4-11），可以看到地下厂房顶拱喷层开裂掉块位置与此前发生应力型片帮破坏的洞段基本一致，也说明在开挖过程中，受应力集中和后续开挖应力持续调整的影响，上游侧拱肩和顶拱围岩的破裂松弛呈现持续变化调整过程。

厚度约0.8m的片帮

上游侧拱肩普
遍的鼓胀变形

图 4-10　地下厂房第Ⅰ层二次扩挖上游侧拱肩扩展鼓胀变形

右岸厂房顶拱及上游拱肩喷层开裂剥落（右厂0+020~0+140）　　右岸厂房顶拱及上游拱肩喷层开裂剥落（右厂0+085~0+125）

图 4-11　地下厂房第Ⅲ层开挖过程中上游侧拱肩喷层开裂剥落情况

　　总之，破裂破坏的出现标志着围岩应力水平可以超过岩体峰值强度，并且岩体具有脆性特征即破裂，而不是变形是围岩开挖响应的主要表现形式。毋庸置疑，破裂破坏反映了应力水平较高的基本特征，但这种高应力并不和最大主应力建立直接联系，主要是受结构面等其他影响的一种局部异常现象，同时和断面开挖形态有关，也受到断面最大、最小初始主应力比值相对较小的影响。所有，自然界的现象相对复杂多样，没有一个固定的模式，在利用现场现象进行工程判断时，需要多观察一些细节和具体特点，在查明原因和正确理解机理以后再进行工程判断。

4.2.2　岩体破裂扩展效应

　　岩石强度时间效应的提出源于核废料深埋封存的需要，其原因在于核废料封存场地安全要求以万年计算，涉及场地未来长期安全问题，回答这一问题的关键是岩石力学特性的时间效应（图 4 - 12），更关键是研究强度如何随时间衰减。

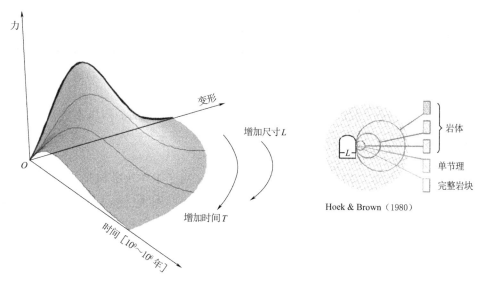

图 4 - 12　岩石基本力学特性的时间效应特征

　　在中国西部深切河谷地区进行水电开发时往往遇到和河谷演变相关的一些特殊问题，譬如，河谷演变实质上涉及既往数万年至数十万年的地质演变过程，目前所观察到的很多现象，或者对工程设计可能造成影响的岩体地应力场和岩体力学特性，都可能与这一过程的时间因素密切相关。其中的实例之一是在很多科研实践中都采用了河谷演变过程数值模拟的方式来研究河谷地应力场和解译岸坡地质现象。然而，迄今为止的所有这些工作中可能都忽略了时间因素的影响，但这一因素可以对研究成果造成非常显著的影响，是值得关注的环节。

　　除了大尺度地质历史时期导致的岩体时效特征外，在高应力条件下的短期工程实践活动也存在明显的时间效应特征。譬如，在锦屏一级水电站地下厂房、锦屏二级深埋隧洞、白鹤滩地下洞室群开挖过程中，都出现了围岩"松弛变形"不断发展的现象，其实质是破裂扩展时间效应，即松弛或变形是围岩脆性破裂随时间不断扩展的结果。虽然这一现象早在 20 世纪 70 年代左右即在实践中所观察到，但真正引起工程问题需要特别关注的实例罕见，研究工作因此也主要限于实验室水平。而现阶段，诸如白鹤滩水电站遭遇的脆性岩体破裂时间效应问题，对于中国岩石力学界而言，既是挑战也是机遇。

4.2.3　岩体破裂扩展特性试验

　　岩体的应力水平超启裂强度只是裂纹萌生扩展的前提条件，而脆性岩体高应力破坏是裂纹扩展至贯通的结果。从裂纹的萌生到破坏之间存在一个裂纹扩展的中间过程，代表着岩体的时间效应特征。裂纹破裂扩展时间效应指荷载不变的情况下岩石（体）内裂纹随时间不断扩展。当应力满足一定条件时，裂纹扩展是脆性岩石的基本特性。迄今为止，岩石破裂扩展机理性研究主要集中在实验室，针对小尺寸的岩石试样。研究表明，岩石破裂扩展主要受到两个方面因素的影响：①应力条件，以驱动应力比表示，指单轴受力条件下的应力和峰值强度之比；②环境因素，如温度和湿度变化等，前者可以造成裂纹端部温度应力变化，后者起到风化的作用。

室内试验是脆性岩体破裂扩展特性研究的基础性环节，其基本方法是分别给试件施加不同量级的荷载并保持恒定，直至试件发生破坏，从而了解荷载水平和破坏时间的关系。试验的主要目的是了解驱动应力比和破坏时间的关系，其中驱动应力比定义如下：

$$\sigma/\sigma_c = (\sigma_1 - P_c)/(\sigma_f - P_c) \tag{4-1}$$

式中：σ_1 为疲劳试验中岩样发生破坏时的轴向压力；P_c 为施加的围压水平；σ_f 为常规加载试验中测得的峰值强度；σ 为疲劳破坏中的偏应力，即 $\sigma = \sigma_1 - P_c$；σ_c 为常规加载试验中的偏应力，即 $\sigma_c = \sigma_f - P_c$。

当驱动应力比越低，达到破坏历时的时间越长。出于工作效率和现实条件的考虑，试验工作中通常采用高的驱动应力比进行加载，在较短时间内获得试验数据。而低驱动应力比的试验靠后进行，并在超过一定时间仍然不发生破坏时即终止试验。

针对单轴强度介于 $90\sim100\text{MPa}$ 的脆性岩体开展疲劳试验得出的典型试验结果如图 4 - 13 所示，图 4 - 13（a）为破坏时间与破坏应力的关系，图 4 - 13（b）是破坏时间（对数格式）与驱动应力比的关系。

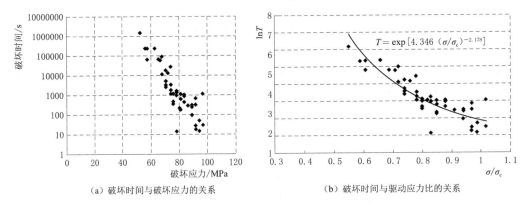

（a）破坏时间与破坏应力的关系　　　　（b）破坏时间与驱动应力比的关系

图 4 - 13　岩石试样破坏历史时间统计与应力之间的关系

注意到当加载水平接近 100MPa、即驱动应力比达到 1.0 时，试件也需要经历一个较短的时间才发生破坏。在室内试验过程中这种现象也经常出现，应力达到峰值以后可以不是立即出现破坏衰减，而是需要经历一个相对短暂的过程。不过，这种现象也可能与岩石单轴抗压强度的分散性相关，即试件实际的强度可能略高于计算时假设的平均强度 95MPa，这种现象显然有可能出现。根据图 4 - 13（a）拟合曲线可知，岩石裂纹扩展到破坏时经历的时间 $T(\text{s})$ 与驱动应力比之间的关系为

$$T = \exp\left[4.346\left(\frac{\sigma}{\sigma_c}\right)^{-2.178}\right] \tag{4-2}$$

二者之间为负指数关系，关系式中的常数 4.346 和 -2.178 仅适合于该类岩石，而不适合于岩体。当需要把该试验成果推广应用到现场时，可以假设裂纹扩展到围岩破坏时所需要的时间和驱动应力比之间呈相同规律的关系，但相关参数取值需要根据现场条件而

定。并且，如何界定现场的破坏时间 T 也是一个现实问题。室内试验中 T 的物理意义很明确，但现场围岩"破坏"与室内试验加载"破坏"存在很大的差别，前者表现为强度和总体质量不断降低，而不是明确的破坏现象。

　　总之，室内试验成果对认识问题有着重要的指导意义，但将研究成果用于现场实践时仍然存在很多需要解决的具体问题，更为合理的方法是基于现场的破坏现象和监测成果（如锚杆应力、声波测试松弛圈深度等）开展反馈分析。

4.2.4　岩体破裂扩展时间效应

　　通常地，结晶岩破裂扩展的时间效应是指在荷载恒定的条件下，岩石中的破裂随时间不断增长，强度因此而衰减，这是脆性岩体的基本力学特性之一。这种特性在地下工程中的现场表现为：开挖后相对完整的围岩，在掌子面向前推进以后的一段时间内，在围岩中应力调整结束的条件下，破裂现象仍然不断加剧。图 4-14 表示了人类工程建设史上首次认识到破裂发展时间效应的现场表现形态，即瑞典 Furka 隧道内的 Bedretto 施工支洞，为侵入岩浆岩。该施工支洞完成掘进以后的完整性良好，工程运行 2 年以后，围岩破裂现象十分严重。

图 4-14　瑞典 Furka 隧道 Bedretto 施工
支洞破裂发展时间效应

　　加拿大 Subdury 深埋矿山巷道围岩的破裂扩展现象十分普遍，出于施工安全的严格要求，这些工程巷道掘进时都施加了紧跟到掌子面的系统支护，如喷锚支护或锚网支护，后者为观察围岩破裂扩展特性现象表现提供了很好的条件。在绝大多数情况下，巷道开挖后掌子面一带围岩保持相对完整，即便出现一些破损现象，支护前都进行了系统的危岩清除处理，安装支护时围岩完整性良好。但巷道运行一段时间内，网内即可以出现数量不等、大量存在的岩石碎片，系破裂不断扩展以后的结果，甚至可以导致网片产生严重变形。不过，矿山工程并没有特别注意这一现象，几乎没有开展破裂扩展对井巷稳定和支护措施的研究工作，工程上往往采取对巷道二次支护的方式处理，一些使用时间比较长的主巷道往往重复施加了多次系统支护。

　　在加拿大地下试验室（URL）建设过程中，在几个试验场地对围岩开挖损伤演化过程进行了系统研究，URL 的一个典型特点是三个主应力的差别很大，即应力比较高，最高可达到 5.5∶1。这种应力条件下的开挖更容易导致洞周应力集中和应力松弛的两极分化，即在断面最大主应力切线方向出现强烈的应力集中，而与最小主应力相切的断面位置出现应力松弛，表示了这种应力状态下竖井周边围岩损伤状态和损伤性质的差别，如图 4-15 所示。

　　URL 的 420m 深度处于近水平的第 2 破裂带下部的高应力区，试验洞开挖过程中应

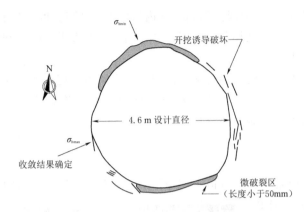

图 4-15　URL 竖井在 300m 深度水平断面上的
围岩损伤分布

力集中部位的应力损伤发展成 V 形破坏区（图 4-16），最大破坏深度为 0.3 倍隧洞半径。不过，这种破坏并不是瞬时出现，从开挖到破坏区形态稳定经历了近 3 个月的发展历程，说明了脆性岩体破损问题的时间效应特征。

矿山工程特定的条件和要求可以通过重复支护的方式来控制破裂扩展问题的工程影响，但是其他一些行业，比如西部水电工程的水工隧洞停机支护的经济损失将难以被工程所接受。为此，这些行业要求对破裂扩展问题进行深入的研究，在施工期采取合适的措施以确保工程在整个生命周期内的运行安全。

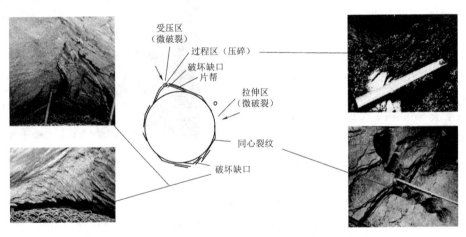

图 4-16　URL 在 420m 深度试验洞破裂损伤的演化过程和形态

　　最近几年来中国西部水电工程建设中实际上已经普遍地遇到了破裂扩展问题，其中工程影响比较突出的是锦屏一级水电站地下厂房拱肩的松弛。在该部位开挖揭露初期时，岩体完整性良好，根据既往经验，开挖后并没有进行及时的系统支护和封闭处理。随着地下厂房开挖的进展，安装在这些部位的监测仪器开始显示异常现象，随后地下厂房停止开挖，但变形监测数据仍然显示了持续增长的特征，表面现象上非常类似软岩的流变，因而现场也将这一现象称为流变，并以"硬岩流变"的术语以示区别，从本质上讲，它是破裂扩展的表现。

　　锦屏二级深埋隧洞建设期间也出现了类似现象。开挖以后完整性良好的围岩，当支护存在缺陷时，随时间的扩展，围岩破裂松弛现象不断加剧，甚至导致数十米长度范围内表层破损围岩的坍塌破坏。在引水隧洞开挖期间，这一问题引起了足够重视，现场采取了必要的措施，如增加屈服型预应力锚杆控制初期破裂和破裂的扩展，对隧洞全长洞段采取混凝土衬砌以维持隧洞运行期的长期安全。图4-17为锦屏二级引水隧洞边墙在开挖后两年内锚杆应力随时间的变化过程，锚杆应力计安装断面全部严重滞后于开挖掌子面，所监测到的锚杆应力是围岩力学特性所变化的结果，即主要是破裂随时间增长的结果，滞后变形也是破裂随时间增长的表现形式之一。从变化曲线看，锦屏二级隧洞大理岩破裂时间效应持续2年时间后才基本趋于平缓。这说明即便是在没有开挖影响的情况下，围岩破裂发展会经历一个相当长的历程，这与多点位移计变形监测成果形成明显差别。

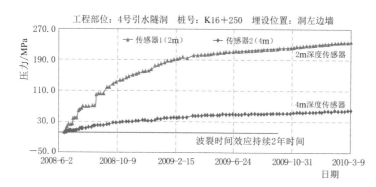

4号引水洞边墙破裂松弛

图4-17　锦屏二级引水隧洞边墙在开挖后两年内锚杆应力随时间的变化过程

与锦屏一级地下厂房和锦屏二级深埋隧洞类似，白鹤滩地下厂房和隧洞也出现了明显破裂扩展时间效应特征。

从白鹤滩地下厂房周边辅助洞室围岩的破坏、地下厂房顶拱喷层开裂随时间的扩展和变化、顶拱和拱肩监测变形（图4-18）和锚杆应力在无开挖扰动下的缓慢增长、边墙长观孔的声波测试成果等都反映了玄武岩破裂损伤随时间发展的特征。一方面破裂损伤随着时间向围岩深部的扩展，导致破裂损伤程度的增加以及破裂面的张开（图4-19）；另一方面破裂损伤的发展使得锚索的应力水平增加，可能会存在一定的超限风险。

（a）右厂0+082上游拱肩　　　　　　　　（b）右厂0+135上游拱肩

图4-18　白鹤滩地下厂房第Ⅲ层开挖完成后上游侧拱肩喷层持续开裂情况

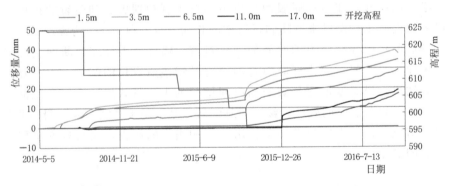

图 4 - 19　白鹤滩地下洞室顶拱破裂发展时间效应特征

4.2.5　岩体破裂扩展研究现状

　　针对大尺度岩体时间效应的研究特征主要集中在核废料处置工程和水电工程领域。其中，为研究高放射性核废料深埋隔离处置的可行性，核电行业曾对深埋条件下围岩破裂和破裂扩展问题进行过比较系统和深入的研究，这是因为围岩破裂可能成为地下水渗透和核污染的通道，破裂扩展还会影响到围岩的长期强度，涉及核废料隔离处置地下设施的长期安全。加拿大为研究高放核废料深埋隔离处理的地下实验室（URL）可能仍然是对破裂和破裂岩体特性研究最完善的实例。不仅在现场开展了一系列的测试工作，而且直接促进了岩体破裂和破裂扩展特性的实验室研究和计算机模拟技术的开发与发展，同时也促进了对破裂扩展机理和影响因素的认识。

　　研究成果表明，应力强度因子和断裂韧度是描述岩石破裂特性的两种重要物理量，其中的应力强度因子反映了裂纹尖端附近区域应力场强度，它和裂纹大小、形状以及外应力有关，应力在裂纹尖端有奇异性，而应力强度因子在裂纹尖端为有限值。在弹塑性条件下，当应力场强度因子增大到某一临界值，裂纹便失稳扩展而导致材料断裂，这个临界或失稳扩展的应力场强度因子即断裂韧度。它反映了材料抵抗裂纹失稳扩展即抵抗脆断的能力，是材料的力学性能指标。当微裂纹附近的二次应力足够大，其应力强度因子大于断裂韧度时，在二次应力作用下将产生新的裂纹。在常荷载作用下，裂纹将随时间扩展。裂纹随时间扩展即亚临界裂纹的扩展，即使在微裂纹尖端的应力强度因子小于断裂韧度的情况下，仍然可以发生。

　　对于破损区的研究，国内外学者采用了多种多样的方法，尤其是开展了大量的现场测试工作。其中 Meglis 2001 年对 URL 中的 Mine - By 隧洞 1m 深度范围的超声波测试表明损伤扩展的部位主要集中在靠近开挖面附近的一定深度范围内，特别是两侧边墙岩体损伤深度扩展更远。Martino 和 Chandler 在加拿大花岗岩的 URL 中也对开挖损伤区进行相关的研究，他们对隧洞周边的损伤区特点进行了测量，初始地应力场、开挖断面形态与最大主应力的交角、开挖方法、孔隙水压力的变化以及临近洞室的开挖都将对开挖损伤区的扩展产生影响。

　　关于脆性岩体破裂时间效应问题，尽管以上这些测试方法很重要，但是都无法预测开挖损伤区随时间的扩展行为，而开挖损伤区随时间的扩展很有可能会导致隧洞的坍塌破坏。为了克服现场测试方法的限制，很多学者提出了用数值模型来模拟破裂损伤发展的时间效应问题。例如 Hoommand-Etienne 等在 1998 年提出了脆性岩体开挖过程中的损伤数值模型，当围岩在较高的压力条件下，其损伤区的范围和程度也相应很大。Fakhimi 在 2002 年对砂岩进行了双轴试验，发现大压力增加到一定程度时，试件侧面的损伤区就开始扩展。Chen 于 2004 年在陕西黄河取水工程中采用数值方法对地下开采区岩体的时间效应问题进行了研究，研究发现在隧洞两侧边墙的损伤区相比顶拱和底板而言要严重，并成功发现隧洞周边变形随时间的累积变化过程，但并没有得出岩体中微裂纹随时间的扩展关系。

4.3　岩体松弛变形测试方法与原理

4.3.1　声波探测技术

声波探测技术是一种岩土体测试技术，它根据弹性波在岩体中传播的原理，用仪器的发射系统向岩土体中发射声波，由接收系统接收。由于岩体的岩性、结构面情况、风化程度、应力状态、含水情况等地质因素都能直接引起声波波速、振幅和频率发生变化，因此可通过接收器所接受的声波波速、频率和振幅了解岩土体地质情况并求得岩土体某些力学参数（如泊松比、动弹性模量、抗压强度、弹性抗力系数等）和其他工程地质性质指标（如风化系数、裂隙系数、各向异性系数等）。

声波探测技术通常采用一发双收测试方式，利用声波发射换能器向介质发射声波，另外两只接收换能器接收沿孔壁传播的折射波，通过观测与分析声波在孔壁的传播速度及其相对变化，了解介质的性质、结构特征和相关的力学参数，评价岩体的完整性。测试时将一发双收声波探头放入孔中，利用一只换能器发射声波，两只换能器接收声波，读取两只接收换能器声波初至的时间差，将两只接收换能器的间距除以时间差即为接收换能器所在位置孔壁岩体的声声速。根据规范要求，测点距一般为 20cm，自孔底向上测试，测试时需要水耦合。根据《水力发电工程地质勘察规范》（GB 50287—2016），岩体的完整性依据岩体的完整系数 k_w 来判别，k_w 的计算公式为

$$k_w = \left(\frac{V_p}{V_{pmax}}\right)^2 \tag{4-3}$$

式中：V_p 为实测纵波速度；V_{pmax} 为测区完整、新鲜岩体的最高纵波速度，一般完整、新鲜花岗岩取最高纵波速度为 6200m/s。

声波仪是声波探测使用的仪器。声波仪有多种型号，主动测试的仪器一般都由发射系统和接收系统两大部分组成。发射系统包括发射机和发射换能器，接收系统包括接收机和接收换能器。发射机是一种声源信号的发射器，由它向压电材料制成的换能器（图 4-20 中的 1）输送电脉冲，激励换能器的晶片，使之振动而产生声波，向岩体发射。于是声波在岩体中以弹性波形式传播，然后由接收换能器（图 4-20 中的 2）加以接收，该换能器将声能转换成电子信号送到接收机，经放大后在接收机的示波管屏幕上显示波形。

声波探测可分为主动测试和被动测试两种工作方法。主动测试所利用的声波由声波仪

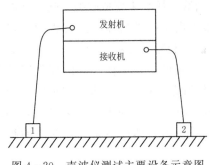

图4-20　声波仪测试主要设备示意图

的发射系统或槌击方式产生；被动测试的声波则是岩体遭受自然界的或其他的作用力时，在变形或破坏过程中由它本身发出的（如滑坡）。主动测试包括波速测定，振幅衰减测定和频率测定，其中最常用的是波速测定。

目前在工程地质勘探中，已较为广泛地采用声波探测解决下列地质问题：根据波速等声学参数的变化规律进行工程岩体的地质分类；根据波速随岩体裂隙发育而降低及随应力状态的变化而改变等规律，圈定开挖造成的围岩松弛带，为确定合理的衬砌厚度和锚杆长度提供依据；测定岩体或岩石试件的力学参数如杨氏模量、剪切模量和泊松比等；利用声速及声幅在岩体内的变化规律进行工程岩体边坡或地下硐室围岩稳定性的评价；探测断层、溶洞的位置及规模，张开裂隙的延伸方向及长度等；利用声速、声幅及超声电视测井的资料划分钻井剖面岩性，进行地层对比，查明裂隙、溶洞及套管的裂隙等；划分浅层地质剖面及确定地下水面深度，天然地震及大面积地质灾害的预报。

声波探测工作的测网布置一般应选择有代表性的地段，力求以最少的工作量解决较多的地质问题。测点或观测孔的布置一般应选择在岩性均匀、表面光洁、无局部节理裂隙的地方，以避免介质不均匀对声波的干扰。如果是为了探测某一地质因素，测量地段应选在其他地质因素基本均匀的地方，以减少多种地质因素变化引起的综合异常给资料解释带来困难。装置的距离要根据介质的情况、仪器的性能以及接收的波形特点等条件而定。

声波探测中，声波信息的利用至今还很不完善。因纵波较易识读，当前主要是利用纵波进行波速的测定。实验证明，利用声波探测不连续面（如节理、裂隙、破碎带）时，灵敏度较高。横波的应用往往因识读困难受到定的限制。在纵波测试中，最常用的是直达波法（直透法）和单孔初至折射波法（一发二收或二发四收），如图4-21所示。

4.3.2　钻孔电视技术

钻孔电视技术随着电子技术、计算机技术及图像处理技术的发展，钻孔电视设备由笨重复杂到轻便一体化，采集的信号也由原来的模拟信号磁带记录发展为数字信号采集并直接由相应的图像处理软件进行处理。钻孔电视系统主要包括：井下摄像头、地面控制器、传输电缆、录像机、监视器、绞车、绞架等，见图4-22。钻孔电视摄像利用摄像探头、电子罗盘、深度计数装置将钻孔岩壁的全断面图像、方位及深度摄录下来。通过观察钻孔孔壁图像和方位，划分钻孔地层，区分岩性，确定岩层节理、节理、破碎带和软弱夹层的位置和性状。钻孔电视主要由地面部分和井下部分组成。地面部分包括控制器、电脑、三脚架、绞车、滑轮和深度计数器；地下部分包括摄像探头和电缆，摄像探头由CCD摄像机、LED灯、玻璃罩和锥形镜组成。

钻孔孔壁经LED光源照亮，CCD摄像机摄取由锥形镜反射的孔壁图像，图像信息经电缆传送至控制器和电脑，整个采集过程由图像采集控制软件系统完成，此系统把采集的图像展开和合并，记录在电脑上。安装在探头内的数字罗盘用来标定图像的方位，一般把

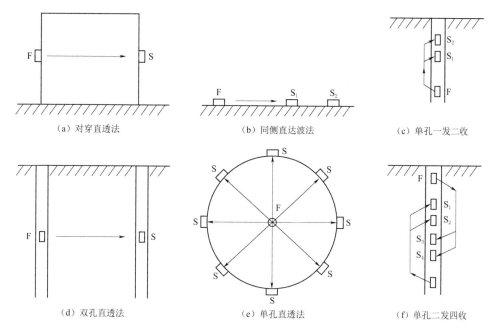

（a）对穿直透法   （b）同侧直达波法   （c）单孔一发二收

（d）双孔直透法   （e）单孔直透法   （f）单孔二发四收

图 4-21 声波测试技术工程现场常用几种工作方式

图 4-22 钻孔电视和主要测试设备

测试地点的磁北经磁偏角校正后的真北设为 0°，顺时针方向角度增加。图像处理软件可以用两种方式显示：一种是数字岩芯图，拖动滑动条岩芯可以旋转；另一种是 360°展开图。

对钻孔孔壁的信息采集后，形成两种孔壁图像资料：一种是称为数字岩芯的图像，它是对孔壁图像进行数字合成，使它看起来类似于岩芯。岩芯可以自由旋转，这样就可以在任意角度来观察岩芯；另一种是 360°展开图，相当于把孔壁的图像剖开并摊开。所有的解释都基于对这两种图像的观察及计算。钻孔电视资料的解释主要是对裂隙或不连续面的解释，包括裂隙的埋深、倾向、倾角、宽度、裂隙面的粗糙度、充填物等性质。解释工作主要依据国际岩石力学协会有关对岩石不连续面定量描述的一些建议标准。

测试成果按每 2m 形成一幅图像，对裂隙依次编号，裂隙的特性列成表，图像和解释结果一目了然。对倾向和倾角还要做成裂隙等值线图和裂隙玫瑰图，从这两种图上可以很清楚地看出一个孔或一个区域的裂隙的分布情况。集成高效图像处理算法，自动角度和深度校正，自动提取剖面图，全景视频图像和平面展开图像实时呈现，图像清晰逼真及有全程摄影录像功能。定位准确，深度编码器精度为 0.1mm，方位精度可达 0.1°；现场操作简单，工作效率高，观测提升速度最高达 0.25m/s；探头采用不锈钢外壳，钢化光学玻璃探头罩，超亮白光二极管光源；分析功能强，剖面图上能对地质体内壁产状进行测量和量化编辑及描述；浏览方便，图像可以随时浏览任意方位、任意比例、任意孔段的圆柱图和平面展开图，也可编辑查看整个或部分岩心图。

4.3.3　分布式光纤光栅技术

4.3.3.1　光纤光栅应用现状综述

光纤光栅是近年来发展非常迅速的光纤无源器件，它在各个方面中都已得到应用，如复合材料、航空航天、混凝土结构等。通常岩土工程都具有体积大、分布面积广、跨度长和服役期限长的特点。采用光纤光栅对地下洞室工程、边坡和基坑监测是新型的一项监测技术。比如：锦屏地下隧洞工程采用分布式光纤光栅监测围岩变形；京联强国际大厦的深基坑运用了光纤的测试技术，基坑的周边设置一系列的光纤监测点进行监测土体的深层位移，并且利用传统的侧斜管做对比试验。在国外，美国、日本和加拿大等国家已将光纤光栅传感技术应用到地质灾害领域内进行监测。德国的 GFZ Potsdam 曾研制了一种光纤光栅传感器，它可以测量挖掘地下岩石产生的应变，即 FBX 地脚螺栓。该新型传感器是把光纤光栅埋入到玻璃纤维增强基聚合物的岩石地脚螺栓里，此装置可以用来测试岩石工程结构（如隧道、洞穴、坑道、深层地基）和岩石构成中的静态应变与动态应变。该传感器有很大的可能性用于监测较复杂的地质场，比如恶劣环境下的温度、位移、应力、应变、压力等。

在国内，关于光纤光栅的传感技术以及其在一些地下工程应用中的相关研究，相对来说起步比较晚，然而其发展速度却比较快，当前主要有边坡安全监测、大型结构体的健康监测以及围岩的稳定性监测等方面。丁勇（2005 年）、隋海波（2008 年）、李焕强（2010 年）、裴华富（2012 年）等研究了分布式光纤光栅的监测技术和系统，该系统可以用于边坡的稳定性监测与预报，并起到了良好的效果。另外，欧进萍、李宏男等研发了用于监测光纤光栅传感器的结构健康，研究了在光纤传感器中应变的传递关系，而且将其成功的应用到高层建筑、大型桥梁、石油平台等一些大型结构体，对其服役期的状态进行了监测。近些年，施斌（2005 年）、赵星光（2007 年）、柴敬（2009 年）、陈朋超（2012 年）、魏广庆（2014 年）等在地下工程的施工期进行了围岩安全监测，并且对其开展了深入性的研究，研制了用于监测围岩安全的光纤光栅温度、应变传感器，为达到矿井、隧道等一些地下工程在施工过程中对围岩进行变形测量以及稳定性评价供以有效的方法，最终揭示了光纤 Bragg 光栅的应变传递机制及传递规律。

目前来说，关于光纤光栅技术的特点与性能、制作技术以及应用，人们已进行了较深入的探索研究，并且取得了可观的进展，如布里渊光时反射技术（BOTDR）、布拉格光纤光栅传感技术（FBG）、布里渊光时/频域分析技术（BOT/FDA）和测量技术等新型分布式光电传感技术，在光纤光栅的制作技术方面已到达成熟阶段，他们能够通过在所有不同种类的光纤上写入光纤光栅，然后得到不同种类的光谱特性，此制作技术已可进行小批量的生产，并且预计其使用寿命可以达到十年以上。在光纤通信系统中也已经出现了大量的基于光纤光栅的光纤器件，并且它们的技术指标都能够达到比较高的水准，其中反射带宽的可高于40nm，窄的已经可以做到低于0.01nm，并且中心波长的反射率可以达到99.99％的水平，还能实现取样光栅、Moire光栅等综合许多复合结构的光纤光栅。白鹤滩工程采用的密集准分布式光纤光栅技术即采用最新技术，其中心波长的反射率可以达到99.99％。

4.3.3.2　光纤光栅监测技术原理

光纤光栅感测技术是一种以光为载体，光纤为媒介，感知和传输外界信号（被测量）的新型感测技术，感测光纤也称为"感知神经"。图4-23给出了光纤光栅技术应用布置形式，分布式监测是指利用相关的监测技术获得被测量在空间和时间上的连续分布信息。图4-24给出了光在光纤光栅上的传输和波分复用技术原理，图4-25给出了准分布式光纤光栅传感技术基本原理，采用波分复用技术，实现一根光纤上串联传感器；通过对不同波长光栅进行特定封装，在一根光纤上可实现温度、应变等多参数实时测量。

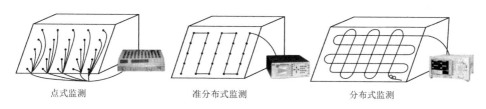

点式监测　　　　准分布式监测　　　　分布式监测

图4-23　光纤光栅技术应用布置形式

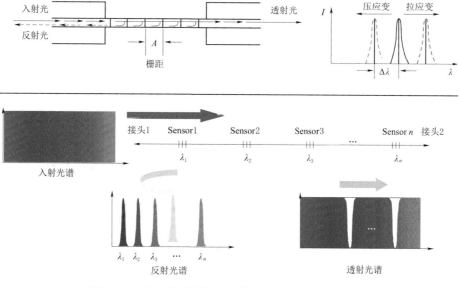

图4-24　光在光纤光栅上的传输和波分复用技术原理

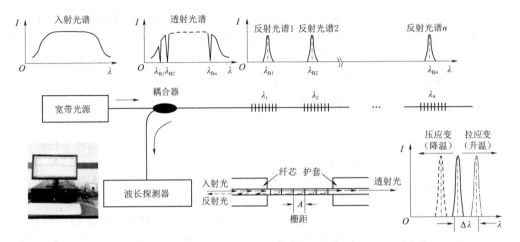

图 4 - 25　准分布式光纤光栅传感技术基本原理

光纤光栅传感技术应变计算相关公式如下：

$$\frac{\Delta\lambda}{\lambda_B} = \left(1 - \frac{n_{eff}^2}{2}p_{12}\right)\varepsilon_1 - \frac{n_{eff}^2}{2}(p_{11}\varepsilon_2 + p_{12}\varepsilon_3) + \beta_0\Delta T \tag{4-4}$$

式中：$\Delta\lambda$ 为布拉格中心波长的变化；ε_1 为光栅的轴向应变；ε_2、ε_3 为光栅的其余两个主应变；p_{11}、p_{12} 为光弹性系数；β_0 为热膨胀系数和热光系数的和；ΔT 为温度变化。

白鹤滩工程应用光纤光栅技术选择应用（密集）准分布式光纤光栅，测试采用的密集型光纤光栅测试设备，选用的仪器情况见图 4 - 26，可同时采集上千个光栅点，系统集成度高。

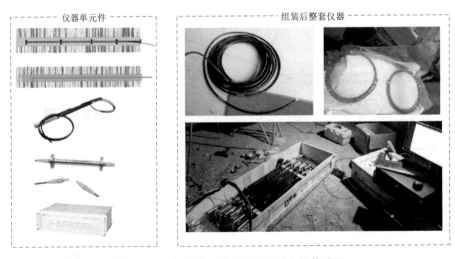

图 4 - 26　白鹤滩工程应用的光纤光栅传感器

4.3.4　超声波钻孔电视成像技术

超声波钻孔电视成像技术测量是最早获得钻孔直观图像的地球物理测井方法，传统的声波检测的敏感性相对要差很多。声波检测获得的低波速带（松弛区）深度是破裂损伤发展到相对严重程度的结果。虽然声波检测可以获得某个时期围岩产生严重破裂损伤的深度范围，但是数据缺乏足够的连续性，对安全预警起到参考了辅助性作用。

新一代超声波钻孔电视探头采用了现今的声波束聚焦技术、数字记录技术和数字化数据处理技术，具有精度高、分辨率高和测井速度快等特点，图 4-27 为典型的高分辨率声波钻孔电视在深部岩体中的应用成果。利用高分辨率声波钻孔电视测井技术，可获得钻孔孔壁直观图像和孔壁三维磁坐标和倾斜坐标参数，通过解析这些参数，进行裂隙统计、评价局部范围内部深部岩体节理裂隙和构造裂隙灯结构面的延伸特征。

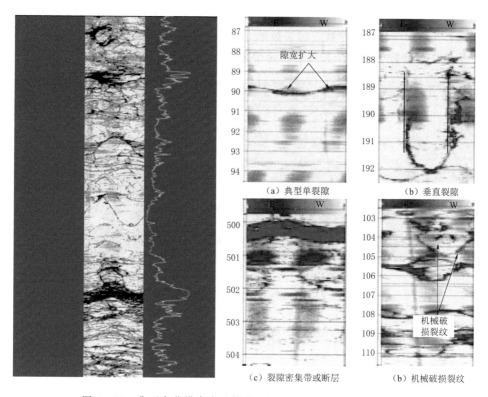

图 4-27　典型高分辨率声波钻孔电视在深部岩体中的应用成果

4.4　脆性岩体破裂发展现场辨识

白鹤滩水电站巨型地下洞室群规模居世界第一，是世界上最大单体水电地下厂房。左岸厂房洞群水平埋深 $600\sim1000m$，垂直埋深 $260\sim330m$，右岸厂房洞群水平埋深 $420\sim800m$，垂直埋深 $420\sim540m$。地下厂房洞群区域为单斜岩层，岩性以 $P_2\beta_2\sim P_2\beta_6$ 微晶、隐晶质玄武岩为主，斑状、杏仁状玄武岩次之，玄武质角砾熔岩和凝灰岩呈层状分布。岩体多为微风化或新鲜状态，Ⅱ类和Ⅲ类围岩为主，占比约 $70\%\sim90\%$，层间错动带等构造影响部位局部为Ⅳ类围岩。玄武岩在成岩建造时期由于冷却原因，导致工程区域玄武岩隐微裂隙发育，脆性特征显著。地下洞室群的初始最大地应力（σ_1）为 $22\sim26MPa$，实测最大水平主应力为 $33.39MPa$，初始应力总体较高，属高地应力条件。

白鹤滩工程区玄武岩的单轴抗压强度 UCS 离散性较大，主要分布于 $70\sim140\mathrm{MPa}$ 范围，平均在 $90\sim100\mathrm{MPa}$ 范围。三轴试验揭示玄武岩峰值强度和残余强度之差随围压水平增大而增大，即残余强度包络线的斜率小于峰值强度包线斜率，表现出了显著的脆性特征；声发射试验成果也表明玄武岩的启裂强度相对较低，仅 $40\mathrm{MPa}$ 左右。洞室断面应力强度比值显然大于 0.15，使得地下洞室群围岩启裂强度低且脆性特征显著，洞室开挖过程的应力集中水平将超过岩体的启裂强度，具备高应力硬脆性岩体产生应力型破坏的先决条件。因此，在同等高应力条件下，玄武岩的破裂问题相比大理岩等（具有脆延塑转换特征）的岩石表现得更为突出[11]，工程现场施工开挖过程中出现了大量的脆性围岩高应力破坏现象，见图 4-28，如片帮、破裂鼓胀、塌方、裂隙面劈裂、隐微裂隙破裂解体、掉块等，给地下洞室群施工安全和围岩稳定带来了巨大挑战。

（a）片帮破坏　　　　　　　　　　　　　　（b）破裂鼓胀破坏

图 4-28　工程现场脆性围岩高应力破坏现象

4.4.1　高精度超声波测试布置与原理

4.4.1.1　高精度超声波测试布置

白鹤滩地下厂房工程区玄武岩具备高应力硬脆性岩体产生应力型破坏条件，工程现场施工开挖过程中出现了大量的脆性围岩高应力破坏和破裂扩展现象，玄武岩隐微裂隙发育影响可能产生局部破碎鼓胀等特征。随着地下洞室开挖卸荷过程，如何高精度地捕捉到工程岩体（围岩）的微裂隙分布特征及高应力破裂发展特征信息，对研究硬脆性玄武岩力学特性与变形机理具有重要意义。为此，针对白鹤滩地下厂房顶拱高应力破裂显著区域且发生不连续变形特征区域，布置了三个高精度超声波可重复测试孔，即测试孔 ZK104、ZK108、ZK110，三维空间布置见图 4-29。

4.4.1.2　钻孔超声波成像综合测试系统

钻孔超声波成像综合测试系统（Integrative acoustic borehole imaging system），是一套计算机化程度非常高的智能系统 ABI40。该系统由 Mount Sopris 公司将多种钻孔测量探头高度智能化集合而成的一套综合测量工具，系统结构如图 4-30 所示。它具有以下特点：

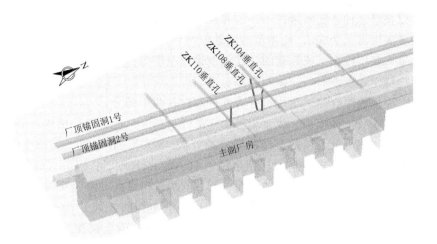

图4-29 地下厂房顶拱部位高精度超声波测试孔三维空间布置

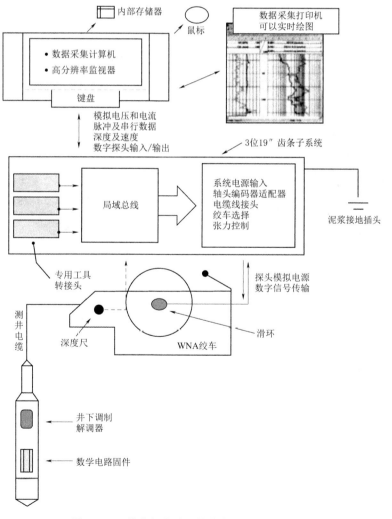

图4-30 钻孔超声波成像综合测试系统结构图

（1）可以挂载多种钻孔测量探头，如井径-孔深-孔斜测量探头，超声波成像探头等。

（2）测量深度可达305m，使用单芯同轴电缆，适用于小口径钻孔测量，这在国内外处于领先水平，利用绞车系统测量的钻孔深度误差范围为每百米±5cm。

（3）性能稳定，操作简便，体积较小。

钻孔超声波成像综合测试系统可分为硬件和软件两个部分。

硬件部分包括绞车和探头，绞车型号为4WXB-1000，配备有2倍速调节杆，电动和手动刹车，多选择张力计，超载自动断开硅控开关，MGX-Ⅱ主机（见图4-31），笔记本显示系统和打印机；绞车重量（包括电缆）41.8kg，外观尺寸66cm×61cm×59cm；电缆长305m、直径4.76mm，单芯同轴电缆；绞车的快速档最高升降速度可达35m/min，慢速档为0～14m/min。硬件系统配备挂载多种钻孔测量探头，如井径-孔深-孔斜测量探头，超声波成像探头等，它核心部分为ALT ABI-40型声学电视探头（见图4-32），它是一个超声波成像工具，可根据现场需要设定采样频率和转动频率后，仪器在1.4MHz频率自动控制增益运行；分辨率为0.1mm裂隙宽，探头检测裂隙面倾向倾角精度为±0.5°，发射的超声波频率1.2MHz，超声波束尺寸1.5mm×1.5mm。新一代探头相对以前版本可以在各种钻孔条件下实现测试窗的自动优化，自动适应各种钻孔条件，自动改进信号检测的动态范围，而且探头还可以在PVC套管中使用，不仅可以记录从套管反射回来的声波，而且可以记录从钻孔壁反射回来的声波，因此可以在更为复杂的条件下使用。

图4-31　4WNA-1000绞车系统和MGX-Ⅱ主机控制系统

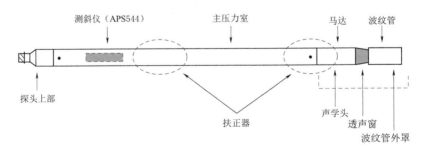

图4-32　超声波钻孔电视探头结构示意图

　　软件部分的系统控制软件（MSLog），是基于 Windows 操作系统的，可适时彩色滚屏显示并把图像硬拷贝到打印机的数据采集软件，其界面友好，易于操作控制，使用方便，如图 4-33 所示。包括各探头的配置文件，主要进行电流电压设置、采样频率和采样模式设置及探头设置等探头初始化工作。

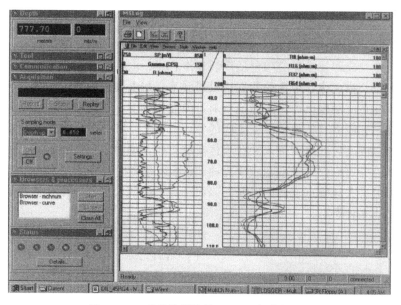

图 4-33　系统控制软件 MSLog 操作界面图

　　软件部分的数据分析和解释软件（WellCAD），具有以下强大的功能，操作界面如图 4-34 所示。

图 4-34　数据分析和解释软件 WellCAD 操作界面图

　　（1）对现场采集的数据进行分析处理和解释，将记录的超声波振幅值自动转换成反映孔壁特征的图像。

　　（2）对部分数据的缺失，可以自动进行插值修补。

　　（3）将二维孔壁展开图还原成三维孔壁柱状图。

（4）进行结构面统计，绘制结构面倾向极点图和玫瑰花图。

（5）利用测得的磁方位值对钻取的岩芯定位。

（6）可以实现结构面视倾角和真倾角转换。

（7）进行公式运算，生成新的图柄。

（8）可以和多种图像格式相互转换。

4.4.1.3　高精度超声波测试原理与解译

广义钻孔电视成像技术是应用包括声、超声、光、电、磁和核磁共振等技术对钻孔周边介质进行原位扫描成像，采集的数据结果通常采用与电视图像显示相类似的直观可视方式进行表达。超声波激发以后，声能量波通过换能器发射，穿过超声波探头和钻孔内的介质液体，到达钻孔液体与钻孔岩体壁之间的界面。在此，一部分声束能量被反射回到传感器，剩余声波以改变后的速度进入钻孔岩体介质传播，如图 4-35 所示。通过良好的时间定序，压电换能器可以同时发射超声波脉冲和接收反射波。超声波历时可以通过测量源能量脉冲和反射波最大波幅点之间的时间间隔而得到。波能大小一般用分贝及反射波大小与发射波大小之比来计量。

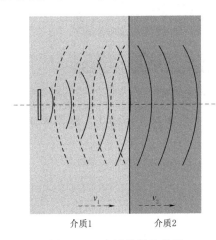

介质1　　　介质2

图 4-35　声波传播示意图

超声波波束通过旋转凹面镜聚焦并发射超声波脉冲，然后记录从钻孔液体介质与钻孔岩体介质（孔壁）界面之间的反射波强度和历时来形成钻孔壁图像。数字信号处理器可以实时分析声波数据。仪器复杂而有效的算法允许系统检测各种反射声波信号，并对后续反射波依次区分分类。仪器操作过程中，数据输入量极小，可以自动实现如下功能。

（1）在各种钻孔条件下实现测试窗的自动优化。

（2）自动适应各种钻孔条件。

（3）自动改进信号检测的动态范围。

（4）可以执行各种测试模式。

仪器可以在 PVC 套管中使用，不仅可以记录从套管反射回来的声波，而且可以记录从钻孔壁反射回来的声波。

反射信号的强度主要与钻孔液体介质与钻孔岩体介质阻抗比有关，反射系数用公式表示为

$$r = \frac{\rho_b c_b - \rho_m c_m}{\rho_b c_b + \rho_m c_m} \qquad (4-5)$$

式中：ρ_b 为钻孔岩体密度；ρ_m 为钻孔内液体介质密度；c_b 为声波在钻孔岩体介质中的传播速度；c_m 为声波在钻孔液体介质中的传播速度。

反射系数越大，反射信号越强，可检测性也越好。从式（4-5）中可以看出当钻孔液体介质与钻孔岩体介质性质类似时，即 $\rho_b c_b \approx \rho_m c_m$ 时，r 接近于零，这时就几乎检测不到什么反射信号了。高分辨率超声波钻孔电视的测试操作和数据记录由软件 Matrix 软件

系统自动控制，需根据具体测试工作选择正确的工具配置文件，在数据采集窗口设置数据采集模式和频率，在测试过程中注意监视探头各种性能参数的正常工作状态。测试数据成果的解译需要结合地质与岩体力学基础知识和丰富工程经验，超声波钻孔电视测试数据的通过解译后的图像和统计图形等成果如图 4-36 所示。数据处理软件系统 WellCADV[4.3]可以对现场采集的数据进行分析处理和解释，首先将记录的超声波振幅值自动转换成反映孔壁特征的图像，对部分数据的缺失，可以自动进行插值修补，将二维孔壁展开图还原成三维孔壁柱状图。其次，进行节理统计，绘制节理倾向极点图和玫瑰花图。还可以利用测得的磁方位值对钻取的岩芯定位，实现节理视倾角和真倾角转换，进行公式运算，生成新的图柄。以及实现多种图像格式相互转换。

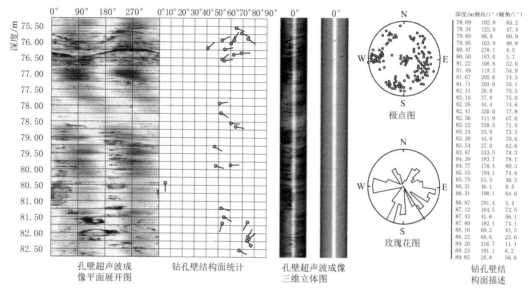

图 4-36　超声波钻孔电视测试数据的解译成果

孔壁超声波成像平面展开图为传感器从地磁北极开始顺时针北（N）→东（E）→南（S）→西（W）→北（N）对孔壁进行扫描并随探头升降所形成的孔壁平剖图。因为不同密度和强度的物质对超声波的反射能力不同，颜色的深浅和变化反映了超声波反射信号的强弱，即反映了钻孔孔壁岩性和强度差异性。

钻孔节理裂隙统计图是在孔壁超声波成像平面展开图的基础上经过投影处理而得到节理裂隙随深度分布情况的一个图形。图 4-36 中为蝌蚪图，蝌蚪所在的区间代表节理裂隙的倾角，每 10° 为一个区间，0°~90° 共八个区间，蝌蚪尾巴的指向代表节理裂隙的倾向。孔壁超声波成像三维立体图是孔壁超声波成像平面展开图通过软件处理所形成的一个三维表达形式。钻孔节理裂隙统计极点图和玫瑰花图是对钻孔节理裂隙数据进行统计分析绘制而成，与工程实践中所使用的极点图和玫瑰花图类似。

4.4.2　硬脆性岩体微裂隙分布特征统计分析

以 ZK104 垂直孔进行的超声波电视重复测试成果为例进行分析，ZK104 垂直孔深度约 25.00m，其中从孔口以下 1.0m 为钢质套管，而钻孔底部被岩粉沉淀堵塞，受这些现场条件限制，该孔超声波成像数据仅反映了 1.90～23.50m 范围内情况。将图像和实际孔壁和岩芯对比，可以解译出图中各颜色的含义，即黄色代表完整岩石，蓝色代表完整性相对较差的岩石和岩体中密度和强度相对较低的部分；图中的暗色正弦曲线为裂隙面顺时针展开，较宽的深蓝色带为岩芯破碎带。对每条裂隙面进行统计，标明每条裂隙面的深度和产状（倾向和倾角值）。利用仪器记录的超声波测试探头的倾向和倾角随深度变化曲线，将视倾角转换成真倾角，将孔壁二维展开图像生成柱状图。在这一深度范围内，共统计到裂隙面 46 条，下面对现场所获得的测试图像和数据进行分析。

4.4.2.1　裂隙产状的统计分析

对钻孔所揭露的裂隙面倾角进行分段统计，统计结果如图 4-37 所示。图 4-37（a）为 ZK104 垂直孔所揭露的裂隙面倾角随深度分布图，结果表明，裂隙面倾角随深度变化不明显，为了进一步详细解析裂隙面特点，对钻孔进行分段分析，结果如图 4-37（b）所示；图中分 1.9～11.5m 和 11.5～23.5m 两个深度范围对裂隙面优势倾角进行详细统计，通过统计分析可知，1.9～11.5m 深度范围所揭露的裂隙面优势倾角为 52.06° 左右，而 11.5～23.5m 深度范围内所揭露的裂隙面优势倾角分别为 45.98° 左右。根据工程实践的需要和人们对裂隙面倾角的认识，可以按照缓倾角（$0°<\alpha\leqslant20°$）、较缓倾角（$20°<\alpha\leqslant45°$）、陡倾角（$45°<\alpha\leqslant70°$）和极陡倾角（$70°<\alpha\leqslant90°$）。对该孔所揭露的各种裂隙面的倾角进行统计，微裂隙面的倾角主要以较缓倾角和陡倾角为主，其中较缓倾角裂隙面占 15.22%，陡倾角裂隙面占 76.07%。

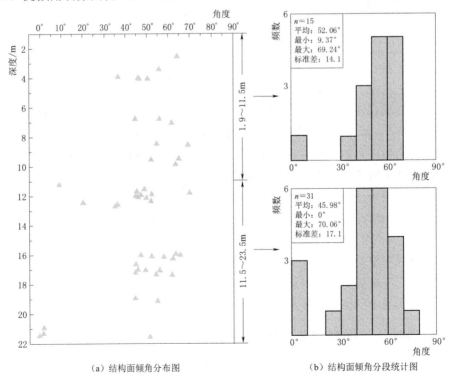

(a) 结构面倾角分布图　　　　　　（b）结构面倾角分段统计图

图 4-37　ZK104 垂直孔裂隙面倾角统计图

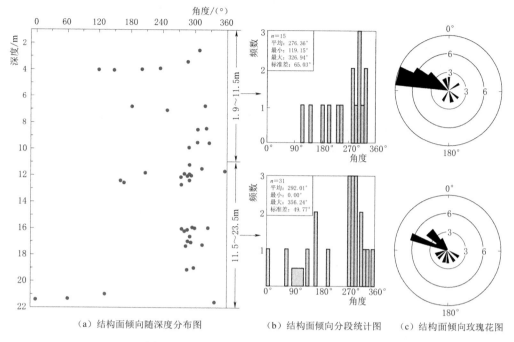

（a）结构面倾向随深度分布图　（b）结构面倾向分段统计图　（c）结构面倾向玫瑰花图

图 4-38　ZK104 垂直孔裂隙面倾向统计图

4.4.2.2　优势裂隙面统计分析

优势裂隙面统计分析主要目的在于探讨倾向随深度的变化关系，同时划分出主要裂隙面组的产状。裂隙面统计结果如图 4-38 所示，图 4-38（a）为裂隙面倾向随深度变化图，图中可以看出裂隙面倾向随深部变化有较为明显的规律，揭示了在 1.9～11.5m 范围内，优势倾向为 276.36°；在 11.5～23.5m 范围内，优势倾向为 292.01°左右，详细的统计分布特征如图 4-38（b）、（c）所示。

4.4.2.3　裂隙面线密度分析

裂隙面线密度按照每 2m 进行统计，图 4-39 以直方图的形式反映了裂隙面线密度随深度的变化。在 ZK104 垂直孔中，16～18m 范围内裂隙面线密度最大，平均 5 条/m；第二个裂隙面相对较密集深度的地方为 10～12m 的范围内，线密度约为 3 条/m。

4.4.2.4　岩体完整性分析

根据图像解译结果和结构面线密度统计，并结合实际的钻孔岩芯编录，划分出岩芯破碎带、结构面密集带、

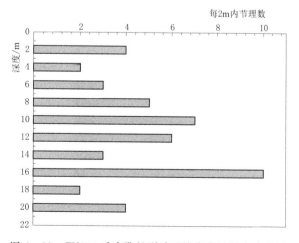

图 4-39　ZK104 垂直孔的裂隙面线密度随深度变化图

较密集带和岩芯完整带。划分标准为：当钻孔孔壁图像有一半以上面积为暗蓝色或宽结构面（结构面宽度不小于 20cm）很多且结构面间距小于 20cm 时，即认为是岩芯破碎带；结构面密集带指结构面线密度大于 4 条/m 的区域，结构面较密集带指结构面线密度介于 2～4 条/m 的区域；岩芯完整带指结构面线密度不大于 2 条/m 的区域。选取典型钻孔（104 垂直孔）在 0～17.0m 深度范围内的岩芯完整性分析，划分结果见表 4－1。

表 4－1　　　典型钻孔（104 垂直孔）在 0～17.0m 深度范围内的岩芯完整性分析

岩芯类别	深度范围/m	性状描述
岩芯破碎带	4.25～10.00、11.75～13.00、15.75～16.25	岩体十分破碎，钻孔扩径较为严重
结构面密集带	10.0～11.75、13.00～15.75、16.75～17.50、19.0～21.75	岩体相对较完整，结构面清晰可辨，结构面线密度非常高，而且以清晰的张性结构面为主
结构面较密集带	1.90～4.25	岩体较完整，结构面基本清晰可辨，结构面线密度相对较高，而张性结构面所占比例大大降低
岩芯完整带	其余部分	结构面线密度相对较低，而且结构面主要以压性结构面为主

总体来看，整个钻孔的岩体相对较为破碎，岩芯破碎带和结构面密集带占了整个钻孔的 75% 以上，且完整带很少。

4.4.3　硬脆性岩体破裂发展特征辨识

4.4.3.1　硬脆性岩体破裂特征

根据高分辨率超声波测试结果，高精度地获取了脆性玄武岩沿孔深段裂隙面分布的数据特征。本节重点针对重复测试成果进行对比分析：一是了解玄武岩原生及破裂裂纹典型分布特征；二是掌握玄武岩高应力破坏孔壁典型分布特征和应力破裂破坏随时间的发展特性。图 4－40（a）为揭示的玄武岩典型的原生及破裂裂隙图像，裂隙平面展开后呈现为一条正弦曲线；图 4－40（b）为揭示的厂房顶拱杏仁状玄武岩的分布特征。本次测试结果清晰地揭示了厂顶玄武岩岩体的赋存条件分布特征与规律。

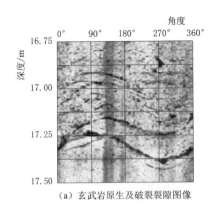

（a）玄武岩原生及破裂裂隙图像

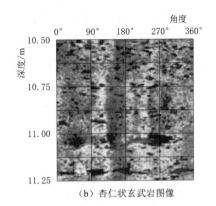

（b）杏仁状玄武岩图像

图 4－40　钻孔 ZK104 揭示的玄武岩岩体赋存条件分布特征典型图像

通过对全孔段图像的对比分析可知，在3.50～4.25m范围内发现明显的暗色条带区，暗色条带宽度随深度变化不明显，且对称分布于钻孔孔壁两侧，该分布特征为典型的应力崩落现象，见图4-41（a）。表明该区域的二次应力场已经造成了钻孔孔壁的破坏，解译的成果清晰揭示了玄武岩高应力破坏分布特征。图4-41（b）中的图像揭示了厂房顶拱围岩在深部发育的诱发破裂裂纹，如图4-41（b）中的暗色条带所示，这类暗色条带形状和分布均具有显著的不规律特征，与图4-40（a）、（b）中所揭示的岩体内原生赋存的裂隙面和夹层明显不同，应为厂房开挖导致的顶拱围岩深层岩体应力破裂所形成。这类诱发裂隙主要发育于5.38～8.63m、9.68～10.11m、16.12～16.32m、21.45～21.77m四个区域范围内。图4-41（c）中的图像揭示了厂房顶拱围岩赋存的一个破碎带，宽度约为0.5m，产状为194°∠50°，如图4-41（c）中的暗色条带所示，这类暗色条带形状呈类似正弦曲线状，每条宽度超过0.1m。

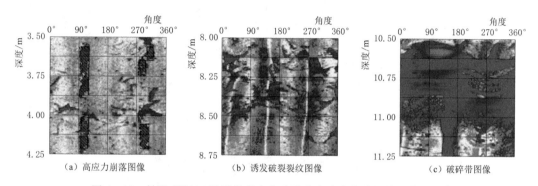

图4-41　钻孔ZK104揭示的高应力破裂分布及孔壁破坏特征典型图像

4.4.3.2　硬脆性岩体破裂发展

工程现场共开展了六次重复测试工作，分别为2017年10月10日、2017年11月23日、2017年12月25日、2018年3月14日、2018年7月28日、2018年11月14日，通过分析六次重复测试成果可知，揭露了硬脆性岩体破裂特征加剧现象（图中深蓝区域变大）。将测试区所有六次测试获得的钻孔孔壁图像反复对比，发现测试区内统计到的总体裂隙面数目没有变化，与第一次测试获得的节理数目一致，故在这个时间跨度范围内，没有新增诱发裂隙。每次后续测试基本验证了先前几次的测试与研究结论，这也进一步说明，测试区域岩体在测试期间整体稳定，与常规的变形监测、声波测试成果基本规律吻合。

对比分析钻孔ZK104的六次高精度超声波钻孔电视重复录井观测结果可知，局部岩体受工程区域应力场调整演化作用，出现破坏加剧的现象，如图4-42所示，6.90～9.25m、9.75～10.50m、11.90～12.90m范围的破坏呈现随时间均存在加剧现象，其中9.75～10.50m的破坏区从第一次测试的不明显破坏，到第六次测试拓宽到70°左右范围的宽度，并且破坏区从第二次、第三次测试时向下延伸了约0.25m，如图4-42（a）所示深蓝区域变大；11.90～12.90m的破坏区也揭示向下延伸了约0.25m，如图4-42（b）所示。结合岩性素描看，发生应力破裂发展区域岩性主要为隐晶质玄武岩，杏仁状玄武岩存在应力破裂，但破裂发展特征明显不如隐晶质突出。

测量日期

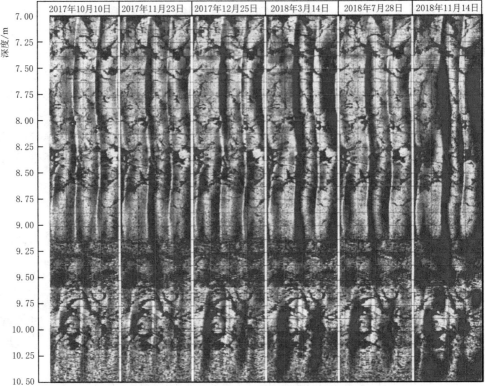

（a）7.00～10.50m深度区间内应力破裂破坏孔壁加重区变化（深蓝区域变大）

测量日期

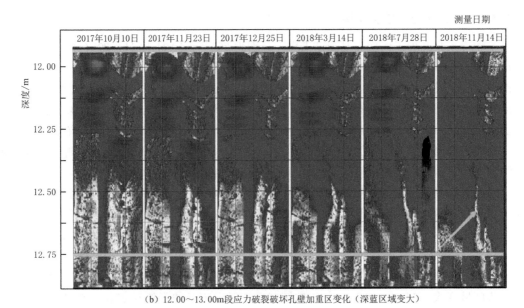

（b）12.00～13.00m段应力破裂破坏孔壁加重区变化（深蓝区域变大）

图 4-42　钻孔 ZK104 六次重复测试成果对比揭露的钻孔孔壁应力破坏逐步加重特征

4.4.3.3　高应力破裂发展响应探讨

白鹤滩电站地下厂房区玄武岩主要由隐晶质玄武岩、杏仁状玄武岩等类型组成，其内部普遍赋存着各种充填体和隐微裂隙，充填体在隐晶质试样中分布相对较少，在杏仁状玄武岩中较多，而且呈体积不同与不均匀分布，这一特征本次测试成果中也得到进一步揭示验证。高应力破裂发展响应基本认识如下：

（1）钻孔 ZK104 重复测试成果在 1.9～23.50m 的范围内共统计到 46 条裂隙面，裂隙面倾角以陡倾角为主，占比 76.07％，优势倾角范围为 45.98°～52.06°；裂隙面的倾向为 NWW 向，优势倾向范围为 276.36°～292.01°，测试时间段内裂隙面倾角和倾向随深度变化不明显，表明玄武岩脆性裂纹裂隙主要发生在高分辨率超声波测试时间段之前，即厂房第Ⅲ层开挖顶拱应力调整最为剧烈期间，与本次测试时段之前现场监测数据突变和测试期间监测数据变化较小的变化规律基本一致。

（2）利用高精度钻孔电视有效辨识出了钻孔孔壁高应力崩落区，分布在 3.50～4.25m 的深度范围内；识别得到了顶拱围岩在深部发育的诱发破裂裂纹区，主要发育于 5.38～8.63m、9.68～10.11m、16.12～16.32m、21.45～21.77m 四个区域范围内。

（3）分析六次重复测试成果可知，钻孔孔壁岩体在测试期间整体稳定，但局部岩体受工程区域应力场调整演化作用，出现破坏加剧的现象，例如 6.90～9.25m、9.75～10.50m、11.90～12.90m 的深度区域。测试成果揭示隐晶质玄武岩具有更为明显的高应力破裂发展特性，表明开挖形成的应力集中环境更加易于加剧隐晶质玄武岩的损伤程度、诱发应力型破裂破坏。

室内试验成果和工程实践表明，隐晶质和杏仁状玄武岩具有一定共性特点，即两种岩性的岩石在峰后阶段均表现出典型的脆性行为，现场主要表现为显著的应力型脆性破坏特征。而测试成果清晰地揭示了隐晶质玄武岩具有更为明显的高应力破裂发展特性，表明开挖形成的应力集中环境更加易于加剧隐晶质玄武岩的损伤程度、诱发应力型破裂破坏，也揭示了隐晶质玄武岩和杏仁状玄武岩力学性质仍存在差异性。本书探索性应用高精度超声波成像综合测试系统进行多次重复测试，测试成果获得了硬脆玄武岩赋存条件和高应力破裂分布特征及发展特性的大量基础资料信息。工程实践表明，测试成果很好地为工程开挖施工和动态支护设计提供了坚实的基础资料依据，揭示了不同深度脆性玄武岩高应力调整下裂隙面分布特征与钻孔应力破裂发展特点，有效辨识了玄武岩岩体内破碎带危险区以及钻孔孔壁破坏逐步加重区的深度范围，这对精确研究不同类型玄武岩力学机理与围岩响应提供支持。

4.5　脆性岩体松弛变形监测成果分析

4.5.1　岩体松弛声波测试成果分析

白鹤滩地下洞室锚固洞钻孔测段岩性主要为角砾熔岩、杏仁状玄武岩、隐晶质玄武岩，局部段有凝灰岩，根据本工程以往声波测试成果，新鲜完整岩块声波波速取值。按凝灰岩经验最高声波波速合适取值为 5000m/s。针对工程区岩体完整、新鲜花岗岩，取最高纵波速度为 6200m/s。依据声波速度进行的岩体完整性分类详见表 4 - 2。

表 4-2		声波测井岩体完整性分类表			单位：m/s
岩　类	k_w				
	0.75～1	0.55～0.75	0.35～0.55	0.15～0.35	≤0.15
柱状节理玄武岩	6300～5456	5456～4672	4672～3727	3727～2440	≤2440
隐晶质玄武岩	6200～5369	5369～4598	4598～3668	3668～2401	≤2401
杏仁状玄武岩	5950～5153	5153～4413	4413～3520	3520～2304	≤2304
角砾熔岩	5800～5023	5023～4301	4301～3431	3431～2246	≤2246
凝灰岩	5023～4763	4763～4079	4079～3354	3254～2130	≤2130
岩体完整程度	完整	较完整	完整性差	较破碎	破碎

4.5.1.1　典型钻孔声波曲线及完整性分析

针对白鹤滩地下厂房洞室顶拱 CZK104 钻孔声波曲线及完整性分析，声波测试范围为0.6～24.2m，测试孔段根据岩类可分为 14 段，主要为角砾熔岩、杏仁状玄武岩、隐晶质玄武岩。该孔所测段岩体声速完整性评价分布见图 4-43，由图可见，该孔的岩体多为完整性差和较完整。测段内破碎岩占 0.01%，较破碎岩体占 0.84%，完整性差岩体占 33.61%，较完整岩体占 62.18%；完整岩体占 3.36%。2017 年 7 月首次测试到 2018 年 11 月末次测试进行对比分析，该孔整体声波波速未见明显变化，孔底离厂房顶拱约 3.2m，未见明显松弛。声速成果分析统计详见表 4-3，声波曲线图见图 4-44，分析表见 4-4。

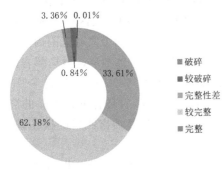

图 4-43　CZK104 钻孔所测段岩体声速完整性评价分布

表 4-3			CZK104 钻孔岩体声速成果分析统计表		
孔深范围/m	声速范围/(m/s)	均值/(m/s)	岩　类	完整性系数	完整性评价
0.6～2.2	3478～4598	4099	杏仁状玄武岩、隐晶质玄武岩	0.47	完整性差
2.2～4.2	4545～5000	4714	隐晶质玄武岩	0.58	较完整
2.2～4.2	4819～5263	5037	角砾熔岩	0.75	完整
4.2～6.6	4494～5195	4810	角砾熔岩	0.69	较完整
6.6～7.6	4082～4444	4250	杏仁状玄武岩、角砾熔岩	0.52	完整性差
7.6～11.4	4255～5063	4546	杏仁状玄武岩、角砾熔岩	0.59	较完整
11.4～13	3670～4819	4245	隐晶质玄武岩	0.47	完整性差
13～14.8	4444～4938	4725	杏仁状玄武岩、隐晶质玄武岩	0.62	较完整
14.8～17.4	3883～4651	4343	隐晶质玄武岩	0.49	完整性差
17.4～19.2	4651～5479	5064	隐晶质玄武岩	0.67	较完整
19.2～19.8	4444～4545	4511	隐晶质玄武岩	0.53	完整性差
19.2～22.6	4444～4938	4612	杏仁状玄武岩	0.61	较完整
22.6～23.4	4167～4396	4293	杏仁状玄武岩	0.52	完整性差
23.4～24.2	4444～4598	4520	杏仁状玄武岩	0.58	较完整

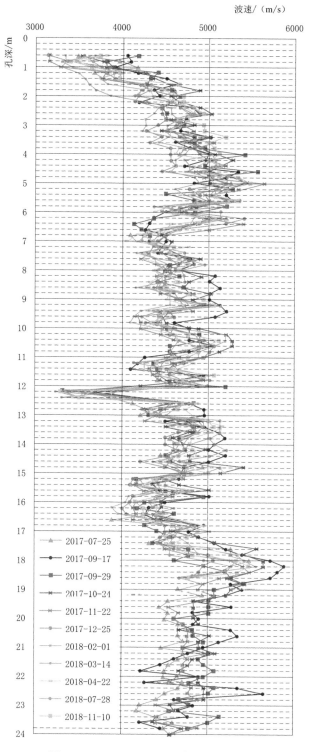

图 4-44 CZK104 钻孔岩体声波曲线图

表 4 - 4　　　　　　　　　　　　CZK104 钻孔岩体声速曲线分析表

孔号	深度/m	岩性	声波范围/(m/s)	平均声速/(m/s)	备　注
CZK104	0.5～1.9、7.2～9.3、10.4～11.4、12.9～14.5、20.7～24.1	杏仁状玄武岩	3478～5063	4465	该孔在孔口 1.6m 范围内出现松弛，12.2～12.6m 段声波声速呈现连续低速；该孔底部未见松弛（底部离厂房顶拱约 3.2m）
	1.9～4.3、11.4～12.9、14.5～19.8	隐晶质玄武岩	3670～5479	4577	
	4.3～7.2、9.3～10.4、19.8～20.7	角砾熔岩	4082～5263	4674	
	3.9～5.0、16.2～19.9	隐晶质玄武岩	4167～5797	5125	
	5.0～6.5	角砾熔岩	4396～5556	4940	

针对白鹤滩地下厂房洞室顶拱 CZK108 钻孔声波曲线及完整性分析，声波测试范围为 1.2～24.0m，测试孔段根据岩类可分为 19 段，主要为角砾熔岩、杏仁状玄武岩、隐晶质玄武岩。该孔所测段岩体声速完整性评价分布见图 4 - 45，由图可见，该孔的岩体多为较完整。测段内破碎岩体占 0.00%，较破碎岩体占 0.01%，完整性差岩体占 25.22%，较完整岩体占 66.94%；完整岩体占 7.83%。该孔底部离厂房顶拱约 3.5m，2017 年 9 月首次测试到 2018 年 11 月末次测试进行对比分析，该孔底部声波波速有所降低，推断底部出现松弛，松弛深度约 4.5m。声速成果分析统计表详见表 4 - 5，声波曲线图见图 4 - 46，分析表见表 4 - 6。

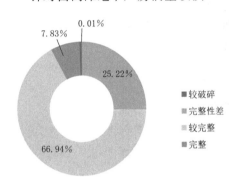

图 4 - 45　CZK108 钻孔所测段岩体
声速完整性评价分布

■ 较破碎　■ 完整性差　■ 较完整　■ 完整

表 4 - 5　　　　　　　　　　　CZK108 钻孔岩体声速成果分析统计表

孔深范围/m	声速范围/(m/s)	均值/(m/s)	岩　类	完整性系数	完整性评价
1.2～2.4	4211～5063	4548	角砾熔岩	0.61	较完整
2.4～2.8	4167～4255	4211	角砾熔岩	0.53	完整性差
2.8～3.2	4444～4494	4469	角砾熔岩	0.59	较完整
3.2～3.6	4167～4255	4211	杏仁状玄武岩	0.50	完整性差
3.6～4.2	4444～4878	4622	杏仁状玄武岩	0.60	较完整
4.2～5.2	3810～4255	4022	杏仁状玄武岩	0.46	完整性差
5.2～5.8	4545～4762	4617	杏仁状玄武岩	0.60	较完整
5.8～6.4	4082～4706	4318	杏仁状玄武岩	0.53	完整性差
6.4～7.2	4167～5063	4568	杏仁状玄武岩	0.59	较完整
7.2～8.4	5128～5714	5462	隐晶质玄武岩	0.79	完整
8.4～15.0	4167～5333	4803	隐晶质玄武岩、角砾熔岩	0.66	较完整

续表

孔深范围/m	声速范围/(m/s)	均值/(m/s)	岩　类	完整性系数	完整性评价
15.0～15.4	3883～4211	4047	角砾熔岩	0.49	完整性差
15.4～16.2	4348～4819	4631	角砾熔岩	0.64	较完整
16.2～17.6	3960～4598	4233	角砾熔岩、杏仁状玄武岩	0.52	完整性差
17.6～21.8	4255～5195	4778	杏仁状玄武岩	0.64	较完整
21.8～22.2	5263～5556	5410	杏仁状玄武岩	0.83	完整
22.2～23.0	4444～4706	4535	杏仁状玄武岩	0.58	较完整
23.0～23.6	4082～4348	4228	杏仁状玄武岩	0.51	完整性差
23.6～24.0	4598～4819	4709	杏仁状玄武岩	0.63	较完整

表 4-6　　　　　　　　　　　　CZK108 钻孔岩体声速曲线分析表

孔号	深度/m	岩性	声波范围/(m/s)	平均声速/(m/s)	备　注
CZK108	3.3～7.5、16.7～24.2	杏仁状玄武岩	3810～5714	4597	孔口 1.6m 范围内出现松弛，在 4.2～6.4m、10.2～10.4m、15.0～15.4m、16.0～17.2m 段出现连续低速带；
	7.5～10.1	隐晶质玄武岩	4545～5634	5200	在 2017 年 11 月之后测试中底部出现低速，推测该孔底部松弛，即厂房顶拱松弛深度为 4.5m（该孔底部离厂房顶拱约 3.5m）
	0.3～3.3、10.1～16.7	角砾熔岩	3883～5063	4577	

4.5.1.2　地下洞室岩体松弛圈测试成果分析

地下厂房顶拱和边墙开展声波测试孔布置见图 4-47，厂房顶拱厂顶锚固洞共有测试孔 11 个，1 号锚固洞共 6 个，2 号锚固洞共 5 个。边墙声波测试成果主要分布在岩梁以上高程 608m 和岩梁以下高程 601m、高程 591m、高程 583m、高程 572m。岩体中产生新的破裂现象，都会导致一部分量能释放，从而影响到围岩应力集中水平和屈服区的深度，因此，能反映结构面变形、破裂产生对围岩能量和应力分布产生影响的非连续力学方法成为一种选择。由于宏观结构面可以在相关分析中单独模拟，因此，采用非连续方法描述岩体力学特性的关键在于细观破裂行为的影响，解决这一问题的途径有小尺度方式和微观尺度两种方式。研究中以现场地下厂房洞室群典型断面声波测试结果为依据，认为低波速带是裂纹相对发育导致岩体波速特性降低的结果，采用 UDEC 非连续数值计算成果复核分析。

经分析测试成果，厂房边墙高程 608m 开挖完成后（2015 年 5—8 月）的声波测试结果显示，上游边墙松弛深度 0.3～1.4m，平均松弛深度为 0.8m，下游边墙松弛深度 0.8～2.4m，平均松弛深度为 1.33m，下游侧边墙比上游侧边墙松弛深度略大；2016 年 11 月（开挖至高程 595.9m）的声波测试结果显示，上游边墙松弛深度 1.6～4m，平均松弛深度为 2.4m，下游边墙松弛深度 2.4～3.2m，平均松弛深度为 2.5m，下游侧边墙比上游侧边墙松弛深度略大；2017 年 1 月（开挖至高程 589.8m）对下游侧边墙三个声波孔进行测试，测试结果显示边墙松弛深度 2.6～3.8m，平均松弛深度为 3.3m。2017 年 5 月

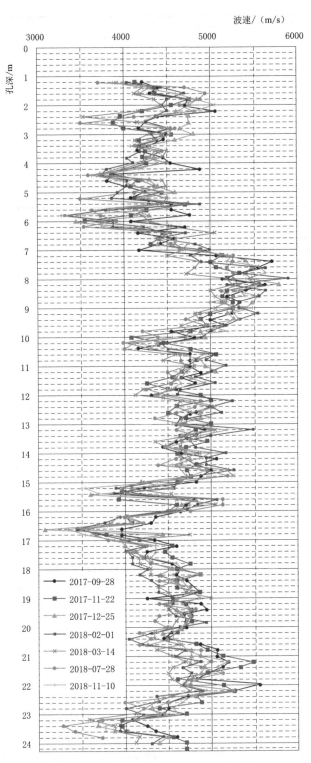

图 4 - 46　CZK108 钻孔岩体声波曲线图

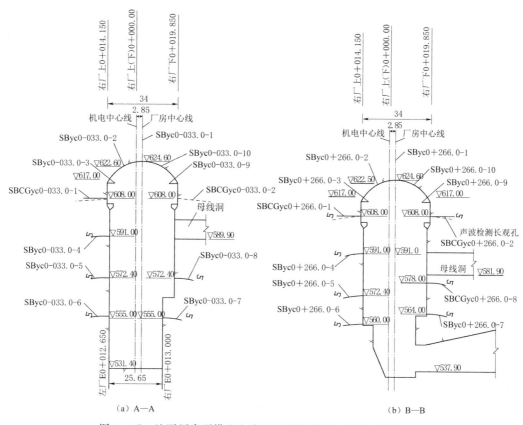

图 4-47　地下厂房顶拱和边墙开展声波测试孔布置（单位：m）

8 日（开挖至高程 584.1m）的声波测试结果显示，上游边墙松弛深度 1.8～4.2m，平均松弛深度为 3.04m，下游边墙松弛深度 3.2～4.2m，平均松弛深度为 3.76m。与刚开挖时相比，上游侧边墙平均松弛深度增加了 2.24m 左右，下游侧增加了 2.43m 左右。

厂房边墙高程 601m 开挖完成后（2016 年 3—4 月）的声波测试结果显示，上游边墙松弛深度 2.6～3.8m，平均松弛深度为 3.3m，下游边墙松弛深度 3.0～4.4m，平均松弛深度为 3.5m，下游侧边墙松弛深度略大于上游侧边墙；2016 年 12 月至 2017 年 2 月（开挖至高程 589.6m）的声波测试结果显示，上游边墙松弛深度 2.4～4.8m，平均松弛深度为 3.7m，下游边墙松弛深度 2.5～5.6m，平均松弛深度为 4.0m，下游侧边墙松弛深度略大于上游侧边墙。与刚开挖时相比，上游侧边墙平均松弛深度增加了 0.4m 左右，下游侧增加了 0.5m 左右。

厂房边墙高程 591m 开挖完成后（2017 年 4 月），于 2017 年 5 月 6 日对上游侧边墙一次性声波测试孔进行松弛圈深度测试，测试结果显示，上游边墙松弛深度为 1.0～2.6m，平均松弛深度为 2.1m。

通过高程 608m 和高程 591m 以下部分测试的成果复核，图 4-48 给出了右岸地下厂房第Ⅵb 层开挖后顶拱和边墙的松弛深度反馈复核成果，由复核成果可知，顶拱在第Ⅵ层开挖过程松弛深度有一定程度的增加，松弛深度增加一般为 0.0～0.4m，松弛深度为 1.7～3.6m。第Ⅵb 层开挖完成后，高程 608m 上下游边墙的松弛深度增加 0.2～0.7m，松弛深度分别为 4.5m 和 4.9m；高程 601m 上下游边墙松弛深度分别为 5.2m 和 6.3m；高程 591m 上下游边墙松弛深度分别为 4.9m 和 6.0m；高程 583m 以下高程上下游边墙松弛深度分别为 3.1m 和 3.9m；随着后续开挖围岩平均松弛深度变化为 0.2~1.53m。

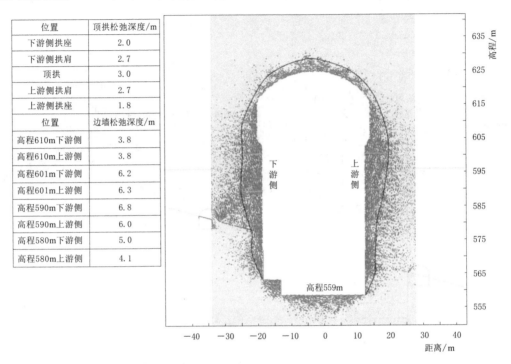

位置	顶拱松弛深度/m
下游侧拱座	2.0
下游侧拱肩	2.7
顶拱	3.0
上游侧拱肩	2.7
上游侧拱座	1.8
位置	边墙松弛深度/m
高程610m下游侧	3.8
高程610m上游侧	3.8
高程601m下游侧	6.2
高程601m上游侧	6.3
高程590m下游侧	6.8
高程590m上游侧	6.0
高程580m下游侧	5.0
高程580m上游侧	4.1

图 4-48　地下厂房一般洞段开挖完成后的松弛区预测

总体上，白鹤滩右岸地下厂房顶拱的松动圈深度一般为 1~2m，顶拱围岩松弛随时间加深不显著；而边墙岩体松弛深度相对较大，一般在 3~6m。图 4-48 揭示了地下厂房开挖完成后顶拱和边墙围岩破裂损伤区分布特征以及变形分布特征，揭示的裂纹发育区应该与现场测试得到的低波速带基本一致，分析预测的左岸地下厂房顶拱和边墙松弛深度与现场实际获得的松弛深度基本一致。地下厂房钻孔声波测试成果见表 4-7。

4.5.2　脆性岩体片帮破裂特征统计和钻孔电视测试

4.5.2.1　脆性岩体片帮破裂特征统计

白鹤滩地下洞室顶拱揭露岩性主要为块状玄武岩夹角砾熔岩，岩质坚硬，微新、无卸荷状，岩体结构以次块状为主，局部块状结构，围岩类别主要为 III_1 类，占比 73%，局部为 III_2 类围岩，占比 21%，C4 及 C3 发育部位为 IV 类围岩，占比 6%。施工过程中常发生片帮现象，并可听到岩石爆裂声。片帮位置及特征与地应力大小、方向密切相关，统计表明，地下洞室片帮大多数发生在上游侧拱肩偏拱肩部位，与地下厂房区 E—W 向第二主应力大角度相交厂房轴线（N—S），并且缓倾河谷侧有关。洞室开挖后，在厂房上游侧拱肩产生应力集中，从而在上游侧拱肩产生片帮。片帮长度统计见表 4-8。

表 4-7 地下厂房钻孔声波测试成果统计表

孔高程 /m	部位	测试时间	孔数	松弛深度范围 /m	平均松弛深度 /m	平均波速	
						松弛区 /(m/s)	非松弛区 /(m/s)
624.6	顶拱	2015 年 2—3 月	6	1.1～2.3	1.63	4071	4920
622.6～617	上游侧拱肩	2015 年 2—3 月	12	0.6～2.5	1.59	4071	4920
	下游侧拱肩	2015 年 2—3 月	9	0.9～2.5	1.42	4071	4920
608	上游侧边墙	2015 年 5—6 月	6	0.3～1.4	0.8	4071	4920
		2016 年 10—11 月	5	1.6～4	2.4	3773	4714
		2017 年 5 月	5	1.8～4.2	3.1	3802	4787
	下游侧边墙	2015 年 5—8 月	6	0.8～2.4	1.33	3712	5000
		2016 年 11 月	2	2.4～3.2	2.5	3785	4464
		2017 年 1 月	3	2.6～3.8	3.3	3788	4941
		2017 年 5 月	5	3.2～4.2	3.8	3821	4763
601	上游侧边墙	2016 年 3—4 月	5	2.6～3.8	3.3	3736	4892
		2016 年 9 月	2	2.6～3.4	3.0	3659	4620
		2016 年 12 月至 2017 年 2 月	7	2.4～4.8	3.8	3946	4538
	下游侧边墙	2016 年 3—4 月	5	3.0～4.4	3.5	3527	4708
		2016 年 9 月	2	2.4～3.4	3.1	3646	4515
		2016 年 12 月至 2017 年 2 月	8	2.5～5.6	4.3	4056	4580
591	上游侧边墙	2017 年 5 月	4	1.9～6.6	4.1	3838	4638
583	下游边墙	2017 年 7 月	4	2.0～5.6	3.9	3785	3785
572	上游边墙	2017 年 10 月	6	1.8～2.7	2.5	4464	4464
578	下游边墙	2017 年 10 月	3	2.1～2.4	2.3	3821	3821

表 4-8 地下厂房洞室破裂破坏长度统计表

开挖阶段	部位	开挖洞长 /m	破裂破坏段洞长 /m	破裂破坏段百分比 /%
顶拱（第Ⅰ层）	上游侧拱肩	453	150	33
	拱顶		10	2
	下游侧拱肩		20	4
第Ⅱ层	上游侧边墙	453	15	3
	下游侧边墙	453	140	31
第Ⅲ层	上游侧边墙	438	30	7
	下游侧边墙	438	223	51
第Ⅳ层	上游侧边墙	350	0	0
	下游侧边墙	350	102	29
第Ⅴa层	上游侧边墙	350	0	0
	下游侧边墙	350	81	23

片帮发育一般深度为 10～30cm，局部达 50～70cm，片帮垂直洞轴线宽度一般 3～8m，最宽 12m，典型片帮现象如图 4-49 所示。在勘探平洞内片帮主要发生在斜斑玄武岩、隐晶质玄武岩内，部分发生在杏仁状玄武内，很少发生在角砾熔岩内。施工阶段片帮在地下厂房各岩性层内均有发育，但仍存在一定的关系：斜斑玄武岩最为发育，其次为隐晶质玄武岩、杏仁状玄武岩，再次为角砾熔岩；图 4-50 为地下厂房第Ⅳ层下游侧桩号右厂 0-049～右厂 0-056 破裂破坏。

图 4-49　地下洞室上游侧拱肩右厂 0+160～　　　　图 4-50　地下厂房第Ⅳ层下游侧桩号右厂
0+167 片帮形成的光面　　　　　　　　　　0-049～右厂 0-056 破裂破坏

地下厂房开挖后会在其上游侧拱肩、下游侧墙角及开挖不平顺部位产生局部应力集中，当应力超过岩体强度且没有足够的临空面快速释放其能量时，可能以岩体破裂破坏的形式出现。白鹤滩地下厂房跨度达 34m，洞室采用分层分部分块开挖，洞室围岩应力随着洞室开挖形状变化不断调整。地下洞室上游侧拱肩应力集中程度要高于下游侧拱肩，上游侧拱肩初期支护以后多处发生了岩体破裂破坏现象。根据地下厂房洞室地应力场的格局，断面上左岸地下厂房的最大主应力倾向河谷侧，在第Ⅰ层开挖过程中，在上游侧拱肩以及下游侧拱脚形成应力集中区，特别是由于开挖方式的差别，在左岸地下厂房第Ⅰ层开挖分序的交界面处，应力集中程度相对更明显，加上玄武岩硬脆的力学特性，第Ⅰ层开挖过程中上游侧拱肩应力型片帮破坏也更加普遍，如图 4-51 所示。

图 4-52 给出了右岸地下厂房第Ⅰ～Ⅱ层开挖过程不同部位应力调整状态和围岩破裂特征，由图可见，第Ⅰ层下游侧扩挖过程在中导洞与顶拱上游侧交接部位出现应力集中，其量值（监测点 3）超过 40MPa（据前期反馈分析中建议的阈值），存在应力型破坏的风险。继续进行第Ⅰ层下游侧下卧开挖时，监测点 3 的监测应力有所增长，这也是现场中导洞上游侧拱角部位发生片帮破坏的主要原因；同时，拱脚部位（监测点 7）应力增长明显，超过了 40MPa，使得拱脚部位也出现了应力型破坏。继续进行第Ⅰ层上游侧开挖时，由于开挖断面过渡平顺，顶拱应力集中程度略有下降，但两侧拱脚部位应力集中程度较高，应力集中量值均超过了 40MPa；开挖至高程 611.0m 时，可见监测点 1 和监测点 7 应力达到最高，最大约 48.5MPa，表明第Ⅰ层开挖完成时，应力集中程度最高部位为两侧拱脚（墙角）部位。从数值模拟复核看，第Ⅱ层开挖过程应力集中突出部位仍然为两侧墙角部位。这也正是现场第Ⅰ层、第Ⅱ层开挖过程所看到的拱脚或者墙角部位较普遍地发生应力型破坏现象的主要原因。

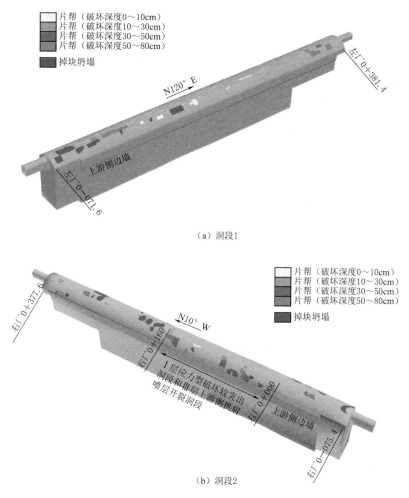

图 4-51　地下厂房洞室顶拱脆性片帮破裂特征统计

4.5.2.2　脆性岩体钻孔电视全景成像分析

针对 CZK104 钻孔详细开展了钻孔电视全景成像，该孔位于白鹤滩地下洞室锚固洞桩号 0+133 处，孔内岩性主要为角砾熔岩、杏仁状玄武岩、隐晶质玄武岩。

钻孔全景成像测试段 0～24.1m，其中 0～0.5m 为套管，孔深 12.1～12.7m 段岩体破碎，发育较大张开结构面；较为明显的结构面主要有 4 处；通过对比 2017 年 7 月 25 日至 2018 年 11 月 10 日（2017 年 12 月 25 日后因周边埋设监测仪器水泥浆串孔，只能观测至 18.7m）孔内全景电视成像未发现明显裂隙增大现象，典型如孔深 12.2～12.8m 处结构面张开最大位置前、后无法明显察觉其增大现象，孔底岩体未见明显松弛。详见图 4-53、图 4-54，主要结构面发育统计详见表 4-9。

4.5.3　破裂扩展特性与损伤区深度测试

白鹤滩脆性玄武岩的松弛特征可以理解为是破裂扩展的结果，针对围岩破裂的检测，

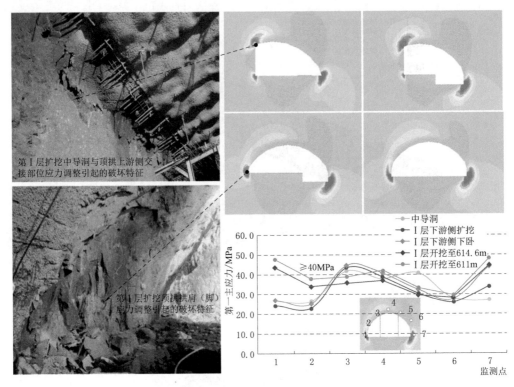

第Ⅰ层扩挖中导洞与顶拱上游侧交接部位应力调整引起的破坏特征

第Ⅰ层扩挖顶拱拱肩（脚）应力调整引起的破坏特征

图 4-52　右岸地下厂房第Ⅰ～Ⅱ层开挖过程不同部位应力调整状态和围岩破裂特征

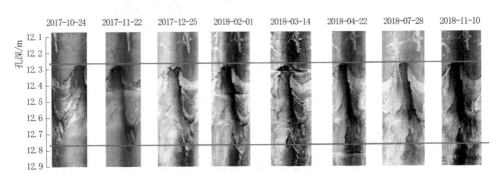

图 4-53　CZK104 钻孔 12.2～12.8m 结构面不同观测时间对照图

表 4-9　　　　　　　　　　CZK104 钻孔电视观察主要结构面发育统计

序号	孔深/m	岩性	孔壁岩体特征	
			孔深/m	简　述
1	0～0.5	混凝土	—	—
2	0.5～1.9	杏仁状玄武岩	0.5～0.7m	混凝土与岩体交接处，岩体脱落严重
3	1.9～4.3	隐晶质玄武岩	—	—
4	4.3～7.2	角砾熔岩	5.4～7.0	发育多条闭合裂隙，宽度约 0.3～1cm
5	7.2～9.3	杏仁状玄武岩	—	—

序号	孔深/m	岩性	孔壁岩体特征	
			孔深/m	简　述
6	9.3～10.4	角砾熔岩	9.3～10.3	发育多条闭合裂隙，宽度约0.1～0.3cm
7	10.4～11.4	杏仁状玄武岩	—	
8	11.4～12.9	隐晶质玄武岩	12.1～12.7	发育一条结构面，结构面张开，最宽处约10cm，岩体沿结构面脱落
9	12.9～14.5	杏仁状玄武岩	—	
10	14.5～19.8	隐晶质玄武岩	19.8	发育一条结构面，宽度约1cm
11	19.8～20.7	角砾熔岩	—	
12	20.7～24.1	杏仁状玄武岩	—	底部岩体松弛

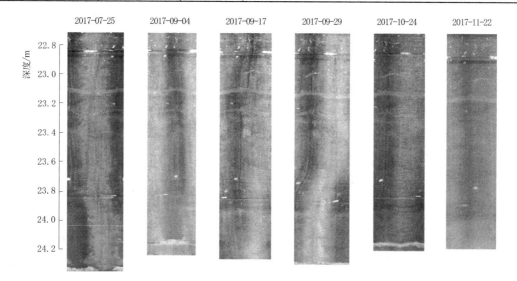

图4-54　CZK104钻孔底部不同观测时间对照图

显然有助于判断围岩破裂扩展过程和影响深度。钻孔取芯及电视成果显示厂房顶拱岩体完整，部分钻孔电视显示顶拱围岩有明显松弛开裂现象，影响深度一般小于0.6～1.8m；少量钻孔电视显示顶拱围岩3～10m范围内可能存在因应力调整产生围岩破裂、裂隙张开现象，如图4-55所示，厂房顶拱岩体出现了岩体破裂裂纹从无到有，且持续发展的情况。

　　为能更好地了解白鹤滩地下厂房顶拱岩体破裂损伤情况，查明开挖岩体损伤分布规律，研究工作在右岸地下厂房上部锚固洞的钻孔电视录井工作，共测量6个钻孔，其中包括4个垂直孔和2个倾斜钻孔。典型超声波电视孔壁录井典型图像如图4-56和图4-57所示。

　　在超声波钻孔电视图像中，不同密度和强度的物质对超声波的反射能力不同，颜色的深浅和变化反映了超声波反射信号的强弱，即反映了钻孔孔壁岩性和强度的差异性。通过图4-56和图4-57井下电视录井的统计分析，确定钻孔所揭露原生结构面的产状信息，

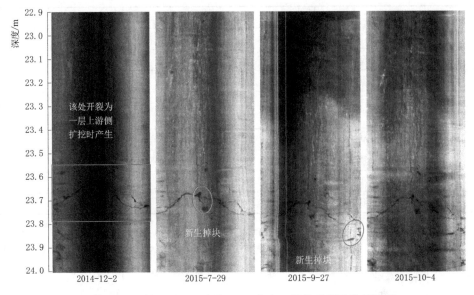

图4-55 1号0+90（厂顶3.8m左右）岩体破裂及发展情况

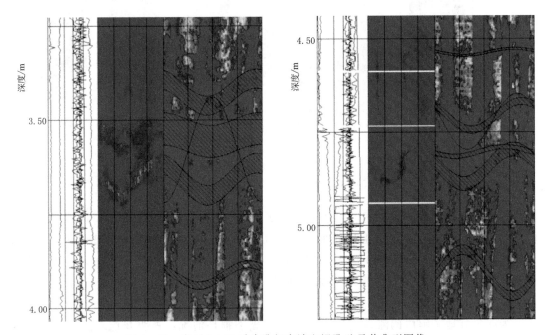

图4-56 右厂0+20垂直孔超声波电视孔壁录井典型图像

主要的结构面有两组，为NW向和NE向，以陡倾角为主，而岩体破裂损伤带孔深一般在3.25～5.00m之间。

4.5.4 破裂扩展导致的时效变形特征

白鹤滩地下厂房在第Ⅲ层开挖完之后岩梁浇筑期间（未进行第Ⅳ层开挖），厂房顶拱

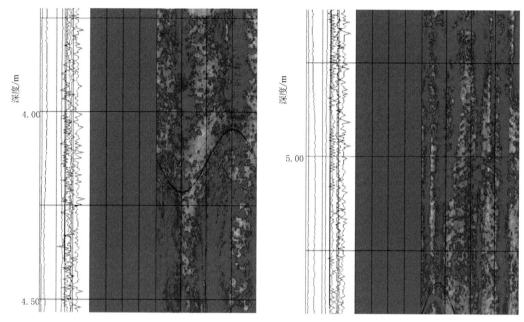

图 4-57　右厂 0+133 垂直孔超声波电视孔壁录井典型图像

围岩变形、支护受力随时间呈现缓慢增长，表现出明显的时间效应特征。从右岸地下厂房的监测数据情况看，第Ⅰ层和第Ⅲ层开挖拱顶浅层围岩变形增量较大，实测围岩变形沿厂房轴线表现出一定差异，围岩变形深度大部分以浅表层围岩（3.5m 以内测点）为主，但第Ⅲ层及岩梁浇筑期间顶拱围岩的变形呈现缓慢增长，岩梁浇筑期间（第Ⅳ层未开挖）顶拱部位的监测测点仍监测到 5.0～15.0mm 的变形增量，支护锚杆受力增长 10～30MPa，呈现明显的时间效应特征。

图 4-58～图 4-61 给出了截至 2016 年 9 月底的右岸地下厂房顶拱的累计变形、地下厂房第Ⅰ层到第Ⅲ层开挖过程中，以及第Ⅲ层开挖完成后，右岸地下厂房顶拱、上下游侧拱肩不同深度变形监测点在各个阶段的增量特征。可以看到：

（1）地下厂房顶拱以及拱肩变形的主要阶段在第Ⅰ层开挖过程，顶拱变形增量一般在 10～20mm，变形超过 10mm 的测点主要在浅表 1.5m 和 3.5m 深度；上游侧拱肩变形增量在 10～25mm；下游侧拱肩变形增量在 10～25mm，其中 4 个断面 11.0m 和 17.0m 变形测点变形均超过 10mm。

（2）Ⅱ层开挖过程中，C4 影响洞段的两个监测断面（右厂 0-20 和右厂 0+20）浅表 1.5m 和 3.5m 测点变形增量超过 10mm，最大为 15.8mm，其他断面测点变形增量在 1～4mm。

（3）Ⅲ层开挖过程中，右厂 0+076、右厂 0+133 监测断面正顶拱及下游侧拱肩变形增量在 10～30mm，并呈现出深部变形特征，其中右厂 0+133 断面顶拱在附近洞段无开挖扰动情况下于 2015 年 9 月 26 日一天内 1.5～11.0m 四个测点变形突增 5～8mm，后续一直呈缓慢增加趋势；此外右厂 0-40 顶拱（Ⅱ层开挖期间即埋）浅层 2.5m 深度范围的最大变形增量为 26.5mm，其他断面不同深度测点变形增量在 3～6mm。

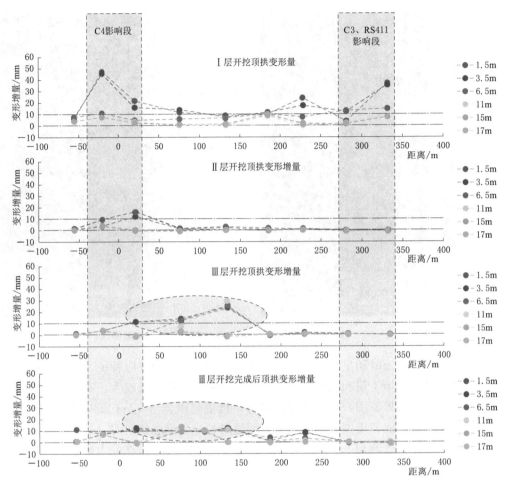

图 4-58　白鹤滩地下厂房正顶拱围岩变形增量统计

（4）Ⅲ层开挖完成后，在没有开挖扰动的情形下，地下厂房顶拱及拱肩的变形大致有如下特征：从副厂房端墙至右厂 0+020 洞段，顶拱变形增量主要在浅层 3.5m（6.5m）深度范围，上游侧拱肩的变形增量基本在 5mm 以内，正顶拱的变形增量为 2~12mm，下游侧拱肩变形增量在 2~7mm。

（5）右厂 0+076~右厂 0+185 等五个监测断面（包含Ⅲ层开挖后即埋的右厂 0+104 正顶拱），正顶拱（下游侧拱肩）均不同程度地表现出 1.5~11m（17m）深度变形同步增长特征，正顶拱变形增量在 5~15mm，下游侧拱肩的变形增量在 5~8mm。

（6）从统计的顶拱变形持续缓慢增加的典型断面自 2016 年 1 月 1 日至 2016 年 12 月底的变形月变化量来看，大部分测点变形速率在 0.5~1.5mm/月，其中右厂 0-20 顶拱、右厂 0+076 顶拱、右厂 0+104 顶拱、右厂 0+133 顶拱、右厂 0+185 下游拱肩等断面 1.5~11.0m 测点变形速率基本一致。右厂 0+76 和右厂 0+133 顶拱 1.5~17.0m 五个测点最大变形速率在 2~3mm/月。对比分析选定 2015 年 12 月 1 日至 2016 年 9 月 27 日岩梁浇筑期间（第Ⅳ层未开挖）共约 300 天监测数据可知，顶拱部位（正拱顶部位）对应监

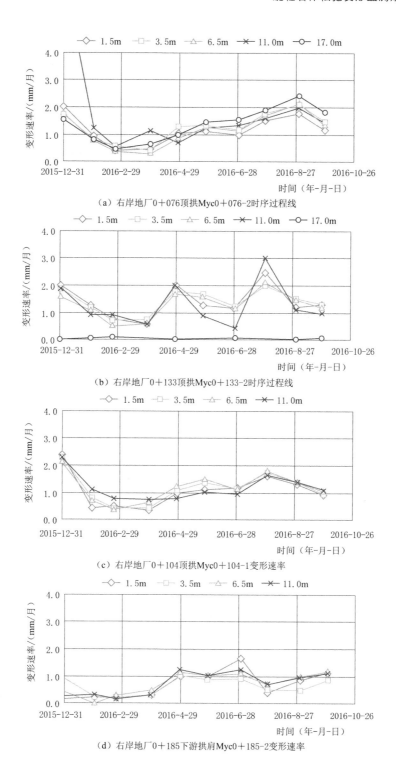

（a）右岸地厂0+076顶拱Myc0+076-2时序过程线

（b）右岸地厂0+133顶拱Myc0+133-2时序过程线

（c）右岸地厂0+104顶拱Myc0+104-1变形速率

（d）右岸地厂0+185下游拱肩Myc0+185-2变形速率

图4-59 白鹤滩地下厂房Ⅲ层开挖后典型断面变形监测点变形月变化率

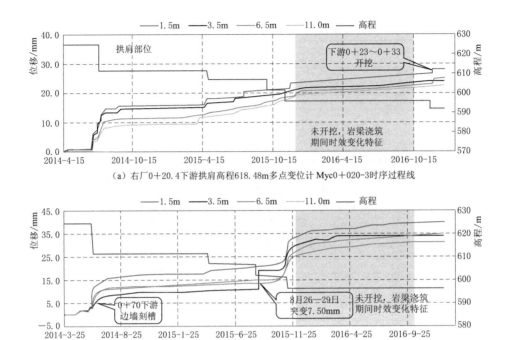

（a）右厂 0＋20.4 下游拱肩高程 618.48m 多点变位计 Myc0＋020-3 时序过程线

（b）右厂 0＋76 下游拱脚高程 618.75m 多点变位计 Myc0＋076-3 时序过程线

图 4-60　白鹤滩地下厂房Ⅲ类岩体洞段拱肩部位实测围岩变形典型时程曲线

测测点实测的变形增量为 5.0～15.0mm；拱肩部位对应监测测点实测变形增量约 3.0～8.0mm。

对比地下厂房四个阶段的变形增量特征可以看到，地下厂房在第Ⅲ层开挖后的近 9 个月时间内变形增量与第Ⅱ层和第Ⅲ层开挖过程中引起的变形增量基本相当，部分监测断面的测试成果甚至还要大一些，再次说明了玄武岩的破裂松弛具有明显的时间效应。

总体上，从地下厂房顶拱典型监测数据可知，第Ⅲ层及岩梁浇筑期间（第Ⅳ层未开挖）顶拱围岩的变形呈现缓慢增长，呈现明显的持续增量特征。剔除开挖停顿期其他因素的影响，那么存在时效变形特征，这种变形特征可以反证高应力条件下围岩持续破裂和破裂扩展行为，即时效变形是破裂扩展的结果和表现形式。

4.5.5　分布式光纤光栅测试成果分析

白鹤滩地下厂房应用了密集准分布式光纤光栅技术主要布置在顶拱部位典型断面，每个钻孔安装布设了光纤光栅应变计、位移计、全孔分布式光纤、温度计等，密集准分布式光纤光栅现场安装埋设布置情况见图 4-63。

每个钻孔安装布设了光纤光栅应变计、位移计、全孔分布式光纤、温度计等，由于部分成果光纤光栅光损过大无法解调有效数据，成果较离散，其中全孔分布式光纤与其他测读设备差异取得初始值较其他测值晚 2 月以上，因此监测的量值水平整体较其他光纤光栅应变计测值小，针对监测测试成果开展分析时重点给出光纤光栅监测的应变成果。光纤光栅实测成果显示的围岩应变变化沿孔深分布见图 4-64～图 4-66。

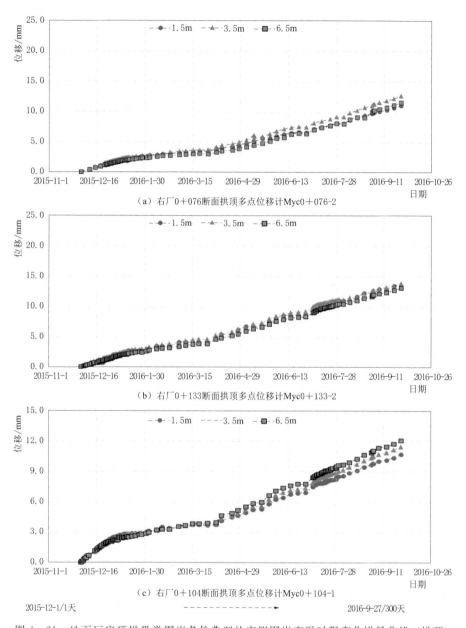

图 4-61　地下厂房顶拱Ⅲ类围岩条件典型的实测围岩变形时程变化增量曲线（拱顶）

　　地下厂房顶拱布置的密集准分布式光纤光栅监测成果规律和常规的多点位移计监测成果较好一致地反映了围岩响应规律，总体上厂房顶拱布置的 5 个垂直孔密集准分布式光纤光栅监测成果规律性更好，光纤光栅成果揭示变形量级和范围精度更高。右厂 0+020、右厂 0+133、右厂 0+190 和右厂 0+228 的 4 个垂直孔监测成果反映了在靠厂房侧顶拱监测到应变较大孔段区域的应变量为 1283.2$\mu\varepsilon$～6805.4$\mu\varepsilon$，其他孔段实测的应变量较小，应变量基本小于 100$\mu\varepsilon$；从沿孔深分布特征看，实测应变量最大区域深度为 2.0～6.5m，局部深度可达到 7.0～9.5m，反映了地下厂房开挖过程围岩的一般响应是靠近厂房侧顶

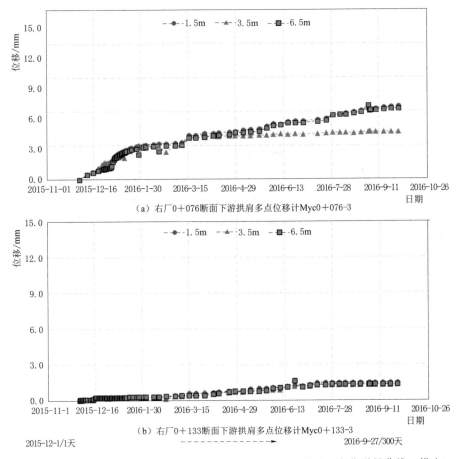

（a）右厂0+076断面下游拱肩多点位移计Myc0+076-3

（b）右厂0+133断面下游拱肩多点位移计Myc0+133-3

2015-12-1/1天　　　　　　　　　　　　　　　　　　　　　2016-9-27/300天

图4-62　地下厂房顶拱Ⅲ类围岩条件典型的实测围岩变形时程变化增量曲线（拱肩）

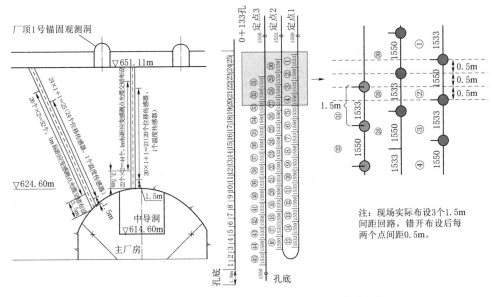

图4-63　密集准分布式光纤光栅现场安装埋设布置图

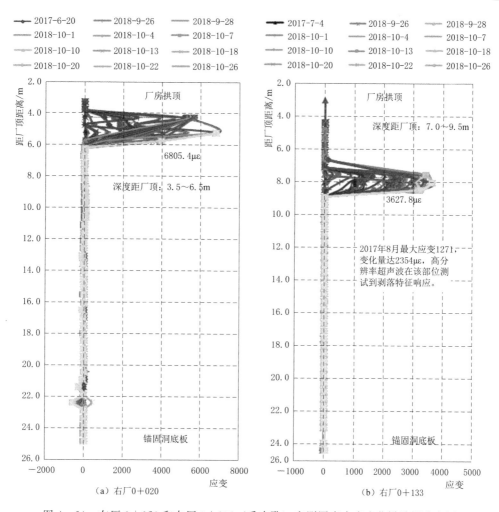

图 4-64　右厂 0+020 和右厂 0+133（垂直孔）实测围岩应变变化沿孔深分布图

拱围岩的变形响应明显。其中，右厂 0+090（垂直孔）在距离地下厂房顶拱为 23.0～23.5m 区域，即距离厂顶锚固洞底板为 2.5～4.5m 区域也实测到了最大应变 4544.7$\mu\varepsilon$，对应的分布式光纤距厂顶距离 3.7～18.9m 孔段测到 691.2$\mu\varepsilon$～3446.5$\mu\varepsilon$（2018 年 4 月后无读数）大小的不连续应变变化量。

　　总体上，厂房开挖过程绝大部分洞段以靠近厂房侧顶拱围岩的变形响应为主，但由于存在局部应力场影响和厂顶锚固观测洞的存在，使得局部洞段锚固观测洞底板浅层围岩仍可能发生应力破裂及扩展，发生一定量垂直底板的变形可能性，从而可能导致多点位移计监测到所有监测点呈现几乎一致量值水平的变化增量。

　　结合密集准分布式光纤光栅监测成果时程变化特征分析，由于密集准分布式光纤光栅成果初始观测时间为 2017 年 5 月地下厂房第 V 层开始，与多点位移计成果初始观测时间有差异，主要对比同时段两者之间变形增量变化规律特征。

　　从图 4-67～图 4-70 地下厂房右厂 0+020、0+133 的密集准分布式光纤光栅成果和多点位移计监测成果时程曲线对比看，两者均一致地反映了厂房第 V～Ⅶ层开挖过程期间

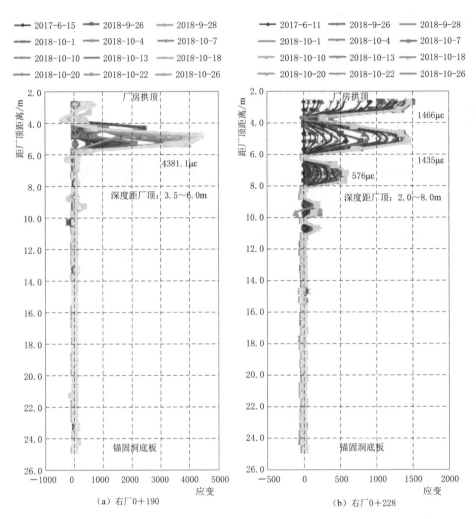

图 4-65　右厂 0+190 和右厂 0+228（垂直孔）实测围岩应变变化沿孔深分布图

顶拱围岩有相对较为明显响应，地下厂房第Ⅷ层及机窝开挖过程变形响应呈现趋缓并逐渐趋于稳定趋势。两者时程曲线也较一致反映了变形增量变化明显的测点深度，右厂 0+020 顶拱光纤光栅实测最大应变 6805$\mu\varepsilon$，变形深度分布在 3.5~6.5m，而对应的多点位移计反映的变形测点深度仍为 3.5~6.5m 深度一致；右厂 0+133 顶拱光纤光栅实测最大应变 3627.8$\mu\varepsilon$，变形深度分布约 7.0~9.5m，而对应的多点位移计反映的变形测点深度为 6.5~11.0m，二者接近。总体上，光纤光栅监测成果与常规的多点位移计监测成果二者反映的变形规律一致。

前面分析的光纤光栅成果反映的右厂 0+090（垂直孔）实测围岩应变变化沿孔深分布规律较其他 4 个垂直孔有差异，在距离厂顶锚固洞底板为 2.5~4.5m 区域实测到了最大应变 4544.7$\mu\varepsilon$，2017 年 7 月变形缓慢增长，见图 4-71；该断面没有对应多点位移计，从临近的 0+104 顶拱多点位移计对应时段的变形变化时程曲线图 4-72 可以看出，该套多点位移计不同深度（1.5m、3.5m、6.5m、15m）监测点均呈现同步增长，变形增量量值水平基本一致，这也进一步说明地下厂房存在局部应力场影响，使得局部洞段锚固观测洞底板浅层围岩发生一定量垂直底板的变形。

总之，光栅光纤揭示的围岩浅层破裂变形规律与白鹤滩玄武岩的"硬、脆"性特征有关，地下厂房洞室群施工期间围岩长时间会处于动态平衡调整过程中，厂房应力处于不断调整过程中，当局部二次应力达到启裂强度时，围岩发生破裂或者破裂进一步扩展，使得围岩一定深度范围岩体微破裂发展不断累积，使得浅层围岩破裂扩展表现出明显的迟滞持续变形特征。

4.5.6 脆性岩体破裂及松弛发展机理研究

高应力条件下岩石力学的核心技术环节就是了解和定量描述岩体力学特性，并用于分析和帮助解决工程实践中的问题。白鹤滩脆性岩体开挖以后的典型响应特征为岩体破裂、片帮破坏和柱状节理岩体松弛解体，即高应力条件下的大尺度工程岩体力学特性决定了开挖响应方式和稳定性，而基于非连续和连续数值模拟，能够对岩体的应力应变关

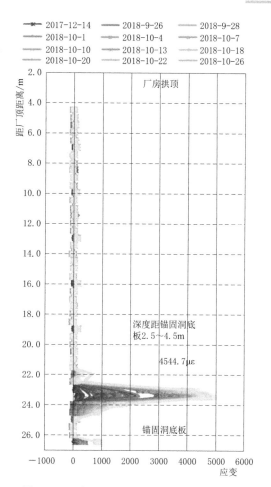

图 4-66 右厂 0+090（垂直孔）实测围岩应变变化沿孔深分布图

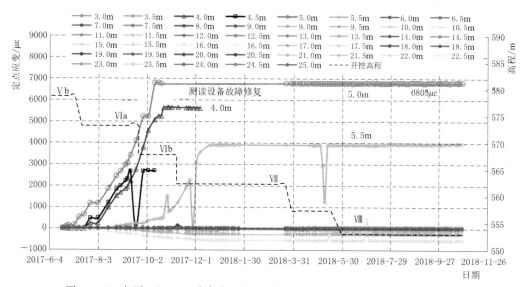

图 4-67 右厂 0+020（垂直孔）光纤光栅实测围岩应变位移时程变化曲线图

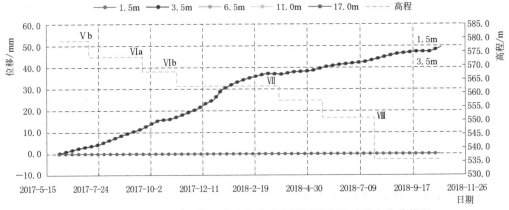

图 4-68　右厂 0+020 拱顶多点位移计实测围岩位移时程变化曲线图

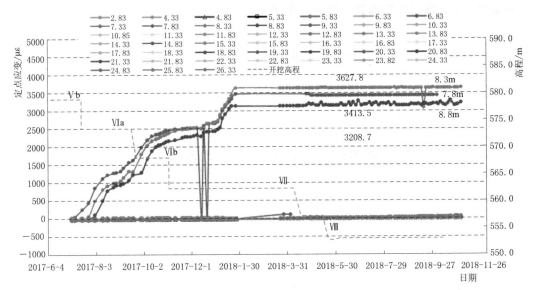

图 4-69　右厂 0+133（垂直孔）光纤光栅实测围岩应变位移时程变化曲线图

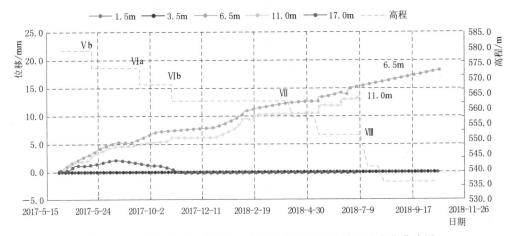

图 4-70　右厂 0+133 拱顶多点位移计实测围岩位移时程变化曲线图

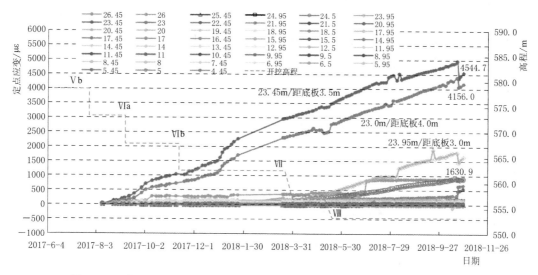

图 4-71 右厂 0+090（垂直孔）光纤光栅实测围岩应变位移时程变化曲线图

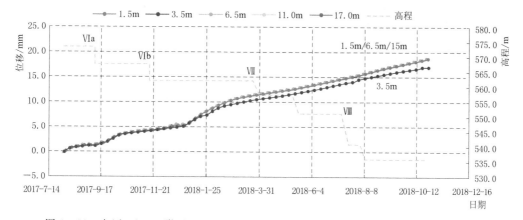

图 4-72 右厂 0+090 附近（0+104）顶拱多点位移计实测围岩位移时程变化曲线图

系、局部破裂破坏分布与程度、工程措施的影响等进行定量分析。

岩体的高应力破坏特征与破坏时的应力状态密切相关，并且可以按照破坏时的应力水平区分为片帮、破裂和岩爆等多种类型。鉴于白鹤滩工程的高应力破坏以片状破裂破坏为主，因此，以片帮破坏的破坏特征为例，叙述采用非连续和连续数值模拟方法开展片帮破坏机理的分析过程，同时，说明数值模拟方法的适用性，揭示脆性岩体力学特性，采用基于离散元的综合岩体（SRM）模型探讨岩体破裂损伤机理，基于 Hoek-Brown 本构模型的应力—应变全过程的曲线形态，合理描述大尺度工程岩体的峰后非线性力学行为和片帮破坏特征，从揭示的脆性岩体破裂时间效应特性，主要在颗粒流 PSC 模型（Parallel-bonded Stress Corrosion Model）理论基础上，针对 Hoek-Brown 本构模型的 GSI 引入损伤速率概念，发展适用于大尺度工程岩体时效变形分析等效连续 SC（Stress Corrosion）模型。

片帮是高应力条件下脆性岩体开挖时出现较普遍的一种破坏方式，表现形式上具有如下几个方面的特点：①破坏区域呈圆弧状的 V 形，可以完全不受结构面的控制；②破坏后的岩块呈片状特征，厚度从数毫米到数厘米，即片状化现象。片帮形成的圆弧 V 形破坏区被认为是脆性岩体高地应力破坏的典型特征，因此区分传统的结构面控制型块体破坏。图 4 - 73 (a) 表示了 3m 直径圆形洞室顶拱完整花岗岩出现的片帮破坏剖面形态，已经剥离的破坏区呈宽阔的倒立 V 形，已经出现了片状化的区域也呈这种 V 形，都显示了圆弧状的 V 形，这里强调圆弧状是区分结构面切割形成的平坦状结构面组合成的棱角分明的破坏区形态。同时，图 4 - 73 (a) 还可以明显地显示了 V 形区域内完整花岗岩的片状化现象，即破坏后形成薄片状碎片。

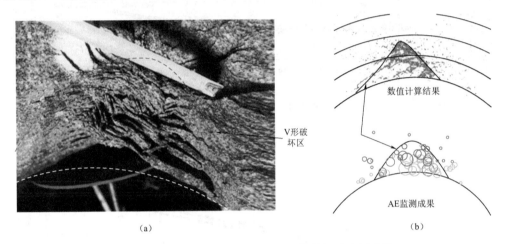

图 4 - 73　片帮形成的 V 形区域和数值模拟及监测成果

作为脆性岩体高应力破坏形式，片帮发生可以理解为是脆性岩体破裂不断扩展的结果，同时具有能量释放现象，这种能量以动力波的方式向外传播，但能量水平相对较弱，科研和实践活动中多采用声发射方法、通过接收动力波的方式进行监测，并可以获得破裂源的位置，从而了解破裂的发生和扩展情况。从根本原理上讲，片帮是破裂发展的结果。而如何从力学角度描述这种破坏形态则成为岩石力学研究的一个任务，其中的一个目标是利用数值模型再现这种 V 形破坏，图 4 - 73 (b) 展示了采用离散元（如 UDEC、PFC）的模拟结果。非连续方法不同于传统的数值模拟手段，它不需要提供岩体的本构和宏观强度参数，是模拟破裂萌生—扩展—破坏过程的理想方法，适用于中小尺度岩石（体）破坏的细观力学模拟。同时，如何采用传统的连续数值模拟方法（如 FLAC3D、有限元等连续方法）再现 V 形破坏，成为一个热点研究问题，因为这涉及如何描述脆性岩体的强度和本构特征，也更适用于大尺度工程岩体高应力问题的分析。

基于 3DEC 的 SRM 方法能够模拟破裂发展与破坏过程，如图 4 - 74 所示，数值模拟再现了模型试验卸荷破坏过程，并且，数值模拟的破裂松弛区与模型试验具有相似性，因此，SRM 方法可以应用于高应力条件下开挖卸荷过程破裂发展导致的岩体松弛问题研究。

采用基于 3DEC 的 SRM 方法进行白鹤滩地下厂房开挖的围岩响应模拟成果见图 4 - 75，按照微裂隙的损伤和贯通程度，可以将围岩区分为外破裂损伤区、内破裂损伤区和破坏松弛区。

（a）模型实验

（b）数值模拟

图 4 - 74　基于 SRM 方法的破裂扩展过程模拟

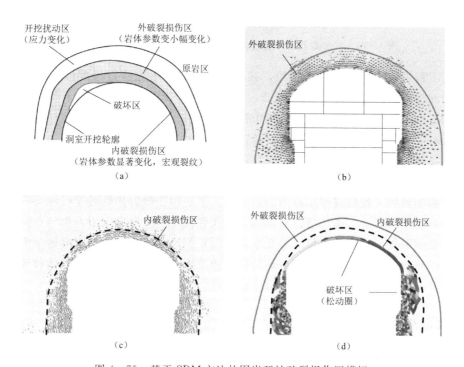

图 4 - 75　基于 SRM 方法的围岩开挖破裂损伤区模拟

如图 4 - 75（d）所示，模拟的破裂松弛区是以块体与周边块体的接触力为零或者微裂隙间形成宏观贯通的张裂缝为判据，即破裂松弛区岩体代表着扩容和承载力的显著降低，因此，也会导致岩体声波波速产生明显降低。采用 SRM 计算的破裂松弛区结果可以与声波松弛圈测试成果建立联系，如图 4 - 76 所示，数值模拟预测的围岩松弛深度与工程实际的检测的松弛圈深度基本一致，验证了非连续方法准确性，为脆性岩体破裂机理分析奠定了基础。

非连续方法将复杂岩体结构视为岩块和结构面组合，其优势在于尽管岩体结构复杂，岩块和结构面的本构模型却较为简单，因此，对于中小尺度节理岩体是适合的。但是，对

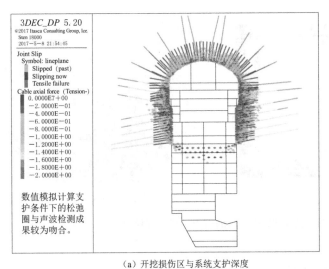

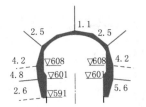

（b）松动圈测试成果（单位：m）

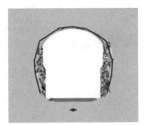

（a）开挖损伤区与系统支护深度　　　　　　（c）数值模拟预测松弛圈

图 4-76　基于非连续方法模拟的围岩松弛深度与实测松弛圈比较

于大尺度工程岩体而言有明显的劣势，其根本在于非连续方法直接模拟不可穷尽的"海量"结构面将导致计算效率的急剧降低，存在模型复杂性与计算机硬件资源的矛盾，因此，连续方法仍在工程岩体力学分析中被大量采用。采用连续力学方法讨论高应力岩体力学特性时需要特别关注两个环节：一是需要了解岩体应力—应变全过程的曲线形态，即不仅需要了解峰值强度和弹性模量，而且还需要了解和定量描述峰后非线性段的形态。二是岩体应力—应变关系曲线形态，特别是峰后形态与其他因素如围压水平的关系，还包括工程尺度影响到的工程荷载作用范围的影响等。了解和把握岩体峰后非线性特征是高应力条件下岩石力学的核心工作环节。岩体峰后非线性特性不仅取决于岩石类型和结构面发育程度，还受到围压水平、受力尺寸等几个环节因素的影响，并因此会明显地发生改变。岩体峰后力学行为直接决定了岩体的破坏特征，相反地，也为采用现场的岩体破坏区分布和深度特征对岩体的参数进行反演分析提供的条件。

4.6　本章小结

白鹤滩电站区域构造地应力高，玄武岩坚硬性脆、隐微裂隙发育，地下厂房开挖过程顶拱浅层应力型开裂和深层破裂特征明显，传统的声波、钻孔电视测试和变形监测等方法难以精确获取岩体微破裂裂隙分布特征及高应力破裂发展特征信息。本章以白鹤滩水电站工程实践为背景，采用高精度超声波成像综合测试系统新方法，对厂房顶拱应力破裂破坏显著区域多次重复测试。基于地下洞室开挖过程的围岩破裂松弛和时效变形监测成果、脆性岩体卸荷松弛监测成果对岩体破裂松弛时间效应进行深入研究。

（1）测试成果揭示：①厂房顶拱上方岩体赋存的裂隙面倾角以陡倾角为主，优势倾角范围为 45.98°～52.06°；裂隙面的倾向为 NWW 向，优势倾向范围为 276.36°～292.01°，裂隙面倾角和倾向随深度变化不明显；②顶拱浅层围岩破裂裂纹集中区一般在 3.5～4.25m 的深度范围内，围岩深部诱发破裂裂纹区主要分布在 9.68～10.11m、16.12～

16.32m、21.45～21.77m 范围；③局部岩体受顶拱应力场不断调整演化作用，出现岩体破裂随时间加剧的现象。该成果高精度地辨识了玄武岩不同深度微破裂裂隙面分布特征、深度范围和应力破裂发展特点，对研究高应力硬脆玄武岩力学特性和响应机理提供了坚实基础资料，为工程开挖施工和动态支护设计发挥了重要支撑作用。

（2）白鹤滩地下洞室群脆性玄武岩在应力集中（达 40MPa）区的破裂与破裂扩展明显，并且主要发育应力损伤、破裂和片帮等破坏形式。脆性玄武岩破裂扩展使得开挖损伤区和松弛圈都有所加深，并导致了围岩产生时效变形。基于声波测试成果可见，地下厂房顶拱松动圈深度一般为 1～2m，顶拱围岩松弛随时间加深（小于 0.2m）不显著；而边墙岩体松弛深度相对较大，一般为 3～6m，且松弛圈深度受下层开挖影响较大，可达 2～3m。基于超声波钻孔电视检测结果可知，地下厂房顶拱岩体破裂损伤带一般为 3.0～5.0m。破裂扩展使得局部围岩变形持续增长，岩梁浇筑期间（共约 300 天），在无开挖扰动情况下，监测数据表明，正拱顶部位实测的时效变形增量为 5.0～15.0mm；拱肩部位实测时效变形增量约 3.0～8.0mm。

（3）鉴于高应力条件下脆性玄武岩的片帮破坏和柱状节理岩体的解体破坏都具有明显的时间效应特征，如何定量地描述时间效应对岩体力学特性的影响，并形成可行的技术手段用于解决工程中的具体问题是白鹤滩岩石力学研究的难点。本章开展的脆性岩体破裂及松弛发展机理研究，阐释了片帮破坏、破裂松弛特性和岩体破裂扩展时间效应特征，并且发展了等效连续的 SC 模型，为大尺度工程岩体时效变形分析提供了定量描述数值模拟方法，为后续的工程应用中的定量分析奠定了可靠基础。

参考文献

［1］ 张春生，朱永生，褚卫江. 白鹤滩水电站隐晶质玄武岩力学特性及 Hoek - Brown 本构模型描述 [J]. 水利水电快报，2019，40（10）：5.

［2］ 江权，樊义林，冯夏庭，等. 高应力下硬岩卸荷破裂：白鹤滩水电站地下厂房玄武岩开裂观测实例分析 [J]. 岩石力学与工程学报，2017，36（5）：1076 - 1087.

［3］ 李响，怀震，李夕兵，等. 基于裂纹扩展模型的脆性岩石破裂特征及力学性能研究 [J]. 黄金科学技术，2019，27（1）：41 - 51.

［4］ 刘国锋，冯夏庭，江权，等. 白鹤滩大型地下厂房开挖围岩片帮破坏特征、规律及机制研究 [J]. 岩石力学与工程学报，2016，35（5）：865 - 878.

［5］ 李帅军，冯夏庭，徐鼎平，等. 白鹤滩水电站主厂房第Ⅰ层开挖期围岩变形规律与机制研究 [J]. 岩石力学与工程学报，2016，35（S2）：3947 - 3959.

［6］ 石岩林，李彪，戴峰，等. 高地应力区地下厂房开挖中微震活动性分析 [J]. 人民长江，2014，45（8）：89 - 91，95.

［7］ 杨静熙，陈长江，刘忠绪. 高地应力洞室围岩变形破坏规律研究 [J]. 人民长江，2016，47（6）：37 - 41.

［8］ 刘宁，张春生，褚卫江，等. 深埋大理岩脆性破裂细观特征分析 [J]. 岩石力学与工程学报，2012，31（S2）：3557 - 3565.

［9］ 张春生，陈祥荣，侯靖，等. 锦屏二级水电站深埋大理岩力学特性研究 [J]. 岩石力学与工程学报，2010，29（10）：1999 - 2009.

［10］　胡谋鹏，陈文备，朱永生，等. 脆性岩石破裂及强度的时间效应研究［J］. 地质科技情报，2016，35（2）：83－89.

［11］　孟国涛，樊义林，江亚丽，等. 白鹤滩水电站巨型地下洞室群关键岩石力学问题与工程对策研究［J］. 岩石力学与工程学报，2016，35（12）：2549－2560.

第 5 章

硬岩脆性破裂裂纹扩展机理

5.1 概述

岩体内存在大量的缺陷或裂纹。未开挖之前，在静水压力作用下，岩体被压实，产生一定的塑性变形，不会出现张开型裂纹。但当开挖后，岩体内就出现自由表面，自由表面附近的应力状况发生了极大的改变，在一定的情况下可视为平面应力状态，甚至单向应力状态。在有侧压的受压岩石中必然产生Ⅰ型裂纹，Ⅰ型裂纹的产生和扩展是由于岩体的各向异性和缺陷造成了应力集中，从而产生局部拉应力，在预存裂纹的两端出现翼型张裂纹。而且，翼型张裂纹尖端可看作Ⅰ型裂纹，其存在和扩展随侧压的增加而减

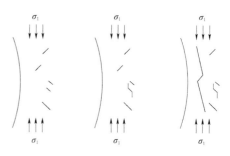

图 5-1　洞室围岩劈裂裂缝形成示意图

小，直到闭合；在侧压为零或很小时，裂纹平行于自由表面沿最大压应力方向扩展，岩石最终以劈裂的形式破坏，形成过程如图 5-1 所示。

由于应力环境及工程形状的影响，围岩有可能处于受拉、压、剪及其组合状态，各种状态下裂纹的发展情况是不一样的。在受拉状态下，垂直于拉应力的方向的裂纹最容易产生扩展，而且一旦发生扩展，其扩展是不稳定的，即在保持外荷载不变的情况下，裂纹将继续扩展直到岩体发生整体破坏。在受压状态下，在裂纹尖端往往首先以某一角度产生翼型裂纹。翼型裂纹为张拉破坏，其扩展方向发生变化并逐渐接近于与最大主应力平行的方向。裂纹的扩展造成岩体的最终破坏。岩体中更多出现的是综合拉剪与压剪状态，处于拉剪综合状态下的裂纹尖端将在其最大拉应力的方向发生破坏，其方向将逐渐与最大拉应力方向垂直；而处于压剪综合作用下的不连续面尖端，有可能出现翼型裂纹或次生裂纹。而岩体在受压状态下，在裂纹尖端往往首先以某一角度产生翼型裂纹，其扩展方向发生变化并逐渐接近于与最大主应力平行的方向。裂纹的扩展、贯通最终造成岩体的劈裂破坏。因此劈裂破坏主要发生于高压应力集中区域，并且往往是由于与巷道自由表面平行的裂纹扩展造成的。

可见，张应力集中是造成非贯通裂隙岩体裂纹扩展及产生劈裂破坏的内在力学机制，不稳定扩展是导致非贯通裂隙岩体破坏的直接原因；应力分布的调整变化是裂纹产生分级

189

现象的原因，贯通性破裂面的形成是非贯通裂隙岩体破坏的宏观标志，边界条件将对破坏过程起控制作用。

5.2　硬岩裂纹扩展的断裂判据

岩体是一种结构非常复杂的固体材料，它是由多种矿物晶粒、胶结物和孔隙组成的混合体。岩体中存在的断层、节理和裂隙等缺陷对岩石力学性质有很大影响，岩体变形破坏过程的实质就是岩体材料中缺陷的萌生、扩展、相互作用和贯通的过程。

岩体在各种外荷载的作用下会产生微裂纹，这些微裂纹经过扩展、延伸，贯通便形成了宏观上的局部化破坏带。岩体工程的破坏失稳大多数是由其内部节理、裂隙等缺陷发展导致的。无论是单裂纹还是多裂纹，其破坏形态均为阶梯状，破坏机理是裂纹端部应力集中造成岩桥撕拉破坏并逐渐发育贯通，应用断裂力学的方法，可以追踪岩体中节理裂隙的启裂、扩展至相互贯通使岩体局部破坏的过程，从而揭示岩体失稳的渐进破坏机制。

岩体断裂力学正是一门从岩体结构特点出发，利用断裂力学理论来诠释岩体力学特性并指导工程实践的学科。它将岩体中的断续节理、裂隙模拟为裂纹，岩体不再看成完全的连续均质体，而是看面含有众多裂纹的裂纹体[1]。应用该方法，可以追踪岩体中节理裂隙的启裂、扩展到相互贯通使岩体局部破坏的过程，它以一种全新的方法解释了大量的地质力学现象，并使人们从更深的层次认识了岩石破裂机理。因此，断裂力学很适合用来进行岩体工程的稳定性分析[2]。

岩体常处于多向受压的力学环境中，但由于开挖卸荷等原因也会引起局部拉压破坏。即使是在受压载荷作用下，岩体中的裂纹也不一定都处在压剪状态，也就是说，岩体中的裂纹可能是拉剪复合型，也可能是压剪复合型。由于两类断裂类型的断裂性质和准则完全不同，因此有必要研究其断裂机理，建立系统的断裂准则和计算方法。

5.2.1　拉剪作用下硬岩裂纹扩展判据

在岩体工程中，由于拉剪状态下的不连续面受拉后往往张开，黏聚力丧失而且不能传递拉应力，同时岩体的抗拉强度远远小于其抗压/剪强度导致围岩的受拉破坏，拉剪作用是导致其失稳的重要原因之一。同样由于裂纹的开裂，因此受拉剪作用裂纹的开裂与扩展研究较压剪状态下的裂纹要简单。在这方面前人已经做了大量的工作，提出了很多拉剪条件下的复合型断裂判据，但影响较大的主要有以下几种。

1. 最大周向拉应力理论

最大周向拉应力理论，是由 Erdogan 和 Sih 于 1963 年提出的，该理论有两个假设：①裂纹的初始扩展方向是沿着裂纹前缘的最大周向拉应力方向的；②当沿着这个方向的轴向应力达到临界值时，裂纹开始扩展。

Ⅰ—Ⅱ复合型裂纹前缘的应力极坐标表达式为

$$\sigma_r = \frac{1}{2\sqrt{2\pi r}}\left[K_{\mathrm{I}}\cos\frac{\theta}{2}(3-\cos\theta)+K_{\mathrm{II}}(3\cos\theta-1)\sin\frac{\theta}{2}\right]$$

$$\sigma_\theta = \frac{1}{2\sqrt{2\pi r}}\cos\frac{\theta}{2}\left[K_{\mathrm{I}}(1+\cos\theta)-3K_{\mathrm{II}}\sin\theta\right] \tag{5-1}$$

$$\tau_{r\theta} = \frac{1}{2\sqrt{2\pi r}}\cos\frac{\theta}{2}\left[K_{\mathrm{I}}\sin\theta+K_{\mathrm{II}}(3\cos\theta-1)\right]$$

根据假设①，令

$$\frac{\partial\sigma_\theta}{\partial\theta}=0 \tag{5-2}$$

则有

$$K_{\mathrm{I}}\sin\theta+K_{\mathrm{II}}(3\cos\theta-1)=0 \tag{5-3}$$

同时考虑到 $\dfrac{\partial^2\sigma_\theta}{\partial\theta^2}<0$，即可确定开裂角 θ_0。

临界荷载决定于方程

$$\cos\frac{\theta}{2}\left[K_{\mathrm{I}}\cos^2\left(\frac{\theta}{2}\right)-\frac{3}{2}K_{\mathrm{II}}\sin\theta\right]=K_{\mathrm{IC}} \tag{5-4}$$

2. 最大能量释放率理论

最大能量释放率理论的基本思想与 Griffith 理论的基本思想是相同的，即裂纹的虚拟扩展引起总势能的释放，当释放的能量等于形成新断裂面所需的能量时，裂纹启裂。两者主要区别在于：Griffith 理论中裂纹沿其延长线扩展，而混合型中则不然，除了Ⅰ型外，其余类型的混合型裂纹问题中裂纹的扩展都不在其延长线上。

Palaniswamy 于 1972 年提出了复合断裂的能量释放率准则，该准则有两个假设：

（1）裂纹将沿着能产生最大能量释放率的方向扩展，即按以下条件来确定开裂角 θ_0。

$$\frac{\partial G}{\partial\theta}=0 \text{ 及 } \frac{\partial^2 G}{\partial\theta^2}<0$$

其中

$$G=-\frac{\partial\Pi}{A}$$

式中：G 为能量释放率；Π 为裂纹扩展单位面积时真个系统所释放的弹性位能；A 为扩展裂纹面的面积。

（2）当该方向上的能量释放率达到临界值 G_c 时，裂纹开始扩展，即 $G_{\theta_0}=G_c$。

在平面应变条件下，对于Ⅰ型、Ⅱ型混合裂纹有

$$G=G_{\mathrm{I}}+G_{\mathrm{II}}=\frac{1-\nu^2}{E}(K_{\mathrm{I}}^2+K_{\mathrm{II}}^2) \tag{5-5}$$

式中：ν 为泊松比，如果是平面应力状态，只要把式中的 ν 换成 $\dfrac{\nu}{1+\nu}$ 即可；当 G 达到某一临界值时裂纹就扩展，这一临界值取决于 K_{I} 和 K_{II} 的加载比例。

3. 最小应变能密度理论

应变能密度理论，是 Sih 于 1973 年提出的基于应变能密度场的断裂概念，简称 S 准则。该准则综合考虑了裂纹尖端附近六个应力分量的作用，计算出裂纹尖端附近局部的应

变能密度，并在以裂纹尖端为圆心的同心圆上比较局部的应变能密度，从而建立启裂纹扩展的开裂判据，其具体假设基础如下：

（1）裂纹沿着应变能密度因子最小的方向开始扩展。

（2）裂纹扩展产生于裂纹尖端应变能密度因子 S 达到临界值，其主要推导过程如下：

若裂纹前缘的应力状态为

$$\sigma_x = \frac{K_{\mathrm{I}}}{\sqrt{2\pi r}}\cos\frac{\theta}{2}\left(1-\sin\frac{\theta}{2}\sin\frac{3\theta}{2}\right) - \frac{K_{\mathrm{II}}}{\sqrt{2\pi r}}\sin\frac{\theta}{2}\left(2+\cos\frac{\theta}{2}\cos\frac{3\theta}{2}\right) \quad (5-6a)$$

$$\sigma_y = \frac{K_{\mathrm{I}}}{\sqrt{2\pi r}}\cos\frac{\theta}{2}\left(1+\sin\frac{\theta}{2}\sin\frac{3\theta}{2}\right) + \frac{K_{\mathrm{II}}}{\sqrt{2\pi r}}\sin\frac{\theta}{2}\cos\frac{\theta}{2}\cos\frac{3\theta}{2}\right) \quad (5-6b)$$

$$\sigma_z = \nu\left(\frac{K_{\mathrm{I}}}{\sqrt{2\pi r}}\cos\frac{\theta}{2} - \frac{K_{\mathrm{II}}}{\sqrt{2\pi r}}\sin\frac{\theta}{2}\right) \quad (5-6c)$$

$$\tau_{xy} = \frac{K_{\mathrm{I}}}{\sqrt{2\pi r}}\sin\frac{\theta}{2}\cos\frac{\theta}{2}\cos\frac{3\theta}{2} + \frac{K_{\mathrm{II}}}{\sqrt{2\pi r}}\cos\frac{\theta}{2}\left(1-\sin\frac{\theta}{2}\sin\frac{3\theta}{2}\right) \quad (5-6d)$$

$$\tau_{yz} = \frac{K_{\mathrm{III}}}{\sqrt{2\pi r}}\cos\frac{\theta}{2} \quad (5-6e)$$

$$\sigma_{zx} = -\frac{K_{\mathrm{III}}}{\sqrt{2\pi r}}\sin\frac{\theta}{2} \quad (5-6f)$$

则弹性体的应变能密度为

$$W = \frac{1}{2E}(\sigma_x^2 + \sigma_y^2 + \sigma_z^2) - \frac{\nu}{E}(\sigma_x\sigma_y + \sigma_y\sigma_z + \sigma_z\sigma_x) + \frac{1}{2\mu}(\tau_{xy}^2 + \tau_{yz}^2 + \tau_{zx}^2) = \frac{S}{r} \quad (5-7)$$

其中

$$S = a_{11}K_{\mathrm{I}}^2 + 2a_{11}K_{\mathrm{I}}K_{\mathrm{II}} + a_{22}K_{\mathrm{II}}^2 + a_{33}K_{\mathrm{III}}^2$$

$$a_{11} = \frac{1}{16\pi\mu}(K-\cos\theta)(1+\cos\theta)\,; \quad a_{12} = \frac{1}{16\pi\mu}\sin\theta[2\cos\theta - (K-1)]$$

$$a_{22} = \frac{1}{16\pi\mu}[(K+1)(1-\cos\theta) + (1+\cos\theta)(3\cos\theta - 1)]\,; \quad a_{33} = \frac{1}{16\pi\mu}$$

其中 K 在平面应变条件下为 $3-4\nu$，在平面应力条件下为 $\dfrac{3-\nu}{1+\nu}$。

S 称为应变能密度因子，表示裂纹尖端邻域应变能密度的幅度或强度。当 $S_{\min} = S(\theta_0) = S_c$ 时，裂纹开始扩展。

5.2.2　压剪作用下硬岩裂纹扩展判据

虽然拉剪断裂判据比较完善，但工程中的岩体往往受压剪作用，压缩条件下的岩石断裂力学研究一直是岩石力学界的重要课题之一。这一方面是因为传统断裂力学中没有压缩破坏的模型可供借鉴；另一方面也是因为岩石受压断裂的实验研究和现有理论之间存在较大差异。已有工程应用表明，断裂力学复合裂纹判据的最大周向拉应力理论（$\sigma_{\theta\max}$）、最大能量释放率理论（$G_{\max}$）和最小应变能密度理论（$S_{\min}$）基本上适合于岩石中的拉剪性断裂。但是，当把这些理论应用于压剪性断裂时，往往出现较大的偏差。薛昌明曾指出在压缩条件下 $S_{\min}$ 判据于实测值的不一致性[3]。莱杰特尔指出，已有的能量判据不能反映出拉应力于压应力的数学差别，只适用于初始断裂阶段。加拿大岩石力学家 Coates 甚至悲观地认为：那种认为可以将这一理论用于岩石力学的论点，看来是靠不住的。

压剪条件下岩石断裂力学的许多概念与传统断裂力学不同，这方面的研究成果主要是：①发现了岩石内部斜裂纹在压缩下产生翼型断裂模式（wing crack），它是Ⅰ型张拉机制的破坏[4]；②认识到Ⅱ型加载并不导致Ⅱ型断裂（剪切破坏）出现[5]。同时岩石在压剪条件下的断裂判据也得到了很大的发展。

其中周群力在混凝土、岩石现场时间单边裂隙的压剪试验的基础上，提出了压剪断裂判据[6]：

$$\lambda \sum K_{\mathrm{I}} + |\sum K_{\mathrm{II}}| = K_{\mathrm{II}C} \tag{5-8}$$

式中：λ 为压剪系数。

这一判据已为试验资料所证实，并成功地应用于工程实践中。但该式的缺点是明显的，一是式中 λ 系数的物理意义不明确，与试验的特定条件有关系，不便于广泛应用；二是该判据的理论依据不充分，不便于从理论上去分析问题，显然，该判据与试验结果虽然很接近，但从理论上必须进行补充，以弥补该判据的不足。因此有必要结合裂隙岩体受压的特点，建立压剪条件下岩石的断裂判据。

1. 压剪条件下翼型裂纹的启裂判据

如图 5-2 所示，倾角为 β 的闭合裂纹上作用的法向应力与切向应力与主应力之间的关系为

$$\left.\begin{array}{l} \sigma_x = \dfrac{\sigma_1 + \sigma_2}{2} + \dfrac{\sigma_1 - \sigma_2}{2}\cos 2\beta \\[2mm] \sigma_y = \dfrac{\sigma_1 + \sigma_2}{2} - \dfrac{\sigma_1 - \sigma_2}{2}\cos 2\beta \\[2mm] \sigma_{xy} = \dfrac{\sigma_1 - \sigma_2}{2}\sin 2\beta \end{array}\right\} \tag{5-9}$$

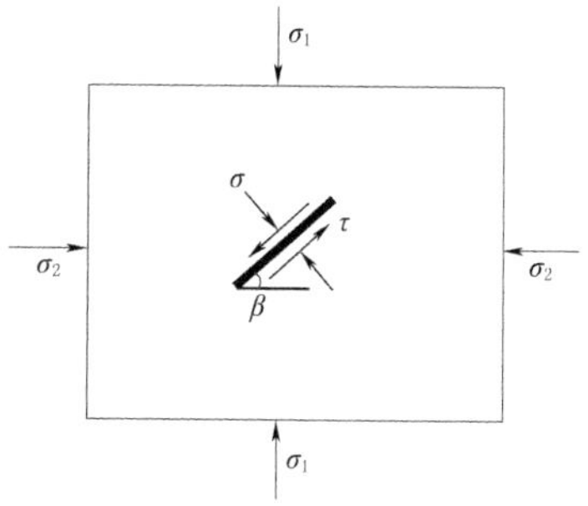

图 5-2　受压剪作用的裂纹

设主应力作用下主裂纹面闭合，由于摩擦力的影响，裂纹面上的有效剪应力可以表示为

$$\tau_{\mathrm{eff}} = \tau - \mu\sigma_n \tag{5-10}$$

将式（5-9）代入式（5-10）得

$$\tau_{\mathrm{eff}} = \frac{1}{2}(\sigma_1 - \sigma_2)(\sin 2\beta - \mu\cos 2\beta) - \frac{1}{2}\mu(\sigma_1 + \sigma_2) \leqslant \tau_c \tag{5-11}$$

式中：τ_c 为岩石的最大抗剪强度。

由于裂纹的扩展必须克服裂纹面的摩擦力，因此最可能发生扩展的裂纹方向为有效剪应力最大的方向，必须满足

$$\frac{\mathrm{d}\tau_{\mathrm{eff}}}{\mathrm{d}\beta} = 0 \tag{5-12}$$

由式（5-12）可以得到

$$\tan 2\beta = -\frac{1}{\mu}, \quad \sin 2\beta = \frac{1}{\sqrt{\mu^2 + 1}}, \quad \cos 2\beta = -\frac{\mu}{\sqrt{\mu^2 + 1}} \tag{5-13}$$

将式（5－13）代入式（5－11）得到极限状态平衡方程：

$$\frac{1}{2}(\sigma_1-\sigma_2)\sqrt{1+\mu^2}-\frac{1}{2}\mu(\sigma_1+\sigma_2)=\tau_c \tag{5-14}$$

无限板裂纹尖端附近应力应变场中某一点 A 的应力场可以表示为

$$\left.\begin{aligned}
\sigma_x &= \frac{K_{\mathrm{I}}}{\sqrt{2\pi r}}\cos\frac{\theta}{2}\left(1-\sin\frac{\theta}{2}\sin\frac{3\theta}{2}\right)-\frac{K_{\mathrm{II}}}{\sqrt{2\pi r}}\sin\frac{\theta}{2}\left(2+\cos\frac{\theta}{2}\cos\frac{3\theta}{2}\right)\\
\sigma_y &= \frac{K_{\mathrm{I}}}{\sqrt{2\pi r}}\cos\frac{\theta}{2}\left(1+\sin\frac{\theta}{2}\sin\frac{3\theta}{2}\right)+\frac{K_{\mathrm{II}}}{\sqrt{2\pi r}}\sin\frac{\theta}{2}\cos\frac{\theta}{2}\cos\frac{3\theta}{2}\\
\tau_{xy} &= \frac{K_{\mathrm{I}}}{\sqrt{2\pi r}}\sin\frac{\theta}{2}\cos\frac{\theta}{2}\cos\frac{3\theta}{2}+\frac{K_{\mathrm{II}}}{\sqrt{2\pi r}}\cos\frac{\theta}{2}\left(1-\sin\frac{\theta}{2}\sin\frac{3\theta}{2}\right)
\end{aligned}\right\} \tag{5-15}$$

式中：r 为 A 点到裂纹尖端的距离；θ 为裂纹尖端与 A 点连线与 x 轴的夹角；K_{I}、K_{II} 分别为裂纹的压、剪裂纹尖端的应力强度因子。

转换为极坐标，可以表示为

$$\left.\begin{aligned}
\sigma_r &= \frac{\sigma_x+\sigma_y}{2}+\frac{\sigma_x-\sigma_y}{2}\cos2\theta+\tau_{xy}\sin2\theta\\
\sigma_\theta &= \frac{\sigma_x+\sigma_y}{2}-\frac{\sigma_x-\sigma_y}{2}\cos2\theta-\tau_{xy}\sin2\theta\\
\tau_{r\theta} &= \tau_{xy}\cos2\theta-\frac{\sigma_x-\sigma_y}{2}\sin2\theta
\end{aligned}\right\} \tag{5-16}$$

将式（5－16）代入式（5－15）得

$$\left.\begin{aligned}
\sigma_r &= \frac{1}{2\sqrt{2\pi r}}\left[K_{\mathrm{I}}(3-\cos\theta)\cos\frac{\theta}{2}+K_{\mathrm{II}}(3\cos\theta-1)\sin\frac{\theta}{2}\right]\\
\sigma_\theta &= \frac{1}{2\sqrt{2\pi r}}\cos\frac{\theta}{2}\left[K_{\mathrm{I}}(1+\cos\theta)-3K_{\mathrm{II}}\sin\theta\right]\\
\sigma_{r\theta} &= \frac{1}{2\sqrt{2\pi r}}\cos\frac{\theta}{2}\left[K_{\mathrm{I}}\sin\theta+K_{\mathrm{II}}(3\cos\theta-1)\right]
\end{aligned}\right\} \tag{5-17}$$

Tirosh 和 Catz（1980）、Ashby 和 Hallam（1986）、Horii 和 Nemat－Nasser（1986）、Maji、Tasdemir 和 Shah（1991）等对压剪裂纹的模拟实验研究表明，压剪裂纹发生张拉型断裂，即在原始裂纹的尖端形成拉伸型翼型裂纹，最大拉应力准则是分析压剪裂纹启裂和扩展的较好准则。根据最大周向正应力理论，开裂角 θ_0 取决于方程：

$$\left[K_{\mathrm{I}}\sin\theta_0+K_{\mathrm{II}}(3\cos\theta_0-1)\right]=0 \tag{5-18}$$

将式（5－18）代入式（5－17）得

$$\left.\begin{aligned}
\sigma_1 &= (\sigma_\theta)_{\max}=\frac{1}{2\sqrt{2\pi r}}\cos\frac{\theta_0}{2}\left[K_{\mathrm{I}}(1+\cos\theta_0)-3K_{\mathrm{II}}\sin\theta_0\right]\\
\sigma_2 &= (\sigma_r)_{\min}=\frac{1}{2\sqrt{2\pi r}}\left[K_{\mathrm{I}}(3-\cos\theta_0)\cos\frac{\theta_0}{2}+K_{\mathrm{II}}(3\cos\theta_0-1)\sin\frac{\theta_0}{2}\right]
\end{aligned}\right\} \tag{5-19}$$

将式（5－19）代入式（5－14）得

$$\frac{1}{4\sqrt{2\pi r}}\cos\frac{\theta_0}{2}\big[(1+\mu^2)^{\frac{1}{2}}-\mu\big]\big[K_{\mathrm{I}}(1+\cos\theta_0)-3K_{\mathrm{II}}\sin\theta_0\big]-$$

$$\frac{1}{4\sqrt{2\pi r}}\big[(1+\mu^2)^{\frac{1}{2}}+\mu\big]\Big[K_{\mathrm{I}}(3-\cos\theta_0)\cos\frac{\theta_0}{2}+K_{\mathrm{II}}(3\cos\theta_0-1)\sin\frac{\theta_0}{2}\Big]=\tau_c$$

$$(5-20)$$

当 $\theta_0=0$、$K_{\mathrm{II}}=0$、$K_{\mathrm{I}}=-K_{\mathrm{IC}}$ 时

$$\tau_c=\frac{\mu}{\sqrt{2\pi r}}K_{\mathrm{IC}} \tag{5-21}$$

最后得到裂纹在压剪状态下的Ⅰ—Ⅱ型复合裂纹启裂判据：

$$\frac{1}{2}\cos\frac{\theta_0}{2}(\cos\theta_0-1)\Big(\sqrt{1+\frac{1}{\mu^2}}-1\Big)K_{\mathrm{I}}+$$

$$\frac{1}{4}\Big[\sqrt{1+\frac{1}{\mu^2}}\Big(\sin\frac{\theta_0}{2}-3\sin\frac{3\theta_0}{2}\Big)+4\sin\frac{\theta_0}{2}\Big]K_{\mathrm{II}}=K_{\mathrm{IC}} \tag{5-22}$$

其中
$$K_{\mathrm{I}}=\frac{(\sigma_1+\sigma_2)+(\sigma_1-\sigma_2)\cos2\beta}{2}\sqrt{\pi c}$$

$$K_{\mathrm{II}}=\frac{(\sigma_1-\sigma_2)\sin2\beta-\mu[(\sigma_1+\sigma_2)+(\sigma_1-\sigma_2)\cos2\beta]}{2}\sqrt{\pi c}$$

2. 压剪条件下翼型裂纹的扩展判据

关于压剪裂纹的扩展，依据 Horri 和 Nemat-Nasser 的研究可知[7]，当裂纹启裂后，将在原始裂纹的尖端形成拉伸型的翼型裂纹，由于在翼型裂纹尖端存在Ⅱ型应力强度因子，这样将使翼型裂纹偏离原来的启裂方向，最终发展成与最大压应力的方向平行。

翼型裂纹形成后，翼型裂纹尖端的应力强度因子的计算方法有很多种，如以 Horri 和 Nemat-Nasser[8] 提出的滑移型裂纹模型，如图 5-3 所示。

该模型被广泛用来描述岩石类材料的非弹性膨胀及破坏机制。假设受压材料内压剪裂纹的裂纹面间存在摩擦力，摩擦力和正压力满足莫尔-库仑定理。当沿主裂纹的剪应力超过两裂纹面间的摩擦阻力，裂纹面将发生滑动，从而导致翼型裂纹的萌生和生长。翼裂生长时，其裂尖的应力强度因子 K_{I} 相应减小，若外载不再增加裂纹将达到稳定状态。当外载继续增加，裂尖应力强度因子增大，当它达到或超过临界值 K_{IC} 时，裂纹将继续生长，且逐渐趋向与主压应力方向一致。

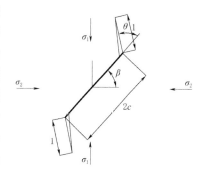

图 5-3　滑动裂纹模型

3. 滑移型裂纹模型的计算

由于经典滑移型裂纹模型能较好地描述在模型材料试验中观测到的现象，经过几十年的发展，产生了多个滑移型裂纹模型。滑移型裂纹模型的Ⅰ型应力强度因子的计算公式种类众多，但以下面五种较为典型，被广泛应用于岩石的压剪断裂分析中的翼型裂纹扩展分析。

Horri 和 Nemat – Nasser[8]采用复变函数解析方法，分析了翼型裂纹的应力强度因子及其扩展过程，提出了计算应力强度因子的近似公式：

$$K_{\mathrm{I}} = \frac{2c\tau_{\mathrm{eff}}\sin\theta}{\sqrt{\pi(l+l^{*})}} - \sigma_{n}'\sqrt{\pi l} \qquad (5-23)$$

式中：l^{*} 为拟合 Horri 和 Nemat – Nasser 的解析解而引入的当量裂纹长度，$l^{*}=0.27c$；τ_{eff} 和 σ_{n}' 分别为主裂纹面上的剪应力和翼型裂纹面上的法向应力，且有

$$\tau_{\mathrm{eff}} = \tau - \mu\sigma_{n}, \quad \tau = \frac{(\sigma_{1}-\sigma_{2})\sin 2\beta}{2}$$

$$\sigma_{n} = \frac{1}{2}[(\sigma_{1}+\sigma_{2})+(\sigma_{1}-\sigma_{2})\cos 2\beta]$$

$$\sigma_{n}' = \frac{1}{2}[(\sigma_{1}+\sigma_{2})+(\sigma_{1}-\sigma_{2})\cos 2(\theta+\beta)]$$

式中：μ 为裂纹面的摩擦系数；τ、σ_{n} 分别为主裂纹面上切向应力和法向应力。

Steif[9]将翼型裂纹简化为一条长 $2l$ 的直裂纹，并假设裂纹中部受到初始主裂纹相对滑动位移作用，导出了相应的计算公式：

$$K_{\mathrm{I}} = \frac{3\sqrt{2\pi}}{8}\tau_{\mathrm{eff}}\left(\sin\frac{\theta}{2}+\sin\frac{3\theta}{2}\right)(\sqrt{2c+l}-\sqrt{l}) - \sigma_{n}'\sqrt{\frac{\pi l}{2}} \qquad (5-24)$$

Ashby 和 Hallam[10]考虑翼型裂纹沿主压应力方向情形，即 $\theta = \psi = \frac{\pi}{2}-\beta$，给出了应力强度因子表达式为

$$K_{\mathrm{I}} = \frac{\sqrt{\pi c}}{\left(1+\frac{l}{c}\right)^{\frac{3}{2}}}\left(\frac{2}{\sqrt{3}}\tau_{\mathrm{eff}}-2.5\frac{\sigma_{2}l}{c}\right)\left[\frac{0.4l}{c}+\left(1+\frac{l}{c}\right)^{\frac{1}{2}}\right] \qquad (5-25)$$

Lehner 和 Kachanov[11]考察了翼型裂纹支裂纹很短和很长两种极限情形，同样针对翼型裂纹沿主压应力情形，提出了一个 K_{I} 的近似计算公式：

$$K_{\mathrm{I}} = \frac{2c\tau_{\mathrm{eff}}\cos\theta}{\sqrt{\pi\left(1+\frac{3c\cos^{2}\beta}{\pi^{2}}\right)}} - \sigma_{n}'\sqrt{\pi l} \qquad (5-26)$$

Baud 等[12]同样引入翼型裂纹当量长度 l_{eq} 得到 K_{I} 的近似计算公式：

$$K_{\mathrm{I}} = 3\tau_{\mathrm{eff}}\sqrt{\frac{c+l_{\mathrm{eq}}}{\pi}}\sin^{-1}\left(\frac{c}{c+l_{\mathrm{eq}}}\right)\sin\theta\cos\frac{\theta}{2} - \sigma_{n}'\sqrt{\pi l} \qquad (5-27)$$

其中

$$l_{\mathrm{eq}} = \frac{9}{4}l\cos^{2}\frac{\theta}{2}$$

王元汉等[13]在上面提到的模型的基础上提出了一种改进的裂纹模型：

$$K_{\mathrm{I}} = 2\tau_{\mathrm{eff}}\sin\theta\left[\frac{3}{2}e^{-l/c}\cos\frac{\theta}{2}+(1-e^{-l/c})\right]\left[\sqrt{\frac{c+l}{\pi}}\sin^{-1}\left(\frac{c}{c+l}\right)-\sqrt{l}\right] - \sigma_{n}'\sqrt{\pi l}$$

$$(5-28)$$

综合以上各模型计算结果的比较以及和有限元结果的对比，得到如下几点结论：

（1）6个翼型裂纹应力强度因子计算式是基于不完全相同的假设，有的认为是应力驱动引起翼裂张开，有的则认为是主裂面滑移导致翼裂张开但是可以看出，所有模型都预测，随着翼型裂纹的生长，翼型裂纹尖端的应力强度因子会变小，因此，翼型裂纹的扩展为稳定扩展，即在一定的外荷载作用下，翼型裂纹扩展到一定长度后会自动停止。而且由于翼型裂纹的扩展方向为最大主压应力方向，当有侧压时，应力强度因子普遍变小，可见侧向压力对翼型裂纹的形成与扩展起了很大的抑制作用，有利于材料的稳定。

（2）对于式（5-23），实践表明，当支裂纹长度 l 很小，K_1 极值对应的角度 θ 与文献［8］结果不一致，也与断裂理论中Ⅱ型断裂的开裂角理论值不符；对于式（5-24），显然在 l 较小时误差很大，在 l 很大时与文献［8］的解析解接近；对于式（5-25），只是针对翼型裂纹沿主应力方向的情形，而且当裂纹倾角较大时，误差也随之增大；对于式（5-26），计算结果表明，只有在翼裂当量长度较大（大于2.0）时，计算才比较准确，而且也是只针对翼型裂纹沿主应力方向的情形；对于式（5-27），计算实践表明，式（5-27）的计算结果比式（5-24）～式（5-26）有很大的改进，与式（5-23）的结果符合得较好。尽管如此，对于某些情形，式（5-27）的计算结果误差仍然偏大，同时，参数 l_{eq} 的物理意义也不很明确；对于式（5-28），当翼型裂纹不是很短甚至较长或在侧压条件下时，其计算结果有一定的误差。

5.3 裂纹相互作用的断裂力学分析

上述工作主要是针对单一裂纹的力学特性而进行的。但从根本上讲，岩石类材料的破坏一般不会由单一裂纹扩展形成，而是由多裂纹相互作用贯通的结果。Masuda 的实验研究证明裂纹体的相互作用在岩石类材料的破坏过程中起着重要的作用。

5.3.1 裂纹尖端的极值分布

断裂力学中的裂纹尖端应力—应变场仍是分析岩桥周围多裂纹之间贯通机理的有力依据，可以从理论上揭示多裂纹之间可能存在的贯通模式与机理。由线弹性断裂力学理论可知，对于平面问题无论是单裂纹还是多裂纹，也不论多裂纹体中每条裂纹如何分布，每条裂纹尖端邻域的应力—应变场都将满足以下形式：

$$
\left.
\begin{aligned}
\sigma_r &= \frac{1}{2\sqrt{2\pi r}}\left[K_1(3-\cos\theta)\cos\frac{\theta}{2}+K_{\parallel}(3\cos\theta-1)\sin\frac{\theta}{2}\right] \\
\sigma_\theta &= \frac{1}{2\sqrt{2\pi r}}\cos\frac{\theta}{2}\left[K_1(1+\cos\theta)-3K_{\parallel}\sin\theta\right] \\
\tau_{r\theta} &= \frac{1}{2\sqrt{2\pi r}}\cos\frac{\theta}{2}\left[K_1\sin\theta+K_{\parallel}(3\cos\theta-1)\right] \\
\varepsilon_\theta &= \frac{1}{2E\sqrt{2\pi r}}\left[K_1\cos\frac{\theta}{2}(1-3\nu+\cos\theta+\nu\cos\theta)\right. \\
&\quad \left. -K_{\parallel}\left(3\cos\frac{\theta}{2}\sin\theta+3\nu\sin\frac{\theta}{2}\cos\theta-\nu\sin\frac{\theta}{2}\right)\right]
\end{aligned}
\right\}
\quad (5-29)
$$

对于式（5-29）所示平面问题裂纹尖端应力-应变场，无论 K_I 和 K_{II} 取何值，每个应力分量或应变分量都有多个极值存在。

（1）每条裂纹尖端的 σ_θ 值有两个极值。其中一个为压应力极值，故略去，另一个为拉应力极值，且角度在 70.5° 附近，已经证明该应力极值是使许多脆性材料裂纹初始启裂的原因，σ_θ 随 θ 的变化曲线见图 5-4。

（2）每条裂纹尖端的 ε_θ 值有四个极值，见图 5-5 中曲线。其中两个为压缩应变 ε_θ 极值，因是压缩应变故略去；另两个均为拉应变极值 $\varepsilon_{\theta 1}$ 和 $\varepsilon_{\theta 2}$，且 $\varepsilon_{\theta 1} \geqslant \varepsilon_{\theta 2}$，但两个值相差不大。这说明在裂纹尖端邻域，当条件合适时，存在着两个可能的因拉伸应变过大而产生的开裂方向。$\varepsilon_{\theta 1}$ 和 $\sigma_{\theta 1}$ 在发生位置 θ 上总很接近，故对于脆性材料而言，$\varepsilon_{\theta 1}$ 和 $\sigma_{\theta 1}$ 被等同地看作是使裂纹发生最先初始启裂的原因。

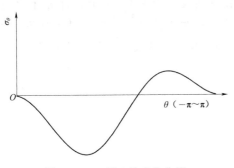

图 5-4　σ_θ 随 θ 的变化曲线

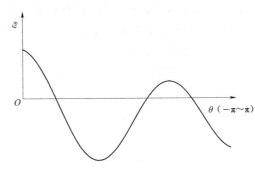

图 5-5　ε_θ 随 θ 的变化曲线

（3）$\tau_{r\theta}$ 有两正一负三个极值 $\tau_{r\theta 1}$、$\tau_{r\theta 2}$ 和 $\tau_{r\theta 3}$，见图 5-6。众所周知，剪应力不论正负，对材料的破坏都起等同作用。由此可知，在条件合适时，每条裂纹尖端也同样存在着这样三个可能的因剪切滑移而产生的开裂方向。

（4）这六个极值发生的大致位置见图 5-7。当岩桥周围裂纹尖端的这种极值方向能够基本对应起来时，两条裂纹必然会贯通起来。

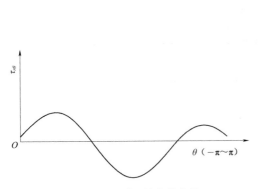

图 5-6　$\tau_{r\theta}$ 随 θ 的变化曲线

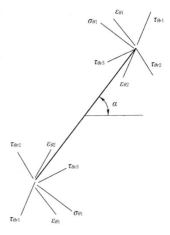

图 5-7　裂纹尖端的各种极值分布[14]

5.3.2 滑移型裂纹模型断裂判据

翼型裂纹随荷载的增加逐渐沿平行于最大主压应力的方向稳定扩展。当翼型裂纹扩展长度较长时，即 $l/c \geqslant 1$ 时，可将图 5-8（a）所示的折拐裂纹系统用图 5-8（b）所示的等效裂纹系统代替，即将两条翼型裂纹作为一条平行于最大压应力 σ_1 方向的共线裂纹来考虑。

主裂纹的影响通过作用在等效裂纹中心的一对共线集中剪力 $F = 2c\tau_{\text{eff}}$，这个等效裂纹系统受到远场应力 σ_1、σ_2 的作用，其裂纹尖端的 I 型应力强度因子为

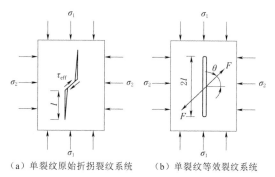

（a）单裂纹原始折拐裂纹系统　（b）单裂纹等效裂纹系统

图 5-8　单裂纹滑移型模型示意图

$$K_I = \frac{F\sin\theta}{\sqrt{\pi l}} - \sigma_2 \sqrt{\pi l} \tag{5-30}$$

对于多裂纹问题，很难有精确的应力强度因子的计算方法，只能沿用上面的等效系统，将多裂纹等效成如图 5-9（c）所示的情况，并提出了应力强度因子的计算方法[15]。

$$K_I = \frac{F\sin\theta}{\sqrt{b\sin(\pi l/b)}} - \sigma_2 \sqrt{2b\tan(\pi l/2b)} \tag{5-31}$$

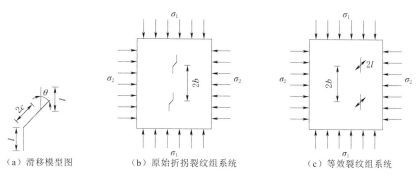

（a）滑移模型图　（b）原始折拐裂纹组系统　（c）等效裂纹组系统

图 5-9　滑移裂纹组模型示意图

从计算得到的图 5-10 中可以看出，当 l/b 趋近于 1.0 时，即两条裂纹尖端无限接近时，两者应力强度因子的差别将趋于无穷大；但当 $l/b \leqslant 0.5$ 时，即每 2 条裂纹尖端的距离大于 1 倍裂纹长度（$2b - 2a \geqslant 2a$）时，多裂纹中每条裂纹尖端的 K_I 与单裂纹的 K_I 的差别将变得很小。比较式（5-30）和式（5-31），多裂纹中每条裂纹尖端的应力强度因子与相应的无穷大板单裂纹理论值相比已有了明显的差异，但对某些局部而言，两者具有一定的相似性与近似性。

当载荷满足开裂条件 $K_I = K_{IC}$ 时，使长为 $2l$ 的翼型裂纹开裂的主应力 σ_1 可由式（5-31）解得

$$\sigma_1 = \frac{\sqrt{b\sin(\pi l/b)}\left[K_{IC} + \sigma_2\sqrt{2b\tan(\pi l/2b)}\right]}{2c\sin\theta(\sin\theta\cos\theta - \mu\sin^2\theta)} + \frac{\sigma_2(\sin\theta\cos\theta + \mu\sin^2\theta)}{\sin\theta\cos\theta - \mu\sin^2\theta} \quad (5-32)$$

在自由边界附近，近似取 $\sigma_2 = 0$，式（5-32）简化为

$$\sigma_1 = \frac{\sqrt{b\sin(\pi l/b)}\,K_{IC}}{2c\sin\theta(\sin\theta\cos\theta - \mu\sin^2\theta)} \quad (5-33)$$

当岩体所受应力达到使翼型裂纹开裂荷载时，翼型裂纹的扩展长度可由式（5-33）解得

$$l = \frac{b}{\pi}\arcsin\left\{\frac{1}{b}\left[\frac{4\sigma_1^2 c^2\sin^2\theta(\sin\theta\cos\theta - \mu\sin^2\theta)^2}{K_{IC}^2}\right]\right\} \quad (5-34)$$

由式（5-34）可以看出，若 σ_1 达到临界值 σ_{1cr}，l 也就达到临界状态；b 值越大，其临界长度也越长。而一旦达到临界长度，翼型裂纹就会快速扩展，使裂纹面上的各微裂纹迅速贯穿，在岩壁附近形成薄层，最终形成劈裂破坏。

5.3.3　裂纹形成过程的计算模拟

由于洞室开挖形成了自由表面，使轴向应力 σ_2 在自由表面降低至零，相当于在围岩预存裂纹的远场只施加了压应力 σ_1，因此只考虑单轴受压情况。假设原生裂纹长度为

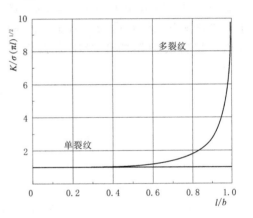

图 5-10　多裂纹与单裂纹的应力强度因子比较

50mm，倾角为 45°，材料的弹性模量为 30GPa，泊松比 $\nu = 0.3$，摩擦系数 $\mu = 0.3$，断裂韧度 $K_{IC} = 0.86$MPa·m$^{1/2}$，$K_{IIC} = 0.64$MPa·m$^{1/2}$。

1. 翼型裂纹启裂

在岩石试件两端施加荷载，原始裂纹处于压剪状态，根据压剪条件下翼型裂纹的启裂判据式（5-22），计算得到翼型裂纹的启裂荷载 $\sigma_{c1} = 4.03$MPa，起始开裂角 $\theta_{c1} = 70.5°$。

2. 翼型裂纹扩展

根据 5.2.2 节中的建议，选用 Horri 和 Nemat-Nasser 提出的滑动裂纹模型。假设裂纹首先扩展 l_1，并令 $l_1 = 10$mm，经过计算可以得到：

$$K_I = \frac{2c\tau_{eff}\sin\theta}{\sqrt{\pi(l+l^*)}} - \frac{1}{2}\left[(\sigma_1+\sigma_2) + (\sigma_1-\sigma_2)\cos 2(\theta+\beta)\right]\sqrt{\pi l} = 0.155\text{MPa·m}^{1/2}$$

$$K_{II} = \frac{2c\tau_{eff}\sin\theta}{\sqrt{\pi(l+l^*)}} - \frac{1}{2}\left[(\sigma_1+\sigma_2)\cos 2(\theta+\beta)\right]\sqrt{\pi l} = 0.028\text{MPa·m}^{1/2}$$

Tirosh 和 Catz（1980）、Ashby 和 Hallam（1986）、Horii 和 Nemat-Nasser（1986）、Maji、Tasdemir 和 Shah（1991）等对压剪裂纹的模拟实验研究表明，压剪裂纹发生张拉型断裂，即在原始裂纹面的尖端形成拉伸型翼型裂纹，最大拉应力准则是分析压剪裂纹启裂和扩展的较好准则，因此根据拉剪判据式（5-3）得到开裂角 $\theta_{c2} = -3.8°$。

将 $\theta_{c2} = -3.8°$ 代入式（5-4），K_I、K_II 可以根据下式计算，最后得到：$\sigma_{c2} = 6.94\mathrm{MPa}$。

$$\left.\begin{array}{l} K_\mathrm{I} = \sigma\sqrt{\pi c}\cos^2\beta \\ K_\mathrm{II} = \sigma\sqrt{\pi c}\sin\beta\cos\beta \end{array}\right\} \qquad (5-35)$$

在此基础上再扩展某一长度，到达点 3。将点 0 与点 3 连接，将 03 视为新的受压原始裂纹，重新计算裂纹的启裂、扩展，可以得到裂纹各步扩展过程中的开裂角和临界应力，裂纹发展轨迹如图 5-11 所示。

3. 裂缝贯通

根据上面的分析，随着翼型裂纹长度的增加，当 $l/b > 0.5$ 时多条裂纹之间的影响便不能忽略，裂纹尖端的强度因子便需要利用式（5-31）进行计算。当满足条件 $K_\mathrm{I} \geqslant K_\mathrm{Ic}$ 时，裂纹贯通形成劈裂裂缝。

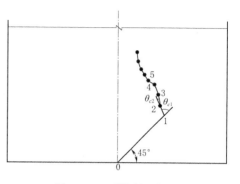

图 5-11　裂纹扩展轨迹

5.4　裂纹扩展形成机理数值模拟分析

劈裂裂缝的形成通常要涉及两条或两条以上的裂纹，这就牵扯到岩体中的多裂纹问题。而这一问题一直是工程界与理论界十分关注的问题。由于裂纹的扩展及贯通容易引发岩体的失稳及地质灾害的发生，因而对该问题已引起了高度的重视。20 世纪 80 年代，随着断裂力学的蓬勃发展，工程界及理论界投入了比较多的力量从事单裂纹及多裂纹岩体或类岩体破坏规律的研究[16-21]。尽管线弹性断裂力学在本构关系上不能很准确地模拟岩体，但在开裂路径上，由它能得到与实验很吻合的结论，因而仍不失为一种分析工程问题的有效而又方便的理论工具。在开裂与贯通载荷的理论估计上，理论预示载荷与实际破坏载荷也没有数量级的差别。

虽然这方面的研究[22-24]已有了突破性的进展，但现在的问题是，岩桥周围裂纹的排列方式是多种多样的，裂纹启裂及贯通的图像也是多种多样的，因而对破坏机理的解释将变得困难，同时对多裂纹问题由于难以得到应力场分布及裂纹尖端应力强度因子，因而不能从理论上定量地把握其破坏规律，只能就各种裂纹位置搭配，进行大量实验研究得到定性的结果。十多年来，由于有限元技术高度普及与成熟，通过考虑裂纹尖端的奇异性，已易于得到离散的多裂纹岩体的线性应力场及位移场。在有限元技术下，可以得到多裂纹岩体的应力场。也就是说，对于任何的多裂纹搭配方式，都可以预知多裂纹间的贯通路径、贯通机理以及相应的外载荷大小等。

5.4.1　断裂分析理论基础

对于绝大部分多裂纹问题，都可以利用 ANSYS 数值模拟软件，很好地解决这一问题，通过数值计算的方法得到裂纹尖端的 K_{I} 与 K_{II}，是计算各种复杂情况下应力强度因子的一种行之有效的方法。

ANSYS 软件提供的强大的前处理功能，能够方便地建立含缺陷结构的模型。多种划分网格的方法能够方便对局部进行加密，既保证计算的精度同时也减小计算的工作量，因此非常适合于含裂纹或缺陷结构，当参数选择合适时，有限元计算的应力强度因子精度还是很好的。下面简单介绍一下 ANSYS 断裂分析的特点。

1. 裂纹尖端奇异性

由式（5-36）可以看出，每个分量表达式中都包含了 $r^{-1/2}$ 项。这使得当 $r \rightarrow 0$ 时各分量均趋于无穷大。这是裂纹尖端附近弹性场的一个重要性质，称之为应力对 r 有奇异性，或称这个场为奇异性场。在有限单元法中通常都是在有限尺寸的单元中用多项式表示位移，因此在奇异点附近不能很好地反映应力的变化。为了解决这个难题，有研究者提出了一个新的简便的反映裂纹尖端应力奇异性的方法，即把等参数单元的边中点从正常位置移至 1/4 边长处，在单元角点附近即出现 $r^{-1/2}$ 级的应力奇异性。

$$
\left.
\begin{aligned}
\sigma_x &= \frac{K_{\mathrm{I}}}{\sqrt{2\pi r}}\cos\frac{\theta}{2}\left(1-\sin\frac{\theta}{2}\sin\frac{3\theta}{2}\right)-\frac{K_{\mathrm{II}}}{\sqrt{2\pi r}}\sin\frac{\theta}{2}\left(2+\cos\frac{\theta}{2}\cos\frac{3\theta}{2}\right) \\
\sigma_y &= \frac{K_{\mathrm{I}}}{\sqrt{2\pi r}}\cos\frac{\theta}{2}\left(1+\sin\frac{\theta}{2}\sin\frac{3\theta}{2}\right)+\frac{K_{\mathrm{II}}}{\sqrt{2\pi r}}\sin\frac{\theta}{2}\cos\frac{\theta}{2}\cos\frac{3\theta}{2} \\
\tau_{xy} &= \frac{K_{\mathrm{I}}}{\sqrt{2\pi r}}\sin\frac{\theta}{2}\cos\frac{\theta}{2}\cos\frac{3\theta}{2}+\frac{K_{\mathrm{II}}}{\sqrt{2\pi r}}\cos\frac{\theta}{2}\left(1-\sin\frac{\theta}{2}\sin\frac{3\theta}{2}\right)
\end{aligned}
\right\}
\quad (5-36)
$$

2. 奇异性单元

等参单元的中间节点移至 1/4 位置生成的新单元被称作奇异性单元，它能较精确地反映裂纹尖端附近应力场的奇异性。奇异性单元是一种退化单元，通过将八节点（二维）或 20 节点（三维）等参元的中节点移至 1/4 边长位置处来实现，在 ANSYS 的帮助文件中提供了该类型单元的示意图，如图 5-12、图 5-13 所示。

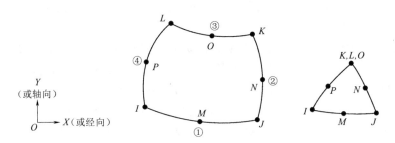

图 5-12　二维奇异单元

3. 接触分析过程

裂纹受压闭合后，裂纹上下表面间相互接触，这就需要使用 ANSYS 中的接触分析功能。ANSYS 支持三种接触方式：点—点、点—面和面—面接触。给接触问题建模，必须认识到模型中的哪些部分可能会接触。有限元模型通过制定的接触单元来识别可能的接触

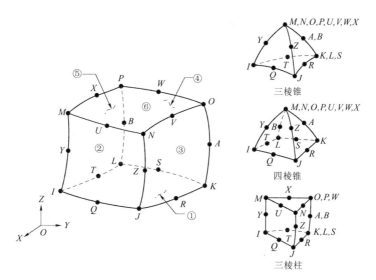

图 5 - 13   三维奇异单元

对,接触单元是覆盖在分析模型之上的一层单元。本章考虑的是闭合裂纹面之间的接触,为 2D 面—面接触分析。目标面和接触面分别用 Targe169、Contac172 来模拟 (图 5 - 14 和图 5 - 15),一个目标单元和一个接触单元作为一个接触对,程序通过一个共享的实常号来识别接触对。

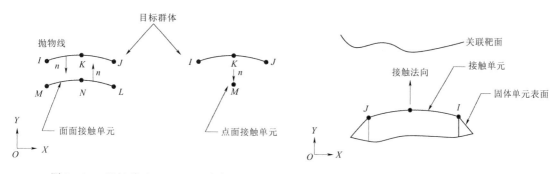

图 5 - 14   目标单元 Targe169 示意图   图 5 - 15   接触单元 Contac172 示意图

通常,一个面—面接触分析的基本步骤为:建立模型并划分网格,识别接触对,定义目标面,定义接触面,设置单元关键字和实常数,定义/控制目标面的运动,给定必须的边界条件,定义求解选项,求解接触问题,查看结果。

综上所述,ANSYS 断裂分析过程可以概括为:①围绕裂纹尖端的第一行单元必须为奇异单元,指定裂尖点为关键点后,KSCON 命令指定奇异单元围绕该关键点分割排列,其中二维单元推荐使用 plane183,三维单元使用 solid95;②主裂纹面的滑动则采用接触单元来模拟;③定义裂纹尖端的局部坐标系,要求 X 轴平行于裂纹面,Y 轴垂直于裂纹面;④定义沿裂纹面的路径;⑤使用 KCALC 命令在局部坐标系中计算断裂强度因子。

5.4.2 翼型裂纹启裂与扩展过程

1. 翼型裂纹启裂的数值模拟

为了方便对比，采用与 5.3.3 节中相同的物理力学参数，通过 ANSYS 模拟翼型裂纹的启裂，得到的结果如图 5-16、图 5-17 所示。从图 5-16 中可以看出，裂纹尖端的应力达到 3.23MPa，而 5.3.3 节中计算的启裂荷载是 4.03MPa，两者相差不大，这也证明了前文推导的翼型裂纹启裂判据的正确性。从图 5-17 中可以看出，第一主应力（拉应力）在裂纹尖端有明显的集中，导致翼型裂纹的开裂，并大致与原裂纹呈 70.5°，与已有的结论相吻合。

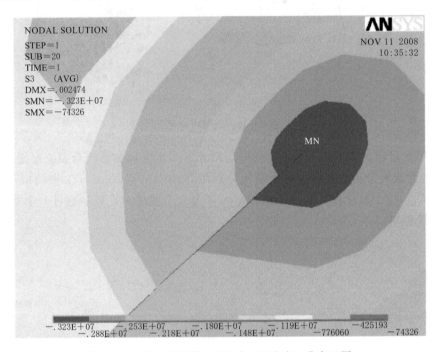

图 5-16 裂纹尖端第三主应力（压应力）分布云图

2. 翼型裂纹扩展过程的数值模拟

图 5-18、图 5-19 为利用 ANSYS 计算出的翼型裂纹尖端的应力分布云图和位移矢量图，图中显示了在翼型裂纹形成后，在翼型裂纹尖端有明显的拉应力集中现象，导致翼型裂纹扩展开裂，表明翼型裂纹是由于受拉破坏而发生扩展的。

如果翼型裂纹首先出现，在翼型裂纹产生后，裂纹尖端积聚的应变能得到一部分释放，但翼型裂纹产生与扩展后，该压应力集中区依然存在，而且裂纹尖端的压应力量值仍然很大。图 5-20 为有限单元法计算出的裂纹尖端的应力分布云图，图中显示了在翼型裂纹形成后，原生裂纹端部的应力集中现象。随着外荷载的加大，应力集中现象也越明显，当该区岩石中的剪切力超过其抗剪强度时，将产生新的剪切破坏带，该破坏带即为翼型裂纹产生后的次生裂纹。

5.4.3 裂纹相互作用数值模拟分析

岩土工程的失稳破坏与其内部裂纹的扩展、贯通密切相关，因此研究裂纹间的相互作

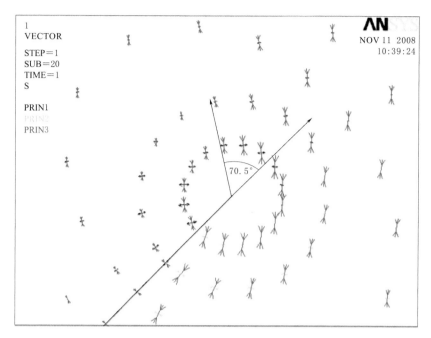

图 5-17 裂纹尖端主应力矢量图

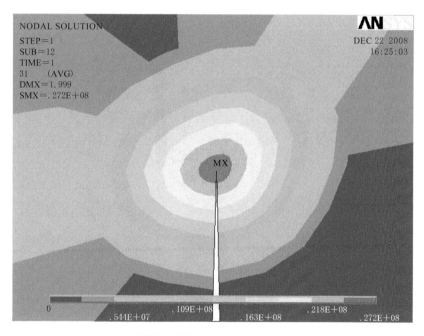

图 5-18 翼裂纹尖端第一主应力（拉应力）分布云图

用及其与工程地质之间的关系，是研究围岩劈裂破坏发生的关键。继续采用上节中的材料参数，分别考虑以下几种情况讨论裂纹之间的相互作用。

1. 裂纹间距

从图 5-21 中可以看出，在翼型裂纹尖端存在拉应力集中区。而且拉应力量值随着间

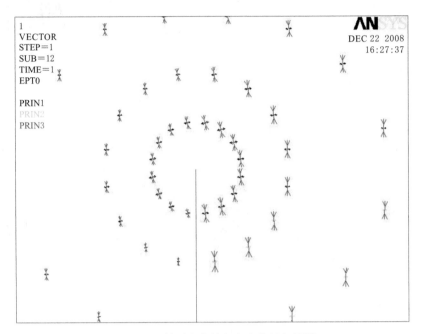

图 5-19　翼裂纹尖端主应力位置矢量图

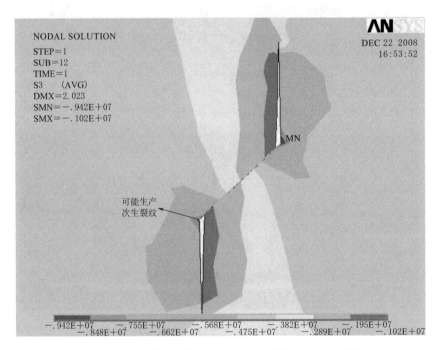

图 5-20　原裂纹尖端第三主应力（压应力）分布云图

距的减少逐渐增大。在 0.5 倍和 1 倍翼裂长度时，贯通拉应力达到 1MPa 左右，超过材料的抗拉强度，形成贯通裂纹。在 1.5 倍翼裂长度时，拉应力区域已经开始分离，到 2 倍翼裂长度时，拉应力区就已经完全分开。这也验证了 5.3.2 节中分析得到的当 2 条裂纹尖端的距离大于 1 倍裂纹长度时，多裂纹中每条裂纹尖端的 K_{I} 与单裂纹的 K_{I} 的差别将变得很小的结论。

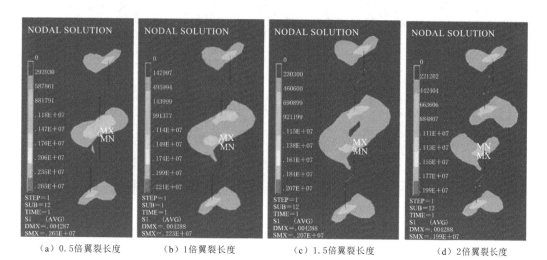

　　（a）0.5倍翼裂长度　　　　　（b）1倍翼裂长度　　　　　（c）1.5倍翼裂长度　　　　　（d）2倍翼裂长度

图 5-21　相同荷载作用下不同裂纹间距的拉应力云图

　2. 原始裂纹倾角

　　从图 5-22 中可以看出，随着原始裂纹水平倾角的逐渐减少，拉应力的贯通趋势逐渐增强，拉应力集中区量值也随之增加，越容易贯通，形成劈裂裂缝。

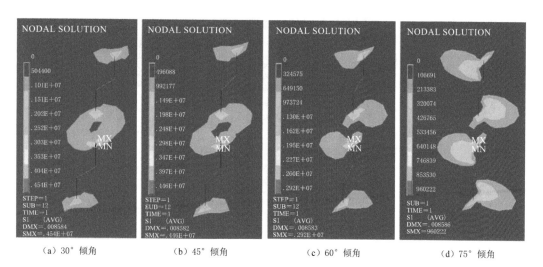

　　（a）30°倾角　　　　　　　（b）45°倾角　　　　　　　（c）60°倾角　　　　　　　（d）75°倾角

图 5-22　相同荷载作用下不同裂纹倾角的拉应力云图

　3. 裂纹相对位置

　　从图 5-23 可以看出，裂纹的相对位置对于劈裂破坏的形成有重要影响。在 60°和 30°时更容易形成劈裂破坏。在 0°时拉应力集中区域量值最小，没有形成贯通拉应力区域，两条裂纹之间的影响很小。

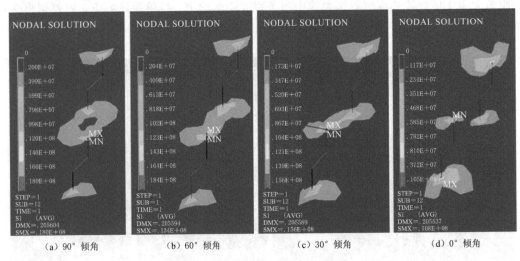

（a）90°倾角　　（b）60°倾角　　（c）30°倾角　　（d）0°倾角

图 5-23　相同荷载作用下不同裂纹相对位置拉应力云图

4. 加载方式

从图 5-24 可以看出，围压的存在对裂纹的扩展起了很大的抑制作用。没有围压时，贯通拉应力达到了 3.5MPa，远远超出了岩石的抗拉强度。当有围压存在时，拉应力集中区域量值迅速减少，并逐渐脱离。因此，洞室开挖，洞室边墙附近的应力释放，裂纹在靠近洞室边墙附近更容易贯通，形成劈裂破坏。

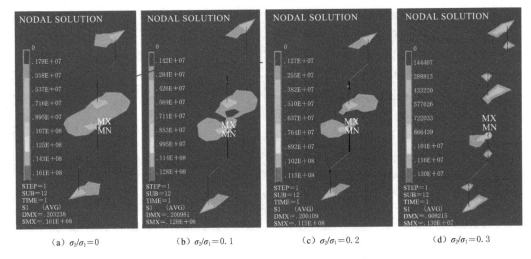

（a）$\sigma_2/\sigma_1=0$　　（b）$\sigma_2/\sigma_1=0.1$　　（c）$\sigma_2/\sigma_1=0.2$　　（d）$\sigma_2/\sigma_1=0.3$

图 5-24　不同围压作用下拉应力云图

5.4.4　裂纹贯通方式数值模拟分析

围岩的失稳破坏在很大程度上是由于岩体中裂纹扩展、复合而产生的。裂纹之间的相互作用，会改变裂纹尖端的应力强度因子，并使裂隙的扩展偏离其扩展的方向，进而使裂纹间产生不同形式的扩展、交叉，进而使围岩发生失稳。理论与试验研究表明，当两裂纹尖端之间的距离大于裂纹半长的 3 倍时，裂纹之间相互影响很小，基本上可以忽略。反之，裂纹之间的相互作用则必须予以考虑。按裂纹之间的相对空间关系，裂纹间的贯通模型基本上有三种，如图 5-25 所示：翼型裂纹之间的贯通；翼型裂纹与原生裂纹之间的贯通；次生裂纹贯通。

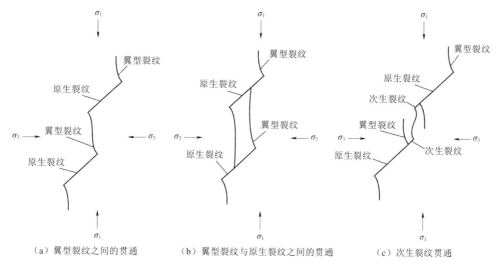

（a）翼型裂纹之间的贯通　　（b）翼型裂纹与原生裂纹之间的贯通　　（c）次生裂纹贯通

图 5-25　裂纹之间的基本贯通模式

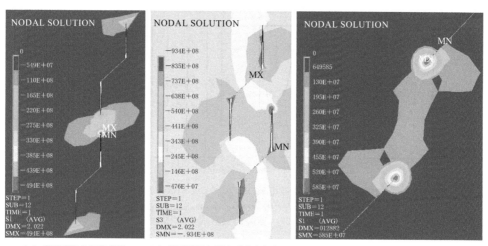

（a）翼型裂纹之间的贯通　　（b）翼型裂纹与原生裂纹之间的贯通　　（c）次生裂纹贯通

图 5-26　裂纹之间的基本贯通模式数值模拟示意图

通过数值模拟分析发现这些贯通模式（图 5-26）主要被 3 个参数控制：预置裂纹的几何分布，加载条件以及闭合裂纹表面的摩擦系数。通过比较上述不同贯通情况，得到如下结论：

（1）破坏基本是沿裂纹两端对称萌生和扩展的，而其贯通方式是与其空间位置密切相关的。

（2）在裂纹尖端部分因受压力方向不同而产生压应力、拉应力及剪应力。在轴向压力作用下，若预置裂纹间所受的分力大于预置裂纹的内摩擦力，则滑动产生。增加侧压则等效于增加了预置裂纹内部的闭合性，从而增加了裂纹之间的摩擦系数。

（3）在双轴加载条件下，次生裂纹的贯通较为普遍。而在单轴或低围压下，裂纹的贯通仍以翼型裂纹之间的贯通为主。如果侧压增加，则翼型裂纹的扩展速度将变慢，次生裂纹在岩桥区产生应力集中导致贯通。

（4）翼型裂纹产生后，向着另一原生裂纹端部增长，最后形成一个局部的破坏核导致贯通。次生裂纹起于原生裂纹两相邻端，并且相向生长，最终导致裂纹贯通。该过程是一个非常快且不稳定的过程。

5.5　岩体破裂薄板力学模型

考虑洞室表面附近存在周向压应力，当应力达到一定大小，初始裂纹将会平行或偏向最大主应力的方向扩展，如图 5-27 所示。Dyskin 和 Germanovich 的研究认为，这种情况下，初始裂纹将以稳定的方式朝压缩方向产生分叉。随着载荷增加，裂纹长度将相应增长。当裂纹增长时，自由表面对裂纹扩展具有重要影响。在裂纹达到一定长度后，自由表面的存在导致裂纹非稳定扩展，从而使裂纹长度突然增长并使岩体分裂形成薄层。薄层的厚度取决于该初始裂纹与自由表面的距离，分裂层的长度由压应力集中区的长度决定。

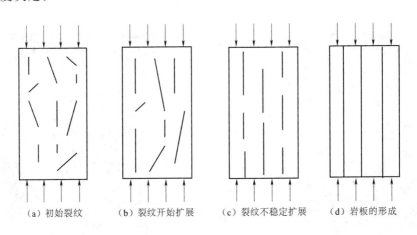

（a）初始裂纹　　　（b）裂纹开始扩展　　　（c）裂纹不稳定扩展　　　（d）岩板的形成

图 5-27　劈裂岩层形成示意图

当洞室边墙含微裂隙，岩体在高地应力作用下由小裂隙扩展为劈裂性平行大裂隙组后，以前研究岩石内部裂纹的方法已经不再适用，必须寻找更适合的岩体力学模型。岩石力学模型确定得正确与否，决定着研究成果的成效。根据模型试验的结果，在高地应力作用下，高边墙地下洞室边墙围岩内部变形不是连续的，而是在切向力作用下围岩发生开裂和板裂化，板裂化形成的板条在轴向力和自重力作用下产生弯曲变形，这种变形受板裂化形成的板条长度和截面尺寸的控制。在实验室试样及实际工程中，已观测到纵向劈裂的破坏模式[25]，见图 5-28 和图 5-29。

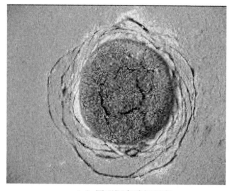
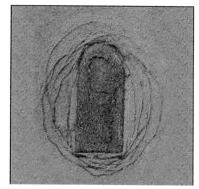

（a）圆形洞室破坏形态　　　　　　　（b）直墙拱顶洞室破坏形态

图 5-28　实验室中观察到的纵向劈裂破坏模式

5.5.1　薄板模型的适用性检验

在弹性力学中，对梁、板、圆筒等的计算都有具体的条件范围。对薄板的计算，实际上是指中等厚度的板，其厚度 t 与板面最小尺寸 $(a，b)_{min}$ 之比大约为 $1/100\sim1/3$。对于岩石材料，其最大特点是抗拉强度远小于其抗剪强度，抗剪强度又小于抗压强度，因而岩石的强度基本由其单轴抗拉强度所控制，最大拉应力是引起岩体破坏的主要原因。对于脆性较大的硬岩，更具有此特性，故将岩板定义为薄板的几何条件还可适当放宽。

图 5-29　现场观察到的纵向劈裂破坏模式

苏联的 Б.Г. 加列尔津院士在对岩板的研究中，认为岩板 $t/b\leqslant1/5$ 时（t 为岩板的厚度，b 为岩板短边长度），用薄板方法是完全允许的。而苏联的 A.A. 鲍里索夫等的研究表明，当岩板 $l/b\leqslant1/3$ 时，实际上也能使用薄板理论方法。而当岩板 $l/b>1/3$ 条件下，应当将板视为厚板。因而，岩板作为薄板的几何条件是满足的。此外，岩板的挠度必然不大于岩板的自身厚度，这也符合薄板弯曲小挠度理论的前提条件。因此为研究高地应力条件下的洞室边墙脆性围岩的变形与破坏的力学机理，选择薄板力学模式是合适的。

5.5.2　薄板模型的建立

取薄板的中面为 xy 面，如图 5-30 所示。薄板的小挠度理论是以三个计算假定为基础的（根据这些假定得出的结果，已被大量的实验所证实）[26]。这些假定为：

（1）形变分量 ε_z、γ_{yz}、γ_{zx} 都可以不计。

（2）应力分量 σ_z 所引起的形变可以不计。

（3）薄板中面内的各点都没有平行于中面的位移。

根据柯克霍夫平板理论，在基本假设条件下，薄板挠度微分方程（略去高阶微

量）为[27]

$$\frac{\partial^2 M_x}{\partial x^2}+2\frac{\partial^2 M_{xy}}{\partial x \partial y}+\frac{\partial^2 M_y}{\partial y^2}=-\left(q+N_x\frac{\partial^2 \omega}{\partial x^2}+2N_{xy}\frac{\partial^2 \omega}{\partial x \partial y}+N_y\frac{\partial^2 \omega}{\partial y^2}\right) \tag{5-37}$$

$$D \nabla^4 \omega=q+t\left(\sigma_x\frac{\partial^2 \omega}{\partial x^2}+2\tau_{xy}\frac{\partial^2 \omega}{\partial x \partial y}+\sigma_y\frac{\partial^2 \omega}{\partial y^2}\right) \tag{5-38}$$

其中

$$\nabla^4=\frac{\partial^4}{\partial x^4}+2\frac{\partial^4}{\partial x^2 \partial y^2}+\frac{\partial^4}{\partial y^4} \quad D=\frac{Et^3}{12(1-\mu^2)}$$

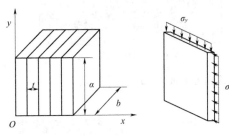

图 5-30　薄岩板计算坐标系及受力情况

式中：D 为抗弯刚度；t 为薄板厚度；q 为垂直于板面的荷载。

对高地应力条件下的岩柱薄板，当劈裂裂缝产生后，薄板间的剪应力远小于外界荷载的作用，忽略剪应力的影响，式（5-38）就变成：

$$D\nabla^4 \omega=q+t\left(\sigma_x\frac{\partial^2 \omega}{\partial x^2}+\sigma_y\frac{\partial^2 \omega}{\partial y^2}\right) \tag{5-39}$$

5.5.3　薄板模型分析

1. 应力分析

由于将洞室边墙处劈裂围岩等效为薄板，其力学模型可简化为四边简支，取傅里叶级数为临界状态的曲面方程，它符合位移边界条件：

$$w=\sum_{m=1}^{\infty}\sum_{n=1}^{\infty}a_{mn}\sin\frac{m\pi x}{a}\sin\frac{n\pi y}{b} \tag{5-40}$$

式中：m 为板在 x 轴方向挠曲的半波数；n 为板在 y 轴方向挠曲的半波数。

将式（5-40）代入式（5-39），整理得到

$$\sum_{m=1}^{\infty}\sum_{n=1}^{\infty}a_{mn}\left[D\left(\frac{m^2}{a^2}+\frac{n^2}{b^2}\right)^2+\sigma_x\frac{m^2}{\pi^2 a^2}+\sigma_y\frac{n^2}{\pi^2 b^2}\right]\sin\frac{m\pi x}{a}\sin\frac{n\pi y}{b}=0 \tag{5-41}$$

由上式可以看出，要满足条件必须使方括号内的数为 0，即

$$D\left(\frac{m^2}{a^2}+\frac{n^2}{b^2}\right)^2+\sigma_x\frac{m^2}{\pi^2 a^2}+\sigma_y\frac{n^2}{\pi^2 b^2}=0 \tag{5-42}$$

设侧压系数为 λ，则 $\sigma_x=\lambda\sigma_y$，式（5-42）可以化简为

$$\sigma_y=-\frac{D\left(\dfrac{m^2}{a^2}+\dfrac{n^2}{b^2}\right)^2}{\left(\dfrac{\lambda m^2}{\pi^2 a^2}+\dfrac{n^2}{\pi^2 b^2}\right)} \tag{5-43}$$

对于薄板的临界应力，应该取 $m=1$，$n=1$，即让薄板在 xy 方向都只有一个正弦半波，则式（5-43）变为

$$\sigma_{ycr}=\frac{D\pi^2(a^2+b^2)^2}{a^2 b^2(a^2+\lambda b^2)} \tag{5-44}$$

2. 位移分析

对于位移求解比较困难，可应用能量法的稳定准则求解临界荷载。能量法的稳定准则是：当薄板由平面稳定平衡状态转变为微弯曲的曲面稳定平衡状态时，荷载的势能变化与薄板中应变能的变化总和为零，即 $n\delta V + \delta U = 0$，其中 n 为薄板数目即劈裂裂缝数目。

因为挠度很小，不引起板中性面的拉伸和压缩，因而只考虑弯曲和扭转变形能及作用于中性面内的力的势能改变。

$$\delta V = \frac{D}{2}\iint\left(\frac{\partial^2 w}{\partial x^2} + \frac{\partial^2 w}{\partial y^2}\right)^2 - (2-\mu)\left[\frac{\partial^2 w}{\partial x^2}\frac{\partial^2 w}{\partial y^2} - \left(\frac{\partial^2 w}{\partial x \partial y}\right)^2\right]\mathrm{d}x\,\mathrm{d}y \qquad (5-45)$$

$$\delta U = -\frac{1}{2}\iint\left[N_x\left(\frac{\partial w}{\partial x}\right)^2 + N_y\left(\frac{\partial w}{\partial y}\right)^2 + 2N_{xy}\frac{\partial w}{\partial x}\frac{\partial w}{\partial y}\right]\mathrm{d}x\,\mathrm{d}y \qquad (5-46)$$

当板边为简支时，δV 中第二项不引起应变能的变化，可略去，同时忽略剪应力的作用，于是有

$$\delta V = -\frac{t}{2}\iint\left[\sigma_x\left(\frac{\partial w}{\partial x}\right)^2 + \sigma_y\left(\frac{\partial w}{\partial y}\right)^2 + 2\tau_{xy}\frac{\partial w}{\partial x}\frac{\partial w}{\partial y}\right]\mathrm{d}x\,\mathrm{d}y = \frac{D}{2}\iint\left(\frac{\partial^2 w}{\partial x^2} + \frac{\partial^2 w}{\partial y^2}\right)^2\mathrm{d}x\,\mathrm{d}y \tag{5-47}$$

将式（5-40）代入式（5-47），得到

$$\begin{aligned}
\delta V &= \frac{D}{2}\int_0^a\int_0^b\left(\frac{\partial^2 w}{\partial x^2} + \frac{\partial^2 w}{\partial y^2}\right)\mathrm{d}x\,\mathrm{d}y \\
&= \frac{D}{2}\int_0^a\int_0^b\left[\sum_{m=1}^{\infty}\sum_{n=1}^{\infty}a_{mn}\left(\frac{m^2\pi^2}{a^2} + \frac{n^2\pi^2}{b^2}\right)\sin\frac{m\pi x}{a}\sin\frac{n\pi y}{b}\right]\mathrm{d}x\,\mathrm{d}y \\
&= \frac{abD}{8}\sum_{m=1}^{\infty}\sum_{n=1}^{\infty}a_{mn}^2\left(\frac{m^2\pi^2}{a^2} + \frac{n^2\pi^2}{b^2}\right)
\end{aligned}$$

为求最大挠度，应该取 $m=1$，$n=1$，δV 为

$$\delta V = \frac{abD}{8}a_{mn}^2\left(\frac{\pi^2}{a^2} + \frac{\pi^2}{b^2}\right)^2 \tag{5-48}$$

由薄板挠度理论知板中面的应变为

$$\frac{1}{2}\left(\frac{\partial w}{\partial x}\right)^2 = \varepsilon_x, \quad \frac{1}{2}\left(\frac{\partial w}{\partial y}\right)^2 = \varepsilon_y$$

用能量法求解，这时作用于板中性面的力的势能变化为

$$\begin{aligned}
\delta U_x &= -\frac{t}{2}\int_0^a\int_0^b\sigma_x\left(\frac{\partial w}{\partial x}\right)^2\mathrm{d}x\,\mathrm{d}y = -tab\sigma_x\varepsilon_x \\
\delta U_y &= -\frac{t}{2}\int_0^a\int_0^b\sigma_y\left(\frac{\partial w}{\partial y}\right)^2\mathrm{d}x\,\mathrm{d}y = -tab\sigma_y\varepsilon_y
\end{aligned} \tag{5-49}$$

其中

$$\varepsilon_x = \frac{1-\mu^2}{E}\sigma_x, \quad \varepsilon_y = \frac{1-\mu^2}{E}\sigma_y$$

由叠加原理知：$\delta U = \delta U_x + \delta U_y$，同时 $\sigma_x \neq \sigma_y$，$\varepsilon_x \neq \varepsilon_y$，因此有

$$\delta U = -tab\sigma_x\left(\frac{1-\mu^2}{E}\sigma_x\right) - tab\sigma_y\left(\frac{1-\mu^2}{E}\sigma_y\right) \tag{5-50}$$

由 $\delta U + n\delta V = 0$，得薄岩板在应力 σ_x、σ_y 作用下的叠加挠度 ω_{mn1}、ω_{mn2} 有如下公式：

$$\left.\begin{array}{c} n\dfrac{abD}{8}\omega_{mn1}^2\left(\dfrac{\pi^2}{a^2}+\dfrac{\pi^2}{b^2}\right)^2 = tab\sigma_x^2\left(\dfrac{1-\mu^2}{E}\right) \\[3mm] n\dfrac{abD}{8}\omega_{mn2}^2\left(\dfrac{\pi^2}{a^2}+\dfrac{\pi^2}{b^2}\right)^2 = tab\sigma_y^2\left(\dfrac{1-\mu^2}{E}\right) \end{array}\right\} \tag{5-51}$$

整理得

$$\omega_{mn1}+\omega_{mn2}=4\sqrt{6}\frac{(1-\mu^2)a^2b^2(\lambda+1)\sigma_y}{nEt\pi^2(a^2+b^2)} \tag{5-52}$$

5.5.4　薄板模型的工程应用

根据试验测试，瀑布沟水电站现场岩石的 Ⅰ 型裂纹的断裂韧度值为 $1.26\text{MPa} \cdot \text{m}^{1/2}$，劈裂裂缝长度最大在 10m 左右，裂纹与垂直向的夹角为 45°，裂纹面上的内摩擦角为 45°，将第 5 章中得到的线弹性条件下的劈裂判据应用到瀑布沟水电站开挖分析中，得到了劈裂破损区范围分布图，如图 5-31 所示。得到主厂房破损区深度在 17.32m 左右，尾水洞为 15.63m，主变室为 5.26m。

根据图 6-31，确定 $a=17.32\text{m}$，$b=46.87\text{m}$。现场观测到的岩板之间的最大距离在 0.6m 左右，裂纹条数约为 15 条，根据式（5-44）和式（5-52）最后计算可以得到

$$\sigma_{ycr}=\frac{D\pi^2(a^2+b^2)^2}{a^2b^2(a^2+\lambda b^2)}=15.53\text{MPa}$$

$$\omega_{mn1}+\omega_{mn2}=4\sqrt{6}\frac{(1-\mu^2)a^2b^2(\lambda+1)\sigma_y}{nEt\pi^2(a^2+b^2)}=22.97\text{mm}$$

图 5-31　劈裂破损区分布图

以主厂房为例，通过 FLAC^{3D} 计算 y 方向应力和位移大小分布云图，如图 5-32、图 5-33 所示。从图中可以看出，数值计算得到的 y 方向的最大应力为 14.8MPa，最大位移为 21.47mm，与利用解析方法计算的结果基本一致，证明本章的计算方法是可靠和准确的，能够为类似的工程提供可靠的计算工具。

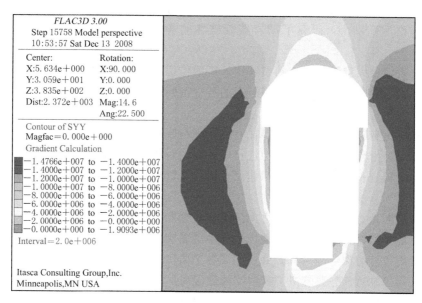

图 5-32　y 方向应力分布云图

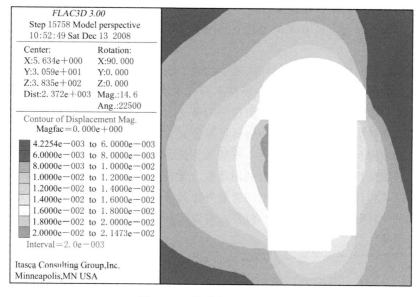

图 5-33　位移大小分布云图

5.6　本章小结

岩体的破坏主要是岩体中裂纹的扩展与贯通的结果。受压岩体的裂纹尖端，可能处于压剪状态，也可能处于拉剪状态。因此，应该采用不同的断裂准则，以判断裂纹是否开裂及开裂方向。本章利用断裂力学理论，对岩体的两种主要破坏方式（拉剪与压剪破坏）进行了分析讨论，采用了数值方法，对裂纹的扩展进行了初步的研究，并在弹性力学薄板和能量平衡理论的基础上，研究了围岩劈裂破坏的薄板力学模型，得到了以下几方面的结果：

（1）在岩体中大量随机分布的裂纹中，压剪作用下的断裂判据与拉剪作用下的断裂判据是不同的。拉剪断裂判据可以沿用已有的复合型断裂判据，而压剪断裂判据则需要重新建立。

（2）针对压剪断裂，裂纹之间存在有黏结力与摩擦强度的特点，提出了岩石压剪断裂性判据，并对各滑移型裂纹计算模型进行了系统的对比分析，和理论模型计算结果进行比较，最后综合得到一些有益的结论和建议，通过滑移型裂纹组模型建立了围岩的劈裂破坏判据。

（3）利用断裂力学分析了裂纹之间的贯通机理和极值分布，从理论上揭示了多裂纹之间可能存在的贯通模式与机理。以受压岩体中的斜裂纹扩展过程分析为例，模拟了岩体中裂纹逐渐发展成劈裂裂缝的过程，并说明了各个阶段的计算方法。

（4）利用 ANSYS 分别模拟了翼裂纹的启裂与扩展，所得到的结论与断裂力学已有的结论相吻合。证明 ANSYS 非常适合于模拟含裂纹或缺陷结构，当参数选择合适时，有限元可以很好地模拟裂纹的扩展过程。

（5）分别从裂纹间距、原始裂纹倾角、裂纹相对位置、加载方式四个方面讨论了裂纹之间的相互影响，发现贯通方式是与其空间位置密切相关的，而劈裂破坏多发生在洞室边墙附近。

（6）对于处在高地应力下的脆性围岩中的地下洞室群，开挖时洞室围岩容易出现纵向的劈裂裂缝，导致脆性开裂，形成劈裂性平行大裂缝组，可以应用弹性力学中的薄板理论，并在弹性力学薄板理论和能量平衡理论的基础上，分别推导了高地应力脆性围岩的边墙劈裂破坏的临界应力和最大位移的解析计算公式。

（7）以瀑布沟水电站为工程背景，将劈裂判据编成 fish 语言内嵌到 FLAC^{3D} 中，计算得到围岩的劈裂破损区。在此基础上利用薄板力学模型计算了其临界应力和最大位移，并与数值计算结果吻合较好，表明提出的劈裂判据和薄板力学模型能够较准确地预测围岩劈裂破坏范围和计算劈裂围岩的应力和位移，可以为高地应力下地下工程的稳定性评价及支护设计提供参考。

参考文献

［1］　朱维申，李术才，陈卫忠．节理岩体破坏机理和锚固效应及工程应用［M］．北京：科学出版社，2002．

［2］　唐辉明，晏同珍．岩体断裂力学理论与工程应用［M］．北京：中国地质大学出版社，1993．

［3］　Sih G C. Strain - energy - density factor applied to mixed mode crack problems［J］. Int. Frac.，1974，10（4）：305 - 321.

［4］　Cotterell B. Brittle fracture in compression［J］. Int，Frac.，1972，8（2）：195 - 208.

［5］　Rao Q，Stillborg B，Sun Z Q. Mode Ⅱ fracture toughness testing of rock［C］. Int. Congress on Rock Mechanics，Paris：A A Balkema，1999：731 - 734.

［6］ 周群力. 岩石压剪断裂判据及其应用［J］. 岩土工程学报，1987，9（3）：33－37.

［7］ Horri H，Nemat－Nasser S. Brittle failure in compression：splitting，faulting，and brittle－ductile transition［J］. Phil Trans Royal Soc London，1986（319）：337－374.

［8］ Horri H，Nemat－Nasser S. Compression－induced microcrack growth in brittle solids：Axial splitting and shear failure［J］. J. Geophys. Res.，1985，90（B4）：3105－3125.

［9］ Steif P S. Crack extension under compressive loading［J］. Engng. Fract. Mech.，1984，20：463－473.

［10］ Ashby M F，Hallam S D. The failure of brittle solids containing small cracks under compressive stress states［J］. Acta Metall.，1986，34（3）：497－510.

［11］ Lehner F，Kachanov M. On modeling of winged cracks forming under compression［J］. Int. J. Fract.，1996，77：65－75.

［12］ Baud P，Reuschle T，Charlez P. An improved wing crack model for the deformation and failure of rock in compression［J］. International Journal of Rock Mechanics and Mining Sciences and Geomechanics Abstracts，1996，33（5）：539－542.

［13］ 王元汉，徐钺，谭国焕，李启光. 改进的翼形裂纹分析计算模型［J］. 岩土工程学报，2000，22（5）：612－615.

［14］ 黎立云，许风光，高峰，等. 岩桥贯通机理的断裂力学分析［J］. 岩石力学与工程学报，2005，24（23）：4328－4334.

［15］ Dyskin A V，Germanovich L N. Model of rockbrust caused by cracks growing near freesurface［J］. In：Young P，editor. Rockbursts and seismicity in mines 93. Rotterdam：Balkema，1993，69－175.

［16］ Sun Z Q. Is crack branching under shear loading caused by shear fracture？［J］. Trana. Nonferrous Met. Soc. China，2001，2（11）：287－292.

［17］ Rao Q H，Sun Z Q，Wang G Y，et al. Mode Ⅱ fracture mechanism of direct shearing specimen with guiding grooves of rock［J］. Trana. Nonferrous Met. Soc. China，2001，2（11）：613－616.

［18］ Gou S H，Sun Z Q. Closing law and stress intensity factor of elliptical crack under compressive loading［J］. Trana. Nonferrous Met. Soc. China，2002，5（12）：966－969.

［19］ Ingraffea A R. Mixed－mode fracture initiation in Indiana limestone and westerly granite［A］//In：Proceedings of the 22nd. U. S. Symposium on Rock Mechanics，1981：199－204.

［20］ Ouchterlony F. Review of fracture toughness testing of rocks［A］//In：Swedish Detonic Research Foundation，1980：15－19.

［21］ Stacey T R. A simple extension strain criterion for fracture of brittle rock［J］. Int. J. Rock Mech. Min. Sci.，1981，18：469－474.

［22］ Tang C A，Tham L G，Lee P K K，ct al. Numerical tests on micro－macro relationship of rock failure under uniaxial compression，part Ⅱ：constraint，slenderness and size effects［J］. Int. J. Rock Mech. Min. Sci.，2000，37：570－577.

［23］ 朱维申，陈卫忠，申晋. 雁形裂纹扩展的模型实验及断裂力学机制研究［J］. 固体力学学报，1998，19（4）：355－360.

［24］ 黄凯珠，林鹏，唐春安，等. 双轴加载下断续预制裂纹贯通机制的研究［J］. 岩石力学与工程学报，2002，21（6）：808－816.

［25］ 顾金才，顾雷雨，陈安敏，等. 深部开挖洞室围岩分层断裂破坏机制模型试验研究［J］. 岩石力学与工程学报，2008，27（3）：433－438.

［26］ 徐芝纶. 弹性力学［M］. 北京：人民教育出版社，1982.

［27］ 铁摩辛柯 S P，盖莱 J M. 弹性稳定性理论［M］. 张福范，译. 北京：科学出版社，1965.

第6章

硬岩脆性破裂能量判据研究

6.1　概述

随着人类活动向地下空间的延伸，在高地应力区修建的地下工程越来越多，例如，拉西瓦水电站地下厂房洞群的最大地应力为 29.6MPa；锦屏一级水电站地下厂房区处于高地应力区，最大主应力值达 37.5MPa；锦屏二级水电站的引水隧洞群在长探洞中实测最大主地应力值高达 42MPa；规划中的南水北调西线工程部分洞段开挖时可能会遇到 50MPa 左右的高水平挤压应力，上述工程都属于高地应力下地下工程[1]。

在高地应力条件下，因开挖卸荷作用可引起岩体内部集聚的弹性应变能突然释放，而岩石作为一种非均质的多相复合结构材料，在长期的地质构造运动中，内部形成了大量各种尺度的节理裂隙，且呈随机状态分布。当受到外界作用后，这些内部的微缺陷不断地发生演化，裂纹逐步扩展，在局部形成贯通区。随着外部作用的增大，这些微裂纹发展成宏观裂纹。受力超过承载极限，裂纹迅速向前扩展，最后导致岩石失稳破坏，造成围岩发生岩爆、剥落等脆性破坏现象，给围岩稳定性和人员设备安全带来严重威胁。因此，研究高地应力下地下工程围岩破坏的能量特征对保证工程的安全性和稳定性具有重大研究价值。

6.2　断裂力学中的能量分析方法

无论在岩石还是在一般固体的断裂性能研究中，基本出发点主要有两种：应力场法和能量法。其中应力场法以裂缝尖端的应力应变场为研究对象，当场内某一断裂参量达到临界值时，裂缝将处于临界扩展状态。Irwin 将这个断裂参量定义为应力强度因子 K，它是描述裂缝尖端附近应力场强弱的一个场参数，不应该仅看作是和应力有关，而是裂缝尖端整个力学环境的特征参量。而相应的临界应力强度因子则称为断裂韧度 K_{Ic}，它是控制材料断裂性能的物理参数，可以理解为裂缝扩展的阻力。至于能量法则是为大家所熟知的，因为在 Griffith 最早提出断裂力学基本概念时所采用的方法就是能量法，他用一种基于表面能的能量平衡方法研究了玻璃的断裂破坏问题，并提出一个众所周知的概念。这个概念指出，如果物体的总能量降低，则体系中原有的裂缝将扩展。而且他设想，当裂缝扩展时，弹性应变能降低，用于产生新裂缝表面，在两者之间有一个简单的能量平衡。这个设想为以后能量释放率的计算奠定了基础。后来 Irwin 将与释放的应变能相平衡的表面能中，又加入了塑性变形功这一项，而且将能量释放率 G 定义为裂缝扩展过程中增加单位裂缝长度和单位厚度所吸收的能量，是一种不可逆的能量损失。G 也可以称作裂缝驱动力，断裂则可以被描述为被这个力所驱动的速率控制过程。而相应的临界能量释放率 G_{Ic}，也可以称为断裂韧度。应力场分析方法所提出的 K_{Ic} 和能量法所定义的 G_{Ic} 都以线弹性理论为基础，在线弹性断裂力学范围内，二者是等效的，通过一定的关系式可以相互转化，在断裂力学中将二者不加区分地都称为断裂韧度[2]。

同样，断裂力学基本上有两种分析裂缝稳定性的方法：应力强度因子法和能量法。其中，应力强度因子法以应力强度因子为表征裂纹尖端场强的特征量，当其值 K 小于材料抵抗裂缝扩展的阻力 K_c 时，则裂缝是稳定的，这种方法需要分析缝端很小范围内的应力场和位移场；而能量法从能量平衡的角度对岩体的稳定性进行判定。由 Griffith 提出，尔后为 Irwin 和 Orowan 所推广的能量平衡概念，其基本前提是：在一个逐渐增长的裂缝扩展中，当释放的应变能超过创造新裂缝表面所吸收的能量 G_c 时，就会发生不稳定的裂缝扩展。能量法避开了裂缝尖端附近的应力场，根据裂缝扩展时整个系统能量的变化来判断裂缝的稳定性。如果断裂发生仅伴随着有限的塑性变形，二者存在着严格的等效关系，可以通过一定的关系互相转化。但当塑性变形较大时，则只能依靠能量的方法。

由于岩石所承受的外载情况极为复杂，加之岩石本身组织结构的极端不均匀性，这就导致了岩石应力—应变关系的非线性特点，而且具有明显的尺度效应。因此，单纯依靠应力场分析是难以建立适合岩石的破坏判据的。应力—应变作为特定力学状态的描述，只是岩石热力学状态某一方面的表现。岩石的变形破坏过程是一个能量耗散的不可逆过程，外载对岩石所做的功除了导致岩石应力—应变状态的变化外，还有不可忽视的一部分被耗散掉，导致岩石损伤状态的变化。而这种损伤状态的演变又将影响岩石的应力—应变状态。因此，岩石在变形破坏过程中应力—应变状态是十分复杂的，在某种意义上具有一定的不确定性。正是由于这种不确定性，简单地以应力或应变大小作为破坏判据是不适合的[3]。

实际上，岩石的破坏归根到底是能量驱动下的一种状态失稳现象。对于岩石受力破坏的整个过程，岩石从受力直至失稳破坏的整个过程，始终和外界进行能量的交换，或将外部的能量转变为自身的内能，或将内部的应变能以一定的方式释放到外界。能量是物理反应的本质特征，是物质发生破坏的内在因素。只有"能量"这一参数贯穿于岩石破坏的整个过程中。由此看来，如果能详细分析岩石变形破坏过程中的能量传递与转化，建立以能量变化为破坏判据，就有可能比较接近真实地反映岩石的破坏规律[4]。

6.3　硬岩破裂的能量变化过程

6.3.1　单轴压缩条件下硬岩破坏能量变化过程

图 6-1 为典型的单轴应力下岩石的应力应变曲线，一般可以将岩石的整个变形过程大致可以分为 5 个阶段[5]，这 5 个阶段分别对应着不同的能量转化形式。

（1）压密阶段（OA）：在试验机的压缩下岩石内部的微缺陷逐步闭合，输入能量的转变为岩石的弹性势能储存在内部；如果卸载这部分能量又会释放出来。

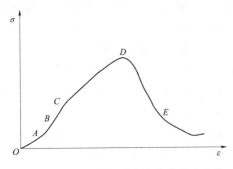

图 6-1　单轴应力下岩石的应力应变曲线

（2）弹性阶段（AB）：岩石发生线弹性变形，外界输入能转化为岩石的弹性势能。若在此范围内卸载，能量又会释放出来，而不会造成对岩石的破坏。

（3）稳定破裂发展阶段（BC）：超过弹性极限后，岩体进入塑性变形阶段，体内微破裂开始出现且随应力差的增大而发展，当应力保持不变时，破裂也停止发展。试验机输入的能量转化为弹性势能。

（4）不稳定破裂发展阶段（CD）：此阶段微破裂的发展出现质的变化，弹性势能的存储减弱，由于破裂过程中所造成的应力集中效应显著，即使工作应力不变，破裂仍会不断地累进性发展，使薄弱环节依次破坏。此时，体应变转为膨胀，轴应变速率和侧向应变速率加速地增大。

（5）应变软化阶段（DE）：微裂纹汇合成宏观主裂纹而使岩石发生整体破坏。前期存储的弹性势能释放出来，转化为了表面能、动能等。

从以上可以看出，在岩石变形的整个过程中，不同的阶段有不同的能量转化方式。一般可以认为，在峰值强度 D 点之前，表现为比较缓慢的能量耗散过程，而峰值点后是能量变化比较急剧的释放过程。

6.3.2　三轴压缩条件下硬岩破坏能量变化过程

图 6-2、图 6-3 给出了试验大理岩和花岗岩常规三轴压缩的全程应力—应变曲线，曲线附近的数字为围压值。由图可见，随着围压的增加，岩石的屈服应力和峰值强度均逐渐增大，岩石峰后由应变软化逐渐向理想塑性过渡。首先，破坏前岩石的应变随围压的增

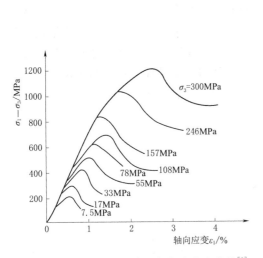

图 6-2　不同围压下花岗岩的应力应变曲线[6]

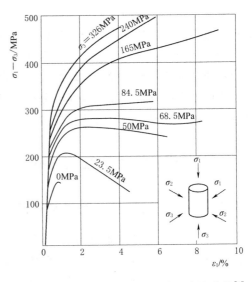

图 6-3　不同围压下大理岩的应力应变曲线[6]

大而增加；另外随围压的增大，岩石的塑性也不断增大，且由脆性逐渐转化为延性。如图 6-3 所示的大理岩在围压为零或较低的情况下，岩石呈脆性状态；当围压增加到 50MPa 时，岩石显示出由脆性到塑性转化的过渡状态，围压增加到 68.5MPa 时，呈现出塑性流动状态。

大量试验证实，岩石失稳都发生在峰值强度后应变软化区间的某一阶段。过峰值强度后，即使停止加载亦不能保持稳定的平衡，因为岩体内部裂纹扩展、贯通、合并等是一个自发的动态过程，岩石内部产生大量新的微裂纹，并且逐步地演化、汇合成宏观主裂纹，最后导致岩石的整体破坏。在此阶段，前期存储的弹性势能释放出来，转化为形成微裂纹和宏观主裂纹的表面能，裂纹尖端形成塑性区的塑性势能，主要是岩石向外界释放能量，其中表面能、裂纹尖端区的塑性能和动能在总能量中占了很大的比例。

从以上分析可以看出，在岩石变形的整个过程中，不同的阶段有不同的能量转化方式。一般可以认为：在峰值强度点之前，表现为比较缓慢的能量耗散过程，而峰值点后是能量变化比较急剧的释放过程，耗散到一定的程度必然向释放过渡。能量耗散使岩石的强度降低，能量释放是造成岩石灾变破坏的真正原因。

6.3.3 硬岩破坏力学试验中能量特征

6.3.3.1 试验过程

本次试验是在山东大学岩土工程中心自行研制的刚性压力试验机上进行的。试验采用轴向位移和横向位移速率联合控制，轴向位移加载速率为 0.002mm/s，横向位移加载速率为 0.0005mm/s（围压）。加工成型的试件为圆柱形，直径 50mm，高 100mm。对岩样，采用轴向位移控制加载模式。在试验全过程中，轴向采用 5mm 的 D1117 位移传感器测量轴向位移，100kN 的荷载传感器测量岩样的轴向荷载，并由试验机自动换算成对应的应变与应力输出到数据采集系统；径向应变采用 5mm 的链式传感器记录。

常规三轴压缩试验围压分别选用 5MPa、10MPa、20MPa、30MPa、40MPa。试验初期采用轴向位移控制加载模式；当曲线开始偏离直线段时，切换为横向位移控制加载模式。首先按静水压力条件逐步施加 $\sigma_1 = \sigma_2 = \sigma_3$ 至预定的围压值（围压加载采用手动控制模式，加载过程在 2~3min 内完成），然后保持围压 $\sigma_2 = \sigma_3$ 不变并连续施加轴向压力直至试验结束。

岩样常规单轴压缩和三轴压缩试验所得到的力学参数在表 6-1 中给出，其中围压 σ_3 为岩样破坏瞬时围压值；强度 σ_1 为岩样在该围压条件下的轴向极限承载能力；弹性模量 E 为岩样轴向压缩（$\sigma_1 - \sigma_3$）-ε 曲线直线段的斜率。三轴应力应变曲线如图 6-4 所示。

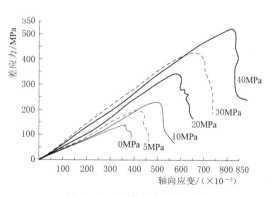

图 6-4　三轴应力应变曲线

表 6 - 1 　　　　　　　　　　　　岩样单轴、三轴压缩试验所得力学参数

岩样编号	加载方式	围压/MPa	强度/MPa	弹性模量/GPa	泊松比
D - 1		0.0	142.27	32.28	0.246
ETD - 2		0.0	143.84	33.08	0.248
ETD - 3		0.0	141.39	32.08	0.244
ETD - 4	常规单轴压缩	0.0	145.38	33.65	0.252
ETD - 5		0.0	138.98	31.58	0.241
ETD - 6		0.0	139.24	31.89	0.245
ETD - 7		0.0	128.18	22.11	0.237
ET - 1		5.0	198.50	32.26	0.249
GT - 2		10.0	229.08	33.10	0.261
GT - 4	常规三轴压缩	20.0	343.57	35.79	0.264
GT - 5		30.0	418.34	36.19	0.253
GT - 6		40.0	519.78	37.21	0.247

6.3.3.2　能量分析

岩石材料中新裂隙的产生需要耗散能量，裂隙面之间的滑移也要耗散能量，岩石材料的屈服破坏与损伤断裂实质上就是能量耗散的过程。轴向压缩时，试验机对岩样所做的功就是岩石材料所耗散的能量。但岩样在围压作用下发生变形时，围压也对岩样做功。等围压三轴应力状态下岩样实际耗散的能量 U 为

$$U = \int \sigma_1 \mathrm{d}\varepsilon_1 + 2 \int \sigma_3 \mathrm{d}\varepsilon_3 \qquad (6-1)$$

图 6 - 5 给出了不同围压作用下岩样轴向压缩破坏的能量分析。根据图中的变化曲线可以看出，在线弹性阶段，岩样实际吸收的能量 U 大致呈抛物线增加。岩样开始屈服时，由于轴向应力增加变慢而环向变形增加较快，岩样实际吸收的能量 U 增加速度变缓。在峰值强度之后，岩样的变形发生改变，其吸收的能量 U 随轴向变形也发生相应的变化，增加速度进一步降低。值得注意的是，当岩样已经完全破裂，产生宏观的破裂面时，U 的变化就是剪切破坏面之间摩擦力所做的功。由此可以知道，在峰值强度后岩样吸收的能量也主要是用于内部材料之间塑性滑移做功。而且随着围压的增大，岩样吸收的能量逐渐增大。低围压时岩样实际吸收的能量很小，而且增加得较为缓慢；但高围压时岩样实际吸收的能量很大，而且增加得较为迅速。

而且从图 6 - 5 中明显可以看出，岩样单轴压缩破坏时吸收的能量明显小于围压 40MPa 时岩样破坏所需的能量，这主要是由于围压的限制使得岩样需要吸收较多的能量。单轴压缩时，岩样破坏应变能与弹性破坏应变能差异不大，但随着围压的增加，两者差异越来越大，这表明，岩样塑性破坏应变能逐渐增加，且主要用于岩石材料内部的摩擦滑移，据此可以理解高围压时岩样产生宏观破裂面需要耗散较多的破坏应变能。如果常规三轴加载后保持轴向变形降低围压，试验机不再对岩样压缩做功，岩样的屈服破坏是通过自身储存的弹性变形能来实现的。不仅如此，岩样卸围压破坏过程中仍产生侧向变形，还将

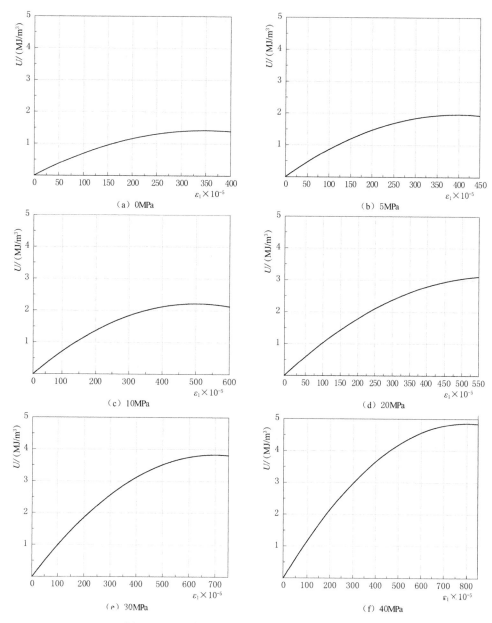

图 6-5 不同围压作用下岩样耗散能量变化曲线

克服围压对液压油做功，即岩样在破坏过程中持续地释放能。岩样破裂时的围压越低，其释放的能量越大，岩样内材料实际吸收的能量越小。

总结上面的分析，可以得到如下结论：

（1）三向压缩岩体时，尽管材料微结构的黏聚力已经丧失，但由于围压作用，并不立即发生整体破坏。只有围压卸载时，才会发生突然破坏。因此，处于三向压缩的工程岩体常常面临卸载破坏的危险。

（2）岩体单元中储存的弹性能释放是引发岩体单元突然破坏的内在原因。特别是在高地应力条件下，因开挖卸荷作用可引起岩体内部集聚的弹性应变能突然释放，会造成围岩破坏，给围岩稳定性和人员设备安全带来严重威胁。

（3）处于三轴应力状态的工程岩体，如果某一方向的应力突然降低，造成岩石在较低应力状态下破坏，那么岩石实际吸收的能量降低，原岩储存的弹性应变能将对外释放，转换为破裂岩块的动能，围岩可能会发生劈裂、岩爆、剥落等脆性破坏现象。

6.4　围岩开挖过程中的能量释放

6.4.1　应变能的释放与转移

不同的应力状态允许储存不同的应变能。或者说，一定的应力状态具有一定的极限储存能。对岩石试块进行三轴压缩实验时，可以分别做出三个方向的应力应变曲线，该曲线与应变轴所包围的面积即为单位体积应变能。应变能是标量，可以代数相加。三个方向的应力应变曲线所求得的应变能相加，即得到总的应变能。岩石试块破断时总的应变能，即为该应力状态下的极限储存能。

原岩为三轴应力状态，允许储存很大的应变能，故原岩一般处于弹性变形阶段。由于地下工程的开挖，使围岩的最小主应力降低，围岩允许储存的能量也随之降低。因此，能量集聚是有条件的，集聚的能量不能超过新应力状态下的极限储存能。地下工程围岩各点的应力状态各不相同，围岩各点的允许储存能也互不相同。越是接近地下工程边缘，围岩的最小主应力降低得愈多，允许储存的能量即极限储存能也越少。如果集聚的能量大于该点的极限储存能，多余的能量将释放。在远离地下工程边缘时，围岩储存能又恢复到原岩储存能。释放的能量和转移的能量将造成围岩塑性变形或破裂。

6.4.2　能量释放率的计算

为了能够定量分析围岩能量释放的程度，基于裂纹扩展是以能量释放为主要特征的破坏现象的认识，定量计算能量释放率。

释放能量的计算实现利用有限差分程序 FLAC^{3D}，采用弹性本构模型，保证得到的是脆性破坏单元的能量释放率。通过追踪每个单元弹性能量密度变化的全过程，记录下单元发生破坏前后的弹性能密度差值，即为该单元的能量释放率，再将单元的能量释放率乘以单元体积得到单元弹性释放能，所有脆性破坏单元的弹性释放能的总和即为当前开挖步引起的围岩总释放能量，其表达式为[7]

$$LERR_i = U_{i\max} - U_{i\min} \tag{6-2}$$

$$ERE = \sum_{i=1}^{n} (LERR_i \cdot V_i) \tag{6-3}$$

$$U_i = V_i[(\sigma_1^2 + \sigma_2^2 + \sigma_3^2) - 2\nu(\sigma_1\sigma_2 + \sigma_1\sigma_3 + \sigma_3\sigma_2)]/(2E) \tag{6-4}$$

式中：$LERR_i$ 为第 i 个单元的局部能量释放率；V_i 为第 i 个单元的体积；$U_{i\max}$ 为第 i 个单元脆性破坏前的弹性应变能密度峰值；$U_{i\min}$ 为第 i 个单元脆性破坏后的弹性应变能密度谷值。

从式（6-4）可以看出，岩体能量释放的大小与原岩应力、岩石性质等有关。原岩应力越高、岩石弹性模量越低，岩石中弹性储存能就越大。产生塑性变形以后，弹塑性储存能也是如此。岩石强度愈低，极限储存能也越小，于是释放的能量越大。

6.4.3 工程应用

1. 工程概况

瀑布沟水电站位于长江流域岷江水系的大渡河中游，地处四川省西部汉源和甘洛两县境内，是一座以发电为主，兼有漂木、防洪等综合利用任务的大型水利水电工程。地下厂房深埋于左岸山体内，埋深 220～360m，距河边约 400m。地下厂房洞室结构纵横交错，洞室结构巨大。水电站地下洞室中，采用了通常采取的三大洞室布置方式即主厂房、主变室及尾水调压室成平行布置，轴向方向 N45°E。

2. 岩体物理力学参数

地下厂房硐室群位于坝轴线下游左岸花岗岩山体中，以 Ⅰ、Ⅱ 类围岩为主，厂区围岩岩性单一，为中粗粒花岗岩体，无大的断裂切割，完整性较好，岩石较新鲜完整，其详细物理力学参数见表 6-2。

表 6-2　　　　　　　　　　　计算中采用的岩体力学参数

岩性	容重/（kN/m³）	弹性模量/GPa	黏聚力/MPa	摩擦角/(°)	泊松比
花岗岩	29.0	20.0	2.12	40.25	0.2

3. 数值模型

计算模型取厂房横断面水平方向为 X 轴，竖直方向为 Y 轴，纵轴线为 Z 轴。计算范围：X 方向，−300～439.1m，主厂房左下角为坐标零点；Y 方向，−300～357m，洞室顶部到地表的埋深为 350m；采用准三维模型，划分的模型网格图如图 6-6 所示。

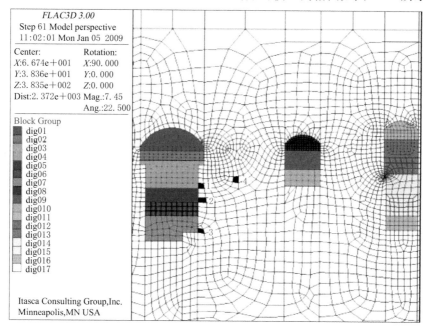

图 6-6　计算模型网格图

4. 初始地应力场

岩体中的地应力量级和方位相差较小，$\sigma_1 = 21.1 \sim 27.3\text{MPa}$，方位 N54°~84°E，对厂房的位置影响不大，N45°E 与最大主应力夹角 26.7°，侧压比为 0.73，较适宜布置大型地下洞室。

5. 数值计算结果分析

岩石的失稳破坏就是岩石中能量突然释放的结果，在宏观上表现出能量释放的特点。岩石内部储存的弹性势能释放出来，引起岩石的失稳破坏，在工程中往往体现为岩石的灾变破坏。在高地应力下的地下工程开挖过程中，硬脆性岩体能量急剧释放的现象表现得更加突出。

分别记录图 6-6 中单元 1、2、3、4 的弹性应变能变化，如图 6-7 所示，其中 1 号单元在第 4 开挖步，2 号单元在第 5 开挖步，3 号单元在第 7 开挖步，4 号单元位于主厂房和主变室之间。

可以看出，1 号单元在前 3 步开挖时，弹性应变能呈逐渐增长的趋势。第 4 步开挖时，1 号单元应力集中达到最大，而储存的弹性应变能也达到最大，并且增长的幅度远大于前 3 步的增长。当开挖到第 5 步时，因开挖卸荷作用可引起岩体内部集聚的弹性应变能突然释放，释放的能量达到 4.09kJ，这些释放的能量主要用于裂纹扩展耗散的能量或动能，导致围岩发生岩爆、剥落等脆性破坏现象。因此，高地应力下洞群围岩的稳定分析，除了要考虑减小围岩变形大小、卸荷破损区范围外，还必须降低岩体的能量释放速率以控制围岩卸荷松弛程度和岩爆灾害的发生。同样，2 号单元的最大能量突降发生在第 6 步，由 9.31kJ 降到了 3.75kJ，弹性应变能突然下降了 5.56kJ。而 3 号单元，由于是最后一步

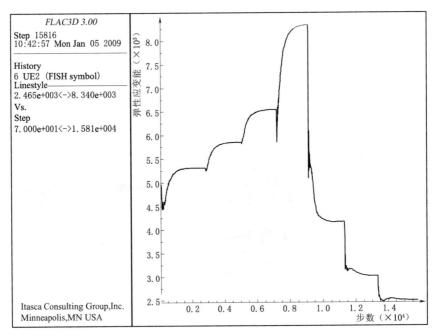

(a) 1号单元

图 6-7（一） 各单元弹性应变能变化

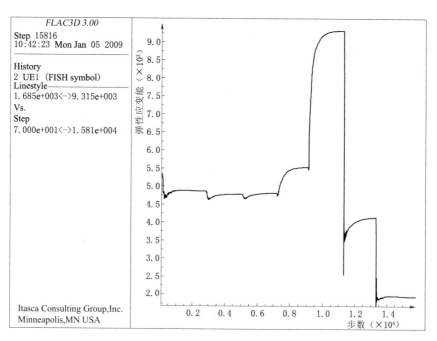

（b）2号单元

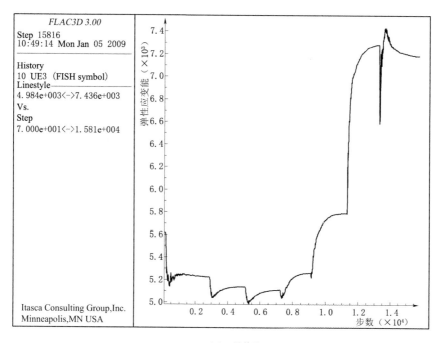

（c）3号单元

图 6-7（二）　各单元弹性应变能变化

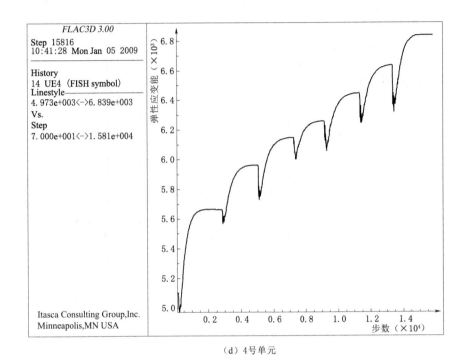

（d）4号单元

图6-7（三） 各单元弹性应变能变化

开挖，弹性应变能保持在一个很高的数值，达到7.44kJ。因此在后期开挖活动时要尽量避免扰动，防止能量突然释放，影响洞室的稳定。4号单元位于开挖扰动区之外，受开挖的影响较小，因此其弹性应变能随着开挖步的增加，也逐渐增加，而且增加的大小基本一致。

选取主厂房下游边墙到主变室之间的岩柱18m深度作为计算区域，统计该区域内的单元开挖时，释放的弹性应变能。经过计算开挖释放的总能量随着开挖步的变化趋势如图6-8所示。从图中可以看出，释放的能量随着开挖的进行逐渐增加，大体接近线性增长趋势。当第7步开挖完成之后的耗散能达到了 $\Delta U = 1.98e^7$ J。

为了能够更好地定量预测地下工程开挖过程中能量，以便于能更好地预测能量释放强度、破坏位置与范围，得到了该地下厂房弹性能密度分布等值线图，见图6-9。计算结果表明，主厂房拱顶、主厂房上游侧墙中部、主变室拱顶和底板两角端、尾水调压室下部边墙等部位是局部能量释放率较大的地方，这些部位能够给裂纹的发展提供较大的能量，维持其不断扩展，最终导致裂纹贯通，形成劈裂破坏。因此在开挖支护的设计与施工中应重点关注上述部位。

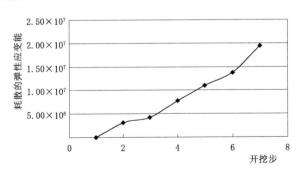

图6-8 弹性应变能随开挖步变化曲线

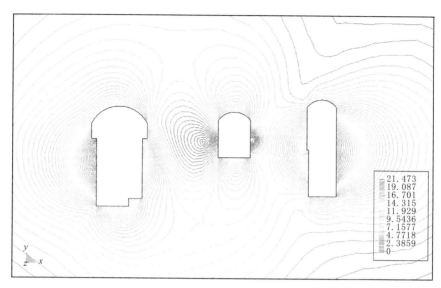

图 6-9　$LERR_i$ 分布图（单位：kJ/m^3）

6.5　基于能量平衡原理的硬岩破裂判据

作为一种特殊的天然材料，受成因和地质构造的影响，岩石的组织结构极为不均匀，内部存在各种大量的天然缺陷，而且这些缺陷的分布完全是随机的，因此可视为一种非均质的多相复合结构。在受到外界力作用下，弥散在岩石内部原有的微缺陷不断变化，新生微裂不断萌生、扩展，最后彼此贯通；随着应力或应变增加，岩石不断产生损伤，最终形成宏观裂缝，这将导致岩石最终失稳破坏。岩石变形破坏过程是能量的复杂转化过程。岩石在变形破坏过程中始终不断地与外界交换着物质和能量，岩石的热力学状态也相应地不断发生着变化。因而岩石作为所研究的体系是一个远离平衡的开放体系。岩石在受到外载作用时，弥散在岩石内部的微细缺陷不断演化，从无序分布逐渐向有序发展，从而形成宏观裂纹，最终宏观裂纹沿某一方位汇聚形成大裂纹导致整体失稳，引起围岩的整体破坏。岩石的破坏归根到底是能量驱动下的一种状态失稳现象。由此看来，如果能详细分析岩石变形破坏过程中的能量传递与转化，在能量变化的基础上建立破坏判据，就有可能比较接近真实地反映岩石的破坏规律。

6.5.1　线弹性条件下硬岩破裂判据

1. G 和 K 的关系

无论在岩石，还是在一般固体的断裂性能研究中，基本出发点主要有两种：应力场法和能量法。应力场分析方法所提出的 K_I 和能量法所定义的 G_I 都以线弹性理论为基础，在线弹性断裂力学范围内，二者是等效的，通过一定的关系式可以相互转化，在断裂力学中将二者不加区分地都称为断裂韧度。根据线弹性理论可以证明[8]：

$$G = \frac{(K+1)(1+\nu)}{4E}K_1^2 \tag{6-5}$$

其中，在平面应变条件下 $k = 3 - 4\nu$，在平面应力条件下 $k = \dfrac{3-\nu}{1+\nu}$。

采用滑移裂纹组模型来模拟岩石材料在轴向压力左右下的劈裂破坏，以考虑裂纹之间的相互作用。该裂纹组模型的裂纹尖端应力强度因子 K_1 可表示为

$$K_1 = \frac{F\sin\theta}{\sqrt{b\sin(\pi l/b)}} - \sigma_2\sqrt{2b\tan(\pi l/2b)} \tag{6-6}$$

其中
$$F = 2c(\tau - \mu\sigma_n)$$

2. 劈裂破坏过程中的能量平衡

围岩劈裂破坏是一个裂纹萌生、扩展、贯通的过程。新裂纹面的产生需要吸收能量，裂隙面之间的滑移摩擦也将耗散能量，而裂纹在扩展过程中遵循能量平衡原理。在线弹性阶段外力做功主要用于克服初始裂纹的滑移以及裂纹扩展[9]，可以表达成下式形式：

$$W_F = W_f + 2\gamma \tag{6-7}$$

式中：W_F 为外力所做的功；W_f 为由于初始裂纹滑移而耗散的能量；γ 为裂纹扩展而耗散的能量。

3. 劈裂破坏判据的建立

线弹性条件下，由于裂纹扩展形成的应变 ε_1、ε_2 与 σ_1、σ_2 满足虎克定律，则有

$$\left.\begin{array}{l} \varepsilon_1 = \dfrac{1}{E}(\sigma_1 - \nu\sigma_2) \\[2mm] \varepsilon_2 = \dfrac{1}{E}(\sigma_2 - \nu\sigma_1) \end{array}\right\} \tag{6-8}$$

此时，外力所做的功可以表示成

$$W_F = \int\sigma_1 \mathrm{d}\varepsilon_1 + \int\sigma_2 \mathrm{d}\varepsilon_2 = \frac{1}{2E}(\sigma_1^2 + \sigma_2^2 - 2\nu\sigma_1\sigma_2) \tag{6-9}$$

由初始裂纹滑移消耗的能量为

$$W_f = 2c\tau_f\delta \tag{6-10}$$

其中
$$\tau_f = \frac{1}{2}\nu\left[(\sigma_1 + \sigma_2) - (\sigma_1 - \sigma_2)\cos2\theta\right]$$

式中：δ 为外力作用下初始裂纹的滑移位移。

文献 [10] 中提出，由于初始滑移产生的 I 型应力强度因子为

$$K_1 = \frac{2E}{(k+1)(1+\nu)}\frac{\delta\sin\theta}{\sqrt{2\pi(l+l^{**})}} - \sigma_2\sqrt{\frac{\pi l}{2}} \tag{6-11}$$

其中，$l^{**} = 0.083c$。因为考虑的是劈裂破坏，l 一般较长，因此用 l 代替 $l + l^{**}$，式（6-11）变为

$$K_1 = \frac{2E}{(K+1)(1+\nu)}\frac{\delta\sin\theta}{\sqrt{2\pi l}} - \sigma_2\sqrt{\frac{\pi l}{2}} \tag{6-12}$$

所以，由外力作用形成的初始裂纹的滑移位移为

$$\delta = \frac{\left(K_I + \sigma_2 \sqrt{\frac{\pi l}{2}}\right)\sqrt{2\pi(l+l^{**})}\,(1+K)(1+\nu)}{2E\sin\theta} \quad (6-13)$$

由于初始裂纹滑移所耗散的能量可以表示为

$$W_f = 2c\tau_f \delta = \frac{c\tau_f\left(K_I + \sigma_2 \sqrt{\frac{\pi l}{2}}\right)\sqrt{2\pi(l+l^{**})}\,(1+K)(1+\nu)}{E\sin\theta} \quad (6-14)$$

为了考虑围岩的劈裂破坏，将式（6-6）中的 K_I 代入式（6-14）中，整理得到

$$W_f = \frac{c\tau_f \sqrt{2\pi(l+l^{**})}\,(1+K)(1+\nu)}{E\sin\theta}\left(\frac{F\sin\theta}{\sqrt{b\sin(\pi l/b)}} - \sigma_2\sqrt{2b\tan(\pi l/2b)} + \sigma_2\sqrt{\frac{\pi l}{2}}\right)$$

$$(6-15)$$

根据能量释放率的定义，可知道单个翼型裂纹扩展耗散的能量满足下面的关系：

$$G = \frac{\partial \gamma}{\partial l}\bigg|_P \quad (6-16)$$

式中：P 代表恒载情况。

通过对式（6-15）中的 G 在 l 的长度上积分，即远端作用力 σ_1、σ_2 保持不变，我们可以得到裂纹扩展所耗散的能量为（因有两条翼型裂纹，因此应该为 2 倍）：

$$\gamma(l) = 2\int_0^l \frac{(K+1)(1+\nu)}{4E}K_I^2\,\mathrm{d}l$$

$$= \frac{(K+1)(1+\nu)}{2E}\int_0^l\left(\frac{F\sin\theta}{\sqrt{b\sin(\pi l/b)}} - \sigma_2\sqrt{2b\tan(\pi l/2b)}\right)^2\mathrm{d}l$$

$$= \frac{(K+1)(1+\nu)}{2E}\left\{\frac{2F^2\sin\theta}{\pi}\ln\left(\tan\frac{\pi l}{2b}\right)\right.$$

$$\left. - \frac{4\sigma_2^2 b^2}{\pi}\ln\left(\cos\frac{\pi l}{2b}\right) - \frac{4Fb\sigma_2\sin\theta}{\pi}\ln\left[\tan\frac{\pi}{4}\left(\frac{b+l}{b}\right)\right]\right\} \quad (6-17)$$

综合式（6-9）、式（6-15）、式（6-17）便可以得到线弹性条件下围岩劈裂破坏发生判据：

$$\frac{\sigma_1^2 + \sigma_2^2 - 2\nu\sigma_1\sigma_2}{2(1+K)(1+\nu)} = \frac{c\tau_f\sqrt{2\pi(l+l^{**})}}{\sin\theta}\left(\frac{F\sin\theta}{\sqrt{b\sin(\pi l/b)}} - \sigma_2\sqrt{2b\tan(\pi l/2b)} + \sigma_2\sqrt{\frac{\pi l}{2}}\right)$$

$$+ \left\{\frac{2F^2\sin^2\theta}{\pi}\ln\left(\tan\frac{\pi l}{2b}\right) - \frac{4\sigma_2^3 b^2}{\pi}\ln\left(\cos\frac{\pi l}{2b}\right) - \frac{4Fb\sigma_2\sin\theta}{\pi}\ln\left[\tan\frac{\pi}{4}\left(\frac{b+l}{b}\right)\right]\right\}$$

$$(6-18)$$

6.5.2　小范围屈服条件下硬岩破裂判据

前一章中所提到的复合型裂纹失稳扩展判据，大多是在以裂尖为中心、某一半径 r_0 的圆周上，取适当控制参量加以比较的基础上建立的，例如 $\sigma_{\theta\max}$ 判据，$S_{\min}$ 判据等。但是由于裂尖附近应力应变场的奇异性，在受压剪应力作用的裂隙岩体，随着外载荷的增加而经历压紧和摩擦滑动两个阶段，荷载的进一步增加将导致在裂纹尖端形成较大的塑性破坏区域，当裂纹尖端附近出现了塑性区，线弹性断裂力学的理论就不适用。但若屈服区域

范围很小，经过修正后，仍可用线弹性断裂力学的方法来处理。若是塑性区尺寸已大到超过裂纹长度或构件的尺寸，导致岩石的非线性，则此时线弹性断裂力学的理论就不再适用，而必须用弹塑性断裂力学了。如此可见，对裂纹尖端的塑性区进行研究是非常必要的。

岩石的非线性现象早已被人们认识，国内对岩石Ⅰ型断裂中非线性问题做了大量的理论和实验研究[11-13]。然而，到目前为止，对岩石压剪过程区的研究很不充分，国际上几种主要岩石力学与断裂杂志极少报道岩石压剪过程区的研究，周群力等[14]1991年采用声发射和光弹贴片技术研究了压剪下的端部微裂区问题，提出了压剪断裂核的概念（图6-10、图6-11）。Jankowski等[15]用光弹涂层法对端部微裂区的形成进行实验研究，并用高速成像技术研究了端部微裂区随载荷增加时的扩展过程；Maji等[16]用声发射技术研究了端部微裂区的大小；Shah[17]采用全息激光与声发射相结合的方法研究了岩石的端部微裂区形状；Wittman等[18]用柔度法测量了Ⅰ型端部微裂区的长度。大量实验研究表明，在Ⅰ型加载下，过程区的形状呈狭长形，是微裂隙富集区，该区域内仍存在黏结应力。对断裂过程区的研究不仅涉及岩石断裂机理和本构关系，而且还是判断线弹性断裂力学能否适用于研究岩石断裂的依据。

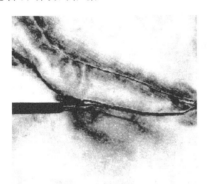

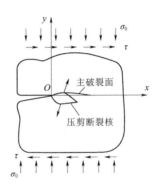

图6-10　光弹贴片测试结果　　　　图6-11　压剪断裂核模型

1. 岩石屈服准则

由塑性理论可知，不同的材料服从不同的屈服准则。因此裂纹尖端的塑性区不仅取决于构件的几何形状、材料性质、受力状态、裂纹形状等因素，而且还取决于计算时所采用的屈服准则。进而可知，裂纹的扩展方向除取决于在弹塑性交界线上所选用的控制参数之外，显然还与所选用的塑性屈服准则有关。

要确定塑性区的范围，首先要选定相应的屈服准则。屈服准则是表征岩石在极限应力状态下的应力状态和岩石强度参数之间的关系，一般可以表示为极限应力状态下的主应力间的关系方程，即

$$\sigma_1 = f(\sigma_2, \sigma_3) \tag{6-19}$$

或者表示为处于极限平衡状态截面上的剪应力 τ 和正应力 σ 间的关系方程：

$$\tau = f(\sigma) \tag{6-20}$$

对于复杂应力下的屈服条件在历史上提出了很多，如最大正应力条件，最大剪应力条

件，最大弹性应变条件、Tresca 条件、Mises 条件等，其中影响力较大的是 Tresca 条件和 Mises 条件。但是 Tresca 条件不考虑中间主应力的影响，另外当应力在两个屈服面交线上时，处理时要遇到数学上的困难。在主应力大小未知时，屈服条件又十分复杂。比较起来，Mises 条件更接近试验结果，数学形式也比较简单。

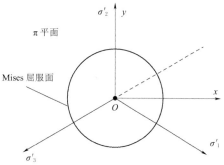

$$(\sigma_1 - \sigma_2)^2 + (\sigma_2 - \sigma_3)^2 + (\sigma_3 - \sigma_1)^2 = 2\sigma_s^2$$

$$(6-21)$$

式（6-14）称为 Mises 条件，是屈服条件中一种最简单的形式，显然在 π 平面上 Mises 条件必为一圆（图 6-12）。

图 6-12　π 平面上 Mises 屈服条件几何图形

2. 裂纹尖端的塑性区尺寸

由裂纹尖端的应力场与相应的屈服准则可求得复合型情况下裂纹尖端的塑性区形状与大小。由线弹性断裂力学可知，在平面应力处裂尖处的应力场为

$$
\begin{aligned}
\sigma_x &= \frac{K_{\mathrm{I}}}{\sqrt{2\pi r}} \cos \frac{\theta}{2} \left(1 - \sin \frac{\theta}{2} \sin \frac{3\theta}{2}\right) - \frac{K_{\mathrm{II}}}{\sqrt{2\pi r}} \sin \frac{\theta}{2} \left(2 + \cos \frac{\theta}{2} \cos \frac{3\theta}{2}\right) \\
\sigma_y &= \frac{K_{\mathrm{I}}}{\sqrt{2\pi r}} \cos \frac{\theta}{2} \left(1 + \sin \frac{\theta}{2} \sin \frac{3\theta}{2}\right) + \frac{K_{\mathrm{II}}}{\sqrt{2\pi r}} \sin \frac{\theta}{2} \cos \frac{\theta}{2} \cos \frac{3\theta}{2} \\
\tau_{xy} &= \frac{K_{\mathrm{I}}}{\sqrt{2\pi r}} \sin \frac{\theta}{2} \cos \frac{\theta}{2} \cos \frac{3\theta}{2} + \frac{K_{\mathrm{II}}}{\sqrt{2\pi r}} \cos \frac{\theta}{2} \left(1 - \sin \frac{\theta}{2} \sin \frac{3\theta}{2}\right)
\end{aligned}
$$

$$(6-22)$$

式中：r 为 A 点到裂纹尖端的距离；θ 为裂纹尖端与 A 点连线与 x 轴的夹角；K_{I}、K_{II} 分别为裂纹的压、剪裂纹尖端的应力强度因子。

用主应力可以表示为

$$
\begin{aligned}
\sigma_1 &= \frac{1}{\sqrt{2\pi r}} \left[\left(K_{\mathrm{I}} \cos \frac{\theta}{2} - K_{\mathrm{II}} \sin \frac{\theta}{2}\right) + \frac{1}{2} \sqrt{(K_{\mathrm{I}} \sin\theta + 2K_{\mathrm{II}} \cos\theta)^2 + K_{\mathrm{II}}^2 \sin^2\theta} \right] \\
\sigma_2 &= \frac{1}{\sqrt{2\pi r}} \left[\left(K_{\mathrm{I}} \cos \frac{\theta}{2} - K_{\mathrm{II}} \sin \frac{\theta}{2}\right) - \frac{1}{2} \sqrt{(K_{\mathrm{I}} \sin\theta + 2K_{\mathrm{II}} \cos\theta)^2 + K_{\mathrm{II}}^2 \sin^2\theta} \right]
\end{aligned}
$$

$$(6-23)$$

将式（6-23）代入式（6-21）得到塑性区半径表达式

$$r_P = \frac{1}{8\pi\sigma_s^2} \left[4\left(K_{\mathrm{I}} \cos \frac{\theta}{2} - K_{\mathrm{II}} \sin \frac{\theta}{2}\right)^2 + 3K_{\mathrm{I}}^2 \sin^2\theta + 6K_{\mathrm{I}} K_{\mathrm{II}} \sin2\theta + 3K_{\mathrm{II}}^2 (4 - 3\sin^2\theta) \right]$$

$$(6-24)$$

对于 I 型、II 型断裂，根据 Mises 屈服准则所求得的裂尖附近塑性区分布见图 6-13、图 6-14，塑性区的长度单位分别为 $\dfrac{K_{\mathrm{I}}^2}{2\pi\sigma_s^2}$ 及 $\dfrac{K_{\mathrm{II}}^2}{2\pi\sigma_s^2}$。对复合型裂纹，令 $K_{\mathrm{I}} = \sigma\sqrt{\pi c} \cdot \sin^2\beta$，$K_{\mathrm{II}} = \sigma\sqrt{\pi c} \sin\beta\cos\beta$，塑性区的长度单位为 $\dfrac{K^2}{2\pi\sigma_s^2}$，其中 $K = \sigma\sqrt{\pi c}$，图 6-15、图

6-16 分别为 $\beta=30°$、$\beta=45°$ 时塑性区形状。不难看出：岩石材料在荷载作用下，在裂纹尖端存在应力集中区和塑性区；r_p 作为 K_I、K_{II}、θ 的函数，不仅反映了裂纹尖端塑性区的大小，而且体现了方向性。

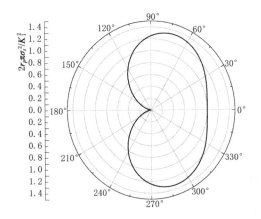

图 6-13　Ⅰ型裂纹裂尖塑性区尺寸示意图

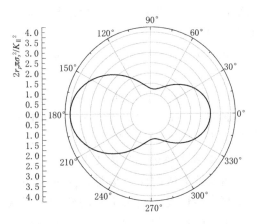

图 6-14　Ⅱ型裂纹裂尖塑性区尺寸示意图

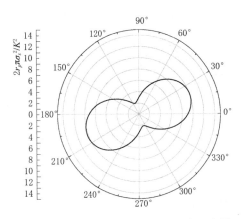

图 6-15　$\beta=30°$ 时裂尖塑性区尺寸示意图

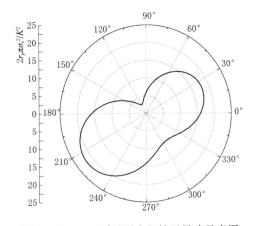

图 6-16　$\beta=45°$ 时裂尖塑性区尺寸示意图

3. 劈裂破坏过程中的能量平衡

对带有裂缝的岩石而言，裂缝的发展伴随着能量的变化。当含裂缝的岩石受载后，缝端会出微裂区。随着荷载的进一步增加，外力功转化成能量以各种形式消耗在材料上，主要包括[8]：

裂纹表面能：裂纹扩展，裂纹的表面积增加，而产生新表面就需要消耗能量。如增加单侧表面面积所需的能量为 γ，在扩展过程中要形成上下两个表面，故单位裂纹面积所需的能量共为 2γ。

对非纯弹性材料来说，裂纹扩展前还要产生塑性变形，这也需要消耗能量，如裂纹扩展单位面积为克服塑性变形而消耗的能量为 U_P。

则裂纹扩展单位面积所消耗的能量为

$$R=2\gamma+U_P \tag{6-25}$$

与弹性条件下不同，在弹塑型条件下，能量平衡方程中包括克服塑性变形而消耗的能量为 U_P，因此式（6-7）改写为

$$W_F = W_f + 2\gamma + U_P \tag{6-26}$$

式中：W_F 为外力所做的功；W_f 为由于初始裂纹滑移而耗散的能量；γ 为裂纹扩展而耗散的能量；U_P 为克服塑性变形而消耗的能量。

由于塑性能 U_P 往往要比裂纹表面能 γ 大 3～6 个数量级，因此式（6-26）可以改写为

$$W_F = W_f + U_P \tag{6-27}$$

4. 劈裂破坏判据的建立

首先提出以下几点假设：

（1）裂纹尖端达到形成的塑性区域看作理想塑性区域。

（2）体积不可压缩。

（3）塑性区形状近似为圆形。

（4）平面应力断裂韧性与平面应变断裂韧性之间存在简单的比例关系[19]，即

$$K_{1L} = \beta K_{1M} \tag{6-28}$$

（5）平面应力状态下的塑性区半径 r_{PL} 和平面应变状态下的塑性区半径 r_{PM} 的比值为 η，其中 η 因采用不同的屈服准则、不同的应力状态会有所差异。

在理想塑性区中，塑性变形引起的耗散能是由应力场 σ_{ij} 和应变增量场 $d\varepsilon_{ij}$ 确定的。单位体积中的耗散能由下式确定：

$$dU_P = \sigma_{ij} d\varepsilon_{ij} \tag{6-29}$$

由于采用体积不可压缩的假设，因而有

$$dU_P = s_{ij} d\varepsilon_{ij} \tag{6-30}$$

利用 Levy-Mises 流动法则，上式又可写成

$$dU_P = \sigma_i d\varepsilon_i \tag{6-31}$$

对于理想塑性材料，上式可以写成

$$dU_P = \sigma_s d\varepsilon_i \tag{6-32}$$

由体积不可压缩假设，可以得到

$$d\varepsilon_r + d\varepsilon_\theta + d\varepsilon_z = 0 \tag{6-33}$$

首先考虑平面应变条件下，即 $d\varepsilon_z = 0$，则式（6-33）变为

$$d\varepsilon_r + d\varepsilon_\theta = 0$$

因此有

$$d\varepsilon_r = -d\varepsilon_\theta = \frac{dr}{r} \tag{6-34}$$

$$d\varepsilon_i = \sqrt{\frac{2}{3}\left[(d\varepsilon_r)^2 + (d\varepsilon_\theta)^2 + (d\varepsilon_z)^2\right]} = \frac{2\sqrt{3}}{3}\frac{dr}{r} \tag{6-35}$$

上式积分后得

$$\varepsilon_i = \int_c^{r_P} d\varepsilon_i = \int_c^{r_P} \frac{2\sqrt{3}}{3}\frac{dr}{r} = \frac{2\sqrt{3}}{3}\ln\frac{r_P}{c} \tag{6-36}$$

那么整个体积中塑性变形引起的耗散能为

$$U_{PM} = \frac{2\sqrt{3}}{3}\sigma_s \ln \frac{r_P}{c}(\pi r_P^2 - \pi c^2) \quad （取厚度为单位值） \tag{6-37}$$

根据假设（4）、（5），可以得到

$$\beta = \frac{K_{1L}}{K_{1M}} = \sqrt{\frac{U_{PL}}{U_{PM}}}\sqrt{1-\nu^2} = \frac{r_{pL}}{r_{PM}}\sqrt{1-\nu^2} = \eta\sqrt{1-\nu^2} \tag{6-38}$$

根据 Mises 屈服准则，可以分别求出在平面应力和平面应变条件下塑性区半径：

$$r_{PL} = \frac{1}{2\pi\sigma_s^2}\left\{\frac{3}{4}\big[(K_{\text{I}}\sin\theta + 2K_{\text{II}}\cos\theta)^2 + K_{\text{II}}\sin^2\theta\big] + \right.$$
$$\left. (1-2\nu)^2\left(K_{\text{I}}\cos\frac{\theta}{2} - K_{\text{II}}\sin\frac{\theta}{2}\right)^2\right\} \quad （平面应力） \tag{6-39}$$

$$r_{PM} = \frac{1}{2\pi\sigma_s^2}\left\{\frac{3}{4}\big[(K_{\text{I}}\sin\theta + 2K_{\text{II}}\cos\theta)^2 + K_{\text{II}}\sin^2\theta\big] + \right.$$
$$\left. \left(K_{\text{I}}\cos\frac{\theta}{2} - K_{\text{II}}\sin\frac{\theta}{2}\right)^2\right\} \quad （平面应变） \tag{6-40}$$

在劈裂破坏中以 I 型断裂为主，忽略 II 型断裂，则 η 可以表示成

$$\eta = \frac{1 + 3\sin^2\dfrac{\theta}{2}}{(1-2\nu)^2 + 3\sin^2\dfrac{\theta}{2}} \tag{6-41}$$

因此平面应力状态下整个体积中塑性变形引起的耗散能为

$$U_{PL} = \eta^2 U_{PM} = \frac{2\sqrt{3}}{3}\sigma_s \ln \frac{r_P}{c}(\pi r_P^2 - \pi c^2)\left[\frac{1 + 3\sin^2\dfrac{\theta}{2}}{(1-2\nu)^2 + 3\sin^2\dfrac{\theta}{2}}\right]^2 \tag{6-42}$$

整个体积中塑性变形引起的耗散能，可以表示为

$$U_P = \eta^2 \frac{2\sqrt{3}}{3}\sigma_s \ln \frac{r_P}{c}(\pi r_P^2 - \pi c^2) \tag{6-43}$$

其中，在平面应变条件下 $\eta = 1$，在平面应力条件下

$$\eta = \frac{1 + 3\sin^2\dfrac{\theta}{2}}{(1-2\nu)^2 + 3\sin^2\dfrac{\theta}{2}}$$

由于考虑的是小范围屈服条件下围岩的脆性劈裂破坏，因此整个裂纹单元仍按照弹性计算，外力所做功保持不变，即

$$W_F = \frac{1}{2E}(\sigma_1^2 + \sigma_2^2 - 2\nu\sigma_1\sigma_2)$$

造成围岩劈裂破坏的裂纹摩擦所消耗的能量近似与弹性条件下相同，即

$$W_f = \frac{c\tau_f\sqrt{2\pi(l+l^{**})}(1+K)(1+\nu)}{E\sin\theta}\left(\frac{F\sin\theta}{\sqrt{b\sin(\pi l/b)}} - \sigma_2\sqrt{2b\tan(\pi l/2b)} + \sigma_2\sqrt{\frac{\pi l}{2}}\right)$$

则弹塑性条件下围岩劈裂破坏判据可以表示成

$$\frac{1}{2E}(\sigma_1^2+\sigma_2^2-2\nu\sigma_1\sigma_2)=\frac{2\sqrt{3}}{3}\eta^2\sigma_s\ln\frac{r_p}{c}(\pi r_p^2-\pi c^2)+$$

$$\frac{c\tau_f\sqrt{2\pi(l+l^{**})}(1+K)(1+\nu)}{E\sin\theta}\left(\frac{F\sin\theta}{\sqrt{b\sin(\pi l/b)}}-\sigma_2\sqrt{2b\tan(\pi l/2b)}+\sigma_2\sqrt{\frac{\pi l}{2}}\right)$$

$$(6-44)$$

6.5.3　工程应用

1. 工程概况

琅琊山抽水蓄能电站位于安徽省滁州市西南郊琅琊山北侧，地下厂房布置于蒋家洼与丰乐溪之间的条形山体内，为首部地下式厂房。主厂房、安装间及主变室呈"一"字形布置，厂房轴线为 NW285°，自东至西依次为 1 号主变室、主机间（1 号、2 号机组段）、安装场、主机间（3 号、4 号机组段）和 2 号主变室。厂房洞室开挖尺寸（长×宽×高）为 156.7m×21.5m×46.2m。电站引水系统采用一洞一机的布置方式，尾水系统采用一洞两机的布置方式。电站水道系统长度约 1400m。另有通向厂房的交通洞、通风洞以及出线竖井等建筑物。

2. 物理力学参数

厂房区地层岩性主要为琅琊山组 $\in_3 Ln$ 岩层，以薄层夹中后厚层灰岩为主，还有少量车水桶组下端 $\in_3 C^1$ 岩层分布，为薄层和中厚层灰岩互层。在厂房顶拱开挖过程中发现一条闪长玢岩岩脉（构造蚀变带），宽 8～13m，该蚀变带分别在厂房上层排水廊道、2 号压力管道下平段均有揭露，岩脉基本顺层侵入，倾角较陡，其走向与厂房轴线夹角约 60°，岩脉有不同的破碎蚀变现象，具体的物理力学参数见表 6-3。

表 6-3　　　　　　　　　计算中采用的岩体力学参数

岩　性	容重/(kN/m³)	弹性模量/GPa	黏聚力/MPa	摩擦角/(°)	泊松比
车水桶组、琅琊山组灰岩	27.0	16.36	1.21	42.25	0.25
断层	26.5	2.82	1.8	50	0.22
岩脉	27.0	1.18	0.7	21	0.22

依据厂房顶拱和厂房上层排水廊道的编录资料，裂隙主要发育有二组（见图 6-17）：

（1）NE30°～50°NW∠75°～85°，顺层向裂隙，为层面或层间错动面，一般夹碳质膜或方解石细脉充填，此组裂隙最为发育。

（2）NW310°～335°NE∠35°～45°，张扭性，面起伏不平，延展性良好，并多充填 1～2cm 方解石脉，此组裂隙相对发育。

（3）NW335°～350°NE∠20°～40°，延展性较差，一般小于 5m。

3. 数值模型

对于数值计算的模型，考虑（安装间、主变室、地下副厂房、引水隧洞、尾水隧洞、厂房顶部混凝土回填探洞、排水廊道、主变运输洞、交通洞）等主要洞室，对出露的岩脉、F_{209}、F_{207}、f_{303}、F_{44} 等较大断层进行实际模拟。计算时选择主厂房轴线方向为 Z 轴，

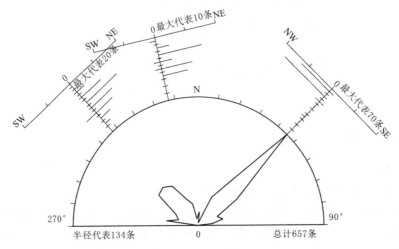

图 6-17　厂房区裂隙走向玫瑰花图

铅垂向为 Y 轴，沿厂房端墙方向为 X 轴，高程 0.0m 为 Y 坐标原点，其计算范围为 $-150.0m \leqslant X \leqslant 150.0m$；$-150.0m \leqslant Y \leqslant$ 地表，Z 方向厚度为 10m。选取受岩脉影响较小的 4 号机组作为计算对象。网格剖分情况如图 6-18 所示。

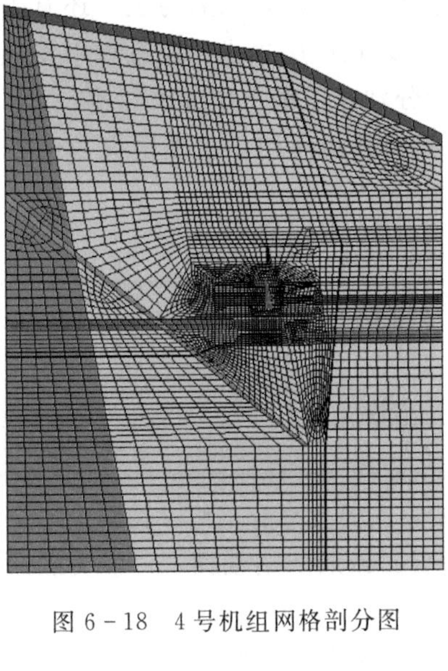

4. 初始地应力场

在数值计算时，垂直向初始地应力采用自重形成的应力，厂房轴线和垂直厂房轴线方向初始应力通过侧压系数计算确定，根据回归分析的方法得到水平方向的两个侧压系数分别为 $\lambda_1 = 1.22$，$\lambda_2 = 2.2$（其中 λ_1 为垂直厂房轴线方向，λ_2 为厂房轴线方向）。

5. 结果分析

根据文献 [20] 的计算结果，取裂缝长度为 10m，裂纹倾角为 45°，断裂韧度值为 0.88MPa·$m^{1/2}$ 进行计算。将劈裂破坏判据式（6-18）和式（6-44）分别应用到琅琊山抽水蓄能电站 4 号机组的开挖分析中，计算得到了劈裂破坏区范围分布图，如图 6-19 和图 6-20 所示。4 号机组在线弹性条件下劈裂深度在 20m 左右，范围要大于考虑尖端屈服的情况。

选取 Lajtai 等[21] 提出的用抗拉强度和抗压强度

图 6-18　4 号机组网格剖分图

表征围岩应力状态的应力比率指数 $USR = \dfrac{\sigma_t}{\dfrac{\sigma_3}{2} - \sqrt{\left(\dfrac{\sigma_3}{2}\right)^2 + \left(\dfrac{\sigma_1 \sigma_t}{\sigma_c}\right)^2}}$ 的判据与本章的劈裂判

据对比，可以看出 Lajtai 经验公式计算的劈裂破坏区域比线弹性判据还要大，主要是因为该公式中考虑了拉应力 σ_t 的影响。而与塑性区范围进行对比，发现劈裂破坏区的范围要大于塑性区范围，尤其是在岩性较差区域，如图 6-21、图 6-22 所示。

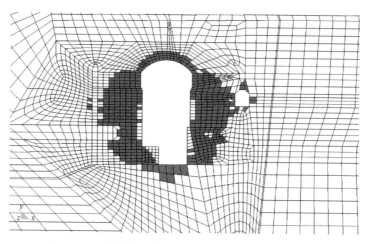

图 6-19　线弹性条件下 4 号机组劈裂破坏区分布图

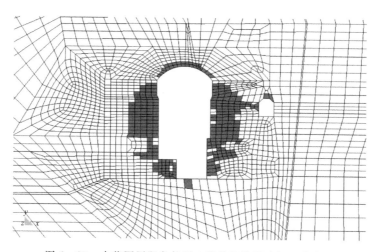

图 6-20　小范围屈服条件下 4 号机组劈裂破坏区分布图

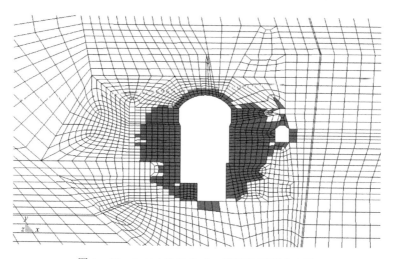

图 6-21　Lajtai 经验公式，劈裂破坏区分布图

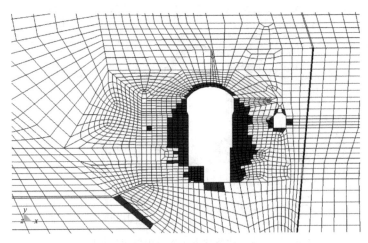

图 6-22 4 号机组塑形区分布图

6.6 本章小结

岩石材料的破坏与能量的变化密切相关，尤其是在高地应力条件下。本章针对高地应力条件下围岩破坏的能量特征，分别研究了围岩变形和能量变化的关系、锚固对断裂能的影响以及开挖过程中能量的释放与转移，在能量变化的基础上建立破坏判据，得到如下结论：

（1）在岩石变形的整个过程中，不同的阶段有不同的能量转化方式，一般可以认为，在峰值强度点之前，表现为比较缓慢的能量耗散过程，而峰值点后是能量变化比较急剧的释放过程。耗散到一定的程度必然向释放过渡，能量耗散使岩石的强度降低，能量释放是造成岩石灾变破坏的真正原因。

（2）岩体单元中储存的弹性能释放是引发岩体单元突然破坏的内在原因。特别是在高地应力条件下，因开挖卸荷作用可引起岩体内部集聚的弹性应变能突然释放，会造成围岩破坏，给围岩稳定性和人员设备安全带来严重威胁。

（3）处于三轴应力状态的工程岩体，如果某一方向的应力突然降低，造成岩石在较低应力状态下破坏，那么岩石实际吸收的能量降低，原岩储存的弹性应变能将对外释放，转换为破裂岩块的动能，因此，处于三向压缩的工程岩体常常面临卸载破坏的危险。

（4）加锚后，试件的峰后段力学性能得到明显的改善，能够吸收更多释放出的应变能，抑制裂纹的进一步扩展而导致的试件整体破坏。

（5）以瀑布沟水电站为工程背景，分析了开挖过程中能量的释放与转移，计算了能量释放率，并单独分析了代表性单元的能量变化过程，提出的能量释放率能够直接反映出围岩的破坏强度并圈定破坏发生的位置与范围，为高地应力条件下地下工程开挖过程中劈裂破坏的发生，提供更加科学合理的预测提供依据，对有劈裂破坏倾向的地下工程的开挖支护加固设计及安全施工具有指导意义，可作为高地应力下地下工程稳定性分析与优化问题的合理指标。

（6）在断裂力学和能量平衡理论的基础上，分别建立了在线弹性条件和小范围屈服条件下的围岩劈裂判据。将该判据成功地应用到数值计算中，最终获得地下厂房群的劈裂破坏范围。该方法能够较好地预测高地应力下地下工程开挖过程中发生破坏位置与范围，为高地应力条件下地下工程开挖过程中出现的劈裂破坏提高更加科学合理的预测判据。

（7）通过数值分析结果并利用劈裂判据对琅琊山抽水蓄能水电站可能产生的劈裂范围进行预测分析，并与 Lajtai 经验公式进行对比，结果较为一致。围岩劈裂范围的预测对于认识围岩劈裂裂纹的发展规律，研究劈裂破坏的发生机理，围岩稳定性分析等具有重要的理论意义和工程应用价值。以定量的概念和直观的图像来把握和判断围岩中不同区域的劈裂破坏程度，便于相互比较和相似工程间的比较。对于分析地下工程围岩破损区的演化及安全度评价具有重要的实用价值。

参考文献

［1］ 陈景涛，冯夏庭．高地应力下硬岩的本构模型研究［J］．岩土力学，2007，28（11）：2271 - 2278.

［2］ 赵艳华．混凝土断裂过程中的能量分析研究［D］．大连：大连理工大学博士学位论文，2002.

［3］ 谢和平，鞠杨，黎立云．基于能量耗散与释放原理的岩石强度与整体破坏准则［J］．岩石力学与工程学报，2005，24（17）：3003 - 3010.

［4］ 谢和平，彭瑞东，鞠杨，等．岩石破坏的能量分析初探［J］．岩石力学与工程学报，2005，24（15）：2603 - 2608.

［5］ 谢和平，陈忠辉．岩石力学［M］．北京：科学出版社，2004.

［6］ 蔡美峰．岩石与地下工程［M］．北京：科学出版社，2002.

［7］ 苏国韶，冯夏庭，江权．高地应力下地下工程稳定性分析与优化的局部能量释放率新指标研究［J］．岩石力学与工程学报，2006，25（12）：2453 - 2460.

［8］ 尹双增．断裂·损失理论及应用［M］．北京：清华大学出版社，1992.

［9］ 李海波，赵坚，李俊如，等．基于裂纹扩展能量平衡的花岗岩动态本构模型研究［J］．岩石力学与工程学报，2003，22（10）：1683 - 1688.

［10］ Nemat - Nasser S, Obata M. A microcrack model of dialatancy in brittle material ［J］. J. Appl. Mech. , 1988, 55：24 - 35.

［11］ S P Shah, M Wecharatana. Prediction of nonlinear fracture process zone in concrete ［J］. J. Eng. Mech. Div. ASCE. , 1983, 109：1231 - 1245.

［12］ P L Swanson, H Spetzer. Ultrasonic probing of fracture process zone in rock using surface waves. Proc. 25th U. S. Svmp. On Rock Mech. , 1984：67 - 76.

［13］ L I Knob, H N Walder, J R. Clifton, et al. Fluorescent thin sections to observe the fracture process zone in concrete ［J］. Cement and Concrete Res. , 1984（14）：339 - 344.

［14］ 周群力，佘泳琼，王良之．岩石压剪断裂核的试验研究［J］．固体力学学报，1991，12（4）：329 - 336.

［15］ L J Jankowski, D J Stys. Formation of the fracture process zone in concrete ［J］. Engng. Fract. Mech. , 1990, 36（2）：245 - 253.

［16］ A Maji, S P Shah. Process zone and acoustic - emission measurements in concrete ［J］. Experimental Mechanics, 1988, 24（4）：27 - 33.

［17］ S P Shah. Experimental method for determining fracture process zone and fracture parameter ［J］.

Engng. Fract. Mech. , 1990，35（1）：3 - 14.

[18] F H Wittman，Xiao Zhihu. Fracture process zone in cementitious materials ［J］. Int. J. of Fract. ，1991，51：3 - 18.

[19] 徐秉业 . 塑性力学 ［M］. 北京：高等教育出版社，1988.

[20] 李晓静 . 深埋洞室劈裂破坏形成机理的试验和理论研究 ［D］. 济南：山东大学博士学位论文，2007.

[21] Lajtai E Z，Carter B J，Duncan S. Mapping the state of fracture around cavities ［J］. Engineering Geology，1991，31：277 - 289.

第 7 章

硬岩脆性破裂锚固效应研究

7.1　概述

　　由于岩体中存在大量的节理裂隙，而且因开挖引起的应力重新分布的作用，地下洞室边墙在洞室开挖完成后会出现许多随机分布的裂纹。实践经验及研究表明，洞室开挖引起的冒顶、片帮以及大范围的垮塌，巷道断面的收敛变形等地压显现，一般都与围岩中的裂纹扩展有关（图 7-1）。裂纹的产生、扩展破坏了岩体的整体性，从而降低了岩体的总体强度。而新裂纹的产生、新老裂纹扩展到一定程度后，会与其他裂纹贯通，从而直接造成洞室围岩的失稳破坏。

图 7-1　由于支护措施不当引起的围岩塌落

锚喷支护是岩体工程中应用最为广泛的支护技术之一。喷射混凝土与锚杆共同作用，其"先柔后刚、先让后抗"的特性非常满足岩体工程的支护要求，是"新奥法"施工的重要组成部分，在矿山的边坡、地下洞室，铁路与公路的隧道与边坡，水利水电的坝基、高边坡，土木工程中的深基坑等领域得到非常普遍的应用。喷射混凝土首先封闭新鲜岩面以防止其风化，并且胶结张开裂隙，然后对岩体的变形起抵抗作用；而锚杆一方面提高岩块的力学性能，增大其抵抗外力的能力；另一方面也加大了不连续面的强度，从而改变了围岩的强度与变形性能，并减小围岩对结构体的支护抗力，系统设置的锚杆还会在围岩的一定深度形成"承压拱"来承受外来荷载。虽然锚喷支护已经成为一种非常成功的岩体工程加固措施，但由于锚固机理目前还不完全明确，其设计理论和计算方法却不够完善，大多数锚固工程的设计仍采用工程类比法或半理论半经验的方法，对节理岩体中的锚喷支护更是如此。

7.2　锚喷支护作用的断裂力学分析

洞室开挖后，在洞室边墙处暴露出许多原生裂纹，这些裂纹在地应力作用下端部应力强度因子很高，很容易贯通形成劈裂破坏。地下岩石巷道的支护中锚喷支护是目前使用范围最广的支护方式，对节理岩体的支护效果是非常明显的。

不难发现，喷层的最基本的特征就是及时地紧贴围岩，从而防止了围岩原有裂纹扩展，尽量使可能发展到不稳平衡的围岩保持在某种稳定的部位。而锚杆则是防止围岩内部裂纹的发生和扩展，阻止其剥离条件的形成。总之，喷锚结构可以防止围岩表面裂纹及影响围岩稳定的内部裂纹的扩展。从这种观点看来，就有可能应用断裂力学的原理和方法来进行喷锚结构的设计。同时，大量的观察表明，围岩的破坏大都是从已有的裂纹源开始的。而断裂力学的基本观点认为一切材料都是含有一定缺陷和裂纹的裂纹体，物体的破坏就是裂纹逐步扩展的结果。这个假设对于研究锚喷支护是适用的。因此研究锚喷支护作用的围岩的应力和强度应该从研究裂纹端部的应力场与裂纹扩展条件入手[1]。在这方面，断裂力学可提供新的手段。

7.2.1　喷层支护机理的断裂力学分析

为了简化计算，以平面问题中的静水压力作用下的圆形洞室为例。假设圆形洞室作用的荷载为 p_0，由弹性力学可知，在均质岩体中，圆形巷道半径为 R_0，则距离巷道中心为 r 的围岩中的应力为

$$\left.\begin{array}{l} \sigma_r = p_0 \left(1 - \dfrac{R_0^2}{r^2}\right) \\[3mm] \sigma_\theta = p_0 \left(1 + \dfrac{R_0^2}{r^2}\right) \end{array}\right\} \qquad (7-1)$$

则在距离圆形洞室中心为 r 的裂纹所承受的应力可以表示为

$$\sigma = \frac{\sigma_\theta + \sigma_r}{2} + \frac{\sigma_\theta - \sigma_r}{2}\cos 2\beta = p_0\left(1 + \frac{R_0^2}{r^2}\cos 2\beta\right)$$
$$\tau = \frac{(\sigma_\theta - \sigma_r)}{2}\sin 2\beta = p_0\frac{R_0^2}{r^2}\sin 2\beta$$

$$(7-2)$$

仍然采用滑移裂纹来模拟岩石材料在轴向压力左右下的劈裂破坏，以考虑裂纹之间的相互作用。该裂纹组模型的裂纹尖端应力强度因子 K_1 可表示

$$K_1 = \frac{F\sin\theta}{\sqrt{b\sin(\pi l/b)}} - \sigma_2\sqrt{2b\tan(\pi l/2b)} \qquad (7-3)$$

其中
$$F = 2c(\tau - \mu\sigma_n)$$

因此，在未施加混凝土喷层前，劈裂裂纹组模型的裂纹尖端应力强度因子 K_1 可表示为

$$K_{10} = \frac{2cp_0R_0^2\left[\dfrac{\sin 2\beta}{r^2} - \mu\left(1 + \dfrac{\cos 2\beta}{r^2}\right)\right]}{\sqrt{b\sin\left(\dfrac{\pi l}{b}\right)}} - p_0\left(1 - \frac{R_0^2}{r^2}\right)\sqrt{2b\tan\left(\frac{\pi l}{2b}\right)} \qquad (7-4)$$

假设施加混凝土支护的厚度为 B，混凝土的材料常数是 E'、μ'，岩体的材料常数为 E、μ，将该问题考虑为接触问题，并假定在混凝土与岩体的接触面上的位移与应力相等。由弹性理论可以得出岩体中的应力分布形式为

$$\sigma_r = p_0\left(1 - \frac{M}{r^2}\right)$$
$$\sigma_\theta = P_0\left(1 + \frac{M}{r^2}\right)$$

$$(7-5)$$

其中
$$M = \frac{\{(1-2\mu)[(R_0+B)^2 - R_0^2] - n(1-2\mu')(R_0+B)^2 - nR_0^2\}(R_0+B)^2}{[n(1-2\mu')+1](R_0+B)^2 + (n-1)R_0^2}$$

$$n = \frac{E(1+\mu')}{E'(1+\mu)}$$

则施加混凝土喷层后，劈裂裂纹组模型的裂纹尖端应力强度因子 K_1 可表示为

$$K_1 = \frac{2cp_0M\left[\dfrac{\sin 2\beta}{r^2} - \mu\left(1 + \dfrac{\cos 2\beta}{r^2}\right)\right]}{\sqrt{b\sin\left(\dfrac{\pi l}{b}\right)}} - p_0\left(1 - \frac{M}{r^2}\right)\sqrt{2b\tan\left(\frac{\pi l}{2b}\right)} \qquad (7-6)$$

因此可以根据式（7-4）和式（7-6）来评价混凝土喷层厚度对断裂强度因子的影响。

1. 喷层厚度对应力强度因子的影响

假设洞室半径 $R_0 = 2\mathrm{m}$，裂纹长度 $c = 1\mathrm{m}$，翼裂长度 $l = 1\mathrm{m}$，间距 $b = 4\mathrm{m}$，$\beta = 45°$，$\mu = 0.25$，$\mu' = 0.3$，$E = E'$，可以得到如图 7-2 所示的变化曲线。不难看出，混凝土支护使围岩中应力强度因子发生变化，随着喷层厚度的增加，应力强度因子将下降。这表明，混凝土支护对围岩中裂纹的扩展产生了抑制作用。但最初下降得快，以后减缓，当喷层厚度达到 0.2m 以后，喷层的加厚对应力强度因子的影响甚微。在这种情况下喷层的最

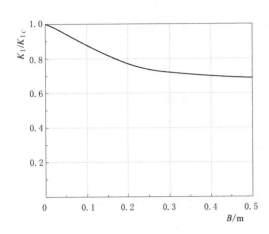

图 7-2　喷层厚度与应力强度因子的关系

佳厚度在 0.2m 左右。因此，在充分地研究了各种应力状态和裂纹尺寸的应力强度因子及其断裂判据，可以定量地计算出所需的最优喷层厚度。

2. 混凝土材料参数对应力强度因子的影响

假设洞室半径 $R_0 = 2$m，裂纹长度 $c = 1$m，翼裂长度 $l = 1$m，间距 $b = 4$m，$\beta = 45°$，$\mu = 0.25$，$\mu' = 0.3$，$b = 0.2$m，可以得到如图 7-3 所示的变化曲线。显然混凝土的弹性模量越大，对裂纹的发展有更好的抑制作用。但当混凝土的弹性模量大于岩体时，应力强度因子的下降将减缓。因此，不能一味地使用高强度混凝土施加支护，要综合考虑各种因素的影响。

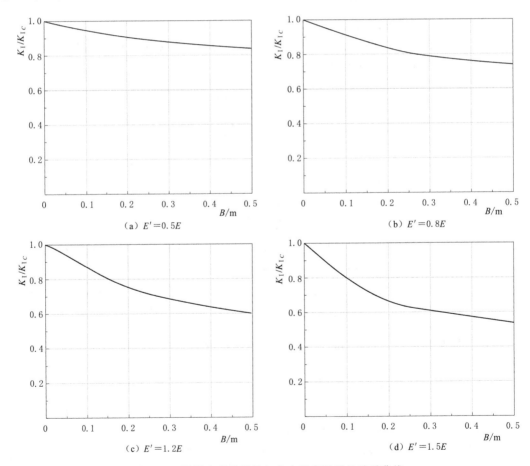

（a）$E' = 0.5E$　　　　　　　　（b）$E' = 0.8E$

（c）$E' = 1.2E$　　　　　　　　（d）$E' = 1.5E$

图 7-3　混凝土弹性模量与应力强度因子的关系曲线

7.2.2　锚杆支护机理的断裂力学分析

对锚杆作用的研究方法有理论分析法[2-22]、数值计算法[23-47]，而更多的则是实验研究法[48-52]。在进行大量的研究后，有以下主要结论。

（1）锚杆中的轴力与切向力沿长度方向存在变化，在锚杆的中部某个位置存在一个中性点，在该点轴力最大，而切向力为零，见图7-4。

（2）锚杆对岩体的加强作用主要表现在两个方面：锚杆对岩块的作用与锚杆对不连续面的加强作用，而锚杆对不连续面的加强作用是锚杆加固岩体的主要方面[52]。

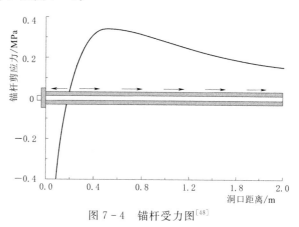

图7-4　锚杆受力图[48]

（3）锚杆对不连续面的加强又体现在两方面：锚杆的作用加强了结构的咬合作用，提高了结构的黏聚力与内摩擦角从而提高不连续面的强度；锚杆对不连续面起横向"销钉作用"，阻止了不连续面的横向变形[51]。

（4）在加强不连续面强度与变形性能中，锚杆与不连续面之间的安装角度影响锚杆效力的发挥。

（5）当锚杆通过不连续面时，在不连续面附近会出现应力集中现象，如图7-5所示。

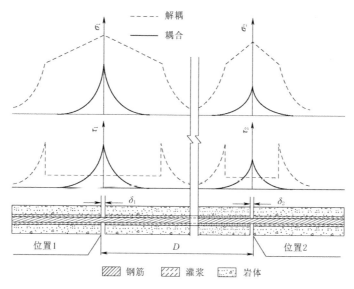

图7-5　锚杆通过不连续面时受力集中现象

锚杆对围岩的加固作用可视为在裂纹表面作用着对称集中力，根据所穿过的裂纹的状态及受力情况，选择合适的计算模型。如洞室围岩有一条斜裂纹，施加锚杆穿过此裂纹，可以简化为裂纹表面受对称集中力作用的力学模型[20]，如图7-6所示。

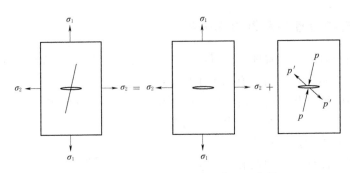

图 7-6 锚杆与裂纹的相互作用示意图

通过上面的示意图可以看出，当裂纹受压剪作用时，对于穿越裂纹的锚杆，其作用主要有：①锚杆本身的抵抗外力的"销钉作用"，由于锚杆的强度与抵抗变形的性能，从而提高了不连续面的强度与变形性能；②间接加大了裂纹上下表面的有效压力，从而提高了裂纹的抗剪强度与变形性能，抑制裂纹的扩展。在如图 7-7 所示情况下的应力强度因子可以表示为[53]

$$
\left.
\begin{aligned}
K_{\mathrm{I}} &= K_{\mathrm{I}}^{0} - \frac{P_y}{\sqrt{\pi c}} \left(\frac{c+b}{c-b} \right)^{\frac{1}{2}} \\
K_{\mathrm{II}} &= K_{\mathrm{II}}^{0} - \frac{P_x}{\sqrt{\pi c}} \left(\frac{c+b}{c-b} \right)^{\frac{1}{2}}
\end{aligned}
\right\}
\tag{7-7}
$$

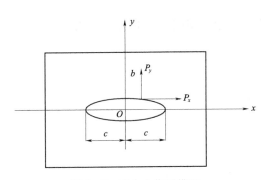

图 7-7 集中力作用模型

式中：b 为锚杆作用点距裂纹中心的距离；K_{I}^{0}、K_{II}^{0} 为未施加锚杆时的原应力强度因子；P_y、P_x 分别为锚杆对裂纹在法向和切向的作用力。

式（7-7）表明，随着锚杆的预拉力的增大，作用点向裂纹中心靠近，锚杆与裂纹面的夹角增大，应力强度因子越小。

在已知 K_{I}^{0}、K_{II}^{0} 和裂纹位置、方向和长度的情况下，可以利用式（7-7）计算所需的锚杆直径、布置和数量等。

在文献［54］中利用 Mindlin 位移解得到锚杆所受的剪应力，锚杆轴力、轴向正应力沿杆体分布为

$$
\left.
\begin{aligned}
\tau &= \frac{P_0}{\pi a} \left(\frac{1}{2} tz \right) \exp \left(-\frac{1}{2} tz^2 \right) \\
N &= P_0 \exp \left(-\frac{1}{2} tz^2 \right) \\
\sigma &= \frac{P_0}{\pi a^2} \exp \left(-\frac{1}{2} tz^2 \right)
\end{aligned}
\right\}
\tag{7-8}
$$

其中

$$
t = \frac{1}{(1+\mu)(3-2\mu)a^2} \left(\frac{E}{E_b} \right)
$$

式中：P_0 为锚杆端头所受的拉拔力；z 为距离端头的距离；a 为锚杆杆体的半径；G 为岩体的剪切模量；E_b 为锚杆杆体的弹性模量；E、μ 为岩体的弹性模量和泊松比。

考虑锚杆体和岩体的弹性模量分别为 2.1×10^5 MPa，5×10^3 MPa，$\mu = 0.3$，锚杆半径 $a = 12.5$ mm，设锚杆的拉拔力为 117.8kN，锚杆与裂纹的夹角为 ω，摩擦角 $\varphi = 38°$。假设符合莫尔-库仑准则，则锚杆杆体的轴向正应力和切向正应力分别为

$$\tau = 146.4z \exp(-48.8z^2)$$

$$\sigma' = \frac{\tau}{\tan\varphi} = 209.1z \exp(-48.8z^2)$$

锚杆杆体的轴力分布为

$$N = 117.8 \exp(-48.8z^2)$$

因此 K_I 的变化量可以表示为

$$\Delta K_I = \frac{(N\sin\omega + 2\pi a\sigma' \cos\omega)}{\sqrt{\pi c}} \left(\frac{c+b}{c-b}\right)^{\frac{1}{2}}$$

$$= \exp(-48.8z^2)(117.8\sin\omega + 98.5\cos\omega) \left[\frac{\pi(c+b)}{c(c-b)}\right]^{\frac{1}{2}} \tag{7-9}$$

大量的实验研究表明，锚杆用于加固时存在锚杆最佳安装角问题，最佳安装角使锚杆的加固作用得到最大限度的发挥。影响锚杆最佳安装角的因素很多。在图 7-8 中，仅考虑式（7-9）中的锚杆倾角 ω，分析了锚杆倾角和 ΔK_I 的关系。可以看出，在 45°～60°时，锚固效果最佳，与实验结论也较吻合；对于其他参数，$|b|$ 越大，ΔK_I 越大，锚杆效果越好；c 越小，锚固效果越好；E_b 越大，锚固效果也越好。

上面的计算仅是从定性的角度分析了锚杆的加固效果和影响因素，其实锚杆对节理岩体的加固作用是明显的，但其作用机理是相当复杂的。长期以来国内外研究人员用数值或解析方法来模拟锚杆作用，试着从断裂力学的角度解释锚杆的加固作用，并得到了一下重要的结论，主要可以概括为以下几点：

（1）预应力锚杆可以使岩体内的切向裂纹和斜裂纹趋于闭合。增加斜裂纹两个滑移面间的摩阻力，降低应力强度因子，限制了裂纹的扩展。

（2）锚杆可以承担一部分切向变形力。因此，裂纹扩展的阻力大大增加，若能量释放率 $G_I < G_{Ic}$，则将导致裂纹止裂。

（3）注浆锚杆可以使锚杆周围的裂纹得以充填，降低了应力强度因子，减小了裂纹扩展速率。同时由于岩体变形减小从而保护了喷层。

（4）锚杆可以使围岩连接在一起，各部分变形互相制约，增加了裂纹扩展

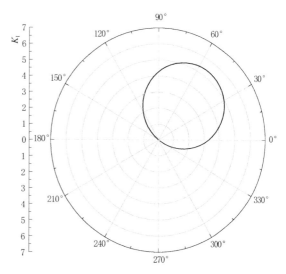

图 7-8　锚固倾角与 K_I 关系

阻力。同时防止某个部位因为应力集中而导致裂纹的突出扩展，从而提高了围岩的稳定性。

7.3　锚杆加固作用的数值模拟

翼型裂纹首先从原始裂纹尖端开裂，其开裂角最终向最大主应力方向扩展，因此仍然采用翼型裂纹模型，数值计算模型简图如图 7-9 所示。其中岩石依然采用 plane183 单元，裂纹尖端依然使用 KSCON 指定为奇异单元，指定裂尖而主裂纹面的滑动则采用接触单元来模拟，接触单元满足莫尔-库仑准则。锚杆使用杆单元 Link1 单元模拟。锚杆与岩体之间的相互作用使用弹簧单元 combin14 单元模拟，使锚杆与岩体的连接面上每一对对应结点之间采用 combin14 单元形成二维连接单元模拟锚杆与岩体之间相互作用。ANSYS帮助文件中有以上几种单元的示意图，如图 7-10、图 7-11 所示。

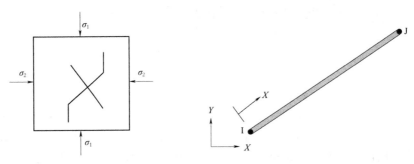

图 7-9　数值计算模型简图　　　　图 7-10　杆单元 Link1 示意图

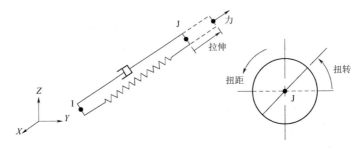

图 7-11　弹簧单元 combin14 示意图

为了提高计算效率，在裂纹特别是翼裂附近细分，向外呈放射性逐步变粗；上表面施加远场压力 σ_1，下表面和左表面均为滑动支座，右侧施加均匀侧压力 σ_2；在翼型裂纹尖端设置奇异单元，为了获得理想的计算结果，围绕裂纹顶端的单元第一行，其半径应该是1/8 裂纹长或更小。

7.3.1　锚杆作用结果分析

假设锚杆安装角度取为 $60°$，l/c 取为 1.0，E_b/E 取 2，裂纹倾角为 $45°$，其余的物理力学参数与上文相同。从计算的结果可以看出，裂纹尖端的第一主应力和第三主应力都大大降低（图 7-12）。而且锚杆对最大主应力的减小比对最小主应力的减小更明显。但是

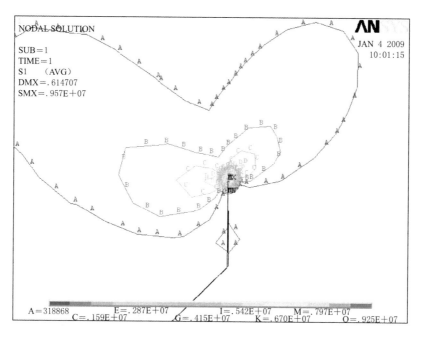

（a）无锚杆作用翼裂纹尖端第一主应力（拉应力）等值线图

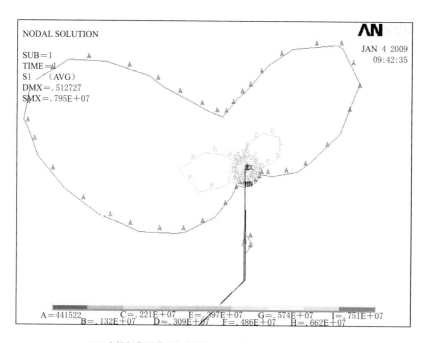

（b）有锚杆作用翼裂纹尖端第一主应力（拉应力）等值线图

图 7-12（一） 有无锚杆作用对比

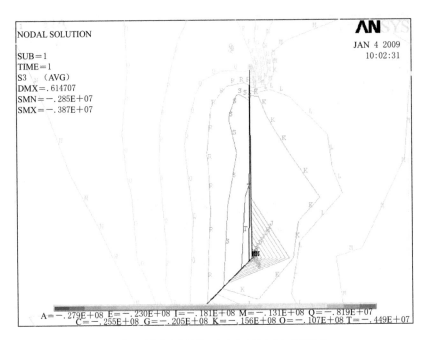

（c）无锚杆作用原始裂纹尖端第三主应力（压应力）等值线图

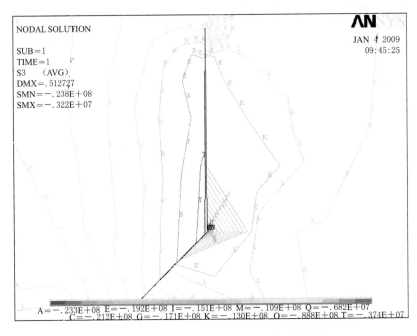

（d）有锚杆作用原始裂纹尖端第三主应力（压应力）等值线图

图 7-12（二） 有无锚杆作用对比

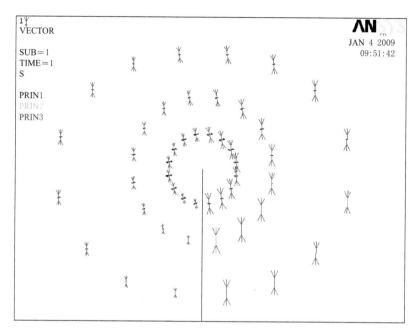

（e）无锚杆作用翼型裂纹尖端主应力矢量图

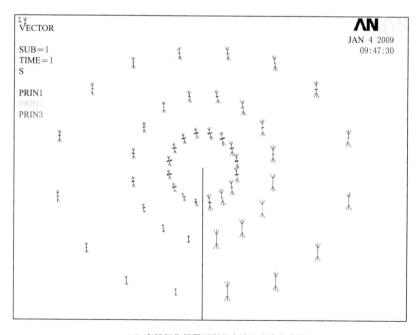

（f）有锚杆作用翼型裂纹尖端主应力矢量图

图 7-12（三） 有无锚杆作用对比

锚杆对裂纹尖端的主应力的方向几乎没有改变，包括翼型裂纹尖端和原始裂纹尖端，这与文献［55］中试验的结论是相符的（见图 7-13、图 7-14）。当有锚杆作用时，裂纹的扩展需要更大的荷载作用，即提高了岩体的承载能力。

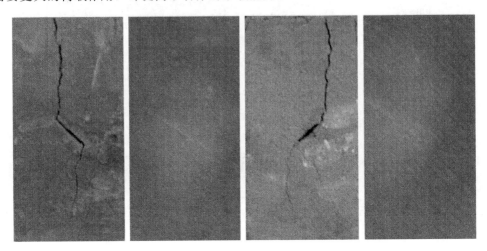

图 7-13　单裂纹无锚试件的最终破坏形态

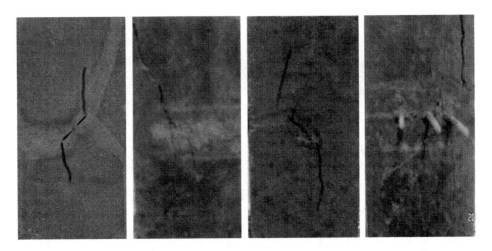

图 7-14　裂纹中部加锚试件的最终破坏形态

7.3.2　锚杆参数敏感性分析

1. 锚杆弹性模量敏感性分析

假设安装角度取为 $60°$，裂纹倾角为 $45°$，l/c 取 1.0，计算 E_b/E 分别取 0.5、1、2、5、10 五种情况下的应力强度因子。

从计算得到的应力云图和矢量图可以看出，随着锚杆弹性模量的增加，翼型裂纹尖端和原裂纹尖端应力集中现象明显减弱，翼型裂纹的开裂也得到了很好的抑制，但等值线的分布形状没有太大的变化，同时，锚杆弹性模量的增加，对裂纹的扩展趋势没有太大的改变；当 E_b/E 从 0.5 增加到 1 时，应力强度因子的下降最明显，随着锚杆弹性模量的增加，这个趋势逐渐减弱，见图 7-15。

2. 锚杆安装角度敏感性分析

假设裂纹倾角为 45°，l/c 取 1.0，E_b/E 取 2，分别计算锚杆安装取 15°、30°、45°、60°、75°五种情况下的应力强度因子。从计算的结果可以看出，锚杆的安装角度在 60°时，断裂强度因子降到最低，这也与上节的计算结论基本吻合。但总体上，与上述三种情况相比，敏感性较弱，特别是到 45°以后，见图 7-16。

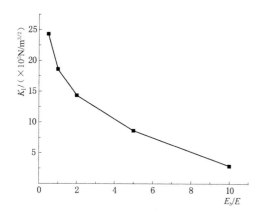 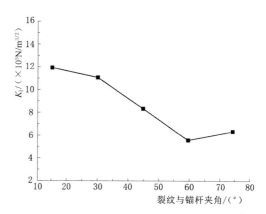

图 7-15　应力强度因子随锚杆弹性模量变化曲线　　图 7-16　应力强度因子随锚杆安装角变化曲线

7.3.3　裂纹参数敏感性分析

1. 翼型裂纹长度敏感性分析

假设安装角度取为 60°，裂纹倾角为 45°，E_b/E 取 2，分别计算 l/c 取 0.2、1、2、4、6 五种情况下的应力强度因子，计算结果如图 7-17 所示。不难看出，锚杆对翼型裂纹的扩展起到了很好的抑制作用，但影响不同，翼型裂纹长度越长，加锚效果越好。当 $l/c=1.0$ 时，应力强度因子最大，之后一直降低，直到一个相对稳定的状态停止扩展，说明裂纹的扩展在 $l<c$ 时是不稳定的，而当 $l>c$ 时，裂纹呈稳定的扩展模式，这也与 Kemeny 和 Cock 的计算结果相符[56]。因此当翼型裂纹长度较长时，尖端的应力强度因子随着翼型裂纹长度的增大而逐渐降低。

2. 裂纹倾角敏感性分析

假设锚杆安装角度取为 60°，l/c 取为 1.0，E_b/E 取 2，分别计算裂纹倾角为 15°、30°、45°、60°、75°五种情况下的应力强度因子，计算结果如图 7-18 所示，其中正值为拉应力，负值为压应力。

从图 7-18 中可以看出，岩体在自重应力作用下，翼型裂纹尖端的 I 型应力强度因子 K_I，随着裂纹倾角的增大，逐渐增大，到 45°时达到最大，然后逐渐减小，这一结果与 Ashby 和 Hallam 的实验结果一致。同时可以看出应力强度因子对裂纹倾角较敏感；与无锚杆时的情况相比较，应力强度因子得到了很大的降低，表明锚杆对翼型裂纹的扩展起到了明显的抑制作用。

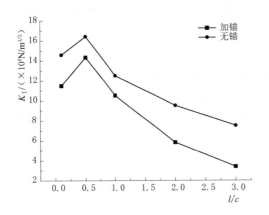

图 7-17　应力强度因子随翼型裂纹长度变化曲线

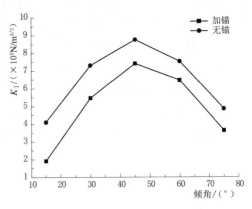

图 7-18　应力强度因子随倾角变化曲线

7.4　锚固效应的能量分析

当前我国的岩土工程界在实际工程中已广泛地采用了各类不同的锚固技术，并取得了相当显著的效果。然而由于岩体是典型的非均匀非连续介质，含有大量的结构不连续、形态不规则的裂隙、节理或断层，其破坏力学行为与赋存环境的作用方式密切相关，不同的地应力和工程作用力下岩石的破坏力学性质呈现复杂变化，导致锚固工程中的设计和方案拟定中大多数仍采用经验类比的方法，原因就在于对锚固的机理和作用没有认识清楚。加以一般情况下锚固件数量大，而且每个锚固体与岩体的相互作用从力学上来说大多数都是三维非线性问题，所以若要建立三维非线性分析模型并且逐一模拟锚件群体中的个体效应有很大的困难。

由热力学定律可知，能量转化是物质物理过程的本质特征，物质破坏是能量驱动下的一种状态失稳现象。因此，研究岩石破坏过程中的能量变化规律及其与强度和整体破坏之间的联系，将更有利于反映外载作用下岩石强度变化与整体破坏的本质特征。近年来，国内外学者开展了不少这方面的研究，希望通过能量分析的方法来描述岩体的变形破坏行为。

前文在线弹性断裂力学的基础上，分析了锚喷支护抑制裂纹扩展过程中的作用。但在大多数情况下，锚喷支护基本施加在弹塑性岩体中，而且岩体的本构关系大都是非线性的，而断裂力学理论是建立在线弹性力学的基础上，主要用于处理理想脆性材料中裂缝的稳定扩展以及导致破坏的条件，对处于弹塑性区中的裂纹分析显得无能为力。而能量则是一个能够贯穿不同结构层次的通用物理量，服从能量守恒及转化定律，遵守热力学第二定律及叠加原理，在分析岩石破坏过程中应用能量概念要比应力场观点可能更为接近实际情况。因此，对裂隙岩体的锚固作用采用能量守恒的方法进行研究不失为一种有效的方法。

7.4.1　岩体锚固对断裂能的影响

断裂能最早是由 Hillerborg[57] 在 1976 年提出的。它是描述裂缝扩展中能量消耗的一个重要性能参数，表示裂缝扩展单位面积所需要的能量。

断裂能计算示意图如图 7-19 所示。岩石断裂能密度，即单位体积的断裂能 g 可以表示为

$$g = \int_0^{\varepsilon_c} \sigma_i \, \mathrm{d}\varepsilon_i - u_e = \int_0^{\varepsilon_c} \sigma_i \, \mathrm{d}\varepsilon_i - \frac{\sigma_c^2}{2E} \tag{7-10}$$

式中：u_e 为单位体积弹性应变能。

考虑利用 Scott[58] 模型，其表达式为

$$\sigma = \sigma_c \left[\frac{2\varepsilon}{\varepsilon_c} - \left(\frac{\varepsilon}{\varepsilon_c} \right)^2 \right] \tag{7-11}$$

将式（7-11）代入式（7-10），可以得到

$$g = \frac{2}{3} \sigma_c \varepsilon_c - \frac{\sigma_c^2}{2E} \tag{7-12}$$

从式（7-10）可以看出，随着围压的增加，岩石应力峰值附近的塑性变形随之增加，断裂能也呈增加的趋势，也就是说三轴压缩时要使岩样破坏需要消耗更多的能量。因此，当开挖卸荷时围岩将释放出大量的弹性应变能，在边墙附近更容易引启裂纹的扩展、贯通，最终形成劈裂破坏。

根据试验结果，围压增大，岩石应力峰值附近的变形也增大，因而峰值应变和围压成某种关系，如图 7-20 所示。岩样的峰值应变随着围压的增大而增大，两者大致呈线性关系，可以表示成 $\varepsilon_c = A\sigma_2 + B$，计算得出 $A = 11.263$，$B = 361.23$，相关系数达到 0.9905，因此式（7-12）可以表示为

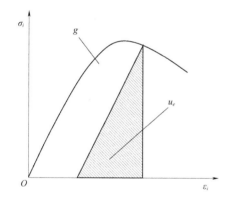

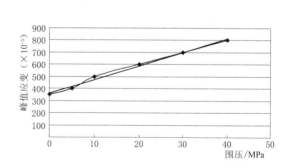

图 7-19 单位体积中的断裂能和可释放应变能的量值关系

图 7-20 峰值应变和围压的关系

$$g = \frac{2}{3} \sigma_c (11.263\sigma_2 + 361.23) - \frac{\sigma_c^2}{2E} \tag{7-13}$$

因此，假设岩石的体积为 V，则全部断裂能可以表示为

$$G = \left[\frac{2}{3} \sigma_c (11.263\sigma_3 + 361.23) - \frac{\sigma_c^2}{2E} \right] V \tag{7-14}$$

在文献 [55] 中，通过实验室内的相似试验，研究了单轴压缩条件下，各种加锚方式的锚固效果和主要破坏方式，得到了在垂直裂纹方向于裂纹中部加锚密度不同应力应变曲线，见图 7-21。

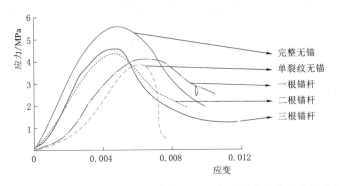

图 7-21　垂直裂纹方向于裂纹中部加锚密度不同应力应变曲线比较

从图 7-21 中可以看出，垂直裂纹方向于裂纹中部加锚可不同程度地提高试件的峰值强度，但最明显的改变还是在峰后段。单裂纹无锚时，达到峰值强度后，试件的后期强度下降较快，很快就丧失承载能力。而在加锚后，试件的压密段较单裂纹无锚试件已经有较大程度的缩短，说明在裂纹的闭合段锚杆已经开始起作用。达到峰值强度以后，承载能力缓慢下降，与完整试件的后期破坏情况比较接近，比单裂纹无锚试件的后期急剧破坏有了明显改善，这说明锚杆在达到峰值强度时才开始较大程度地发挥其锚固作用。可见，加锚后，试件的峰后段力学性能得到明显的改善，能够吸收更多释放出的应变能，抑制裂纹的进一步扩展而导致的试件整体破坏。

裂纹面的切向相对位移即裂纹面上下界面的相对错动，是裂纹尖端出现翼型裂纹的直接的动力。因此对于峰后断裂能的计算，可以考虑利用剪应力 τ 和滑动应变 u 之间的关系来计算。在岩石全程应力-应变曲线上，峰值强度后的滑动应变 u 与岩样的轴向应变 $\Delta\varepsilon$ 之间的关系为

$$u = \frac{\Delta\varepsilon}{\sin\alpha} = \left(\varepsilon_1 - \frac{\sigma_1}{E}\right) \bigg/ \sin\alpha \qquad (7-15)$$

式中：α 为裂纹倾角。

利用图 7-22 中的剪应力 τ 与滑动应变 u 之间的关系，可以得到峰后单位体积的断裂能 g_{post} 为

$$g_{\text{post}} = \int_{u_0}^{u_d} \tau \mathrm{d}u - (u_d - u_0)\tau_d \qquad (7-16)$$

式中：τ 为剪切面上的剪应力；u_d 和 τ_d 可以直接由剪应力 τ 与滑动应变 u 曲线上残余强度段的最终破坏点得到。

7.4.2　岩体破裂过程中的能量守恒

在一个物理过程中，能量的总量是个定值，而能量的形式却多种

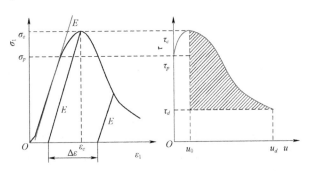

图 7-22　断裂能计算示意图

多样，物体的破坏是这些不同形式能量相互转化的结果，对岩石破坏所起的作用也有很大的不同，综合分析这些不同类型的能量，以及能量和岩石变形之间的关系，有助于我们建立岩石破坏过程中的能量守恒定律。

考虑一个单位体积的岩体单元在外力作用下产生变形，假设该物理过程与外界没有热交换，即封闭系统，外力功所产生的总输入能量为 W_F，根据热力学第一定律，可得

$$W_F = U_d + U_e \tag{7-17}$$

式中：U_d 为单元耗散能，主要用于内部裂纹扩展和塑性能；U_e 为单元可释放弹性应变能。

一般情况下，岩石存在多种变形方式，所以也就有多种相应的能量形式：与弹性变形对应的弹性应变能 U_e，塑性变形对应的塑性势能 U_P，裂纹扩展耗散的能量 Γ，锚杆吸收能量 U_b。在岩石变形的整个过程中这几种能量互相转化，可以表示为一种函数关系：

$$W_F = W_e + U_P + U_b + \Gamma \tag{7-18}$$

7.4.2.1　外力功

岩石材料中新裂隙的产生需要耗散能量，裂隙面之间的滑移也要耗散能量，岩石材料的屈服破坏与断裂实质上就是能量耗散的过程，这些能量的来源是外力所做的功。它可以表示成应力和应变的函数，即

$$W_F = \int_0^{\varepsilon_1} \sigma_1 \, \mathrm{d}\varepsilon_1 + \int_0^{\varepsilon_2} \sigma_2 \, \mathrm{d}\varepsilon_2 \tag{7-19}$$

7.4.2.2　弹性应变能

岩石在受力初期发生弹性变形，外力所做功转化为弹性势能储存在内部。弹性体的应变能按式（7-20）计算。

$$U_e = \frac{1}{2}\sigma_1 \varepsilon_1^e + \frac{1}{2}\sigma_1 \varepsilon_2^e \tag{7-20}$$

假设弹性阶段符合胡克定律，则

$$\varepsilon_i^e = \frac{1}{E}\left[\sigma_i - \nu(\sigma_j + \sigma_K)\right] \tag{7-21}$$

则式（7-20）可以转化为

$$U_e = \frac{1}{2E}(\sigma_1^2 + \sigma_2^2 - 2\nu\sigma_1\sigma_2) \tag{7-22}$$

弹性变形具有可逆性，所以弹性势能也具有可逆性。实质上，岩石破坏后释放出来的能量都是前期储存的弹性应变能，这些能量是岩石发生破坏的动力。在受力后期，岩石发生破坏时这些能量从岩石内变释放出来。

7.4.2.3　塑性能

岩石变形超过弹性极限，出现屈服，发生部分塑性变形，为此要消耗一定的塑性能。根据塑性理论，岩石屈服后产生塑性变形，有

$$\mathrm{d}\varepsilon_{ij}^P = \mathrm{d}\lambda \frac{\partial Q}{\partial \sigma_{ij}} \tag{7-23}$$

式中：$\mathrm{d}\varepsilon_{ij}^{P}$ 为塑性应变增量；Q 为塑性势函数；$\mathrm{d}\lambda$ 为塑性流动因子，它反映 $\mathrm{d}\varepsilon_{ij}^{P}$ 的绝对值的大小。

考虑相关联的流动法则，塑性势函数 Q 等于屈服函数 F，在式（7-23）变为

$$\mathrm{d}\varepsilon_{ij}^{P}=\mathrm{d}\lambda\,\frac{\partial F}{\partial\sigma_{ij}} \qquad (7-24)$$

其中 $\mathrm{d}\lambda$ 可以表示为

$$\mathrm{d}\lambda=\frac{\left\{\dfrac{\partial F}{\partial\sigma}\right\}^{T}[D]\{\mathrm{d}\varepsilon\}}{A+\left\{\dfrac{\partial F}{\partial\sigma}\right\}^{T}[D]\left\{\dfrac{\partial F}{\partial\sigma}\right\}} \qquad (7-25)$$

式中：$[D]$ 为弹性矩阵；A 为硬化函数，若将塑性体积应变 ε_{v}^{P} 定义为硬化，也即假设在屈服面上塑性体应变增量是常数，那么 A 可以表示为

$$A=\left\{\frac{\partial F}{\partial\varepsilon_{v}^{P}}\right\}^{T}[C_{e}]\left\{\frac{\partial F}{\partial\varepsilon}\right\} \qquad (7-26)$$

式中：$[C_{e}]$ 为弹性柔度矩阵。

对于莫尔-库仑准则来说，可以将其表示成 p、q、θ_{σ} 的形式，则与莫尔-库仑准则相关联流动时有：

$$Q=F=\frac{1}{\sqrt{3}}\left(\cos\theta_{\sigma}+\frac{1}{\sqrt{3}}\sin\theta_{\sigma}\sin\phi\right)q-3\alpha p-c\cdot\cos\phi=0 \qquad (7-27)$$

其中

$$p=\frac{1}{3}(\sigma_{1}+\sigma_{2}+\sigma_{3})$$

$$q=\frac{1}{\sqrt{2}}\big[(\sigma_{1}-\sigma_{2})^{2}+(\sigma_{2}-\sigma_{3})^{2}+(\sigma_{3}-\sigma_{1})^{2}\big]^{1/2}$$

式中：p 为静水压力；q 为广义剪应力或应力强度。

在 $\theta_{\sigma}=\pm\dfrac{\pi}{6}$ 的子午面上，式（6-33）可以简化为

$$Q=F=q-\frac{6\sin\phi}{3\pm\sin\phi}p-\frac{6c\cos\phi}{3+\sin\phi} \qquad (7-28)$$

当取 $\theta_{\sigma}=-\dfrac{\pi}{6}$ 时，为受拉破坏；当取 $\theta_{\sigma}=\dfrac{\pi}{6}$ 时，为受压破坏。

因此可以得到塑性体积应变增量的表达式为

$$\mathrm{d}\varepsilon_{v}^{P}=\mathrm{d}\lambda\,\frac{\partial Q}{\partial p}=-\frac{6\sin\phi}{3\pm\sin\phi}\mathrm{d}\lambda \qquad (7-29)$$

即

$$\mathrm{d}\lambda=\frac{3\pm\sin\phi}{6\sin\phi}\mathrm{d}\varepsilon_{v}^{P} \qquad (7-30)$$

将式（7-30）代入式（7-24），可以得到

$$\mathrm{d}\varepsilon_{ij}^{P}=\mathrm{d}\lambda\,\frac{\partial F}{\partial\sigma_{ij}}=-\frac{3\pm\sin\phi}{6\sin\phi}\mathrm{d}\varepsilon_{v}^{P}\frac{\partial F}{\partial\sigma_{ij}} \qquad (7-31)$$

则塑性能可以表示成

$$U_{P}=\{\sigma_{ij}\}^{T}\{\mathrm{d}\varepsilon_{ij}^{P}\} \qquad (7-32)$$

7.4.2.4　锚杆吸收能量

工程实践发现，锚杆主要是靠围岩的变形来激发其加固作用的，围岩变形又会引起锚杆产生轴向拉应力和径向剪应力，如图7-23所示。锚杆在加固岩体材料时受轴向拉伸和剪切作用，裂纹尖端处的锚杆在裂纹张开过程中，被弹性拉长，并相对于岩体产生错动，锚杆受力过大时，发生断裂。在这个过程中，锚杆吸收岩体破坏释放出来的弹性应变能，转化为自身储存的能量。将锚杆看作完全弹性体，自身储存的能量也就是锚杆的弹性应变能。

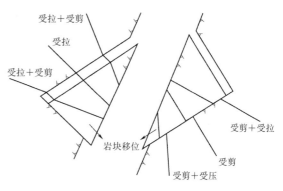

图7-23　节理围岩变形引起锚杆的受力状态[52]

1. 轴向变形吸收的应变能

$$du_{be} = \frac{1}{2}\pi r_b^2 \frac{\sigma_b^2}{E_b}dl \qquad (7-33)$$

式中：r_b 为锚杆半径；E_b 为锚杆的弹性模量；σ_b 为锚杆的抗拉强度；u_{be} 为锚杆的弹性应变能。

可由静力平衡导出

$$\sigma_b = \frac{2\tau_b l_b}{r_b} \qquad (7-34)$$

式中：τ_b 为锚杆所受剪应力。

则式（7-33）可以表示成

$$du_{be} = \frac{1}{2}\pi r_b^2 \frac{\sigma_b^2}{E_b}dl = \frac{2\pi l_b^2 \tau_b^2 dl}{E_b} \qquad (7-35)$$

2. 剪切变形吸收的应变能

为了分析锚固段与周围岩体之间的相对剪切位移，从锚杆脱离体中任取一锚杆单元体，其受力如图7-24所示。根据图中所示的力的平衡，可以得到锚杆轴向应力与锚固界面剪应力的关系式，即

$$\frac{d\sigma_b}{dx} = \frac{\tau_b \pi D_b}{A_b} \qquad (7-36)$$

锚杆单元体的轴向应变为

$$\varepsilon = \frac{\partial S_b}{\partial x} = \frac{\sigma_b}{E_b} \qquad (7-37)$$

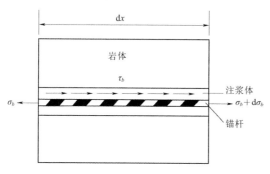

图7-24　锚杆单元受力示意图

假设与锚杆接触的岩体所受的剪力与剪切位移呈线性关系，则有

$$\pi D_b \tau_b = G_b S_b \qquad (7-38)$$

其中

$$G_b = \frac{E_b}{2(1+\mu)}$$

式中：G_b 为锚杆的剪切模量。

对式（7-37）进行微分，再将式（7-36）和式（7-38）代入得

$$\frac{\partial^2 S_b}{\partial x^2} = \frac{4G_b S_b}{E_b \pi D^2} \tag{7-39}$$

令 $h = \sqrt{4G_b/\pi E_b} = \sqrt{2/\pi(1+\mu)}$，得到锚杆的剪切应变为

$$r_b(x) = \frac{4\tau_b}{E_b(\mathrm{e}^{\frac{2hl_b}{D_b}}-1)}[\mathrm{e}^{\frac{hx}{D_b}} - \mathrm{e}^{\frac{h(2l_b-x)}{D_b}}] \tag{7-40}$$

则锚杆由于剪切变形耗散的弹性应变能为

$$U_{b\gamma} = \frac{1}{2}\tau_b\gamma_b = \frac{2\tau_b^2}{E_b(\mathrm{e}^{\frac{2hl_b}{D_b}}-1)}[\mathrm{e}^{\frac{hx}{D_b}} - \mathrm{e}^{\frac{h(2l_b-x)}{D_b}}] \tag{7-41}$$

3. 锚杆与岩体之间的摩擦耗散的能量

除了锚杆自身所储存的弹性应变能外，锚杆与岩体之间的摩擦同样耗散能量，这个能量与错动距离有关。而错动应变与锚杆发生的弹性应变有关。因此错动距离 δ 可以表示为

$$\delta = \int_0^{l_b}\varepsilon_b \mathrm{d}l = \int_0^{l_b}\frac{\sigma_b}{E_b}\mathrm{d}l = \frac{2\tau_b l_b^2}{r_b E_b} \tag{7-42}$$

作用在锚杆单元长度 $\mathrm{d}l$ 上的力为 $2\pi r_b\tau_b \mathrm{d}l$，则摩擦耗散的能量可以表示为

$$\mathrm{d}u_{bf} = 2\pi r_b\tau_b \mathrm{d}l \cdot \frac{2\tau_b l_b^2}{r_b E_b} = \frac{4\pi l_b^2\tau_b^2 \mathrm{d}l}{E_b} \tag{7-43}$$

因此，单根锚杆在围岩劈裂过程中耗散的能量为

$$u_b = u_{be} + u_{bf} + u_{b\gamma} = \frac{6\pi l_b^3\tau_b^2}{E_b} + \frac{2\tau_b^2}{E_b(\mathrm{e}^{\frac{2hl_b}{D_b}}-1)}[\mathrm{e}^{\frac{hx}{D_b}} - \mathrm{e}^{\frac{h(2l_b-x)}{D_b}}] \tag{7-44}$$

7.4.2.5　裂纹扩展耗散能量

岩石是本身带有初始微缺陷的材料，其变形自始至终伴随着裂纹的变化。受力初期，微裂纹逐渐增加、扩展、汇集，而微裂纹的扩展总是要耗费一定的能量，随着荷载的逐步增加，当岩石变形到一定程度，微观损伤扩展为宏观裂纹，并导致单元断裂破坏。单元破坏将耗散一定的能量，这部分能量消耗于因自由表面积的增加而产生的表面能增量，新的表面生成。

1. 非线性断裂判据

最近李波维茨（Liebowitz）[59]等提出一种方法，确定材料在弹塑性状态下的断裂韧度。该方法是想从试验得出的载荷—位移的非线性曲线，求出材料抵抗裂纹扩展的非线性断裂韧度。

考虑一个单位体积的岩体单元在外力作用下产生变形，假设该物理过程与外界没有热交换，即封闭系统，根据能量守恒定律，扩展单位面积 $\mathrm{d}A$ 外力所做的功 W 可以表示为

$$\frac{\partial W}{\partial A} = \frac{\partial u}{\partial A} + \frac{\partial \gamma}{\partial A} \tag{7-45}$$

式中：W 为外力所做功；u 为应变能；γ 为裂纹表面能。

在弹塑性条件下，加载点位移包括弹性位移和塑性位移两部分，其中前者是可逆位移，后者是不可逆位移。同样裂纹体的应变能 u 也包括弹性应变能 u_e 和塑性应变能 u_P 两部分。前者是可逆的应变能，后者是不可逆的应变能。扩展单位面积 dA，应变能可以表示为

$$du = du_e + du_P \tag{7-46}$$

塑性应变能增量 du_P 可以进一步分为两部分：①裂纹尖端前面的塑性区的变化所消耗的塑性功 du_{PP}；②形成新裂纹面所消耗的塑性功 $du_{P\gamma}$，即

$$du_P = du_{PP} + du_{P\gamma} \tag{7-47}$$

总的应变能增量为

$$du = du_e + du_{PP} + du_{P\gamma} \tag{7-48}$$

将式（7-48）代入式（7-45），并加整理得

$$\frac{\partial}{\partial A}(W - u_e - u_{PP}) = \frac{\partial}{\partial A}(\gamma + u_{P\gamma}) \tag{7-49}$$

令 $\Gamma = \gamma + u_{P\gamma}$，是消耗在新裂纹面上的能量，即断裂能。因而上式可写为

$$\frac{\partial}{\partial A}(W - u_e - u_{PP}) = \frac{\partial \Gamma}{\partial A} \tag{7-50}$$

将式（7-50）的右边记作 $\tilde{G}$，可以变为

$$\tilde{G} = \frac{\partial}{\partial A}(W - u_e - u_{PP}) = -\frac{\partial}{\partial A}\left[(u_e + u_{PP}) - W\right] = -\frac{\partial \Omega}{\partial A} \tag{7-51}$$

式中：$u_e + u_{PP}$ 为裂纹体的应变能，因而 $\Omega = (u_e + u_{PP}) - W$ 是裂纹体的总势能；$\tilde{G}$ 为裂纹扩展时裂纹体的势能减少率，是受载裂纹体可以提供用以推动裂纹扩展的能量率。

断裂能率 $\dfrac{\partial \Gamma}{\partial A}$ 表示裂纹扩展单位面积所耗散的能量，反映材料抵抗裂纹扩展的能力，Liebowitz 等称它为非线性断裂韧度，并记为 $\tilde{G}_c$，即

$$\tilde{G}_c = \frac{\partial \Gamma}{\partial A} \tag{7-52}$$

对于像玻璃、陶瓷等脆性材料，$\dfrac{\partial \Gamma}{\partial A}$ 便是 Griffith 裂纹理论所说的表面能密度。但是对于岩石类材料，裂纹的扩展必然伴随着滑移变形，而且新裂纹面的塑性形变的能量率，即 $\dfrac{\partial u_{PP}}{\partial A}$，占 $\dfrac{\partial \Gamma}{\partial A}$ 的绝大部分。可以这样理解，岩石类材料新裂纹面的扩展特征，并不是简单的开裂，而是开裂与滑移的混合。

对于塑性条件较好的岩石类材料，裂纹尖端前面形成较大范围的塑性区，在应变能 u 中包含有较大的 u_{PP}。由于材料的塑性屈服要耗散能量，裂纹的不断扩展需要外荷载的不断做功，即需要较大的 $\dfrac{\partial W}{\partial A}$，除了提供产生新裂纹表面所需要的断裂能率 $\dfrac{\partial \Gamma}{\partial A}$，其余的便用于补偿塑性屈服所耗散的能量。因此，塑性较好的岩石类材料不易发生裂纹的失稳扩展，

而往往在经历了相当程度的稳定扩展后才会发生失稳扩展。这就是非线性的弹塑性断裂的宏观特征。

2. 非线性能量释放率

由于裂纹尖端前面的塑性屈服和裂纹的亚临界扩展，实际的 $P—\delta$ 曲线将偏离线弹性决定的初始斜率，即有所谓非线性偏离。

在恒定位移（图 7 - 25）条件下，非线性能量释放率 $\widetilde{G}$ 为

$$\widetilde{G}=-\frac{\partial \Omega}{\partial A}=\lim_{\Delta A \to 0}\sum\left(\frac{-\Delta P \cdot \Delta \delta}{\Delta A}\right)_{\delta}=-\int_0^{\delta}\left(\frac{\partial P}{\partial A}\right)_{\delta}\mathrm{d}\delta_0 \tag{7-53}$$

在恒定荷载（图 7 - 26）条件下，非线性能量释放率 $\widetilde{G}$ 为

$$\widetilde{G}=-\frac{\partial \Omega}{\partial A}=\lim_{\Delta A \to 0}\sum\left(\frac{\Delta P \cdot \Delta \delta}{\Delta A}\right)_{P}=\int_0^{P}\left(\frac{\partial P}{\partial A}\right)_{P}\mathrm{d}P_0 \tag{7-54}$$

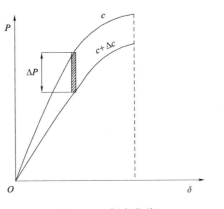

图 7 - 25　恒定位移

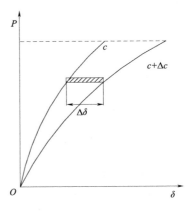

图 7 - 26　恒定荷载

假设 P_0 为材料的屈服荷载，在 P_0 之前。裂纹前缘不会发生塑性屈服，裂纹体是线弹性的，表现在 $P—\delta$ 曲线上在 P_0 之前的一段是直线。当荷载超过 P_0 以后，裂纹前缘开始屈服，$P—\delta$ 出现非线性偏离。考虑将这个过程分为两部分，即在 P_0 以前按照线计算，P_0 以后按照非线性计算，如图 7 - 27 所示。这样，这个过程用公式可以表示为

$$\delta=\begin{cases}PC & P \leqslant P_0 \\ PC+\alpha(P-P_0)^m C^m & P>P_0\end{cases}$$
$$\tag{7-55}$$

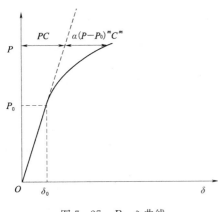

图 7 - 27　$P—\delta$ 曲线

式中：PC 为位移的线性部分，反映弹性应变；$\alpha(P-P_0)^m C^m$ 一项是 P_0 以后位移的非线性部分。

将式（7 - 55）代入式（7 - 56），得到 I 型裂纹的非线性能量释放率 $\widetilde{G}_{\mathrm{I}}$ 的计算公式：

$$\tilde{G}_{\mathrm{I}} = \begin{cases} G_{\mathrm{I}} & P \leqslant P_0 \\ \left[1 + \dfrac{2\alpha m}{m+1} \left(1 - \dfrac{P_0}{P} \right)^2 (P - P_0)^{m-1} C^{m-1} \right] G_{\mathrm{I}} & P > P_0 \end{cases} \qquad (7-56)$$

对于线弹性情况（$P \leqslant P_0$），非线性能量释放率 $\tilde{G}_{\mathrm{I}}$ 便等于能量释放率 G_{I}；对于弹塑性情况（$P > P_0$），令

$$\xi = 1 + \frac{2\alpha m}{m+1} \left(1 - \frac{P_0}{P} \right)^2 (P - P_0)^{m-1} C^{m-1} \qquad (7-57)$$

则 I 型裂纹的非线性能量释放率 $\tilde{G}_{\mathrm{I}}$ 便等于能量释放率 G_{I} 乘以非线性修正系数 ξ，即

$$\tilde{G}_{\mathrm{I}} = \xi G_{\mathrm{I}} \qquad (7-58)$$

非线性修正系数 ξ 一般大于 1。

7.4.3 工程应用

7.4.3.1 工程概况

猴子岩水电站位于四川省甘孜藏族自治州康定市境内，地处大渡河上游孔玉乡附近约 6km 的河段上。水电站地下厂房有主厂房、主变室、尾水调压室等，主厂房位于横 I～横 I-1 勘探线之间，全长 224.4m，宽 29.9m，高 67.875m，轴方向为 N60°52'30″W，主变室长 135m，宽 17.4m，高 23.575m，尾水调压室长 155m，宽 23.5m，高 77.9m。主厂房水平埋深为 270～445m，垂直埋深为 403～655m。

在厂房布置格局方面，厂房纵轴线布置原则是，满足引水发电建筑物总体布置的要求，尽量使厂房纵轴线方位与初始地应力最大主应力方向呈较小夹角、与主要结构面走向呈较大夹角，以利于围岩的稳定。厂房轴线方向为 N60°52'40″W，与 σ_1 交角仅约 14°，而厂房轴线与岩层走向呈 50°～70°，也较利于边墙稳定。

7.4.3.2 计算范围与计算模型

根据拟定的四种洞室间距方案，采用相同的洞室断面和相同的开挖顺序。选取了 1 号机组作为研究对象，对整个地下厂房区建立准三维数值计算模型，同时考虑了穿过厂房区的结构面 f1-1-3、g1-1-2、f1-6 的影响。模型尺寸为：长（垂直厂房轴线方向，即 X 方向）700m，高（高程方向，即 Y 轴方向）为从高程 1432.2m 至地表，宽（厂房轴线方向，即 Z 轴方向）为一个单元厚度。上述计算范围的网格划分见图 7-28，结构面与厂房的位置关系见图 7-29。

计算边界条件：在模型的底部施加垂直约束即在 Y 轴方向上约束。模型的两侧即在 X 轴方向施加水平约束。模型的前后面施加水平约束即在 Z 轴方向约束，模型上部为地表，为自由面，无约束。根据反演得出的初始地应力场，给模型施加初始地应力。

7.4.3.3 厂区地质描述

地下厂房深埋于厚层—巨厚状局部夹薄—中厚状白云质灰岩、变质灰岩岩体中，岩石致密坚硬，多呈巨厚层状—层状结构，考虑厂区地应力较高，围岩强度应力比 2～4，综

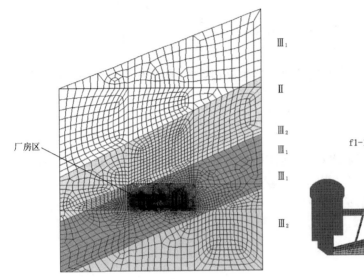

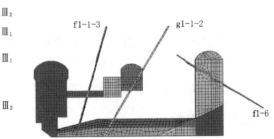

图 7 - 28　厂房区计算范围网格图　　　　图 7 - 29　结构面与厂房的相对位置关系

合考虑围岩类别以Ⅲ₁类为主，具备布置大型地下厂房洞室的地质条件。厂区围岩中地应力较高，厂房纵轴线方向与最大主应力方向夹角不大，有利于厂房边墙稳定。由于围岩埋深较大，地应力高，应注意岩爆及其对围岩稳定的不利影响，围岩物理力学指标建议值见表 7 - 1，主要结构面见表 7 - 2。

表 7 - 1　　　　　　　　厂房区岩体物理力学指标建议值

初步分类	天然密度/(g/cm³)	单轴抗压强度/MPa	变形模量/GPa	泊松比	抗剪强度/MPa	边坡比
Ⅱ	2.83	120～130	10～15	0.23	1.0～1.4	1：0.3
Ⅲ₁	2.80	80～100	8～10	0.25	0.8～1.0	1：0.5
Ⅲ₂	2.75	60～80	5～8	0.30	0.6～0.8	1：0.5
Ⅳ	2.70	40～50	3～5	0.35	0.2～0.5	1：0.75
Ⅴ	2.50	<20	1～3	>0.35	0.05～0.2	1：1

表 7 - 2　　　　　　　　厂 房 区 主 要 结 构 面

断层编号	主错带宽度/m	性　　状	级别
f1 - 1 - 3	0.01～0.05	由破碎岩，碎粉岩组成，面起伏粗糙，有滴水	Ⅳ
f1 - 6	0.01～0.2	主要由碎斑岩、碎粒岩、碎粉岩组成，面起伏粗糙	Ⅴ
g1 - 1 - 2	0.5～1.0	延伸大于3m，主要为片状岩、碎裂岩，挤压紧密，干燥	Ⅳ
f1 - 4	0.03～0.15	延伸大于10m，由破碎岩、少量碎粉岩组成，面起伏粗糙	Ⅲ
f1 - 5	0.10～0.30	延伸大于10m，由破碎岩、少量碎粉岩组成，面起伏粗糙	Ⅲ
f1 - 2 - 1	0.05～0.1	延伸大于5m，由碎粒岩、碎粉岩组成，干燥	Ⅴ

节理裂隙：据地表调查及平洞揭露统计，上坝址左右岸岩体裂隙发育各有特点，左岸主要有 3 组：①N40°～70°E/NW∠35°～45°，为层面裂隙，平直、延伸长；②EW/S

∠40°～60°，面较平直或起伏粗糙，延伸长 5～15m；③N30°～60°W/NE∠35°～55°，面较平直或起伏粗糙，延伸长 5～10m；以①、②组发育。右岸主要有 3 组：① N60°～70°E/NW∠37°～40°，为层面裂隙，平直、延伸长；②SN/W∠40°～60°，面较平直，延伸长 5～10m；③N40°～60°W/NE∠60°～75°，面较平直或起伏粗糙，延伸长 5～10m；以①、②组发育。

7.4.3.4 计算过程

1. 外力功

外力功的计算继续采用上文提到的 Scott 模型，经过整理可以得到

$$W_F = \frac{4}{3}\sigma_c\varepsilon_c = \frac{4}{3}\sigma_c(11.263\sigma_2 + 361.23) \tag{7-59}$$

2. 弹性应变能

弹性应变能的计算可直接考虑利用下式进行计算：

$$U_e = \frac{1}{2E}(\sigma_1^2 + \sigma_2^2 - 2\nu\sigma_1\sigma_2) \tag{7-60}$$

3. 塑性能

关于塑性能的计算，可以通过 FLAC^{3D} 内置的 fish 语言很好地实现。只要设置一个指针变量 pnt=zone_head，然后用一个循环语句，将每一步计算时每个非空单元的塑性体积增量提取出来〔可用内置函数 z_vsi（pnt）提取〕，然后通过式（7-37）就可以计算得到每步开挖单元的塑性应变增量，最后根据式（7-38）就可以计算出该单元在开挖过程中消耗的塑性能。

4. 锚杆吸收能量

若整个洞室布置的锚杆数为 n，则整个锚杆系统所吸收的能量为

$$U_b = nu_b = n(u_{be} + u_{bf} + u_{b\gamma}) = \left\{ \frac{6\pi l_b^3 \tau_b^2}{E_b} + \frac{2\tau_b^2}{E_b(e^{\frac{2hl_b}{D_b}} - 1)}\left[e^{\frac{hx}{D_b}} - e^{\frac{h(2l_b - x)}{D_b}}\right] \right\} \tag{7-61}$$

基于偏于安全的考虑，x 取最小值，上式简化为

$$U_b = nu_b = n(u_{be} + u_{bf} + u_{b\gamma}) = \left\{ \frac{6\pi l_b^3 \tau_b^2}{E_b} + \frac{2\tau_b^2}{E_b(e^{\frac{2hl_b}{D_b}} - 1)}\left[1 - e^{\frac{2l_b h}{D_b}}\right] \right\} \tag{7-62}$$

5. 裂纹扩展耗散能量

根据上面的分析来计算非线性能量释放率 $\tilde{G}_{\mathrm{I}}$。首先从实测的 P—δ 曲线确定 P_0 以及相应的 δ_0，它们之间的关系可以表示为

$$\delta_0 = P_0 C \tag{7-63}$$

根据式（7-55）可以得到

$$\alpha = \frac{\delta - PC}{(P - P_0)^m C^m} \tag{7-64}$$

将式（7-60）代入式（7-57）整理得

$$\xi=1+\frac{2m}{m+1}\left(\frac{\delta/\delta_0}{P/P_0}-1\right)\left(1-\frac{P_0}{P}\right) \tag{7-65}$$

式中 m 值可按图 7 - 30 所示的三参量法近似计算：

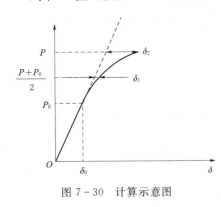

图 7 - 30　计算示意图

$$m=\frac{\lg\delta_2-\lg\delta_1}{\lg2}=\frac{\lg\delta_2-\lg\delta_1}{0.301}$$

依然采用滑移裂纹组模型来模拟岩石材料在轴向压力左右下的劈裂破坏，以考虑裂纹之间的相互作用。该裂纹组模型的裂纹尖端应力强度因子 K_{I} 可表示为

$$K_{\mathrm{I}}=\frac{F\sin\theta}{\sqrt{b\sin(\pi l/b)}}-\sigma_2\sqrt{2b\tan(\pi l/2b)} \tag{7-66}$$

其中 $\qquad F=2c(\tau-\mu\sigma_n)$

根据断裂理论，可以得到

$$G_{\mathrm{I}}=\frac{(k+1)(1+\nu)}{4E}K_{\mathrm{I}}^2 \tag{7-67}$$

其中，在平面应变条件下 $k=3-4\nu$，在平面应力条件下 $k=\dfrac{3-\nu}{1+\nu}$。

裂纹扩展所消耗的能量 Γ 为

$$\Gamma=\frac{\xi(k+1)(1+\nu)}{2E}\left\{\frac{2F^2\sin^2\theta}{\pi}\ln\left(\tan\frac{\pi l}{2b}\right)\right.$$
$$\left.-\frac{4\sigma_2^2b^2}{\pi}\ln\left(\cos\frac{\pi l}{2b}\right)-\frac{4Fb\sigma_2\sin\theta}{\pi}\ln\left[\tan\frac{\pi}{4}\left(\frac{b+l}{b}\right)\right]\right\} \tag{7-68}$$

7.4.3.5　计算结果分析

1. 不同间距方案

根据工程统计资料，在确定主厂房、主变室、尾水调压室三大洞室采取并列平行的布置格局的基础上，充分考虑猴子岩工程厂区实际的地质条件，其中裂缝长度取为 10m，倾角取 45°，断裂韧度值取为 $0.79\mathrm{MPa}\cdot\mathrm{m}^{1/2}$。从满足洞室稳定以及减少工程投资等方面出发，经工程类比，初步拟定主厂房到主变室间距、主变室到尾调室间距进行四个方案的优化比选。这四个方案分别是：间距 45m、45m（方案 1），45m、40m（方案 2），40m、45m（方案 3），50m、45m（方案 4），计算结果见表 7 - 3。

表 7 - 3　　　　　四种间距方案下的计算结果比较　　　　　单位：m^3

类比	间距方案	主厂房	主变室	尾水调压室	合计
塑性区体积	45m、45m	3480	1262	4119	8861
	45m、40m	3469	1353	4854	9676
	40m、45m	3491	1426	4908	9825
	50m、45m	3578	1257	4448	9283

类比	间距方案	主厂房	主变室	尾水调压室	合计
劈裂区体积	45m、45m	5313	1866	6029	13208
	45m、40m	5420	1878	6187	13455
	40m、45m	5485	1995	6200	13680
	50m、45m	5381	1870	6115	13366

　　四种方案开挖完成后洞室周边塑性区和劈裂区的分布规律是类似的，趋势也基本相同，只是各洞室范围的大小有所差异，如图7-31所示。而由各方案中各洞室的劈裂区体积可看出，虽然方案1中主厂房破损区体积比方案2稍大，但其主变室和尾调室体积却比方案2和方案3小很多，从而使总体积最小。方案4，虽然主厂房和主变室间的岩柱厚度增加为50m，使得主变室的劈裂区体积减小，但是由于尾调室的断层接近其中部最大位移处，导致了尾调室的劈裂区较大，三大洞室的总塑性区比方案1（45m、45m）要大。

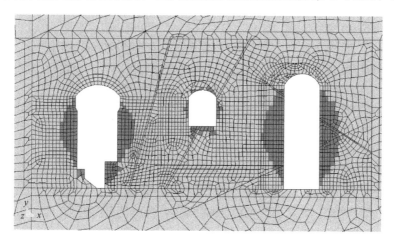

（a）间距为45m、45m时劈裂范围图

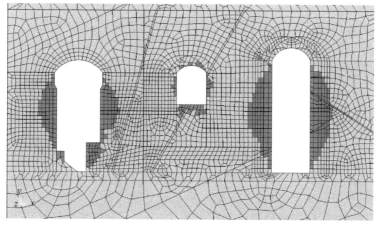

（b）间距为45m、40m时劈裂范围图

图7-31（一）　不同间距方案时，劈裂范围图

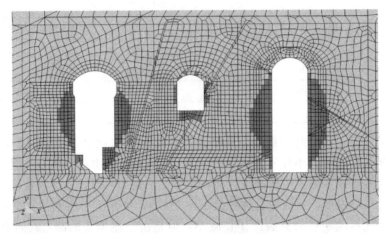

（c）间距为40m、45m时劈裂范围图

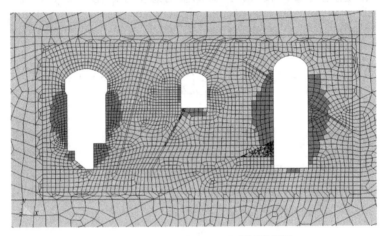

（d）间距为50m、45m时劈裂范围图

图 7 - 31（二）　不同间距方案时，劈裂范围图

因此，从开挖完成后三大洞室的总塑性区体积和总劈裂区体积上来说，方案 1（45m、45m）要优于其他方案。

2. 不同开挖顺序

采用 45m、45m 间距方案来分析比较了三种不同的开挖顺序。三种开挖方案的具体开挖顺序如图 7 - 32 和表 7 - 4 所示。其中方案 1 先挖厂房上层，完成后基本同时开挖主变室及尾调上层；方案 2 先挖厂房及尾调室上层，完成后再进行主变室上层开挖；方案 3 厂房、主变室、尾调室上层基本同时开挖。尾水洞及尾水管作为厂房及尾调室下部施工通道，其开挖顺序与厂房及尾调开挖时间协调，母线洞主要与主变开挖时间协调。

第一种开挖顺序分成 11 步进行开挖，第二种和第三种开挖顺序分成 9 步进行开挖，三个方案计算的塑性区体积和劈裂区体积见表 7 - 5。无论是从塑性区还是从劈裂区上来说，开挖顺序 2 较其他两种顺序都要好。但是具体到三大洞室上又有区别。其中主厂房最大塑性区体积出现在方案 2，但是 3 个方案相差并不大；而劈裂区体积最大出现在方案 1，

表 7－4　　　　　　　　　　　　　　　　三种分期开挖方案顺序

分期	开挖顺序方案 1						
	厂房	主变室	尾调室	压力管道	尾水管	尾水洞	母线道
第一期	上 1						
第二期	上 2						
第三期	中 1	A、B	a	①			
第四期	中 2	C	b			④	母 1
第五期	中 3		c			⑤	母 2
第六期	下 1		d	②			
第七期	下 2		e	③			
第八期	下 3		f				
第九期	下 4		g				
第十期			h				
第十一期			i				

分期	开挖顺序方案 2						
	厂房	主变室	尾调室	压力管道	尾水管	尾水洞	母线道
第一期	上 1		a				
第二期	上 2		b			④	
第三期	中 1	A、B	c、d	①		⑤	
第四期	中 2	C	e、f				母 1
第五期	中 3		g				母 2
第六期	下 1		h	②			
第七期	下 2		i	③			
第八期	下 3						
第九期	下 4						

分期	开挖顺序方案 3						
	厂房	主变室	尾调室	压力管道	尾水管	尾水洞	母线道
第一期	上 1	A、B	a				
第二期	上 2	C	b			④	母 1
第三期	中 1		c、d	①		⑤	
第四期	中 2		e、f				
第五期	中 3		g				母 2
第六期	下 1		h	②			
第七期	下 2		i	③			
第八期	下 3						
第九期	下 4						

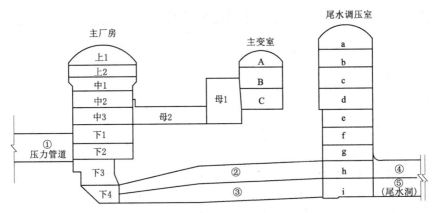

图 7-32　地下厂房三大洞室开挖分层图

与方案 2 相差达到 14%，从图 7-33（a）劈裂区的增加主要集中在主厂房的上部，主要原因是在方案 1 中首先开挖主厂房上部，因此应力的释放较为集中；对于主变室，塑性区和劈裂区的分布情况也不相同，方案 2 的劈裂区体积依然最小，但是塑性区体积却是最大，主要是由于开挖顺序 2 首先开挖主厂房和尾调室，应力得到了一定程度的释放，造成劈裂区体积最小。对于尾调室，劈裂区体积方案 3 最大，比最小的方案 2 增加了 13.6%，而塑性区体积几乎没有差别，主要是由于三大洞室同时开挖，应力释放集中释放，造成方案 3 的劈裂区体积最大。

由此说明，在高地应力条件下对洞室进行开挖，有时劈裂区能够更明显地反映出开挖顺序对洞室稳定性的影响。如果仅以塑性区体积作为评价洞室开挖顺序的好坏指标是有一定局限性的，并不能反映出地应力分布对洞室的影响。

表 7-5　　　　　　　　　各分期开挖方案计算结果对比　　　　　　　　单位：m³

开挖方案	塑性区体积				劈裂区体积			
	主厂房	主变室	尾调室	总计	主厂房	主变室	尾调室	总计
方案 1	3480	1262	4119	8861	5313	1866	6029	13208
方案 2	3483	1281	4052	8816	4562	1653	5556	11771
方案 3	3515	1281	4104	8900	5205	1717	6432	13354

3. 考虑锚杆作用

采用 45m、45m 间距和第 1 种开挖顺序来进行计算，三大洞室在每级开挖完成后及时进行锚杆支护，支护方案见表 7-6，布设位置如图 7-34 所示。

表 7-6　　　　　　　　　　　　洞 室 支 护 方 案

方案	主厂房	主变室	尾调室
支护方案	岩锚梁左右拱顶及边墙： 预应力锚杆，$\phi 32$，$L=9.0\text{m}$，$T=12\text{t}$，相间布置，@1.5×1.5； 岩锚梁以下：$\phi 28/32$，$L=8.0\text{m}/6.0\text{m}$，$T=12\text{t}$，相间布置，1.5m×1.5m	拱顶：$\phi 32$，$L=7.0\text{m}$，$T=12\text{t}$，相间布置，@1.5×1.5； 边墙：$\phi 28/32$，$L=5.0\text{m}/7.0\text{m}$，$T=12\text{t}$，相间布置，1.5m×1.5m	拱顶：$\phi 28$，$L=6.0\text{m}$，$T=12\text{t}$，相间布置，@1.5×1.5； 边墙：$\phi 28/32$，$L=6.0\text{m}/8.0\text{m}$，$T=12\text{t}$，相间布置，1.5m×1.5m

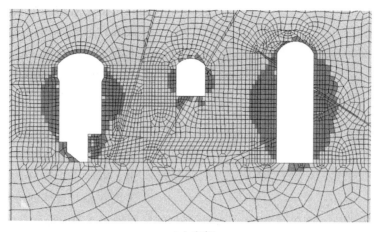

（a）方案1

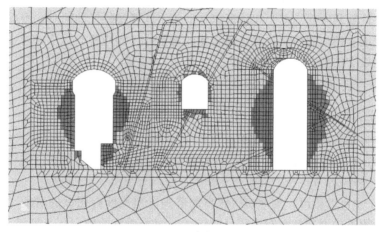

（b）方案2

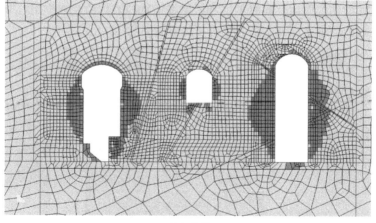

（c）方案3

图 7 - 33　不同开挖方案情况下劈裂范围示意图

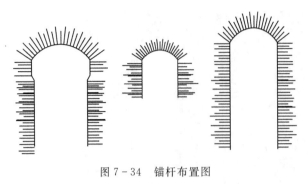

图 7 - 34　锚杆布置图

在以前的大型地下厂房开挖的数值计算过程中，例如在 FLAC³ᴰ中把锚杆和锚索简化为锚索单元（cable），喷混凝土简化为衬砌单元（liner）来处理。但是，由于锚杆的刚度相对于岩体的刚度变化非常小，许多计算结果表明，这种模拟方法不能全面反映锚杆的支护作用。事实上，锚杆的支护作用主要体现在参与岩体的协调变形过程中，对岩体产生加固效应。这在以往不少学者开展过的锚固模型试验中得到验证。试验结果说明锚固对岩体强度和刚度的增加效应要远大于锚固力对围岩的附加反力效应。

因此，在计算利用 FLAC³ᴰ 软件模拟支护效果计算塑性区的同时，考虑了锚杆以及锚索对周围岩体的等效加固作用，对锚固岩体的参数作了相应提高。锚杆对锚固区围岩抗剪强度提高的等效支护效应可用表示为

$$c_1 = c_0 + \eta \frac{\tau_s S}{ab} \tag{7-69}$$

式中：c_1、c_0 分别为无锚杆条件和加锚条件下岩体的黏聚力；a、b 分别为锚杆的纵、横布置间距；η 为无量纲系数，与锚杆的直径有关；τ_s 为锚杆材料的抗剪强度；S 为锚杆的横截面积。

从表 7-7 中可以看出，支护前后劈裂区范围比塑性区有明显的缩小。其中主厂房和尾调室的边墙附近的劈裂范围有了明显的减少，而主变室的劈裂区范围较小变化不明显。图 7-35 为支护条件下劈裂范围示意图。可见利用本章提出的能量平衡的观点能够比较明显地反映出锚杆的支护作用，同时不用考虑单根锚杆与岩体的相互作用，节省了计算机资源，可以为类似的地下工程的支护效果分析计算提供参考。

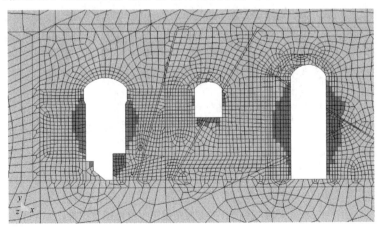

图 7 - 35　支护条件下劈裂范围示意图

表 7-7　　　　　　　　　支护前后的计算结果比较　　　　　　　　单位：m^3

类比	支护条件	主厂房	主变室	尾调室	合计	支护效果/%
塑性区	未加支护	3480	1262	4119	8861	8.41
	施加支护	3227	1244	3645	8116	
劈裂区	未加支护	5313	1866	6029	13208	13.8
	施加支护	4405	1632	5346	12583	

7.5　本章小结

锚喷支护对岩体的加固作用在很大程度上是抑制裂纹的扩展，本章分别采用断裂力学和数值方法，对锚喷支护抑制裂纹的扩展进行了研究，基于能量平衡原理，得到了在锚固条件下围岩的劈裂破坏判据，并将该判据应用到猴子岩水电站 1 号机组的开挖计算分析过程中，得出如下几方面的结论：

（1）在充分地研究了各种应力状态和裂纹尺寸的应力强度因子及其断裂判据，可以定量地计算出所需的最优喷层厚度。同时，不能一味地使用高强度混凝土施加支护，要综合考虑各种因素的影响。

（2）在锚杆的作用下，影响裂纹扩展的应力强度因子得到了明显的降低，表明锚杆对裂纹扩展的抑制起了很重要的作用，其大小同锚杆与不连续面的夹角有关，通过 Mindlin 位移解计算得到了锚杆的最佳安装角，与实验结论相吻合。

（3）通过 ANSYS 模拟锚杆与裂纹的相互作用，分别研究了应力强度因子对锚杆的弹性模量、安装角度、翼裂长度和裂纹倾角的敏感性，分析了锚杆对裂纹的抑制作用。

（4）分别给出了外力所做功、锚杆吸收的能量、塑性能、弹性应变能以及裂纹扩展耗散能量的计算方法，在此基础上建立了能够考虑锚杆作用的弹塑性岩体中的围岩劈裂破坏判据。

（5）基于能量平衡原理研究锚杆的加固作用，能够较准确地反映出锚杆对围岩的加固作用，克服了以往数值计算不能充分反映出锚固效果的缺点；同时，省略了模拟单根锚杆与裂纹的相互作用，极大地节省了计算机资源，提高了运行效率。

（6）提出了围岩塑性能的计算方法。在塑性力学的基础上将塑性能表示成塑性应变增量的函数，并编写成 fish 语言，通过 FLAC^{3D} 来计算每步开挖单元的塑性应变增量。

（7）通过分别计算三种洞室间距方案、三种开挖顺序以及考虑锚杆作用下，洞室围岩的劈裂破坏范围，并与计算的塑性区范围相对比，分析得出在高地应力条件下不能仅仅以塑性区作为评价开挖顺序和洞室布置方案的唯一指标，有时劈裂范围更能反映出地应力的特征，可以为开挖方案的优化提供更多的参考意见，对高地应力条件下地下工程的开挖和加固设计有指导意义。

参考文献

［1］　于骁中. 岩石和混凝土断裂力学［M］. 长沙：中南工业大学出版社，1991.

［2］　程良奎，范景伦，韩军，等. 岩土锚固［M］. 北京：中国建筑工业出版社，2003.

［3］　Gunnar Wijk. A theoretical remark on the stress field around prestressed rock Bolts［J］. Int. J. Rock Mech. Min. Sci. & Geomech. Abstr.，1978（15）：289－294.

［4］　Selvadurai A P S. Some results concerning the viscoelasic relaxation of prestress in a surface rock anchor［J］. Int. J. Rock Mech. Min. Sci. & Geomech. Abstr.，1979（16）：1307－1310.

［5］　林世胜，朱维申. 锚杆对洞周粘弹性岩体应力状态的影响［J］. 岩土工程学报，1983，5（3）：12－27.

［6］　Dight P M. A case study ofthe behaviour of rock slope reinforced with fully grouted rock bolts［C］. International Symposium on Rock Bolting，Abisko，Sweden，1983：523－38.

［7］　Stille H，Holmberg M. Support of Weak Rock with Grouted Bolt sand Shotcrete［J］. Int. J. Rock Mech. Min. Sci. & Geomech. Abstr.，1989，26（l）：99－11.

［8］　B Indraratna，P K Kaiser. Design for Grouted Rock Bolts on the Convergence Control Method［J］. Int. J. Rock Mech. Min. Sci. & Geomech. Abstr.，1990，27（4）：269－281.

［9］　汤伯森. 弹塑性围岩砂浆锚杆支护问题的估算法［J］. 岩土工程学报，1991，13（6）：42－51.

［10］　Spang K，Egger P. Action of fully－grouted bolts in joined rock and factors of influence［J］. Rock Mech. Rock Eng.，1990，23：201－29.

［11］　Holmberg M，Stille H. The mechanical behaviour of a single grouted bolt［C］. International Symposium on Rock Support in Mining and Underground Construction，Sudbury，Canada，1992：473－81.

［12］　张玉军. 地下圆形洞室锚固区按环向各异性体计算的弹性解［C］. 中国青年学者岩土工程力学与应用讨论会论文集. 武汉，1994：686－689.

［13］　Oreste P P，Peila D. Radial Passive Rock bolting in Tunnelling Design With a New Convergence－confinement Model［J］. Int. J. Rock Mech. Min. Sci. & Geomech. Abstr.，1996，33（5）：443－454.

［14］　徐思虎，姜广臣，董友军. 巷道锚杆支护的合理计算模型探讨［J］. 山东矿业学院学报，1999，18（1）：21－22.

［15］　朱维申，张玉军. 三峡船闸高边坡节理岩体稳定分析及加固方案初步研究［J］. 岩石力学与工程学报，1996，15（4）：305－311.

［16］　李术才. 节理岩体力学特性和锚固效应分析模型及应用研究［R］. 武汉：武汉水利电力大学，1999.

［17］　张强勇，朱维申. 裂隙岩体损伤锚柱单元支护模型及其应用［J］. 岩土力学，1998，19（4）：19－24.

［18］　张强勇. 多裂隙岩体三维加锚损伤断裂模型及其数值模拟与工程应用研究［D］. 武汉：中国科学院武汉岩土力学研究所博士论文，1998.

［19］　侯朝炯，勾攀峰. 巷道锚杆支护围岩强度强化机理研究［J］. 岩石力学与工程学报，2000，19（3）：342－345.

［20］　伍佑伦，王元汉，许梦国. 拉剪条件下节理岩体中锚杆的力学作用分析［J］. 岩石力学与工程学报，2003，22（5）：769－772.

［21］　王成. 层状岩体边坡锚固的断裂力学原理［J］. 岩石力学与工程学报，2005，24（11）：1900－1904.

［22］ 李术才，陈卫忠，朱维申，等．加锚节理岩体裂纹扩展失稳的突变模型研究［J］．岩石力学与工程学报，2003，22（10）：1661－1666.

［23］ Grasselli G. 3D Behaviour of bolted rock joints：experimental and numerical study［J］．Int. J. Rock Mech. Min. Sci. ，2005，42：13－24.

［24］ Chanrour A H，Ohtsu M. Analysis of anchor bolt pull－out tests by a two－domain boundary element method［J］．Materials and structures，1995，28：201－209.

［25］ 朱浮声，李锡润，王泳嘉．锚杆支护的数值模拟方法［J］．东北工学院学报，1989，（1）：1－7.

［26］ 姜清辉，丰定祥．三维非连续变形分析方法中的锚杆模拟［J］．岩土力学，2001，22（2）：176－178.

［27］ Kim N K. Performance of tension and compression anchorsin weathered soil［J］．Journal of Geotechnical and Geoenvironmental engineering，2003，129（12）：1138－1150.

［28］ 王霞，郑志辉，孙福英．锚索内锚固段摩阻力分布及扩散规律研究［J］．煤炭工程，2004，（7）：45－48.

［29］ 朱合华，郑国平，刘庭金．预应力锚固支护的数值模拟［J］．西部探矿工程，2003，（7）：17－19.

［30］ 漆泰岳．FLAC^{2D} 3.3 锚杆单元模型的修正及其应用［J］．矿山压力与顶板管理，2003，（4）：50－52.

［31］ 邬爱清，任放，郭玉．节理岩体开挖面上块体随机分布及锚固方式研究［J］．长江科学院院报，1991，8（4）：27－34.

［32］ 冯光明，冯俊伟，谢文兵，等．锚杆初锚力锚固效应的数值模拟分析［J］．煤炭工程，2005，（7）：46－47.

［33］ 张拥军，安里千，于广明，等．锚杆支护作用范围的数值模拟和红外探测实验研究［J］．中国矿业大学学报，2006，35（4）：545－548.

［34］ 姜清辉，王书法．锚固岩体的三维数值流形方法模拟［J］．岩石力学与工程学报，2006，25（3）：528－532.

［35］ 董志宏，邬爱清，丁秀丽．数值流形方法中的锚固支护模拟及初步应用［J］．岩石力学与工程学报，2005，24（20）：3754－3760.

［36］ 张欣．全长粘结式锚杆受力特性以及数值仿真试验研究［D］．济南：山东大学博士学位论文，2008.

［37］ Aydan O，Koya T，Ichikawa Y，et al. Three－dimensional simulation of an advancing tunnel supported with forepoles，shotcrete，steel ribs and rockbolts［J］．Numerical Methods in Geomechanics，Swoboda（ed.），Innshruck，Balkema，1988：1481－1486.

［38］ 雷晓燕．三维锚杆单元理论及其应用［J］．工程力学，1996，13（2）：50－60.

［39］ 郭映龙，叶金汉，节理岩体锚固效应研究［J］．水利水电技术，1992，（7）：41－44.

［40］ 陈卫忠，朱维申，王宝林，等．节理岩体中洞室围岩大变形数值模拟和模型试验研究［J］．岩石力学与工程学报，1998，17（3）：223－229.

［41］ 徐东强，李占金，田胜利．锚杆安装载荷作用机理的数值模拟［J］．河北理工学院学报，2002，24（3）：1－5.

［42］ 宋宏伟．非连续岩体中锚杆横向作用的新研究［J］．中国矿业大学学报，2003，32（2）：161－164.

［43］ 李梅．三维锚杆的数值模拟方法［J］．福州大学学报（自然科学版），2003，31（5）：588－592.

［44］ 陈胜宏，强晟．加锚固体的三维复合单元模型研究［J］．岩石力学与工程学报，2003，22（1）：1－8.

［45］ 何则干，陈胜宏．加锚节理岩体的复合单元法研究［J］．岩土力学，2007，28（8）：1544－1550.

［46］ 李金奎．锚杆对含纵向裂隙气体结构墙体刚度的数值模拟研究［J］．河北建筑科技学院学报，2004，21（2）：22-23.

［47］ 程东幸，潘玮，刘大安，等．锚固节理岩体等效力学参数三维离散元模拟［J］．岩土力学，2006，27（12）：2127-2132.

［48］ Li C，Stillborg B. Analytical models for rock bolts［J］. Int. J. of Rock Mech. Min. Sci.，1999，36（8）：1013-1029.

［49］ Spang K，Egger P. Action of fully - grouted bolts in jointed rock and factors of influence［J］. Rock Mechanics and Rock Engineering，1990，23（3）：201-229.

［50］ Jewell R A，Wroth C P. Direct shear tests on reinforced sand［J］. Geotechnique，1987，37（1）：53-68.

［51］ 朱维申，任伟中，张玉军，等．开挖条件下节理围岩锚固效应的模型试验研究［J］．岩土力学，1997，18（3）：1-7.

［52］ 葛修润，刘建武．加锚节理面抗剪性能研究［J］．岩土工程学报，1988，10（1）：8-20.

［53］ 郑雨天．试用断裂力学观点解释锚喷支护机理［J］．煤炭科学技术，1980，7：11-14.

［54］ 尤春安．锚固系统应力传递机理理论及应用研究［D］．泰安：山东科技大学博士学位论文，2004.

［55］ 温暖冬．裂隙岩体锚杆方式优化的试验与数值模拟研究［D］．济南：山东大学硕士学位论文，2007.

［56］ 李海波．花岗岩材料在动态压应力作用下力学特性的实验与模型研究［D］．武汉：中国科学院博士学位论文，1999.

［57］ Hillerborg A. Analysis of crack formation and crack growth in concrete by means of fracture mechanics and finite elements［J］. Cement and Concrete Research，1976，6（6）：773-782.

［58］ Mendis P，Pendyala R，Setunge S. Stress - strain model to predict the full - range moment curvature behavior of high - strength concrete sections［J］. Magazine of Concrete Research，2000，52（4）：227-234.

［59］ 沈为．非线性能量释放率断裂判据［J］．华中工学院学报，1979，（1）：120-131.

第8章

硬岩脆性表征方法与工程应用

8.1 概述

地下岩体开挖过程中,处于高应力状态下的硬质围岩常发生脆性破裂现象,表现出不同于浅埋低地应力下围岩的力学性质,其破裂主要包括片帮、板裂等形式,在一定应力状态下还会出现高强度岩爆等动力灾害。围岩的这种脆性破裂现象主要是由于在高应力下洞室开挖卸荷造成岩体内部应力重新调整,大量微裂纹萌生、扩展并贯通,导致围岩出现不同程度的损伤破裂,并形成具有一定范围和深度的开挖损伤区。按照弹塑性理论的观点,开挖损伤区称为塑性区,其形成主要是岩石在拉应力或剪应力作用下发生不同类型的破裂行为导致的,这种破裂行为与围岩应力的大小和方向紧密相关,对于表层围岩往往因开挖卸荷而发生张拉或拉剪破坏,对于洞室深部的围岩则往往以剪切破坏为主,不同的破裂模式可在数值计算中通过分析计算单元的塑性破坏类型进行判断。然而,塑性区在通常的数值计算与分析中仅表达岩石损伤破坏的类型与范围,所包含的信息量较少,对于塑性区内围岩的损伤程度、可能的破裂区域以及危险程度等信息,仅采用塑性区单一指标往往不能准确给出,有必要采用能够反映在不同破裂模式、应力状态以及损伤程度下岩石力学特性的指标或方法,进而准确地表征岩石可能的破裂区域以及危险程度。在第2章的研究成果中,发现内摩擦角作为岩石的一个重要的力学参数,其随应力状态或损伤程度的演化规律能够反映岩石力学特性与破裂行为的变化。而本书基于内摩擦角所提出的硬岩脆性表征方法能够准确、合理地表征岩石的脆性程度,弥补了塑性区指标的不足,具有丰富的内涵和意义,可用来评价围岩安全性。

综上所述,本书通过将所提出的基于内摩擦角的硬岩脆性表征方法运用到具体工程数值计算中,对围岩的安全性进行评价,分析隧洞开挖后围岩脆性程度的分布特征与变化规律,评估围岩的破裂区域以及危险程度,明确洞室围岩重点支护区域。为验证所提出的脆性表征方法的可行性和合理性,本章对高应力下的圆形隧洞和锦屏二级水电站试验支洞F的围岩稳定性进行计算与分析,研究洞室开挖完成后围岩脆性程度的分布规律,以此来评估围岩破坏范围与危险程度,从而体现出该脆性表征方法在围岩安全性评价中的作用和意义。

8.2 硬岩脆性破裂评价方法

塑性表示材料在某种给定载荷下产生较大永久变形而不发生破坏的能力,而脆性则是与塑性相对的概念，即在外力作用下发生很小的变形就发生破坏，失去承载能力。脆性是岩石（特别是深部岩石）的一种非常重要的性质。几十年来，来自不同学科、不同领域的研究人员对脆性的定义各不相同，如何正确定义岩石的脆性并选择一个合适的脆性指标开展工程应用是比较复杂和困难的。

关于岩石材料脆性的定义，早在 20 世纪 40 年代就已得到国际众多学者的广泛讨论。Morley[1] 和 Hetenyi[2] 把脆性定义为材料延性的缺失。Obert 和 Duvall[3] 认为岩石在达到或稍微超过屈服应力时发生破坏即可被认为是脆性的。Ramsay[4] 定义当岩石的黏聚力发生破坏时可认为岩石具有脆性。Griggs 和 Handin[5] 从材料变形角度出发，认为脆性岩石破坏前永久变形量不超过 1%。而根据 Hucka 与 Das[6] 的定义，具有高脆性的岩石往往具有以下特征：①破坏时变形量小；②断裂破坏；③由细粒组成；④较高的压拉比；⑤较高回弹性；⑥较大的内摩擦角；⑦硬度测试试验中裂纹发育完全。Meng 等[7] 系统总结并探讨了 80 个脆性指标的含义及其应用领域，提出准确定义岩石脆性应符合以下要求：①有明确具体的物理含义；②易于试验中测量；③考虑岩石材料的非均质性、各向异性；④考虑应力状态。

目前，脆性作为岩石的一种重要力学特性，广泛应用在各类岩石工程领域中。如页岩的脆性程度是评价页岩气开采井壁岩体稳定性和储气岩层压裂破碎程度的重要指标[8-9]。在深部地下工程中岩石的脆性程度极大地影响开挖过程中围岩稳定性，并与岩体脆性破坏（特别是岩爆等动力灾害）的可能性及剧烈程度密切相关[10-11]，可作为评价深部矿山、隧洞岩爆倾斜性的评判指标[12-13]。此外，岩石的脆性还与断裂韧度、TBM 掘进效率等紧密相关，Kahraman 和 Altindag[14] 通过统计试验数据研究了断裂韧度与不同脆性指标之间的关系；Gong 和 Zhao[15] 发现对于脆性较大的岩石，产生破裂所消耗的能量比例较高，TBM 刀具侧产生的裂纹和碎屑也较多，掘进速率随岩体脆性程度的增加而增大。在煤矿开采中，煤的脆性越好，越容易切割，生产效率越高。因此，在深部岩石工程建设和资源开发利用中，合理而准确的评价岩石脆性特征具有重要意义。

迄今为止，国内外诸多学者基于不同应用目的、不同影响因素和角度，提出了各式各样的指标来评价岩石脆性程度。根据各脆性指标的计算方法以及学者们的总结与归纳[16-20]，大部分常用的脆性指标基本上可分为两大类：第一类是由岩石应力应变曲线推导获得，如岩石强度特征[6,21-24]、岩石变形特征[25-26]、岩石破坏过程中能量的积累与耗散[6,27-28]；第二类主要是通过物理和力学性质试验获得，如硬度试验[29-30]、碎屑含量[15]、贯入试验[31]、点荷载试验[32]、矿物成分[33-35] 及内摩擦角[6,36] 等。虽然前人提出了很多评价岩石脆性的指标，但这些指标的适用性如何、能否准确评价岩石的脆性还是未知的，有必要通过根据上述分类，总结国内外诸多的岩石脆性评价指标，并着重探讨部分指标的适用性。

8.2.1　基于强度特征的脆性评价方法

由于岩石的强度参数较易获取，在各种脆性指标中通过岩石抗压强度和抗拉强度相互组合建立起的脆性指标得到了广泛应用。Hucka 等提出根据岩石的单轴抗压强度和抗拉强度来评价岩石脆性的指标 B_1、B_2 和 B_3，分别表述如下：

$$B_1 = \frac{\sigma_c}{\sigma_t} \tag{8-1}$$

$$B_2 = \frac{\sigma_c \sigma_t}{2} \tag{8-2}$$

$$B_3 = \frac{\sigma_c - \sigma_t}{\sigma_c + \sigma_t} \tag{8-3}$$

孟凡震等[37]指出压拉强度比在一定程度上可以定性的反映岩石脆性大小，但不是一个在定量上敏感的脆性指标。同时，对于同一种岩石在不同围压下其脆性程度明显不同，而压拉比这一指标无法反映应力状态对岩石脆性程度的影响。因此，基于抗压强度和抗拉强度建立的指标对处于复杂应力状态下的岩石难以准确评价脆性大小。

由于脆性岩石在峰后阶段往往具有显著的应力降，而具有延性特征的岩石在峰后其应力降并不明显，故 Bishop 提出采用岩石峰后应力差与峰值强度的比值来评价岩石脆性大小。岩石的应力降越大，其脆性程度也越大。

$$B_4 = \frac{\sigma_p - \sigma_r}{\sigma_p} \tag{8-4}$$

式中：σ_p 和 σ_r 分别为岩石的峰值强度和残余强度。

但由于 B_4 仅考虑岩石的强度特性，而忽略了岩石应力降的速率以及应力路径的影响，当两类岩石的应力应变曲线具有相同峰值强度和残余强度，对应的应变却不同时，B_4 就不能准确地描述这两类岩石的脆性大小。因此，该指标的适用性受限，见图 8-1。

8.2.2　基于能量分析的脆性评价方法

岩石的破坏过程是能量积累和消耗的过程，因此一些学者通过计算岩石峰前的能量积累和峰后的能量耗散的相对关系来评价岩石的脆性。Tarasov 和 Potvin 从岩体峰后破坏的能量平衡角度来评价岩石脆性，提出采用峰后破坏能与弹性能之比作为岩石脆性评价指标，通过该指标可以有效地描述岩石从脆性到延性整个转变过程。定义如下：

$$B_5 = \frac{M - E}{M} \tag{8-5}$$

式中：E 和 M 分别为岩石应力应变曲线的峰前弹性模量和峰后模量。

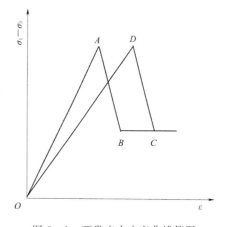

图 8-1　两类应力应变曲线简图

但由于 Tarasov 和 Potvin 在推导该脆性指标时假设峰后不同卸载点的卸载模量相等且等于峰前弹性模量，简化后得到的脆性指标仅与峰前弹性模量 E 和峰后模量 M 有关。当两曲线的峰前弹性模量与峰后模量都相同时，所提出的指标就无法准确评价这种情况下岩石的脆性大小。

8.2.3　基于应力应变曲线的脆性评价方法

孟凡震在考虑峰后应力降大小和速率的前提下，建立了基于应力应变曲线峰后行为的脆性评价方法，该方法分为脆性程度大小 B_6 和脆性破坏强度 B_f 两个指标，见式（8-6）和式（8-7）。脆性程度大小 B_6 是采用岩石峰后应力降的相对大小和速率进行计算，当应力降与峰值强度的比值越大且从峰值强度到残余强度降低的速度越快，岩石的脆性程度就很大，该方法不仅考虑了岩石应力降大小，也考虑了应力降速率。而脆性破坏强度 B_f 则是描述岩石破坏强度等级的指标，通过岩石应力应变曲线峰后应力差与应力降的速率来计算，表征岩石脆性破坏强度。基于该脆性评价方法，孟凡震对比分析了多种岩石在不同围压水平下的脆性大小，并探讨了脆性程度大小与脆性破坏强度两者的关系，以及在评价岩爆支护效果中的应用。但该方法仅考虑了岩石的峰后特征，忽略了岩石峰前的力学特性，在图 8-2 情况下该方法也无法区分两曲线的脆性程度。

$$B_6 = \frac{\sigma_p - \sigma_r}{\sigma_p} \frac{\lg|k_{ac(AC)}|}{10} \tag{8-6}$$

$$B_f = (\sigma_p - \sigma_r) \frac{\lg|k_{ac(BC)}|}{10} \tag{8-7}$$

8.2.4　基于内摩擦角的脆性评价方法

Hucka 和 Das 指出脆性岩石显著的特征之一就是具有较高的内摩擦角［式（8-8）］，而内摩擦角是通过莫尔-库仑准则表达式计算得到的。对于内摩擦角的计算方法一般有两种方式：一种是在主应力 $\sigma_1-\sigma_3$ 坐标系下根据大小主应力的关系来计算（图 8-2），另一种是在正应力—剪应力坐标系下进行计算。由于两个公式可根据数学变换进行转换，故这两种方法是相互等价的。图 8-3 为正应力—剪应力坐标下内摩擦角与莫尔包络线的关系图，根据非线性的莫尔包络线，岩石的内摩擦角随着正应力的增大而逐渐变小，进而导致岩石脆性降低。这表明采用内摩擦角可以在一定程度上反映岩石强度对围压的敏感性，能够用来评价岩石的脆性程度的变化。此外，还可以利用岩石破裂面与竖直方向的夹角即剪切破裂角作为求解内摩擦角的一种方法，进而在完成力学试验后可以通过破裂面倾角的变化来反映岩石脆性的变化规律。内摩擦角与剪切破裂角的关系如式（8-9）所示，该方法的难点在于如何获取完整的剪切破裂面。

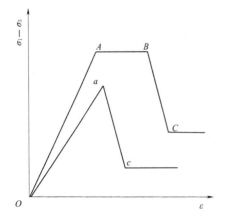

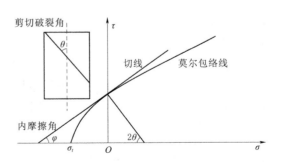

图 8-2　脆性程度大小与脆性破坏强度计算参考图　　图 8-3　内摩擦角与莫尔包络线的关系图

$$B_7 = \sin\varphi \tag{8-8}$$

$$\varphi = \frac{\pi}{2} - 2\theta \tag{8-9}$$

8.3　硬岩脆性表征方法

通过开展多种硬岩的剪切力学试验、常规三轴试验以及针对黑砂岩的循环加卸载试验，对在不同破裂模式、不同应力状态下硬岩强度参数（黏聚力和内摩擦角）的演化规律进行了深入研究，建立了考虑拉剪应力状态的莫尔强度准则，提出了以内摩擦角为核心的脆性指标以及探讨了岩石损伤破坏过程中内摩擦角的演化规律。结合三种试验研究成果，本书建立起了基于内摩擦角的硬岩脆性表征方法。

通过剪切力学试验得到了从拉剪到压剪整个应力变化过程中岩石内摩擦角的演化规律，其内摩擦角的大小可以直观、定性地反映岩石的脆性程度，根据试验结果，当岩石处于受拉状态下时其内摩擦角往往比较高，而在受压状态下内摩擦角一般较低，且压应力越大内摩擦角越小。因此，在实际应用过程中对于同一种岩石仅通过内摩擦角的大小就可以反映出岩石脆性程度的不同。然而，对于不同类型的岩石在不同应力条件下可能具有相同的内摩擦角，此时仅采用该参数就无法准确判定、对比岩石的脆性程度，急需制定出一种统一的评价标准，在同一尺度范围内将岩石的脆性标准化。

为此，本书通过常规三轴试验获得了硬岩在不同围压状态下的内摩擦角，得到了内摩擦角与围岩之间的关系，并根据三轴试验中岩石表现出来的力学特性，建立了以内摩擦角为核心的脆性评价指标，获得了可定量化评价岩石脆性大小的工具。根据试验结果发现岩石的内摩擦角均随围压的增大而不断减小，不同类型的岩石其脆性大小与岩石所受的应力状态密切相关，并建立起了脆性指标与内摩擦角之间的关系。在具体应用过程中结合剪切力学试验研究成果，通过岩石应力状态与内摩擦角的关系，即可求出任意应力状态下岩石的内摩擦角，进而再根据脆性指标与内摩擦角的关系，获得岩石在该应力状态下的脆性程度。同时，通过采用本书所提出的考虑岩石力学特性和破裂特征的脆性分级标准，可对岩石的脆性程度进行类别区分，从而更好地指导工程设计与施工。然而，在深部地下岩体开挖过程中围岩内部的应力处于不断调整状态，随着开挖的进行围岩的损伤程度不断加剧，进而引起岩石力学特性和力学参数（变形参数、强度参数）发生变化。因此，有必要深入研究岩石在损伤破裂过程中其力学参数（特别是内摩擦角）的变化特征。

基于上述原因，本书利用黑砂岩开展了不同围压下的循环加卸载试验，计算得到了不同应力循环路径对应的塑性内变量，建立起岩石变形参数和强度参数随塑性内变量的演化规律，获得了不同损伤程度下岩石的内摩擦角变化特征。根据试验结果，岩石从初始屈服开始其塑性变形不断增加，即岩石的损伤程度逐渐增大，意味着岩石逐渐趋向于破坏，在实际工程中表明岩石发生破坏的可能性逐渐增大。而岩石的内摩擦角通常在初始屈服时处于较低水平，随着塑性程度逐渐接近至破坏水平其值也不断增大，进而根据脆性指标与内摩擦角的关系，即可建立起岩石脆性程度与塑性程度之间的关系，获得岩体开挖过程中其脆性大小的变化特征，最终可采用岩石脆性指标来反映出岩石的危险程度。

综上所述，本书提出的基于内摩擦角的硬岩脆性表征方法，是多种试验手段互相结合、补充，从而实现对不同破裂模式、不同应力状态以及不同损伤程度的岩石进行准确、合理的脆性表征。

8.4　高应力硬岩隧洞围岩安全性分析

为验证该脆性表征方法的可行性，本节首先建立一个圆形隧洞平面应变模型，施加一定的边界条件，模拟隧洞开挖后围岩的损伤破裂情况，再将脆性表征方法编写成程序，对数值计算结果进行后处理，从而实现围岩脆性破坏的风险评估。

8.4.1　数值模型与计算条件

1. 数值模型

硬岩隧洞数值模型如图 8-4 所示，隧洞直径 3.5m，以隧洞中心为基点，沿 X 方向左右分别取 15m，沿 Z 方向上下分别取 15m，沿洞轴线即 Y 方向取 0.1m，建立起高应力硬岩隧洞平面应变模型。此计算域共划分 11016 个单元，14924 个单元节点。

2. 边界条件

针对该平面应变计算模型，设置 X 方向施加 -60MPa 的应力（FLAC³ᴰ 中以拉为正，压为负），Z 方向均施加 -10MPa 的应力，Y 方向两侧设置位移约束边界。模型的应力边界条件如图 8-5 所示。

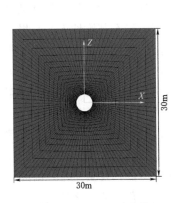

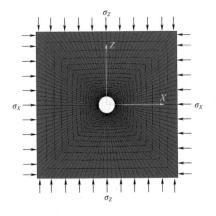

图 8-4　硬岩隧洞计算模型　　　　图 8-5　模型应力边界条件

3. 力学参数

在室内力学试验中，黑砂岩试样完整地进行了剪切力学试验、常规三轴试验以及循环加卸载试验，研究了岩石在不同破裂模式和应力条件下的力学特性，获得了黑砂岩比较全面的力学参数，见表 8-1。同时，脆性评价指标的研究结果显示，黑砂岩的脆性特征比较显著，变化范围大，能够较好地反映围岩脆性破坏情况。因此，针对本次硬岩隧洞模型，设定围岩参数取值按照黑砂岩室内力学试验测试出的力学参数进行，本构模型选择应变硬化/软化模型。

表 8-1 黑砂岩计算力学参数

弹性模量 E/GPa	泊松比 υ	抗拉强度 σ_t/MPa	初始黏聚力 c_0/MPa	残余黏聚力 c_r/MPa	初始内摩擦角 φ_0/(°)	残余内摩擦角 φ_r/(°)	剪胀角 ψ/(°)
19.47	0.2537	1.21	36	6.24	33.14	33.56	33.14

其中，黑砂岩的黏聚力、内摩擦角与等效塑性剪应变的关系可根据循环加卸载试验结果简化为图 8-6 所示。图中黏聚力从初始黏聚力 c_0 处开始下降，达到残余黏聚力 c_r 时对应的等效塑性剪应变为 $\gamma_{c_r}^p$。内摩擦角则从初始值 φ_0 先增大至最大值 φ_1，对应的等效塑性剪应变为 $\gamma_{\varphi_1}^p$，之后开始下降至残余内摩擦角 φ_r，对应的塑性剪应变为 $\gamma_{\varphi_r}^p$。各阶段黑砂岩强度参数对应的等效塑性剪应变大小见表 8-2。

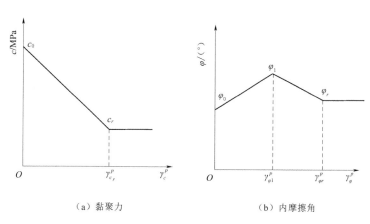

（a）黏聚力   （b）内摩擦角

图 8-6 黑砂岩黏聚力、内摩擦角与等效塑性剪应变的关系示意图

表 8-2 黑砂岩等效塑性剪应变参数取值

残余黏聚力等效塑性 剪应变 γ_{cr}^p	内摩擦角 φ_1/(°)	内摩擦角等效塑性 剪应变 $\gamma_{\varphi_1}^p$	残余内摩擦角等效 塑性剪应变 $\gamma_{\varphi_r}^p$
1.04×10^{-2}	49.12	5.21×10^{-3}	1.04×10^{-2}

8.4.2 数值计算结果与分析

通过上述计算条件，对所建立的数值模型开展计算分析，得到了硬岩隧洞开挖后围岩的塑性区、应力场以及位移场的分布规律。一般地，围岩的裂隙扩展以及破裂变形方向与围岩的主应力方向紧密相关，而本次计算模型中应力呈 X 轴、Z 轴对称施加，因此围岩的塑性区、应力场以及位移场也应呈对称分布特征。数值模型计算结果如图 8-7～图 8-9 所示。

图 8-7 为隧洞开挖完成后围岩塑性区的分布，其中剪切塑性区主要分布在洞底和洞顶两

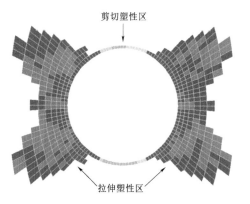

剪切塑性区

拉伸塑性区

图 8-7 硬岩隧洞开挖塑性区分布

处，并伴随着拉应力的存在，表现出拉剪破坏现象，剪切塑性区最大深度为 0.091m。拉伸塑性区位于隧洞的左右两侧，围岩均受拉破坏，计算过程发现拉伸塑性区首先产生于表层围岩处，之后逐渐向隧洞深部扩展，最终形成的拉伸塑性区最大深度为 1.91m。经统计，该隧洞塑性区总面积为 14.141m^2，屈服单元数达 440 个，计算结果显示该隧洞围岩主要以拉伸破坏为主。

开挖完成后隧洞大小主应力的分布云图如图 8-8 所示，其中，图 8-8（a）为围岩大主应力分布云图，图 8-8（b）为围岩小主应力云图。根据计算结果，从表层围岩至深部方向扩展，隧洞左右两侧的大主应力是逐渐增大的，而在洞底和洞顶两处大主应力则呈减小趋势。通过小主应力的分布云图可以发现，隧洞左右两侧存在大片的拉伸区域，其拉应力最大达到了 1.29MPa，超过了黑砂岩的抗拉强度值。而洞底和洞顶两处仅最表层围岩存在拉应力作用，深层围岩均处于受压状态，距表层 0.43m 处的围岩其小主应力量值最大，达到 22.37MPa。可以看出，小主应力的分布特征与围岩塑性区的分布较为接近，围压塑性区的形成主要是因为隧洞两侧岩石受拉应力的作用。

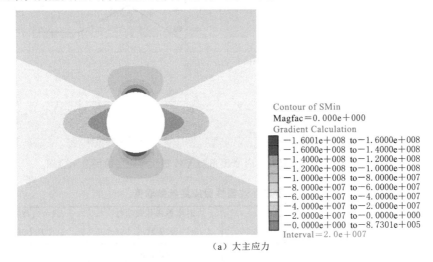

（a）大主应力

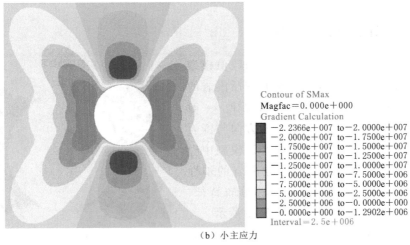

（b）小主应力

图 8-8　硬岩隧洞开挖应力场分布

　　开挖完成后隧洞围岩位移场分布如图 8 - 9 所示，图中隧洞左右两侧的位移量最大，表层围岩最大位移达 10.8mm。对比围岩应力场和位移场的分布云图可知，位移场的分布特征与大主应力的分布较为接近，围岩的变形受大主应力的影响较为明显。

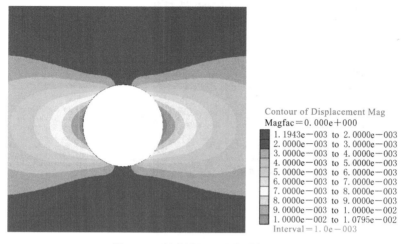

图 8 - 9　硬岩隧洞开挖位移场分布

8.4.3　脆性表征方法的实现

　　根据上述计算结果与分析，对硬岩隧洞塑性区、应力场和位移场的分布规律有了一定的认识，为了实现本书所提出的基于内摩擦角的硬岩脆性表征方法在数值分析中应用，准确预测围岩可能的破坏范围和深度，合理评估围岩安全性，下面结合由室内力学试验建立的围压与内摩擦角、脆性指标与内摩擦角之间的关系，将其编写成 FLAC^{3D} 计算程序，对隧洞模型数值计算结果进行后处理，从而得到围岩脆性大小的分布规律。

　　根据数值计算结果，获得了硬岩隧洞开挖完成后围岩内部内摩擦角的分布规律，如图 8 - 10 所示。图中显示仅洞底和洞顶表层围岩的内摩擦角发生变化，最大内摩擦角为 39°，而其他部位的内摩擦角无任何改变，均等于初始内摩擦角。出现这种情况的原因是此时围岩的内摩擦角均属于数值计算时人为赋予单元的参数，并不是围岩在真实应力状态下所表现出的内摩擦角。因此，需要根据围岩所处的应力状态对内摩擦角进行修正。

　　内摩擦角的修正需要考虑岩石的应力状态，而在上一节中已对隧洞围岩的应力场进行了分析，得到了围岩应力场分布云图，即可计算出每个单元的大、小主应力值。进而再根据剪切力学试验和常规三轴试验的研究成果，通过已建立的岩石内摩擦角与正应力、围压之间的关系，即可对计算得到的内摩擦角进行修正，修正结果如图 8 - 11 所示。可以看出，修正后的内摩擦角分布规律与岩石的小主应力较为类似，均呈"蝴蝶状"分布特征。其中，隧洞左右两侧的围岩因受拉应力的作用，其内摩擦角最高，修正后的内摩擦角最大值为 41.4°。在从表层围岩延伸至深部的过程中内摩擦角不断减小，并低于初始内摩擦角 φ_0。至于洞底和洞顶两处仅表层围岩的内摩擦角最大，而距离洞壁 0.422m 的围岩，由于此处小主应力数值较大，即岩石所承受的围压较大，根据内摩擦角与围压的关系可知，此处的内摩擦角要远小于受拉状态下的围岩，其最小值为 30.5°。

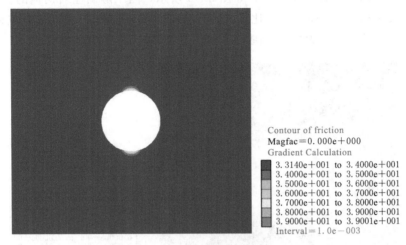

图 8-10 计算的围岩内摩擦角分布云图

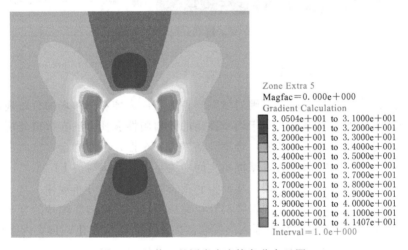

图 8-11 修正的围岩内摩擦角分布云图

在 2.2.5 节中本书提出了以内摩擦角为核心的脆性评价指标，建立了黑砂岩脆性指标与内摩擦角的关系方程，通过该关系方程和修正的内摩擦角分布规律，就可得到硬岩隧洞开挖后围岩脆性大小的分布规律，如图 8-12 所示。图中岩石的脆性大小同样呈现出"蝴蝶状"分布特征，洞室左右两侧围岩的脆性程度最大，随着向深部延伸脆性程度逐渐减弱。对于洞底和洞顶，仅最表层的围岩表现出了较高的脆性特征，而距离洞壁 0.422m 处的围岩，其脆性程度达到了最小，仅为 0.2308。

结合 2.2.5.3 节中提出的考虑岩石力学特性和破裂特征的脆性分级标准，对开挖后隧洞围岩的脆性程度进行等级划分，如图 8-13 所示，由于围岩脆性分布云图具有对称性，这里仅列出四分之一的围岩。划分结果显示该隧洞围岩脆性程度共分为三级：高脆性、中等脆性及低脆性。其中，大部分原岩处于中等脆性状态，而表现为低脆性的围岩均分布在洞室上下两侧一定深度范围内，总面积达 23.571m²，但未处于塑性破坏状态。高脆性的

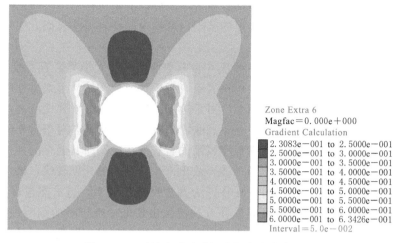

图 8 - 12 开挖完成后隧洞脆性大小分布云图

围岩则主要分布在隧洞左右两侧，即岩石受拉应力作用的区域，距离洞壁最大深度为 1.314m，总面积达 11.396m²，占总塑性区面积大小的 80.6%。由此可知，硬岩隧洞开挖完成后形成的塑性区，有占八成的围岩表现出高脆性特征，此部分的围岩发生破坏的可能性最高且危险程度最大，在开展围岩支护结构设计时应格外加强此处的支护强度。

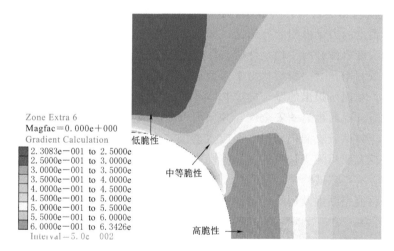

图 8 - 13 脆性分级标准

对比分析围岩塑性区分布（图 8 - 7）和脆性大小分布云图（图 8 - 12）发现，两者具有诸多相似特征但也存在一些不同点。对于分布规律两者均呈现出对称性，这与隧洞主应力的大小和方向呈对称性有关。同时，两者的分布范围基本一致，即隧洞左右两侧的岩石为主要损伤区，洞底和洞顶仅表层围岩发生损伤破坏。然而，两者仍存在显著的不同：第一，对于脆性分布云图，其表达围岩损伤的程度更加精细，突出了不同深度下围岩损伤程度的渐变特征；第二，该云图可以直观地反映围岩最可能发生或已发生破坏的区域，更加具体地了解围岩的危险程度，从而为工程设计和现场施工进行支护加固提供指导作用；第三，对于未发生塑性破坏的区域，脆性分布云图还可以清晰地标示出不同空间位置围岩所处的状态。故上述分析表明本书所提出的基于内摩擦角的硬岩脆性表征方法是具有可行性和合理性的。

值得注意的是，脆性作为岩石一种基本的力学性质，其大小与岩石所受的应力状态、塑性变形程度等密切相关，但本质上仍由岩石自身矿物成分、结晶形式以及胶结物质等决定的，该指标体现出的是一个相对概念。对于远场围岩由于仍处于弹性状态，计算出的脆性指标往往较小，甚至可能为零，但并不意味着岩石无脆性特征。对于岩石破坏时的危险程度，从能量释放的角度来看，脆性程度较高的岩石发生破坏时其储存的弹性能一部分用来形成新的破裂面，一部分则转化为动能释放出来，且释放的速度较快，破坏时的危险性较大；而对于脆性程度较低的岩石，往往因为其塑性变形较大，造成能量多以颗粒摩擦、破裂面滑移摩擦等形式耗散掉，且能量释放的速度也较低，破坏时的危险性较小。因此，对于发生破坏的岩石，脆性指标的大小可以反映岩石内部裂纹扩展模式以及围岩破坏时的危险程度。

8.5　工程应用

8.5.1　数值模型与计算条件

该试验支洞的相关资料较为齐全，许多学者已对此洞室的变形和破坏进行了大量模拟，来验证所提出的力学模型的适用性，如黄书岭通过建立考虑扩容效应的硬化—软化本构模型对辅助洞围岩体开展了稳定性研究，李占海通过 RDM 力学模型分析了洞室群的损伤破坏，卢景景利用建立的板裂化力学模型对洞室围岩的破坏特征进行模拟。本书在前人的研究基础上，利用所提出的基于内摩擦角的硬岩脆性表征方法对试验支洞 F 进行数值模拟，评估洞室开挖后围岩的安全性，并预测可能的破坏范围与深度。

首先，对于该试验支洞仍采用平面应变模型，暂不考虑分步开挖对隧洞围岩的影响，仅模拟隧洞开挖完成后无支护条件下洞室围岩的破坏情况。建立的数值模型及洞室尺寸大小如图 8-14 所示，该试验支洞宽 7.5m、高 8m，为直墙拱形结构。为获得较为精细的计算结果，本书将洞室断面及周边一定区域的围岩的计算单元网格划分更紧密些，外侧围岩

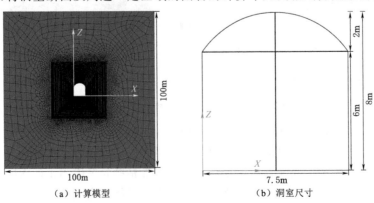

（a）计算模型　　　　　　　（b）洞室尺寸

图 8-14　数值计算模型与试验洞室尺寸

采用粗网格进行计算。最终，该模型的计算域共划分 31604 个单元，63284 个单元节点。计算模型的地应力大小、方向以及岩体基本力学参数参考李占海基于遗传算法和神经网格的隧洞位移反分析结果，相关参数见表 8-3 和表 8-4，其中大理岩的抗拉强度为 1.5MPa。

表 8-3 试验支洞计算模型的地应力大小与方向

σ_x/MPa	σ_y/MPa	σ_z/MPa	τ_{xy}/MPa	τ_{yz}/MPa	τ_{xz}/MPa
−48.98	−55.67	−66.16	−2.52	−0.3	7.17

表 8-4 T_{2b} 大理岩基本力学参数

弹性模量 E/GPa	泊松比 υ	抗拉强度 σ_t/MPa	黏聚力/MPa		内摩擦角/(°)		剪胀角 ψ/(°)
			初始 c_0	残余 c_r	初始 φ_0	残余 φ_r	
25.3	0.22	1.5	20.9	9.1	22.4	42	10

此外，大理岩的黏聚力与内摩擦角随等效塑性剪应变的演化规律可简化为如图 8-15 所示，即岩石发生屈服后其黏聚力从初始黏聚力 c_0 降低到残余黏聚力 c_r 并保持不变，内摩擦角在高应力硬质岩体中则是随等效塑性剪应变的增大而增大。根据相关资料，黏聚力和内摩擦角演变至残余值所对应的极限等效塑性剪应变 $\gamma^p_{c_r}$ 和 $\gamma^p_{\varphi_r}$ 分别为 $1.8e \times 10^{-3}$ 和 $2.15e \times 10^{-3}$。其中，对于外侧围岩体本构模型按照弹性模型来计算，洞室及内侧密网格围岩体则采用应变硬化/软化模型来计算。

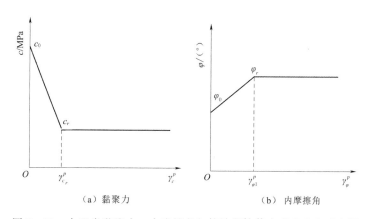

（a）黏聚力　　　　　　　　（b）内摩擦角

图 8-15 大理岩黏聚力、内摩擦角与等效塑性剪应变的关系示意图

8.5.2 数值计算结果与分析

根据上述计算条件，对试验支洞 F 的数值模型进行了计算分析，获得了洞室围岩的塑性区、应力场、位移场、内摩擦角以及脆性指标的分布规律，根据计算结果与现场围岩的破坏情况进行对比分析，进一步验证脆性表征方法的合理性。

8.5.2.1 洞室围岩塑性区、应力场及位移场的分布规律

如图 8-16 所示，从塑性区的分布可以看出，洞室开挖完成后整个洞壁表层基本以张

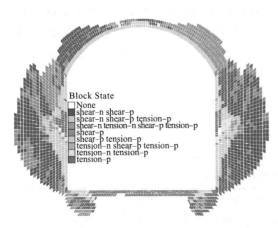

图 8-16　试验支洞 F 开挖塑性区分布

拉或拉剪破坏为主，特别是洞室底板和边墙中间部位，围岩均受拉破坏。随着向深部发展，围岩逐渐转变为以剪切破坏为主，其中边墙两侧的岩体破坏最深，最大深度达 2.62m。经统计，该试验支洞塑性区面积为 40.23m²，表层围岩以拉伸破坏为主，深层围岩以剪切破坏为主。

图 8-17 为试验支洞 F 开挖完成后的应力场分布云图，根据计算结果，大小主应力基本均对 Z 轴呈对称分布特征。其中，洞室底板所受的大主应力最小，仅为 34.41MPa，边墙两侧大主应力分布较为均匀，但边墙底部两处的大主应力出现应力集中现象，应力值达到 207.74MPa，对比塑性区可知该处破坏类型为剪切破坏。小主应力分布云图中，洞室底板和边墙两侧出现大范围的拉应力作用区，拉应力最大达 2.43MPa，超过了大理岩的抗压强度值，其最大深度为 1.12m。

如图 8-18 所示，观察洞室开挖后位移场的分布可知，洞室四周围岩均朝隧洞内部方向变形，其中底板的位移最大，变形量达 22.75mm，两侧围岩的变形量也均超过 20mm。结合塑性区的分布可知，该试验支洞开挖后洞室底板会出现明显的隆起现象，洞室断面尺寸会显著收缩，两侧边墙的破坏范围和深度均较大。

8.5.2.2　洞室围岩内摩擦角和脆性指标的分布规律

通过上述计算结果的分析，对试验支洞开挖后围岩的塑性区、应力场以及位移场的分布规律有了充分的认识，为进一步地研究围岩破坏的风险，结合室内力学试验得到的大理

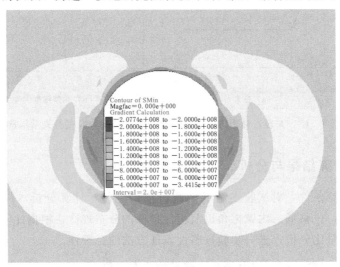

（a）大主应力

图 8-17（一）　试验支洞 F 开挖应力场分布

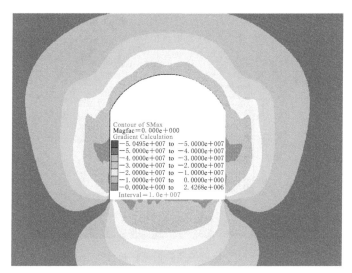

（b）小主应力

图 8-17（二） 试验支洞 F 开挖应力场分布

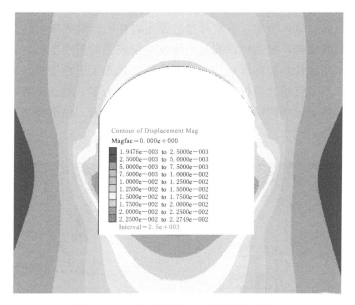

图 8-18 试验支洞 F 开挖位移场分布

岩内摩擦角、脆性指标以及应力条件三者之间的关系，对试验支洞 F 的数值计算结果进行修正和后处理，获得修正后的内摩擦角以及脆性指标的分布云图，处理后的结果如图 8-19和图 8-20 所示。从图 8-19 可以看出处于拉应力作用的围岩其内摩擦角往往比较大，大部分在 45°以上水平，并多数集中在边墙两侧的围岩中。而深部的围岩其内摩擦角量值较小，在塑性区范围以外的围岩其内摩擦角基本处于 20°以下。

图 8-20 为围岩脆性大小分布云图，需要指出的是在后处理过程中由于原岩修正后的内摩擦角较小，根据式（2-16）计算得到的脆性指标往往为负值，但大部分原岩处于弹

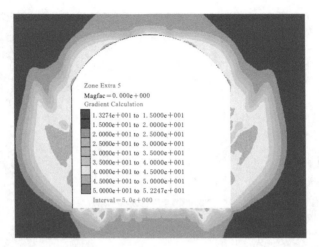

图 8-19　修正的围岩内摩擦角分布云图

性状态，未发生塑性破坏，其脆性指标量值反映的是可能发生破坏的风险，该值越低说明围岩发生破坏可能性越小，真实的围岩仍是具有脆性特征的。然而，对于发生塑性破坏的表层围岩，脆性指标量值大小可以清晰地反映围岩的破坏类型；对于脆性程度较高的围岩，其破坏往往以张拉破坏为主，洞室开挖后发生破坏的风险更高，危险性较大。对于脆性指标量值为负数的围岩，则表明该部分岩体发生了较强的塑性变形，破坏未表现出任何脆性特征，按照前文脆性等级标准划分，该部分围岩属于无脆性等级。为简化围岩脆性分布云图的复杂性，本书将脆性指标量值为负数的均设置为零，对处于弹性状态的围岩，该值反映了此部分岩体无破坏的风险，对处于塑性状态的围岩，该值反映了此部分岩体无脆性特征，危险性较低。

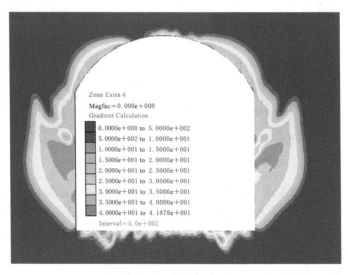

图 8-20　开挖完成后试验支洞 F 脆性大小分布云图

　　最终，按照脆性等级标准划分，该试验支洞 F 开挖完成后围岩的脆性程度分为四个等级：中等脆性、低脆性、弱脆性以及无脆性。具有中等脆性特征的围岩主要分布在边墙两侧一定深度范围内以及拱顶、底板表层部分区域，其最大深度达 1.188m，洞室开挖完成后该部分发生破坏的可能性最大，并以脆性破裂为主，危险性较高。处于低脆性的围岩基本均位于洞壁表层一定范围内，而弱脆性的围岩则位于低脆性围岩的边缘附近，此部分围岩发生破坏时主要以塑性变形为主，其危险性较低。结合图 8-15 塑性区的分布规律可知，处于中等脆性的围岩基本以张拉、拉剪破坏为主，而低脆性和弱脆性的围岩分布与发生剪切破坏的围岩分布范围基本重合。根据计算结果，表 8-5 统计了四个脆性等级的围岩其总面积及占塑性区的比例大小，可见洞室开挖后发生塑性破坏的围岩主要表现出低脆性和无脆性特征，两者占据塑性区总面积的八成以上。其中，低脆性围岩主要分布在洞壁浅层处，而无脆性围岩主要分布在一定深度的岩体内，至于中等脆性的围岩则嵌在低脆性围岩中，分布在边墙中部洞壁表层一定范围和深度内。通过上述分析可知，本书提出的以内摩擦角为核心的脆性评价指标可以准确地表征围岩脆性程度，并能反映围岩不同类型的破坏。

表 8-5　　　　　　　　　　不同脆性等级占塑性区的比例

脆性等级	中等脆性	低脆性	弱脆性	无脆性
总面积/m^2	4.013	18.689	3.487	14.041
占塑性区比例/%	9.98	46.46	8.67	34.9

8.5.2.3　数值计算结果与现场破坏对比分析

根据试验支洞 F 的数值计算结果，本书通过基于内摩擦角的脆性表征方法得到了洞室开挖后围岩的脆性大小分布规律，为进一步验证结果分布规律的正确性以及该方法的合理性，本书结合课题组成员在工程现场中观测到的围岩破坏情况，对数值计算结果进行分析、讨论。对于锦屏二级水电站隧洞，围岩常见的破坏特征之一为板裂化破坏。根据现场人员的观察和记录，发现直墙拱形结构的洞室其围岩板裂化破坏后岩板大多与洞壁表面平行，且具有一定的厚度，而洞室断面不同位置的围岩其板裂化形态也有较大差异。为此，下面针对洞室断面表层围岩和深部围岩的板裂化破坏特征，从两个方向（切向和径向）上分别与数值计算结果进行对比分析。

1. 表层围岩板裂化特征

图 8-21 为试验支洞 F 全断面表层围岩板裂化破坏形态，图 8-22 和图 8-23 分别为拱肩和边墙围岩板裂化破坏情况。

可以看出，位于拱肩处的围岩，其表层已发生板裂化破坏，并与边墙板裂破坏相连通，表层围岩脱落后可观察到内部围岩表面存在剪切滑移现象。在图 8-20 洞室断面脆性分布云图中左右两拱肩（弧形拱顶和直边墙的拐角处）均表现出较高的脆性特征，其

图 8-21　试验支洞 F 全断面表层围岩板裂化破坏形态[38]

脆性程度属于中等脆性，塑性区分布云图也显示表层围岩属于受拉破坏。同时，拱肩深部围岩脆性程度逐渐减弱，属于低脆性等级，以剪切破坏为主，即数值计算结果与现场破坏情况相吻合（图8-22）。

图8-22 拱肩围岩板裂化破坏形态[38]

对于边墙围岩，其破坏后多形成片状、平板状形态，局部出现岩爆破坏现象，板裂面相互叠加呈台阶状分布特征，对其破裂表面进行电镜扫描发现，表层围岩板裂化破坏形态类似于巴西劈裂试验中岩石的破裂形态，即表现为张拉破坏特征。而在图8-20对应位置的边墙表面可看到大片围岩的脆性程度属于中等脆性等级，特别是左侧中部区域，其脆性大小处于较高水平，对应的塑性区表现为张拉、拉剪破坏。对于脆性较高的围岩，其发生破坏的风险更高，能量释放也更快，甚至会出现剧烈的动力破坏现象，正如现场可观测到边墙局部发生岩爆破坏现象（图8-23）。

图8-23 边墙围岩板裂化破坏形态[38]

2. 深部围岩板裂化特征

对于深部围岩破坏形态的观察主要是通过钻孔取芯以及数字钻孔摄像两种方法，根据监测结果，发现深部围岩板裂化破坏可分为密集和稀疏两种板裂区（图8-24）。对于密集板裂区，其空间位置靠近表层围岩，其破裂面多平行于洞壁表面，呈张拉破坏特征，深度范围多在1m以内。而对于稀疏板裂区，处于密集板裂区范围之外，破裂面不再与洞壁表面平行，而是朝深部向上倾斜，表面可观察到许多剪切擦痕。

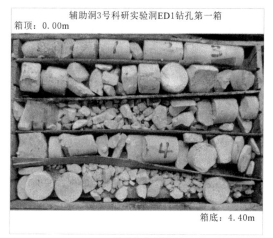

（a）钻孔取芯岩样破坏

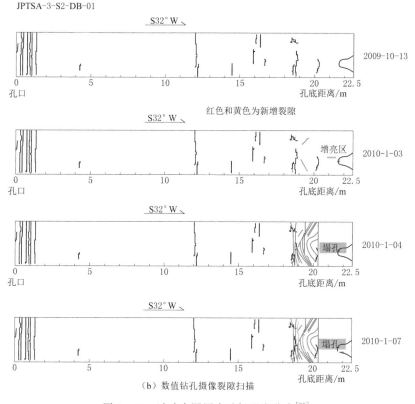

（b）数值钻孔摄像裂隙扫描

图 8-24　试验支洞围岩破坏形态分布[38]

　　根据图 8-20 中围岩脆性大小分布规律，对于属于中等脆性等级的边墙围岩，左右两侧最大深度分别为 1.188m 和 1.191m，这与现场揭示的密集板裂区深度范围基本接近，在该深度范围内围岩多以张拉、拉剪破坏为主。根据剪切力学试验中硬岩拉剪破裂形态，处于拉剪应力状态下岩石破裂往往会形成多个破裂面（图 8-24），表面粗糙不平整，故试验结果反映出表层围岩密集板裂区的形式是由岩石拉剪破裂所致。同时，在同一水平线上深部围岩脆性程度不断降低，而其分布规律也表现出朝上倾斜的特征（图 8 - 20 中黄色与绿色云图），围岩以剪切破坏为主。因此，可以说不管是数值计算中围岩脆性大小分布特征，还是室内力学试验中硬岩拉剪破裂形态，都与现场围岩的板裂化破坏形态、特征相吻合。

综上所述，通过采用本书所提出的基于内摩擦角的硬岩脆性表征方法对试验支洞 F 的围岩安全性进行评价，分析结果表明洞室围岩的脆性大小分布规律与工程现场中围岩的脆性破坏现象和空间位置均十分吻合。经过对比分析验证了基于内摩擦角的脆性表征方法的合理性，采用该方法来评价、研究洞室围岩安全性是可行的，这对于指导工程结构设计、明确重点支护区域、确定围岩支护参数具有十分重要的意义和价值。

8.6　本章小结

根据上述圆形隧洞和直墙拱形试验支洞的数值分析结果，本书得到以下几点认识。

（1）根据室内力学试验的研究成果，本书建立起了基于内摩擦角的硬岩脆性表征方法，该方法是多种试验手段互相结合、补充，从而实现对不同破裂模式、不同应力状态以及不同损伤程度的岩石进行准确、合理的脆性表征。

（2）对于采用黑砂岩力学参数的圆形硬岩隧洞，其开挖完成后围岩塑性区以拉伸破坏为主，大主应力场的变化趋势在隧洞水平和竖直方向上相反，对于小主应力场，隧洞左右两侧出现最大为 1.29MPa 的拉应力，其分布特征与围岩塑性区较为接近，而围岩位移场表明洞室左右两侧位移量最大，其分布特征与大主应力较为类似。

（3）根据室内力学试验建立的围压与内摩擦角、脆性指标与内摩擦角之间的关系，获得了圆形隧洞围岩修正的内摩擦角与脆性指标的分布云图，两者均呈"蝴蝶状"分布特征。计算结果显示该隧洞围岩脆性程度可分为高脆性、中等脆性和低脆性三个等级，其中高脆性的围岩占塑性区的八成左右。

（4）对于锦屏二级水电站试验支洞 F，其表层围岩以拉伸破坏为主，深部围岩以剪切破坏为主，最大主应力位于边墙底部应力集中区，最大拉应力位于洞室底板和边墙两侧，对应的位移量均超过 20mm。修正后的内摩擦角最大达 45°，多数集中于边墙两侧围岩中。该洞室围岩脆性程度可划分为中等脆性、低脆性、弱脆性以及无脆性四个等级，其中围岩主要表现为低脆性和无脆性特征，两者占据塑性区总面积八成以上。

（5）对比数值计算结果和现场围岩破坏情况可知，采用本书所提出的基于内摩擦角的硬岩脆性评价方法得到的围岩脆性分布规律与工程现场围压破坏特征相符合，计算结果验证了该脆性表征方法的可行性和合理性，对于指导工程设计和施工管理具有重要的意义和作用。

参考文献

［1］　Morley A. Strength of materials ［M］. London：Longman，1944.

［2］　Hetenyi M. Handbook of experimental stress analysis ［M］. New York：Wiley，1966.

［3］ Obert L，Duvall W I. Rock mechanics and the design of structures in rock ［M］. New York：Wiley，1967.

［4］ Ramsay J G. Folding and fracturing of rocks ［M］. London：McGrawHill，1967.

［5］ Griggs D L，Handin J. Rock deformation ［M］. New York：The Geological Society of America Memoirs，1960.

［6］ Hucka V，Das B B. Brittleness determination of rocks by different methods ［J］. International Journal of Rock Mechanics and Mining Sciences & Geomechanics Abstracts，1974，11（10）：389 – 392.

［7］ Meng F Z，Louis N Y W，Zhou H. Rock brittleness indices and their applications to different fields of rockengineering：A review ［J］. Journal of Rock Mechanics and Geotechnical Engineering，2020.

［8］ 袁俊亮，邓金根，张定宇，等. 页岩气储层可压裂性评价技术 ［J］. 石油学报，2013，34（3）：523 – 527.

［9］ 王洪建，刘大安，黄志全，等. 层状页岩岩石力学特性及其脆性评价 ［J］. 工程地质学报，2017，25（06）：1414 – 1423.

［10］ Beck D A.，Brady B H G. Evaluation and application of controlling parameters for seismic events in hard – rock mines ［J］. International Journal of Rock Mechanics and Mining Sciences，2002，39（5）：633 – 642.

［11］ 张镜剑，傅冰骏. 岩爆及其判据和防治 ［J］. 岩石力学与工程学报，2008，27（10）：2034 – 2042.

［12］ Gong F Q，Yan J Y，Li X B，Luo S. A peak – strength strain energy storage index for bursting proneness of rock materials ［J］. International Journal of Rock Mechanics and Mining Science，2019，117：76 – 89.

［13］ Zhang L M，Cong Y，Meng F Z，et al. Energy evolution analysis and failure criteria for rock under different stress paths ［J］. Acta Geotechnica，2020：1 – 12.

［14］ Kahraman S，Altindag R. A brittleness index to estimate fracture toughness ［J］. International Journal of Rock Mechanics and Mining Sciences，2004，41（2）：343 – 348.

［15］ Gong Q M，Zhao J. Influence of rock brittleness on TBM penetration rate in Singapore granite ［J］. Tunnelling and Underground Space Technology，2007，22（3）：317 – 324.

［16］ Meng F Z，Zhou H，Zhang C Q，et al. Evaluation methodology of brittleness of rock based on post – peak stress – strain curves ［J］. Rock Mechanics and Rock Engineering，2015，48（5）：1787 – 1805.

［17］ Zhang D C，Ranjith P G，Perera M. The brittleness indices used in rock mechanics and their application in shale hydraulic fracturing：A review ［J］. Journal of Petroleum Science and Engineering，2016，143：158 – 170.

［18］ Wang Y，Li C H，Hu Y Z，et al. A new method to evaluate the brittleness for brittle rock using crack initiation stress level from uniaxial stress – strain curves ［J］. Environmental Earth Sciences，2017，76（23）：798 – 816.

［19］ 王升，柳波，付晓飞，等. 致密碎屑岩储层岩石破裂特征及脆性评价方法 ［J］. 石油与天然气地质，2018，39（6）：1270 – 1279.

［20］ 任岩，曹宏，姚逢昌，等. 岩石脆性评价方法进展 ［J］. 石油地球物理勘探，2018，53（4）：875 – 886.

［21］ Altindag R. The evaluation of rock brittleness concept on rotary blast hole drills ［J］. Journal of the South African Institute of Mining and Metallurgy，2002，102（1）：61 – 66.

［22］ Altindag R. Correlation of specific energy with rock brittleness concepts on rock cutting ［J］. Journal of the South African Institute of Mining and Metallurgy，2003，103 (3)：163 - 171.

［23］ Altindag R. Assessment of some brittleness indexes in rockdrilling efficiency ［J］. Rock Mechanics Rock Engineering，2010，43 (3)：361 - 370.

［24］ Bishop A W. Progressive failure with special reference to the mechanism causing it ［J］. Proceedings of the Geotech. Conf. ，Oslo 2. 1967：142 - 150.

［25］ Andreev G E. Brittle failure of rock materials ［M］. CRC Press，Florida，1995.

［26］ Hajiabdolmajid V，Kaiser P K. Brittleness of rock and stability assessment in hard rock tunneling ［J］. Tunnelling and Underground Space Technology，2003，18 (1)：35 - 48.

［27］ Tarasov B，Potvin Y. Universal criteria for rock brittleness estimation under triaxial compression ［J］. International Journal of Rock Mechanics and Mining Sciences，2013，59：57 - 69.

［28］ Xia Y J，Li L C，Tang C A，et al. A new method to evaluate rock mass brittleness based on stress - strain curves of class Ⅰ ［J］. Rock Mechanics and Rock Engineering，2017，50 (5)：1123 - 1139.

［29］ Lawn B R，Marshall D B. Hardness，toughness，and brittleness：an indentation analysis ［J］. Journal of the American Ceramic Society，1979，62 (7)：347 - 350.

［30］ Quinn J B，Quinn G D. Indentation brittleness of ceramics：a fresh approach ［J］. Journal of Materials Science，1997，32 (16)：4331 - 4346.

［31］ Yagiz S. Assessment of brittleness using rock strength and density with punch penetration test ［J］. Tunnelling and Underground Space Technology，2009，24 (1)：66 - 74.

［32］ Goktan R M，Yilmaz N G. A new methodology for the analysis of the relationship between rock brittleness index and drag pick cutting efficiency ［J］. South African Institute of Mining and Metallurgy，2005，105 (10)：727 - 732.

［33］ Jarvie D M，Hill R J，Ruble T，Polastro R M. Unconventional shale - gas systems：the Mississippian Barnett shale of north - central Texas as one model for thermogenic shale - gas assessment ［J］. AAPG Bull，2007，91 (4)：475 - 499.

［34］ Wang F P，Gale J F. Screening criteria for shale - gas systems ［J］. Gulf Coast Association of Geological Transactions，2009，59：779 - 793.

［35］ Jin X C，Shah S N，Roegiers J C，et al. Fracability evaluation in shale reservoirs - an integrated petrophysics and geomechanics approach ［J］. Proceedings of the SPE Hydraulic Fracturing Technology Conference，Society of Petroleum Engineers，2015.

［36］ Zhou H，Chen J，Lu J J，et al. A new rock brittleness evaluation index based on the internal friction angle and class I stress - strain curve ［J］. Rock Mechanics and Rock Engineering，2018，51 (7)：2309 - 2316.

［37］ 周辉，孟凡震，张传庆，等. 基于应力-应变曲线的岩石脆性特征定量评价方法 ［J］. 岩石力学与工程学报，2014，33 (6)：1114 - 1122.

［38］ 卢景景. 深埋隧洞围岩板裂化机理与岩爆预测研究 ［D］. 武汉：中国科学院武汉岩土力学研究所，2014.

第 9 章

总 结 与 展 望

9.1　总结

硬岩脆性破裂是影响地下工程安全建设的重要因素，迫切需要对硬岩脆性破裂力学特性、破裂机理、锚固效应以及松弛变形等进行深入研究。为此，本书以硬岩脆性破裂为研究对象，重点对硬岩的力学特性、破裂特征现场测试、裂纹扩展机理、锚固效应力学机制、硬岩脆性评价及其工程应用等方面开展了深入研究，结合具体地下工程案例，通过室内力学试验、物理模型试验、理论分析、数值计算、现场监测等多种手段和方法研究硬岩脆性破裂，取得以下创新性成果与结论。

（1）通过开展多种硬岩常规三轴试验和循环加卸载试验，对硬岩的力学性质与变形破裂特征进行了深入研究。常规三轴试验中四种硬岩的峰值强度和残余强度均随围压的增大而增大，在单轴压缩条件下岩石多以张拉破坏为主，在围压条件下岩石基本发生剪切破坏。循环加卸载试验中黑砂岩的力学特性与变形破裂特征和常规三轴试验结果较为类似，在峰后阶段均出现一定程度的应力跌落，形成完整剪切破裂面。

（2）在剪切力学试验中硬岩的抗剪强度随压应力的增大而增大，随拉应力的增大而减小，相比压缩—剪切试验，岩石在拉应力作用下其抗剪强度更加敏感。为揭示硬岩脆性破裂机制，先后采用声发射分形方法、电镜扫描技术以及粗糙度表征方法，发现花岗岩声发射计数和能量信号的关联函数在双对数坐标系中基本呈线性关系，可将声发射信号的降维现象作为岩石失稳破坏的前兆。电镜扫描试验结果显示花岗岩破裂面主要由片状矿物和块状矿物晶体构成，岩石破裂模式主要为拉伸破坏和剪切破坏。硬岩破裂面粗糙度表征分析结果表明，在拉应力作用下二维、三维粗糙度指标均与拉应力呈线性关系，粗糙度指标随拉应力的增大而逐渐减小。

（3）采用高精度超声波成像综合测试系统新方法，对白鹤滩水电站地下厂房顶拱应力破裂破坏显著区域多次重复测试，辨识了玄武岩不同深度微破裂裂隙面分布特征、深度范围和应力破裂发展特点，为研究高应力硬脆玄武岩力学特性和响应机理提供了坚实基础资料。同时，基于地下洞室开挖过程的围岩破裂松弛和时效变形监测成果、脆性岩体卸荷松弛监测成果，探讨了块状玄武岩在高应力条件下的片帮形成机理、岩体强度准则和强度参数取值，以及破裂破坏后非线性特征，为后续工程岩体破裂分析奠定了理论基础。

（4）受压岩体的裂纹尖端，可能处于压剪状态，也可能处于拉剪状态。从断裂力学的角度，研究了地下工程围岩中的裂纹在各种受力条件下（包括拉剪、压剪两种情况）的启裂、扩展及贯通以至最终形成劈裂裂缝的特征及各个阶段的判据。通过对各滑移型裂纹计算模型进行了系统对比分析，建立了围岩的劈裂破坏判据。利用断裂力学分析了裂纹之间的贯通机理和极值分布，从理论上揭示了多裂纹之间可能存在的贯通模式与机理。

（5）通过参数化设计方法 APDL 编写裂纹扩展模拟的前处理程序，实现了裂纹断裂计算和分析的自动化，分别模拟了翼型裂纹的启裂与扩展，所得到的结论与断裂力学已有的结论相吻合。分别从裂纹间距、原始裂纹倾角、裂纹相对位置、加载方式四个方面讨论了裂纹之间的相互影响，发现贯通方式是与其空间位置密切相关的，而劈裂破坏多发生在洞室边墙附近。根据柯克霍夫平板理论检验了薄板模型的适用性，在薄板模型的基础上利用能量方法建立了劈裂围岩的临界应力、位移的解析计算公式。以瀑布沟水电站为工程背景，将劈裂判据编成 fish 语言计算得到围岩的劈裂破损区。

（6）从能量的角度出发，分析研究了单轴压缩和三轴压缩条件下岩石的变形破坏过程及其能量特征，揭示了能量耗散及能量释放特性，发现岩体单元中储存的弹性能释放是引发岩体单元突然破坏的内在原因。特别是在高地应力条件下，处于三向压缩的工程岩体常常面临卸载破坏的危险。

（7）采用滑移裂纹组模型来模拟岩石在轴向压力左右下的劈裂破坏，基于裂纹扩展过程中的能量平衡原理，建立了线弹性条件下围岩劈裂破坏判据。根据 Mises 屈服准则求出的塑性区半径，求出整个体积中塑性变形引起的耗散能，再根据能量平衡原理求出小范围屈服条件下的劈裂判据。将这两个判据应用到琅琊山抽水蓄能水电站 4 号机组的开挖分析中，分别计算得到了两种情况下劈裂破坏区范围分布图，以定量的概念和直观的图像来把握和判断围岩中不同区域的劈裂破坏程度。

（8）利用 ANSYS 数值模拟锚杆对裂纹的止裂作用，发现在锚杆的作用下，影响裂纹扩展的应力强度因子得到了明显的降低，表明锚杆对裂纹扩展的抑制起了很重要的作用；分别研究了应力强度因子对锚杆的弹性模量、安装角度、翼裂长度和裂纹倾角的敏感性，分析了锚杆对裂纹的抑制作用；通过分别计算外力所做功，锚杆吸收的能量，塑性能，弹性应变能，裂纹扩展耗散的能量，建立锚固条件下围岩劈裂破坏判据，并将该判据应用到猴子岩水电站 1 号机组的开挖计算分析过程中，通过分别计算三种洞室间距方案、三种开挖顺序以及考虑锚杆作用下，洞室围岩的劈裂破坏范围，并与计算的塑性区范围相对比，分析得出在高地应力条件下不能仅仅以塑性区作为评价开挖顺序和洞室布置方案的唯一指标。

（9）在室内力学试验研究成果的基础上，重点分析了硬岩强度参数在不同破裂模式、应力状态以及损伤程度下的演化规律，并以此建立了基于内摩擦角的硬岩脆性表征方法，获得了脆性指标与内摩擦角之间的关系，建立起了基于内摩擦角的硬岩脆性表征方法，从而实现对不同破裂模式、不同应力状态以及不同损伤程度的岩石进行准确、合理地脆性表征。最后，通过具体工程数值计算模拟，验证了该脆性表征方法在评价围岩安全性方面的可行性和合理性。

9.2 展望

脆性破裂是地下岩体工程硬岩常见的破裂形式，其主要受围岩岩性、应力状态、地质构造、洞室形状、开挖方法以及爆破、地震等因素的影响。同时，岩石作为一种非均质材料，在复杂且恶劣的地质环境作用下，岩石的力学特性、变形破裂机制往往会发生较大变化。因此，对于硬岩脆性破坏，作者认为还存在以下几个方面的工作需要进一步开展研究。

（1）岩体工程稳定性的研究是很复杂的，将岩体断裂力学理论应用于该领域的研究，也是一个艰巨而复杂的工作，还有大量的基础理论与基础数据需要完善。如节理岩体的本构模型，不同条件下的断裂判据，岩体的断裂韧度测试，裂纹之间的相互影响等。

（2）如何应用岩体断裂力学理论直接指导支护设计，目前还存在许多问题，如锚杆种类、长度、布置的设计，混凝土厚度与强度的设计等。而在能量守恒的基础上建立的断裂判据中，仍然有其他形式的能量没有考虑进去，如动能、热能、辐射能等，尚有需要完善的研究空间。

（3）本书提出的基于内摩擦角的硬岩脆性表征方法是在黑砂岩、大理岩室内力学试验的研究成果基础上分析得到的，应用到数值计算过程中已对数值模型、计算条件以及参数取值等进行了简化，而在工程现场由于地质环境的复杂性，该方法在具体工程应用过程中还需进一步地改善和调整，从而提高硬岩脆性表征方法的适用性。